Editorial

In Wirtschaft und Gesellschaft ist es von großer Bedeutung, wie Arbeit und Organisation konkret ausgestaltet sind. Damit eng verflochten ist der Wandel der Geschlechterverhältnisse. Geschlecht ist eine zentrale Dimension von Diversität – aber auch Alter, Behinderung, ethnische oder soziale Herkunft, sexuelle Orientierung, Religion und Weltanschauung, um nur einige relevante Dimensionen zu benennen, können zu Diskriminierungen und Abwertungen im Arbeitsleben beitragen. Ziel der Schriftenreihe ist es, theoretischen und empirischen Beiträgen zum Themenfeld Arbeit, Organisation und Diversität einen Raum zu geben und Befunde aktueller Forschungsprojekte, Tagungen und Qualifikationsarbeiten aus Soziologie, Psychologie, Wirtschaftswissenschaften und verwandten Disziplinen zur Diskussion zu stellen.

Arbeit, Organisation und Diversität in
Wirtschaft und Gesellschaft.
Schriftenreihe zur Geschlechter- und Diversitätsforschung

herausgegeben von

Prof. Dr. Maria Funder, Universität Marburg
Prof. Dr. Daniela Rastetter, Universität Hamburg
Prof. Dr. Sylvia M. Wilz, FernUniversität Hagen

Band 13

Amanda Ruf

Geschlechter(un)gerechtigkeit in technischen Organisationen

Nomos

Gefördert durch die Wirtschaftskammer Vorarlberg, die Arbeiterkammer Vorarlberg, das Land Vorarlberg und die Zumtobel Group AG.

Die Deutsche Nationalbibliothek verzeichnet diese Publikation in der Deutschen Nationalbibliografie; detaillierte bibliografische Daten sind im Internet über http://dnb.d-nb.de abrufbar.

Zugl.: Klagenfurt, Univ., Diss, 2020

ISBN 978-3-8487-8545-2 (Print)

ISBN 978-3-7489-2906-2 (ePDF)

Onlineversion
Nomos eLibrary

1. Auflage 2022

Vorwort

Dieses Buch ist die Veröffentlichung zu meiner Dissertation. Es hätte nicht geschrieben werden können, ohne die Unterstützung vieler Menschen und Organisationen. Ich möchte hier meinen großen Dank an all diejenigen aussprechen, die meine Promotion begleitet und dieses Buch ermöglicht haben.

So gilt mein Dank der Alpen-Adria-Universität Klagenfurt und der Fakultät für Interdisziplinäre Forschung und Fortbildung. Besonders danken möchte ich hier Elisabeth Reitinger, die sich mit großer Professionalität, einem umfassenden Wissen und einem feinen Gespür für das, was es gerade braucht, auf die Begleitung von mir und meiner Arbeit eingelassen hat. Vielen herzlichen Dank dafür! Zudem möchte ich mich bei Katharina Heimerl, Andreas Heller, Thomas Klie, Klaus Wegleitner und bei allen Mitstudierenden des Doktorand_innenseminars für die Begleitung, das Feedback und nicht zuletzt für die schöne gemeinsame Zeit an der IFF bedanken. Die Touren durch die Wiener Heurigen bleiben mir in Erinnerung! Ein Danke gebührt schließlich auch Anna Hostalek, Alexandra Trafoier und Andrea Grötschnig, die mir in unterschiedlichen Phasen meiner Arbeit mit großer Ruhe und Gelassenheit formale Stolpersteine aus dem Weg räumten.

Ein großes Dankeschön zudem der Wirtschaftsuniversität Wien, dem Institut für Gender und Diversität in Organisationen und Regine Bendl, deren Zustimmung zur Begutachtung meiner Dissertation es mir ermöglichte, mein Werk über eine ausgewiesene Expertin und Wissenschaftlerin im Bereich Gender und Diversität in Organisationen beurteilt zu wissen. Herzlichen Dank dafür!

Ganz herzlichen Dank außerdem an die Nomos Verlagsgesellschaft für die Publikation meines Werks. Namentlich danken möchte ich den Herausgeberinnen der Reihe Arbeit, Organisation und Diversität in Wirtschaft und Gesellschaft Maria Funder, Daniela Rastetter und Sylvia M. Wilz für die besondere Anerkennung, unter ihrer Herausgeberinnenschaft veröffentlichen zu dürfen. Ich freue mich sehr. Vielen lieben Dank auch an Sandra Frey und Eva Lang für ihre große Geduld bei Lektorat und Layout.

Ein großes Dankeschön auch an den Verein Amazone und das Projekt I kann's! I trau mer's zu!, an Karin Fitz, Theresia Vogel und Angelika Atzinger, nicht allein für ihre Unterstützung, wann immer ich sie brauchte, sondern auch für die prompte Zusage, den Clip Vor(ur)teil im Ausschnitt verwenden zu dürfen. Es ermöglicht mir, Erfahrungen aus Forschung und Praxis tatsächlich schon auf dem Cover verknüpft zu wissen. Ganz lieben Dank dafür.

Vielen herzlichen Dank überdies für alle finanziellen Unterstützungen. Danke an die Wirtschaftskammer Vorarlberg, an Christoph Jenny und Stefan Hagen, die Arbeiterkammer Vorarlberg, an Rainer Keckeis und Hubert Hämmerle, das Land Vorarlberg, an Harald Moosbrugger und Ira Stüttler, und die Zumtobel Group AG, an Dietmar Dünser, Nicholas Zumtobel und Daniela Struth-Grienwald. Ich freue mich auf ein weiteres gemeinsames Wirken.

Diese Studie hätte es nicht gegeben, ohne das ausdrückliche Interesse der beiden technischen Unternehmen, der Kontaktpersonen und der 16 Führungskräfte, die mir im Rahmen meiner Forschungsarbeit einen ausführlichen Einblick in ihre Arbeit, ihr profundes Wissen und ihre umfangreichen Erfahrungen zum Thema der betrieblichen Geschlechtergerechtigkeit gewährt haben. Für ihre Offenheit, ihr Vertrauen und ihre Zeit bedanke ich mich sehr!

Ganz herzlich bedanken möchte ich mich auch bei all den lieben Menschen in meinem privaten Umfeld, die mich durch alle Höhen und Tiefen der Erstellung dieses Werks begleiteten: Das sind Erich, ohne dessen Zutun ich meine Dissertation nie begonnen hätte, Claudia, die schon vor und während der Erstellung des Exposés meine Zweifel ertrug und bis zum letzten Tag Grammatikkorrekturen vornahm, die Amazonen, deren professioneller Einsatz und Begeisterung für Geschlechtergerechtigkeit mich seit Jahren mitreißt, Tanja, Michi und Bernhard, die mir ausreichend Zeit sowohl für Probeinterviews, Zwischenberichte und für anschließende Reflexionen bei Bier und Wein schenkten, Julia, die mir ein weiteres Nachdenken mit selbst gekochten Abendessen schmackhaft machte, Karin, ohne deren grafisches Know how ich, wie schon so oft, völlig aufgeschmissen gewesen wäre, Martina, die mir in letzter Minute unkompliziert Übersetzungshilfe gab, Iris, die in allerletzer Sekunde seitenlang Rechtschreibfehler korrigierte, Nik, dessen Hütteldorfer Tür immer offen für mich stand, Kerstin, die mir oft und profund zu einzelnen Kapiteln rückmeldete, Gabi, die, auch wenn ich es nicht mehr konnte, nie müde wurde, an mich und meine Arbeit zu glauben, Ruth, die, wann immer ich es brauchte, einfach nur da war, Tim, der sich jahrelang auf eine auf drei Tage geschrumpfte Schifahrwoche einließ, Tonia, die sich auch jahrelang klaglos mit einem sich wiederholenden „Wenn die Diss vorbei ist, dann…“ begnügte, Micha, der über Stunden beim Wandern meinen Theorien lauschte und Ingo, der mir, wenn ich eigentlich absolut keine Zeit hatte, entspannende Stunden in der Salzgrotte bescherte. Danke auch an Gerda, Micha L., Ruth S., Barbara oder Susi, deren Freundschaft, obschon von mir so grob vernachlässigt, mich an so manchen Tagen zur Weiterarbeit animierte. Danke, ich freue mich sehr auf mehr Zeit mit euch! Ein großes Dankeschön gilt aber vor allem Renate, die meine Arbeit nicht nur gelesen, sondern mir in vielen, vielen Stunden immer wieder auf angenehme und motivierende Weise ein Weiterdenken und Weiterschreiben ermöglichte. Danke!! Ein herzliches Dankeschön hier zudem auch an Marcel, der mich nach bestandener Diss sicher zum richtigen Verlag geleitete. Und ein besonderes Dankeschön gilt schließlich Christian, der meine Arbeit, mein Leben und mich seit dem 22. Januar 2020 auf meinen Schultern sitzend begleitet. Du fehlst mir!

Insbesondere und ganz herzlich möchte ich mich schließlich bei meiner Familie bedanken. Ganz, ganz lieben Dank an meinen Freund Gerhard, dessen Zuspruch, Ermutigung und Liebe mich durch alle Wirren dieser Zeit trug. Ich danke dir, du hast damit Unglaubliches geschafft! Vielen Dank an meine Tante Golli Helga für ihr allzeit herzliches Willkommen und den Spaß vor und nach allen IFF-Aufenthalten. Vielen Dank auch an meinen Götti Alfred für den kuschligen Platz im Ohrensessel und die bereichernden Debatten zum Leben, zum Feminismus und zur Diss. Danke an meine Geschwister Oko, U, Dorle und Cha für alle Momente des Lachens und Weinens. Und für alle wunderbaren Feste, die wir gemeinsam feiern. Ein Dankeschön auch an mein Patenkind Tom, der schon so lange so geduldig auf mehr Zeit mit mir wartet. Und schließlich danke ich von Herzen meinen Eltern Anna Ruf und Josef Ruf für ihre Unterstützung auch und nicht nur bei dieser Dissertation, ihre Liebe und ihr immerwährendes Vertrauen. Vielen, vielen lieben Dank dafür! Ich bin sehr glücklich, euch an meiner Seite zu wissen. Liebe Mama, lieber Papa, euch ist diese Arbeit gewidmet!

Amanda Ruf

Inhaltsverzeichnis

Abbildungsverzeichnis

I. [Vorspann[1]]

im jahr 2014 reiche ich mein forschungsvorhaben „ungleichheiten in technischen organisationen: zur dynamik von gerechtigkeit, geschlecht und organisation“ an der alpen-adria-universität klagenfurt ein. und eigentlich zeigen sich schon in diesem titel die herausforderungen, denen ich im tun dann begegnen werde. getrennt durch ein orthografisches zeichen, den doppelpunkt, setze ich zwei gegensätzliche forschungsperspektiven in bezug. während ich mit dem ersten teil der formulierung „ungleichheiten in technischen organisationen“ den blick auf bestehende formen und strukturen, also auf die strukturebene, lenke, richte ich den blick im zweiten teil „zur dynamik von gerechtigkeit, geschlecht und organisation“ auf die wechselseitigen auswirkungen, also die handlungsebene, aus. weil der doppelpunkt die beiden perspektivischen ausrichtungen in meiner formulierung nicht nur voneinander trennt, sondern sie gleichzeitig auch formal in beziehung zueinander setzt, nehme ich an, dass dieses zeichen von anfang an im zentrum meiner aufmerksamkeit stand. denn der doppelpunkt setzt, vereinfacht ausgedrückt, struktur und handlung in verhältnis, indem er die ebenen voneinander trennt und sie gleichzeitig miteinander verbindet.

wenn ich also die zeichen im nachhinein „richtig“ deute, nehme ich im vorhinein an, dass die widersprüchlichkeit von geschlechtergerechtigkeit, die sich in der alltagszusammenarbeit in technischen unternehmen beobachten lässt, nur in der analyse der verknüpfung der gegensätzlich ausgerichteten struktur- und handlungsebene angemessen bearbeitet werden kann. dabei lehne ich mich wohl an die strukturationstheorie von anthony giddens an, der über die „dualität von struktur“ (giddens 1984) die unvermittelte gegenüberstellung von struktur- und handlungsorientierung in frage stellt. um das moment der verknüpfung dieser beiden gegensätzlichkeiten, also tatsächlich den doppelpunkt, näher zu beleuchten, spanne ich also zwischen die beiden perspektiven den begriff der organisation, den ich sowohl im struktur- als auch im handlungssatz des titels entsprechend einführe. mit blick auf die struktur spreche ich organisation also zum einen die funktion zu, die verknüpfung – also den punkt als das kleinste ganze – noch kleinteiliger in einheiten zu zergliedern. mit blick auf die

1 in *II. [zwischenspann]* erklärt sich, warum ich mich in *I. [vorspann]*, *II. [zwischenspann]* und *III. [nachspann]* für die kleinschrift entschieden habe.

handlung schreibe ich organisation zum anderen die eigenschaft zu, auch das hier werdende näher zu beleuchten, indem sich die relationen der teile – also das dazwischen – in den vordergrund stellen.

unbemerkt von mir selbst, schiebe ich hier mit dem begriff der organisation also eine zwischen struktur und handlung „vermittelnde betrachtungsweise“ (lautmann 2011, 438) ein, die sich vor allem darüber auszeichnet, grundwidersprüche in anschluss setzen zu wollen. während rüdiger lautmann sich so eher vor allem auf die organisation als mittlere, das heißt, die vermittelnde ebene oder institution zu beziehen scheint, verwende ich organisation in dieser arbeit als ein mittel, mit dem ich perspektivisch aufgeworfene gegensätze und widersprüche im zusammenhang mit dem gegenstand der geschlechtergerechtigkeit in technischen unternehmen zirkulär und interpretativ zu bearbeiten versuche. darüber wird deutlich, dass sich die ergebnisse und erkenntnisse dieser arbeit immer nur als abbild des momentanen verstehen lassen. denn im werden erschaffen sich die prozesse und die regeln dieses organisierens immer wieder neu. und indem sie das neu entworfene immer wieder auf sich selbst beziehen, stellen sie es dabei gleichzeitig auch in frage.

welche wesentlichen fragen sich mir vor, im und nach dem prozess der forschung in den weg stellen und zu kreuzungen und abbiegungen werden, möchte ich in *I. [vorspann]*, *II. [zwischenspann]* und *III. [nachspann]* beleuchten. alle drei kapitel sind im nachhinein, also nachdem sich die grounded theorie als gesättigt zeigt (vgl. kapitel 5.1), geschrieben. sie sind somit, streng genommen, nicht teil dieser arbeit. sie folgen jedoch einerseits dem aufruf von kathy charmaz, als forscherin eine reflexive haltung einzunehmen (charmaz 2010, 132)[2]. gleichzeitig möchte ich auch aufzeigen, wie ich welchen weg gewählt und warum ich welchen weg eben auch nicht gewählt habe. und wieder streng genommen stellen sich diese kapitel darüber auch wieder in anschluss an das hier vorliegende. denn sie beleuchten, was im wesentlichen von mir ausgelassen wurde.

somit stellt das kapitel *I. [vorspann]* die im nachhinein als zentral erkannte frage voran. das kapitel *II. [zwischenspann]* führt die forschungsperspektive der organisation ein, erläutert mein entwickeltes verständnis davon und legt dar, wie sich das mittel der organisation auf den prozess der forschung auswirkt. und kapitel *III. [nachspann]* skizziert die sich zeigenden herausforderungen der organisation als dynamisches system zum

---

2 kathy charmaz gilt als begründerin der konstruktivistischen grounded theorie. sie schreibt den strukturellen faktoren in der konstruktion von bedeutung im entwicklungsprozess der theorie eine wichtige rolle zu. (winter 2013, 5)

umgang mit den in diesem buch entworfenen themen und fragen der geschlechter(un)gerechtigkeit[3].

3 Angelehnt an den Begriff der Geschlechter(un)gerechtgkeit werden bestimmte Bezeichnungen im Buch wiederkehrend mit der Vorsilbe Un- negativiert (siehe Kapitel 7.3.2). Diese Wortschöpfungen verdeutlichen zum einen, wie sich unter gleichen Voraussetzungsbedingungen sowohl Phänomene der Geschlechtergerechtigkeit als auch der Geschlechterungerechtigkeit hervorbringen. Zum anderen zeigen sie auf, wie sich Geschlechtergerechtigkeit nur in Abgrenzung zu Geschlechterungerechtigkeit ausdeuten lässt.

1. Einleitung

1.1 Zugang zum Thema

Von *Interesse* bei vorliegender Forschungsarbeit ist, wie sich Vorstellungen von Geschlechtergerechtigkeit im Praxisalltag technischer Organisationen hervorbringen und zeigen. Trotz Bekenntnissen und vielfacher Aktivitäten in diesen Organisationen werden Deutungen und Handlungen sichtbar, die Geschlechtergerechtigkeit entgegenwirken. Diesen Widersprüchlichkeiten wird nachfolgend auf den Grund gegangen.

Warum dieses Thema von Interesse ist, lässt sich in Zahlen und Fakten leicht fassen. Der Gleichheitssatz gilt seit dem Staatsgrundgesetz von 1867 in Österreich als Verfassungsgebot. Nach der Bundesverfassung der Republik Österreich sind alle Menschen vor dem Gesetz gleich. Seit 1920 verbietet Artikel 7 des Bundes-Verfassungsgesetzes jegliche Diskriminierung von Geschlecht und verpflichtet Bund, Länder und Gemeinden explizit dazu, die Gleichstellung der Geschlechter proaktiv zu fördern (Bundeskanzleramt der Republik Österreich 2019). De facto bekennen sich Politik und Gesellschaft also zur tatsächlichen Gleichstellung der Geschlechter.

Nach Studien der Statistik Austria kommt Österreich dem Ziel der Geschlechtergleichstellung in vielen Bereichen auch immer näher. Betrachtet man die Bereiche und Daten genauer, zeigt sich ein durchaus widersprüchliches Bild.[4] So zeigen aktuelle Daten, wie sich das Bildungsniveau von Frauen im Vergleich zu dem der Männer stark steigert. Im Jahr 2016 gibt es mit 21,5 % zwar noch deutlich mehr Frauen zwischen 25 und 64 Jahren mit höchstens einem Pflichtschulabschluss als Männer mit 15,2 %. Und auch bei den Lehrabschlüssen waren Frauen mit 39,9 % im Vergleich zu Männern mit 60,1 % weniger vertreten. Gleichzeitig jedoch lag der Anteil von Frauen, die einen höheren Abschluss an der Universität oder der Fachhochschule nachweisen können, mit 19,6 % insgesamt 3,4 % über dem

4 Die folgenden Daten sind hauptsächlich aus den Gender-Statistiken der Statistik Austria zusammengefasst.). Sie sind den Kategorien Bildung (Statistik Austria 2019a), Erwerbstätigkeit (Statistik Austria 2019b) und Einkommen (Statistik Austria 2019c) entnommen. Sie werden ergänzt von (Strunk/Herrmann 2009), Knoll/Ratzer (2010) und Frau in der Wirtschaft (2019). Der Bezug zu diesen Werken ist jeweils gesondert angegeben. Allfällige Aktualisierungen beziehen sich auf Statistik Austria (2021).

der Männer mit 16,2 %. Bei den höheren Abschlüssen zeigt sich aktuell sogar eine weibliche Dominanz. Im Schuljahr 2018/2019 waren 57,4 % der Maturant_innen und 55,4 % der Studienabgänger_innen weiblich. Und die Tendenz ist steigend. So prognostiziert Statistik Austria für das Jahr 2029/2030 erstmals einen Anteil weiblicher Studienabgänger_innen von über 60 %. Gleichheitsstrategien scheinen also ihr Ziel erreicht zu haben oder diese sogar zu übertreffen.

Schaut man sich jedoch die Fächerauswahl von Frauen und Männern in Schulen und Hochschulen an, dann zeigt sich ein anderes Bild. Im Jahr 2017/2018 war der Anteil von Mädchen bei pädagogischen (90,9 %), wirtschaftsberuflichen (85,3 %) und sozialberuflichen (78,0 %) Schulen deutlich höher, während technisch-gewerbliche Schulen hauptsächlich von Jungen (74,1 %) besucht wurden. Werden dann noch die Lehrberufe genauer in den Blick genommen, wird das Ungleichgewicht zwischen den Geschlechtern besonders deutlich sichtbar. Während sich bezogen auf die zehn am häufigsten in Österreich gewählten Lehrberufe weit über zwei Drittel der lehrabschließenden Mädchen und Frauen 2016/2017 hauptsächlich auf die „typisch weiblichen“ Berufsfelder Einzelhandelskauffrau (68,7 %), Bürokauffrau (78,9 %) oder Friseurin (94,5 %) konzentrierten, schlossen etwas mehr als die Hälfte der Jungen in den „typisch männlichen“ Bereichen der Metalltechnik (91,4 %), Elektrotechnik (95,6 %), Kraftfahrzeugtechnik (96,5 %) oder Installations- und Gebäudetechnik (98,55 %) ab. Somit zeigen sich deutliche Geschlechterunterschiede sowohl in der Art der Ausbildung als auch nach dem Berufswahlspektrum.

Bezieht man nun den Faktor Erwerbstätigkeit ein, bestätigt und manifestiert sich die Ungleichverteilung. Zwar ist die Erwerbstätigenquote der Frauen zwischen 15 und 64 Jahren von 2008 bis 2018 um 3,6 % von 64,8 % auf 68,6 % gestiegen, während die Erwerbsbeteiligung von Männern mit 76,8 % im Jahr 2008 und 77,4 % im Jahr 2018 zwar relativ konstant blieb, jedoch von Grund auf schon deutlich höher lag. Zwischen 2008 und 2018 lässt sich gleichzeitig mit der höheren Erwerbsbeteiligung von Frauen zudem auch eine Erhöhung der Teilzeitbeschäftigung von 41,6 % auf 47,5 % nachweisen. In dieser Zeit hat sich zwar auch diese Quote bei Männern stark erhöht. Mit einer Steigerung von 3 % von 8,2 % im Jahr 2008 auf 11,2 % im Jahr 2018 ist deren Teilzeittätigkeit jedoch nur eine wesentlich geringere Bedeutung zuzumessen. Denn die Gründe für die Teilzeitbeschäftigung sind nicht unabhängig von nach wie vor üblicher geschlechterrollenzugeschriebener Arbeitsteilung gelagert. Während insgesamt 37 % der Frauen – in der Gruppe der 30 bis 44 Jährigen sogar 67 % – ihre Teilzeittätigkeit mit der Betreuung von Kindern oder Pflegebedürftigen begründeten, gaben teilzeitarbeitende Männer mit 21,4 % schulische oder berufliche Aus- und Fortbildungen oder mit 23,7 % den Wunsch nach mehr Freizeit als Gründe dafür an. Im Vergleich lag der Anteil der Männer mit Betreuungspflichten insgesamt bei nur 5,1 %, bei Männern zwischen 30 und 44 Jahren bei 13,2 %. Nur 7,9 % der Frauen hingegen begründeten ihre Teilzeitarbeit mit Aus- und Fortbildung, 21,6 % mit dem Wunsch nach mehr Freizeit.

Auch in struktureller Hinsicht erweist sich der Arbeitsmarkt in Österreich stark geschlechtsspezifisch segregiert. So arbeiteten 2018 in der Herstellung von Waren 25,0 %, im Bauwesen 13,6 % und im Handel 12,0 % der unselbständig erwerbstätigen Männer. Unselbständig erwerbstätige Frauen indessen waren vor allem in Dienstleistungsberufen beschäftigt. So betrug der Anteil von Frauen im Handel 17,8 %, im Gesundheits- und Sozialwesen 18,2 % und in Erziehung und Unterricht 11,0 %. Auf die berufliche Tätigkeit bezogen zeigen sich auch Verteilungsunterschiede nach Hierarchieebene. Während 2018 7,9 % der männlichen Angestellten Führungstätigkeiten ausübten, arbeiteten dagegen nur 3,5 % der angestellten Frauen in Führungspositionen. Auch bei gleichen Bildungsabschlüssen stiegen Männer häufiger in führende Positionen auf, während Frauen auf mittleren Positionen tätig blieben. Am deutlichsten wird dies bei Abgänger_innen berufsbildender höherer Schulen (BHS). Während auf mittleren Positionen 55,6 % der Frauen und 31,5 % der Männer mit BHS Abschluss vertreten waren, arbeiteten auf höherer und hochqualifizierter Tätigkeitsebene hingegen 37,9 % Männer und 24,7 % Frauen. Vor allem bei Arbeitnehmer_innen mit höchsten Bildungsabschlüssen einer Universität oder Fachhochschule war mit einem Frauenanteil von 7,3 % und einem Männeranteil von 18,9 % weit weniger als die Hälfte der Führungspositionen weiblich besetzt.

Nimmt man dazu nun den Faktor Einkommen mit in den Blick, dann zeigt sich ein großes geschlechtsspezifisches Lohngefälle, ein Gender Pay Gap. Von dem mittleren Bruttojahreseinkommen der gesamten Bediensteten von 27.545 Euro im Jahr 2017 erhielten Frauen mit 21.178 Euro Einkommen im Mittel nur 62,7 %, während Männer 33.776 Euro verdienten. Werden die hohen Teilzeitbeschäftigungszahlen ausgeklammert und ausschließlich Daten der Vollzeitbeschäftigten in Österreich zur Berechnungsgrundlage hergenommen, dann steigt das mittlere Bruttojahreseinkommen der Frauen auf 36.985 Euro und das der Männer auf 43.838 Euro. Darüber steigt der Anteil der Frauen am gesamten Einkommen auf 84,4 %. Es bleibt jedoch ein Lohngefälle zu Lasten von Frauen von 15,6 %.

Genauer weisen Guido Strunk und Anett Hermann nach, dass Frauen auch unter gleichen Voraussetzungsbedingungen schlechtere Chancen am Arbeitsmarkt haben. So wächst das Gehalt von nach persönlichen, sozialen und Bildungskriterien voraussetzungsgleich zu betrachtenden Frauen im Zeitrahmen von zehn Jahren im Vergleich zu dem der Männer 1,46 mal langsamer. Insgesamt führt dies in diesem Zeitrahmen zu einem Gehaltsverlust von 72.821,65 Euro. Weder das Argument der von Frauen vermehrt in Anspruch genommenen Elternkarenz oder das einer vergleichsweise unterschiedlichen Leistungsbereitschaft noch das der Pfadabhängigkeit durch die Auswahl des ersten Berufs nach Abschluss des Studiums können nach diesen Studienerkenntnissen legitimiert werden (Strunk/Hermann 2009).

Bente Knoll und Brigitte Ratzer nehmen dazu den Bereich Technik genauer in den Blick. In „Gender Studies in den Ingenieurwissenschaften" (2012) analysieren sie Gender-Daten der Statistik Austria nach dem Gender Gap in technisch-ingenieurwissenschaftlichen Universitäten in Österreich. Ihren Berechnungen nach entschieden sich im Wintersemester 2007/2008 14 % aller Erststudierenden für ein technisches Studium. Von den insgesamt 32.142 Studierenden an der Technischen Universität Wien (19.348), der Technischen Universität Graz (10.253) und der Montanuniversität Leoben (2.541) im Jahr 2008/2009, betrug der Frauenanteil insgesamt 23,5 %, wovon 24,8 % der Studierenden an der Technischen Universität Wien, 21,1 % der Technischen Universität Graz und 22,9 % der Montanuniversität Leoben weiblich waren. Noch dominanter waren männliche Studenten in den Ausbildungsbereichen der Technik und Ingenieurswissenschaften der österreichischen Fachhochschulen vertreten. Im Jahr 2008/2009 waren von insgesamt 12.589 Studierenden 10.096 männlich und 2.493 weiblich. Der Frauenanteil lag somit lediglich bei 19,8 %. Wird von einem relativ konstanten Verhältnis der Erstinskriptionen auf Geschlecht bezogen ausgegangen, fällt auf, dass vor allem an den Fachhochschulen der Anteil der männlichen Absolventen im Vergleich ansteigt. 2007/2008 waren von 3.075 Studienabschließenden nur 18,4 % der Absolvent_innen weiblich. (Knoll/Ratzer 2010) Zwar steigert sich der Anteil weiblicher Studierender über die Jahre stetig. Doch auch im Jahr 2020/2021 werden technische Studiengänge in Österreich nach Daten der Statistik Austria mit 27,1 % Frauenanteil dreimal so oft von Männern belegt.

Schließlich legen Angaben von Frau in der Wirtschaft (2019) Auswirkungen dieses Geschlechterungleichverhältnisses auch auf den Anteil der Frauen in den einzelnen Unternehmenssparten nahe. Zwar wurde 2016 mit 37 % mehr als jedes dritte Unternehmen von einer Frau geführt. Die dort angegebenen Fachgruppendaten zur Grundlage genommen, sind die von Frauen geleiteten Unternehmen jedoch hauptsächlich in weiblich zugeschriebenen Dienstleistungsbereichen angesiedelt. So beträgt der Frauenanteil in der Fachgruppe der Friseur_innen 82,4 %, in der Fußpflege, Kosmetik oder Massage 80,4 % oder der Mode- und Bekleidungstechnik 76,3 %. In der Sparte Industrie ist der Anteil der Mitgliedschaft von Frauen nur 9,7 % hoch. Die angeführten Zahlen machen es offensichtlich: Ungeachtet des Anstiegs weiblicher Bildungsqualifikationen bleiben gravierende Geschlechterungleichverhältnisse am Arbeitsmarkt bestehen. Der Begriff Technik bleibt mit Männlichkeit verbunden. Trotz Diktum der Chancengleichheit bleiben sowohl im Bildungsbereich als auch in der Erwerbsarbeit horizontale und vertikale Segregation wirksam und führen so zu einer geringeren Beteiligung von Mädchen und Frauen in der Technik. (Frau in der Wirtschaft 2019)

Die Studie hat also folgendes *Forschungsinteresse*: Die hier angeführten Phänomene beschreiben Problembereiche im Hinblick auf die Ausgestaltung von Geschlechtergerechtigkeit in technischen Unternehmen. So zeigen sich in organisationalen Kontexten reale Missverhältnisse zwischen Männern und Frauen. Gleichzeitig, so lässt sich den Daten auch entnehmen, sind diese Ungleichheitsverhältnisse für die gestaltenden Akteur_innen im Zusammenhang mit Geschlechtergerechtigkeit nicht unbedingt von handlungsleitender Relevanz. Dies weist auf die Mehrdeutigkeit von Geschlechtergerechtigkeit in technischen Organisationen hin, die zu unterschiedlichen oder gegensätzlichen Handlungsstrategien führen. Diesen Widersprüchen soll auf den Grund gegangen werden. Systematisiert wird, wie sich in Gleichzeitigkeit unterschiedliche gleichrangige oder hierarchisch geordnete Interpretationen von geschlechtergerechter Zusammenarbeit im Unternehmen hervorbringen. Dazu wird beleuchtet, wie sich die unterschiedlichen Bedeutungen zusammensetzen. Relevante Gerechtigkeitstheorien und Geschlechterdiskurse werden betrachtet und miteinander in Bezug gesetzt. Sowohl Gerechtigkeit als auch Geschlecht erweisen sich hier als derart vieldeutig, dass der Begriff der Geschlechtergerechtigkeit in verschiedene Richtungen ausdeutbar und mit unterschiedlichen Positionen vereinbar zu sein scheint. Die Vielfalt der Ausdeutungsmöglichkeiten erlaubt es zum einen, den Begriff der Geschlechtergerechtigkeit unterschiedlich zu fassen. Um in Alltagssituationen handlungsfähig zu bleiben, sind Akteur_innen und Organisationen zum anderen dazu gezwungen, sich für eine Ausdeutungs- beziehungsweise eine Handlungsstrategie zu entscheiden. Somit wird Geschlechtergerechtigkeit zu einem

Mittel, mit dem sich auch ungleich gestaltete Geschlechterverhältnisse als gleichermaßen geschlechtergerecht und legitim rechtfertigen lassen.

Mit dem Ziel, diese Bedeutungen systematisch zu ordnen, wird betrachtet, wie im Zusammenhang mit Geschlechter(un)gerechtigkeit welchen Inhalten in welchen Formen über welche Prinzipien im Unternehmen konkret Bedeutung zugewiesen wird. Dieses Vorgehen macht implizite Bedingungen und Kulturkontexte sichtbar, über die der Begriff der Geschlechtergerechtigkeit seine Gegenläufigkeiten in der Alltagspraxis von Unternehmen prozesshaft entwirft Das Wissen darum ermöglicht es, in der Praxis auftretende Widersprüchlichkeiten in ihren Voraussetzungsbedingungen zu beleuchten, strukturelle Schieflagen oder interessensgeleitete Machtstrategien zu entlarven, um Prozesse der Auseinandersetzung zu Geschlechtergerechtigkeit so anzulegen, dass Ausschlüsse zum einen sichtbar gemacht werden können und das vielfältige Wissen zum anderen zum Zweck der Organisation von Gerechtigkeit unabhängig von Geschlecht nutzbar gemacht werden kann.

1.2 Forschungsfragen, Zielsetzung und Aufbau der Arbeit

Die *Forschungsfragen* knüpfen an dieses Interesse an. Untersucht wird, wie sich Geschlechtergerechtigkeit in technischen Unternehmen in ihrer Vielfältigkeit entwirft und vermittelt. Im Mittelpunkt stehen dabei die Fragen, wie und unter welchen Bedingungen Akteur_innen und Organisationen geschlechtergerechte Zusammenarbeiten im Alltag organisieren. Um die Alltagspraktiken analytisch zu umfassen, werden relevante Normen, Formen und Prinzipien in einen systematisierten Zusammenhang gesetzt. Diese Systematisierung wirft einen Blick darauf, wie und in welchen Kontexten sich unterschiedliche Ausdeutungen und Aushandlungen von Geschlechtergerechtigkeit und Geschlechterungerechtigkeit in Gleichzeitigkeit in der Alltagspraxis von Unternehmen hervorbringen. Folgende forschungsleitende Fragen bilden den Rahmen dieser Arbeit:

1. Wie formen sich unterschiedliche Bedeutungen von Geschlecht und Gerechtigkeit im Unternehmen aus?
2. Wie wird die Zusammenarbeit im Unternehmensalltag durch Geschlecht beeinflusst?
3. Wie wird die Zusammenarbeit im Unternehmensalltag über Gerechtigkeit geordnet?
4. Wie werden Gleichzeitigkeiten von Geschlechtergerechtigkeit und Geschlechterungerechtigkeit in der Praxis hergestellt?

Die Forschungsstrategie und die Zielrichtung der Studie basieren auf der Grundlage dieser Fragestellungen. Im Mittelpunkt steht die Rekonstruktion der Sinn- und Deutungsbezüge von Geschlechtergerechtigkeit in technischen Organisationen. Es wird erarbeitet, wie und mit welchem Wissen Akteur_innen in diesen Organisationen multiple Geschlechterwirklichkeiten so konstruieren, dass sich Geschlechterdifferenzen und -gleichheiten in der Alltagspraxis herstellen oder relativieren. Dabei werden Geschlechtergerechtigkeitsverständnisse analysiert, die sich in historisch und sozial gestalteten Kontexten entwerfen. Ausgehend davon, dass eine entsprechende Bewusstmachung als Voraussetzung dafür zu sehen ist, dass Geschlechtergerechtigkeit im Arbeitsalltag von technischen Unternehmen erfolgreich organisiert werden kann, wird rekonstruiert, unter welchen Voraussetzungsbezügen Akteur_innen dort Zusammenarbeiten als gerecht beziehungsweise ungerecht ausdeuten und ausgestalten.

Dem *Forschungsziel* wird sich strategisch über die zirkuläre Verknüpfung theoretischer und empirischer Forschungszugänge angenähert. Mit dem Fokus auf das Verhältnis von Gerechtigkeit, Geschlecht und Organisation verknüpft die *Theorieanalyse* Teilbereiche der *Gender Studies* und der *Philosophie*. Der Zusammenhang bei vorliegender wissenschaftlicher Fragestellung erstellt sich gegenstandsbezogen und ist folgendermaßen zu begreifen: Geschlechtsbezogene Ungleichheiten in Organisationen weisen auf Gerechtigkeitsprobleme hin, die sich prozesshaft ausgestalten. Geschlecht und Gerechtigkeit zeigen sich strukturell so aufeinander bezogen, dass sich die der Zusammenarbeit unterlegte Art der Geschlechterbeziehung einer bestimmten Form von Gerechtigkeit zuordnet. In den einzelnen Formen heben sich bestimmte Normen als kulturell relevant hervor. Je nachdem, welches Prinzip in einer nach einer bestimmten Form geordneten Alltagspraxis handlungsleitend zur Anwendung kommt, begründet sich Geschlechtergleichheit in der Zusammenarbeit als konform und geschlechtergerecht oder als nicht konform und somit geschlechterungerecht.

In den nachfolgenden Abschnitten wird in kurzen Worten in den thematischen Aufbau und die forschungslogische Abfolge eingeführt. Dabei werden beispielhaft auch Referenzen angeführt. Ausführliche Bezugsetzungen und Quellenangaben finden sich in den jeweiligen Kapiteln selbst.

Die *Gender Studies* untersuchen auf interdisziplinäre Weise, wie sich Geschlecht auf Gesellschaft, Wissenschaft und Kultur auswirkt. Die *Frauen- und Geschlechterforschung* fokussiert dabei unter anderem darauf, wie sich Ungleichheiten in sozialen Beziehungen über die Kategorie Geschlecht im Alltag gestalten und vermitteln (unter anderem Becker/Kortendiek 2010; siehe auch Kortendiek/Riegraf/Sabisch 2019). In der empirischen Praxis auch von technischen Unternehmen, so zeigt sich, lassen sich geschlechterungleichheitserzeugende Praxismuster in großer Vielfältigkeit beobachten.

Das *Theoriekapitel Geschlecht* (Kapitel 2) wirft einen Blick auf Geschlecht in seiner vielfältigen sozialen Relevanz und untersucht, mit welchem Wissen und über welche Bedingungen sich unterschiedliche Deutungen von Geschlechterungleichheit in der gesellschaftlichen Praxis entwickeln. Die Theoriediskurse der Geschlechterdifferenz, der Geschlechtergleichheit und der Dekonstruktion oder Aufhebung von Geschlecht werden dazu grundlegend in Zusammenhang gebracht und dem Forschungsanliegen angepasst. Dabei wird deutlich, dass und wie sie gegensätzliche Grundauffassungen ausbilden. So setzen Diskurse der Geschlechterdifferenz dem Sozialen die Differenzierung der Geschlechter biologisch voraus, während Diskurse der Geschlechtergleichheit die Differenz durch das Soziale hervorgebracht sehen; Diskurse der Dekonstruktion oder Aufhebung von Geschlecht schließlich erachten die Geschlechterdifferenzierung selbst als sozial konstruiert (unter anderem Pimminger 2019, 2012).

Das Thema Gerechtigkeit stellt eines der wesentlichen Themen der *theoretischen Philosophie* dar (unter anderem Höffe 2010). Im Rahmen philosophischer Theoriediskurse werden normative Begründungen erstellt, wie eine gerechte Gesellschaft bestimmt wird (unter anderem Ebert 2015). Normative Gerechtigkeitskonzepte der klassischen Philosophie stellen sich inhaltlich und strukturell äußerst vielschichtig dar. Und Alltagswirklichkeiten von Organisationen heute zeigen sich auf vielfältige Art und Weise von diesen beeinflusst. Über die Entstehungszusammenhänge klassischer Gerechtigkeitstheorien soll ein erstes Verständnis für die grundlegenden Herausforderungen entwickelt werden, die sich in der Organisation von Geschlechtergerechtigkeit in der Alltagspraxis technischer Unternehmen ergeben.

Das *Theoriekapitel Gerechtigkeit* (Kapitel 3) zeigt auf, wie sich im chronologischen Zeitverlauf zentrale *Gerechtigkeitstheorien ständischer Gesellschaften* in abgrenzender Weise zueinander entwerfen. Dazu werden beispielhaft fünf Gerechtigkeitskonzepte des in der gängigen Literatur als klassisch bezeichneten Kanons miteinander in Bezug gesetzt. Diese wurden nach dem Aspekt der größtmöglichen Unterschiedlichkeit jener Struktur- und Handlungsfaktoren ausgewählt, die sich thematisch als relevant erweisen. Es handelt sich dabei um die Gerechtigkeitsbegriffe von Platon (unter anderem Krapinger 2017), Aristoteles (unter anderem Nickel 2007), von Aquin (unter anderem Albertus-Magnus-Akademie Walberberg 2004), Hobbes (unter anderem Hobbes 1651/1996) und Kant (unter anderem

Weischedel 1977). Der vergleichende Fokus auf die zentralen Merkmale der einzelnen Theorien gibt einen Überblick über die Spannbreite abstrakter Gegensätze in Bezug auf Gerechtigkeit und setzt diese auch in formalen Anschluss zueinander. Darüber offenbart sich eine historisierte und relativierte Bezugsetzung von Gerechtigkeit an sich. Zudem vermittelt sich ein vielfältiger und begrenzter Charakter von Gerechtigkeit gleichermaßen, indem die einzelnen Theoreme auch auf nicht in Anschluss Gesetztes und somit Ausgeblendetes verweisen. Und schließlich verdeutlicht sich über die männliche Autorenschaft der hier dargestellten Konzepte beispielhaft, wie Frauen in der Gerechtigkeitsgeschichte selbst marginalisiert und ausgeblendet werden (dazu unter anderem Höffe 2008a, 2008b). Hier zeigt sich also, dass die angeführten Theoriediskurse ihre zentralen Elemente im Anschluss aneinander so ausrichten, dass Grundlegungen und Ausschlüsse entstehen, die fraglos erscheinen.

Aus dem Wissen um den strukturellen Ausschluss von Frauen beziehungsweise den Ausschluss von geschlechtergerechtigkeitsrelevantem Wissen aus Gerechtigkeitsdiskursen ständischer Gesellschaften begründet sich die anschließende Auswahl der *Gerechtigkeitskonzepte moderner Gesellschaften*. Zum einen werden ausschließlich jene Gerechtigkeitstheorien der gegenwärtigen Zeit verwendet, die das empirische Faktum eines gesellschaftlich ungerecht gestalteten Geschlechterverhältnisses voraussetzen und sich darum bemühen, sich daraus ergebende soziale Herausforderungen theoretisch zu bearbeiten. Zum anderen werden kontrastierende beziehungsweise komplementäre Modelle ausgesucht. Darüber wird auf die Vielfältigkeit der Muster und Faktoren verwiesen, die zur Organisation von Geschlechtergerechtigkeit gesellschaftlich grundsätzlich zur Verfügung stehen. Die letztlich ausgewählten Konzepte von Mill (unter anderem Mill 1861/2006), Rawls (unter anderem Rawls 1975) und Nussbaum (unter anderem Nussbaum 2010) gelten wiederum als Kanon, sind einander zeitchronologisch zugeordnet und orientieren sich am Liberalismus. Nach liberalem Denken ist soziale Gerechtigkeit aktiv und gleichwertig von Individuen und gesellschaftlichen Institutionen zu gestalten und somit auch von technischen Organisationen zu verantworten (unter anderem Haase 2014). In Zusammenhang gestellt, legen die einzelnen Konzepte die Begrenzungen der anderen Perspektiven offen, zeigen deren Auslassungen und eröffnen den Raum für denkbar andere Gerechtigkeitsmodelle.

Der Blick auf den Zweig der *organisationalen Gerechtigkeitsforschung* legt anschließend weitere Betrachtungsebenen von Gerechtigkeit offen (unter anderem Liebig/Lengfeld 2002a). Im Fokus der organisationalen Gerechtigkeitstheorien liegt, wie Akteur_innen soziale Gerechtigkeit in

Alltagskontexten ausgestalten. Im Gegensatz zur abstrakten Zielsetzung der normativen Gerechtigkeitsforschung richtet sich die organisationale Gerechtigkeitsforschung also danach aus, zu erfassen, wie und in welchen Ordnungen Menschen Gerechtigkeit organisieren (unter anderem Lengfeld/Liebig 2003). Dieses Kapitel hebt hervor, welche Ordnungsbedingungen nach Erkenntnissen organisationaler Forschungen für soziale Gerechtigkeit sorgen. Dazu wird erstens auf die Grundlagen des organisationalen Forschungsansatzes selbst eingegangen (unter anderem Lenger/Wolf 2016). Dann werden zweitens relevante Formen erarbeitet, die die Ordnungskontexte von Gerechtigkeit bestimmen (unter anderem Cropanzano/Rupp/Thornton/Shao 2016), in denen drittens die als relevant erachteten Ordnungsprinzipien zur Anwendung kommen (unter anderem Liebig/May 2009). Auf die spezifischen Gerechtigkeitszustände, die sich in der Alltagspraxis von Unternehmen über diese Formen und Prinzipien entwerfen, wird dann vor allem mit ihren hervorgebrachten Eigentümlichkeiten und Gegensätzlichkeiten fokussiert.

Das anschließende Kapitel setzt *normative und organisationale Gerechtigkeit in Bezug* zueinander. Darüber werden Herausforderungen verdeutlicht, die sich aus den Gegenläufigkeiten der beiden Domänen und Begriffe für den Umgang mit Gerechtigkeitsfragen in der Unternehmenspraxis ergeben. Mithilfe des Grid und Group – Modells von Mary Douglas (1996, 1986, 1982) und einem Bezug zu Erkenntnissen von Stefan Liebig und Stephan Schlothfeldt (2002) werden die Theoriekonzepte der normativen Gerechtigkeit und die Ordnungsformen und -prinzipien der organisationalen Gerechtigkeit miteinander in Verhältnis gesetzt. Dabei legt sich beispielhaft dar, wie und auf welchen inhaltlichen und formalen Grundlagen sich vier einander ausschließende Grundhaltungen zu Gerechtigkeit gleichzeitig organisieren. Zudem wird ein Blick darauf geworfen, wie sich die widersprüchlichen Deutungskontexte miteinander in Verhältnis setzen.

Der Fokus darauf, wie *Geschlechtergerechtigkeit* (Kapitel 4) eine Gleichzeitigkeit von Geschlechtergleichstellung und Geschlechterungleichstellung in der Alltagspraxis von Organisationen begründet, schließt die Theorieanalyse ab. Dazu wird sich zum einen auf die Arbeiten von Irene Pimminger (2012) bezogen, die Geschlechtergerechtigkeit als mehrdimensionalen und kontextgebundenen Begriff definiert. In ihrer Studie beleuchtet Pimminger die Diskurse der Geschlechterdifferenz, der Geschlechtergleichheit und der Dekonstruktion oder Aufhebung von Geschlecht als unterschiedliche Perspektiven eines Gleichstellungsdiskurses (Pimminger 2012). Zum anderen wird die Studie zu betrieblichen Gleichstellungskulturen von

Brigitte Liebig (2000) aufgegriffen. Die von ihr erstellte Typologie führt in vier empirisch beobachtbare Geschlechterkulturtypen wirtschaftlicher Betriebe ein. Im Zusammenhang mit der von Liebig erarbeiteten Orientierungsdimension des betrieblichen Geschlechterverhältnisses (Liebig 2000, 296) wird es möglich, die Geschlechterkulturtypen dem Grid und Group – Schema von Douglas zuzuordnen. Gerechtigkeit und Geschlecht sowie daraus entstandene Formen und Prinzipien der Geschlechtergerechtigkeit können so verknüpft werden. Und geschlechtergerechte beziehungsweise geschlechterungerechte Gestaltungsmodi der Praxis werden systematisierbar. Die latenten Voraussetzungsbedingungen gegensätzlich ausgerichteter Geschlechtergerechtigkeitsverständnisse werden offen und nachvollziehbar beleuchtet. Im Rahmen der vorliegenden Arbeit stellen die Erkenntnisse Pimmingers und Liebigs geeignete Theorieanschlüsse zur Verfügung, um Voraussetzungsbedingungen aufzuzeigen, die zu einer Gleichzeitigkeit von Geschlechtergerechtigkeit und Geschlechterungerechtigkeit in Organisationen führen. Die Darstellung und Bezugsetzung der unterschiedlichen Geschlechtergerechtigkeitsmuster schließt die Theorieanalyse daher ab.

Dem Theorieteil schließt sich die Darstellung der *empirischen Praxisforschung* an. Die Wahl der *Forschungsstrategie* (Kapitel 5) und der *Forschungsmethoden* (Kapitel 6) richtet sich nach dem Thema und dem Prozess der Forschung. Relativ unbearbeitete, zeitgenössische soziale Phänomene, wie die Organisation von Geschlechtergerechtigkeit in technischen Organisationen eines darstellt, lassen sich gut in einem qualitativen Design bearbeiten. Forschungszugänge des interpretativen Paradigmas fokussieren dabei auf Interaktion als einen interpretativen Prozess (unter anderem Froschauer/Lueger 2009). Der vorliegende Forschungsprozess interpretiert, wie sich Geschlechtergerechtigkeit in der Alltagspraxis von Akteur_innen in technischen Unternehmen ausdeutet und ausgestaltet. Nachdem, wie sich im Forschungsprozess zeigt, der Blick auf die kollektiven Deutungsmuster allein dem vorliegenden Forschungsgegenstand nicht gerecht werden kann, wird der ursprüngliche Forschungsplan abgeändert. Die Kernsatzanalyse von Thomas Leithäuser und Birgit Volmerg (1988) wird anhand der zirkulären Strategie der Grounded Theorie trianguliert mit der Wissenssoziologischen Diskursanalyse von Reiner Keller (2007, 2006, 1997) und dem Grid und Group – Modell von Mary Douglas (1996, 1986, 1982). Mit dem Anspruch, dem Anliegen angemessene Erkenntnisse zu generieren, wird vor allem auf die Rekonstruktion der den Widersprüchen unterlegten Deutungs- und Gestaltungsbezüge fokussiert, nach denen sich das geschlechtergerechte Denken und Handeln der Akteur_innen in den untersuchten Unternehmen aktuell ausrichten.

Anschließend daran werden die *Ergebnisse der empirischen Praxis* (Kapitel 7) dargestellt. Dabei zeigt sich in den Darstellungen der interviewten Führungskräfte, dass in der Organisation des Zusammenlebens und der Zusammenarbeit der Akteur_innen in technischen Organisationen sowohl Geschlechtergerechtigkeit als auch Geschlechterungerechtigkeit gleichzeitig Relevanz erhalten. Dies mutet nur scheinbar paradox an. Denn es wird sichtbar, dass sich Geschlechterungerechtigkeiten in der Unternehmenspraxis so in Verhältnis zu Geschlechtergerechtigkeiten setzen, dass sie ihre Ausdeutungen und Ausgestaltungen in einem Überkreuzzusammenhang derselben Formen und Prinzipien organisieren.

Abschließend werden wesentliche Erkenntnisse zusammengefasst und diskutiert. Damit werden der *organisationale* sowie der *gesellschaftliche Beitrag* der Studie deutlich (Kapitel 8). Die systematische Herleitung und Analyse der relevanten Gestaltungsbezüge rahmt die Unterschiedlichkeit gleichzeitig beobachtbarer Geschlechtergerechtigkeitshaltungen im Unternehmen und stellt sie in einen Gesamtkontext. Dieser Zugang macht die dabei zugrunde gelegten normativen, formalen und kulturellen Geschlechtergerechtigkeitsbezüge auch mit ihren gegenwirkenden Prinzipien sichtbar. So wird auf immanente Widerspruchsphänomene verwiesen, die sich im Umgang mit geschlechtergerechten Fragestellungen in der Alltagspraxis betrieblicher Akteur_innen zeigen. Es werden Erkenntnisse dazu generiert, welche Bedeutungen von Geschlechtergerechtigkeit sich für die Akteur_innen in ihren vielfältigen Handlungswirklichkeiten als zweckdienlich erweisen. Zum anderen wird immanentes Wissen zur Vielfältigkeit von Geschlechtergerechtigkeit und zu komplexen Herausforderungen, die sich aus dieser Vielfältigkeit ergeben, sichtbar und somit organisational und gesellschaftlich verwertbar. Darüber wird nicht allein die Wichtigkeit zur Auseinandersetzung mit dem Thema Geschlechtergerechtigkeit an sich sichtbar. Es macht auch deutlich, dass eine Ausbalancierung der aufgeworfenen Widersprüchlichkeiten nur im gemeinsamen Nachdenken und Aushandeln aller Beteiligten geschehen kann.

2. Geschlecht

Das Forschungsfeld der Frauen- und Geschlechterforschung blickt auf eine relativ kurze Entwicklungsgeschichte zurück. Geschlecht als eigenständiger Begriff und die gesellschaftliche Relevanz dieses Begriffs entstehen nach soziologischen Forschungserkenntnissen im Zeitalter der Moderne als Ergebnis komplexer Entwicklungsprozesse. In Kapitel 2.1 wird das Forschungsfeld der Frauen- und Geschlechterforschung näher beleuchtet. Relevante feministische Diskurszusammenhänge werden im Anschluss in Kapitel 2.2 vorgestellt.

2.1 Forschungsfeld der Frauen- und Geschlechterforschung

Forschungsansätze feministischer Frauen- und Geschlechterforschung richten ihren Fokus auf die Analyse von Geschlechterverhältnissen. Sie analysieren die gesellschaftshistorischen Konstituierungs- und Ausrichtungsprozesse sozialer Beziehungen von Menschen zueinander anhand von Geschlecht. Theoretisch und empirisch erarbeiten sie entsprechendes Wissen und Strategien, um gegenwärtige geschlechtsbezogene Benachteiligungen von Personen zu beheben und zukunftsweisende Veränderungsprozesse zur gesellschaftlichen Auseinandersetzung und Herstellung von Geschlechtergerechtigkeit zu formulieren und zu veranlassen.

Das Feld der Frauen- und Geschlechterforschung blickt heute auf rund ein halbes Jahrhundert sich dynamisch entwickelnder Diskursverläufe zurück. So wird Frauenforschung in ihren Anfängen ab 1970[5] im „Dienst der Aufhebung von Unterdrückung und Ausbeutung“ (Mies 1984, 13) als frauenpolitische Praxis verstanden. Zu diesem Zweck suchen feministische Praktikerinnen und Wissenschaftlerinnen in dieser Zeit entweder weibliche Lebenserfahrungen perspektivisch hervorzuheben (siehe

5 In „Zehn Jahre Frauenstudien und Frauenforschung an der Universität – GH – Essen“ (1992) datiert Ingeborg Stahr die Anfänge der frauenpolitischen Auseinandersetzungen in der Bundesrepublik Deutschland auf das Jahr 1970 (Stahr 1992, 10). Erste Versuche der Institutionalisierung werden um das Jahr 1980 datiert, die dann um 1990 zu konkreten und strukturell stabile(ere)n Formen in Hochschulen führten (Metz-Göckel 2010, 896).

beispielsweise Dausien 2012; Kraul 2006; Dausien 2000, 1994; Pusch 1990; Bock 1983; Adolphy 1982; Buck/Grubitzsch/Pelz/Reineke 1982), ungleich zu Lasten von Frauen gestaltete Prozesse der Vergesellschaftung oder Geschlechterordnungen zu analysieren (siehe beispielsweise Becker-Schmidt 2010; Becker-Schmidt/Knapp 2007, 1995; Becker-Schmidt 1993; Knapp 1990; Müller/Schmidt-Waldherr 1989) oder androzentrische, männlich zentrierte Entstehungs- und Gestaltungszusammenhänge gesellschaftlichem Wissens oder Wissenstheorien offenzulegen (siehe beispielsweise Weckwert/Wischermann 2006; Müller 1991; Hausen/Nowotny 1986; Mies 1984).

Um 1980 stellen Forschungszweige der frühen Geschlechterforschung auf Grundlage der Argumentation, gesellschaftliche Zuschreibungs- und Zurichtungsprozesse auch von Männern und bezogen auf Männer in all ihren Dimensionen offen legen und analysieren zu können, den frauenpolitischen Impetus der geschlechtsbezogenen Forschungen in Frage. Seither wird im Feld der Geschlechterforschung ein Fokus auf die Erforschung sozialer Herstellungs- und Gestaltungsbedingungen dichotomer Geschlechterrollen auch unabhängig von strategischen Praxiszielen der Frauenbewegung oder der Analyse gesellschaftlicher Machthierarchien gesetzt (siehe beispielsweise Runte 1998, 119ff.; Bublitz 1992, 30ff.; Hagemann-White 1984).

Feministische Theorien über Geschlecht und Geschlechterverhältnisse haben in den letzten Jahrzehnten komplexe Ausdifferenzierungen erfahren. Insgesamt lassen sich neben kontroversen Debatten der Differenzierung und Spezialisierung auch Diskurse erkennen, die sich dem Versuch einer Systematisierung der vielfältig angelegten und unterschiedlich ausgerichteten wissenschaftlichen Positionen und Perspektiven annehmen. Die unterschiedlichen Diskurse und Positionierungen sind in Theorie und Praxis vielseitig abgebildet. Um das vielfältig bearbeitete Feld zu umreißen, seien im Folgenden beispielhaft sechs Standardwerke im Kontext der Geschlechterforschung genannt: So fassen beispielsweise Martina Löw und Bettina Mathes in „Schlüsselwerke der Geschlechterforschung“ (2011) über ausgewählte Arbeiten der klassischen Geschlechterforschung den grundlegenden, wissenschaftlichen Kanon zum Thema zusammen (Löw/Mathes 2011). Einen Überblick zu wissenssoziologischen Forschungserkenntnissen und Zugängen geben Cornelia Behnke, Diana Lengersdorf und Sylka Scholz in „Wissen – Methode – Geschlecht: Erfassen des fraglos Gegebenen“ (Behnke/Lengersdorf/Scholz 2014). Die Bereiche Organisation und Geschlecht werden beispielsweise in „Gender Cage – Revisited“ (2014) von Maria Funder fruchtbringend verknüpft (Funder 2014). Auch

Ursula Müller, Brigit Riegraf und Sylvia Wilz geben im gleichnamigen Werk umfassend Einblick in das Verhältnis von „Geschlecht und Organisation“ (Müller/Riegraf/Wilz 2013). Ein profunder Überblick zum Ist-Stand der wissenschaftlichen Diskurse und Fragestellungen des Gebiets der Frauen- und Geschlechterforschung wird über das von Ruth Becker und Beate Kortendiek in dritter Auflage herausgegebene „Handbuch Frauen- und Geschlechterforschung“ (2010) gezeichnet (Becker/Kortendiek 2010). Und schließlich werden Geschlechterdiskurse von Edeltraud Hanappi-Egger und Regine Bendl in „Diversität, Diversifizierung und (Ent)Solidarisierung“ (2015) auch im Kontext betriebswirtschaftlicher Diversitätsforschung argumentiert (Hanappi-Egger/Bendl 2015).

2.2 Feministische Diskurse der Frauen- und Geschlechterforschung

Aktuell werden im von Beate Kortendiek, Birigit Riegraf und Katja Sabisch herausgegebenen „Handbuch interdisziplinäre Geschlechterforschung“ (2019) für die Geschlechterforschung drei relevante Diskurse zum Gegenstand der Geschlechtergerechtigkeit angeführt, die auch in diesem Zusammenhang Relevanz erfahren (Kortendiek/Riegraf/Sabisch 2019; siehe auch Pimminger 2019; Gildemeister 2000). Die drei Positionen werden nachfolgend anhand ihrer zentralen Annahmen zu Geschlecht und Geschlechterverhältnissen in kurzen Worten eingeführt. Die folgende Darstellungsform ist bewusst gewählt. In ihrer Knappheit erhebt sie zweifelsohne nicht den Anspruch, die wissenschaftlichen Bezüge in Theorie und Praxis vollumfänglich darzulegen. Jedoch soll so zu einem systematischen Überblick der verfügbaren Erkenntnisse zur Bearbeitung des hier vorliegenden Forschungsanliegens beigetragen werden. Dieser Überblick verweist zum einen auf das gegenwärtige Spektrum soziologischer Geschlechterschematisierungen, zum zweiten auf die sich aus den widersprüchlichen Positionierungen für den Umgang mit Geschlechterfragen in gesellschaftlicher Theorie und Praxis ergebenden Herausforderungen und schließlich auch darauf, welche Themen und Fragestellungen im Zentrum der wissenschaftlichen Auseinandersetzung stehen. Dabei soll vor allem auch den entstehungsgeschichtlichen Zusammenhängen mit ihren Wechselwirkungen ein bedeutender Platz eingeräumt werden. Die drei relevanten Diskurse werden in ihrer grundsätzlichen Unterschiedlichkeit pointiert verdeutlicht und zuerst ohne weitere Referenzen oder Quellen angeführt. In den anschließenden Kapiteln werden sie in ihren für das vorliegende Forschungsansinnen wichtigen konzeptuellen Grundlagen und

Bezugsetzungen näher erläutert. In Text und Fußnoten wird dort auch auf thematisch wichtige Referenzliteratur verwiesen.[6]

Hier die kurze Vorstellung von 1) Geschlechterdifferenzansatz, 2) Geschlechtergleichheitsansatz und 2) Ansatz der Dekonstruktion oder Aufhebung von Geschlecht:

1) Geschlechterdifferenzdiskurse sehen gesellschaftliche Entwicklungsprozesse über substanzielle Geschlechterunterschiede beeinflusst. Sie gehen von geschlechtsspezifischen Attributen und körperlich verankerten Eigenschaften von Männern und Frauen aus und anerkennen auch die Ausbildung von männlichen und weiblichen Verhaltensweisen, Kompetenzen und Fähigkeiten als Teil der Natur. Im Verlauf der theoretischen und empirischen Auseinandersetzungen im Feld der Frauen- und Geschlechterforschung bilden sich Anfang und Mitte des 20. Jahrhunderts im Wechselspiel mit der zweiten politischen Frauenbewegung Differenzdiskurse der Frauen- und Geschlechterforschung heraus. Nach Geschlechterdifferenzansätzen sind Männer und Frauen als grundsätzlich unterschiedlich zu betrachten. In ihrer Unterschiedlichkeit erfahren Frauen gesellschaftlich jedoch ungleich schlechter Anerkennung. Ihr feministischer Anspruch bezieht sich daher auf eine gleichartige gesellschaftliche Anerkennung geschlechtsspezifischer Eigenschaften und Merkmale aller Menschen.
2) Nach Geschlechtergleichheitsdiskursen sind Männer und Frauen als gleich zu betrachten und somit auch grundsätzlich zur Ausbildung gleicher Fähigkeiten und Kompetenzen befähigt. Nach geschlechtergleicher Auffassung sind Geschlechterdifferenzen gesellschaftlich hergestellt. Geschlechtsbezogene Entwicklungsprozesse sind als gesell-

6 Die drei hier angeführten Positionierungen sind anerkanntes Standardwissen auch in den der soziologischen Disziplin angrenzenden wissenschaftlichen Fach- und Forschungsgebieten wie zum Beispiel den Politikwissenschaften (siehe dazu unter anderem Rosenberger/Sauer 2004) oder den Geschichtswissenschaften (siehe dazu unter anderem Medick/Trepp 1998). Finden sich abweichende Schematisierungen, lassen sich deren Änderungen in Art oder Form perspektivisch über das jeweilige Forschungsinteresse erklären. Für die Erziehungswissenschaften führen Helma Lutz und Norbert Wenning als Grundlage für die Auseinandersetzung mit gesellschaftlichen Differenzsetzungen in „Unterschiedlich verschieden. Differenz in der Erziehungswissenschaft“ (2001a) mit dem „Androgynitätskonzept“ beispielsweise eine zusätzliche, gesellschaftlich hervorgebrachte und bildungspädagogisch relevante Form ein, die ausgehend von einer grundsätzlichen „psychischen Bi-Sexualität von Menschen“ (Lutz/Wenning 2001b, 15) eine „Auflösung der Geschlechterdifferenz“ (ebenda) auf gesellschaftlicher Ebene anstrebt, „um die psychische Ganzheit des Menschen zu fördern“ (ebenda).

schaftlich konstruiert und bedingt zu betrachten. Die Geschlechtergleichheitsdiskurse entwickeln sich um 1970 parallel und aus den feministischen Geschlechterdifferenzdiskursen heraus. Sie sehen Geschlecht als gesellschaftsdynamische Strukturkategorie, über die sich gesellschaftliche Differenzverhältnisse wechselseitig zwischen Frauen und Männern etablieren und stabilisieren. Die Bedingungen von Vergesellschaftung sehen Geschlechtergleichheitstheorien als geschlechterungleich zum Vorteil von Männern ausgerichtet. Ihr feministischer Anspruch bezieht sich daher auf die Gestaltung eines gleichmäßigen Zugangs zu gesellschaftlichen Ressourcen und Positionen für alle Menschen.

3) Diskurse der Dekonstruktion oder Aufhebung von Geschlecht stellen Zweigeschlechtlichkeit sowie geschlechtsspezifische Attribute und Eigenschaften oder geschlechtsbezogene Fähigkeiten und Kompetenzen grundsätzlich in Frage. Nach Auffassung der Dekonstruktion oder Aufhebung von Geschlecht sind Geschlechterdifferenz und Zweigeschlechtlichkeit selbst als konstruiert zu betrachten. Der sich über Debatten der 1990er Jahre vor allem im Zusammenhang mit sprachtheoretischem Denken entwickelte Diskursansatz der Dekonstruktion oder Aufhebung von Geschlecht stellt neben einer festgelegten Männlichkeit beziehungsweise Weiblichkeit somit auch die Rechtfertigungsgrundlage der Kategorie Geschlecht zur gesellschaftlichen Verhältnissetzung von Menschen generell zur Disposition. Der feministische Anspruch bezieht sich darauf, die dichotomen Bedeutungszuschreibungen von Geschlecht insgesamt zu hinterfragen, um so die Kontingenz und Veränderbarkeit scheinbar ontologisch festgelegter Kategorien und Ordnungen zu beleuchten.

Während Ansätze der Geschlechterdifferenz körperliche Unterschiede zwischen Männern und Frauen als wesentlich für die Ausbildung geschlechtsbezogener Fähigkeiten und Kompetenzen oder Verhältnissetzungen annehmen, gehen Ansätze der Geschlechtergleichheit in ihren Diskursen über die Differenzierung von Sex und Gender grundsätzlich von einem sozial konstruierten Geschlechtsunterschied aus. Sie sehen die körperlichen Anlagen von Männern und Frauen zur Ausbildung von Fähigkeiten und Kompetenzen oder die Ausrichtung von Beziehungen als geschlechtergleich. Ansätze der Dekonstruktion oder Aufhebung von Geschlecht indes stellen die Existenz eines geschlechtlichen Unterschieds, Geschlecht als subjektive Identitäts- und somit auch als soziale Kategorie in Frage. Über die grundsätzlich unterschiedlichen Positionierungen sind auch die gewählten Strategien und Zielsetzungen zur Bearbeitung von Geschlechtergleichheitsfragen grundsätzlich unterschiedlich angelegt. Während nach Ansatz der Geschlechterdifferenz eine gleiche kulturelle Anerkennung der biologisch festgelegten Unterschiedlichkeiten angestrebt wird, konzentrieren sich feministische Geschlechtergleichheitsansätze auf den Abbau struktureller Ungleichheiten. Feministische Ansätze der Dekonstruktion oder Aufhebung fragen stattdessen, ob und inwieweit Geschlecht begrifflich dekonstruiert und als gesellschaftliche Kategorie aufgelöst werden kann.

Die Ansätze der Geschlechterdifferenz, der Geschlechtergleichheit und der Dekonstruktion oder Aufhebung von Geschlecht nehmen grundsätzlich gegensätzliche Perspektiven und Positionen bei der Deutung und Bearbeitung von Geschlechterdifferenzen und bei der Ausarbeitung von Zugängen zur Gestaltung von Geschlechtergleichheit ein. Den zentralen Herausforderungen, die sich im Hinblick auf die Bearbeitung von organisational relevanten Geschlechtergleichheitsfragen aus diesen grundsätzlichen Ambivalenzen ergeben, soll sich nun weiter angenähert werden. Dazu werden die drei oben angeführten Positionierungen in ihren relevanten Bezügen näher dargestellt. Darüber soll eine Verständnisgrundlage für die spezifischen Gestaltungsbedingungen sich ambivalent zeigender, geschlechtsbezogener Phänomene auch in der Alltagszusammenarbeit von Männern und Frauen in technischen Unternehmen skizziert werden.

2.2.1 Zu Diskursen der Geschlechterdifferenz

Folgt man der Auffassung aktueller Frauen- und Geschlechterforschung, werden Geschlechterfragen über drei Diskursansätze ausgehandelt. Folgendes Kapitel geht auf Geschlechterdifferenzdiskurse ein, die Geschlechterdifferenzen natürlich begründen.

2.2.1.1 Zum Verhältnis von Naturwissenschaft und Geschlecht

Mit Aufkommen moderner und funktional differenzierter Gesellschaften zeigt sich Geschlecht als wissenschaftlicher Gegenstand vor allem für Biologie und Psychoanalyse bedeutend. In der Biologie galt nach Thomas Laqueur bis ins 18. Jahrhundert das Wissen um ein anatomisches Ein-Geschlecht-Modell (Laqueur 1992, 39). Dieses Ein-Geschlecht-Modell betrachtet die Frau als unvollkommene Version des Mannes mit der weiblichen Vagina als einen nach innen in den Bauch ausgerichteten Penis (Laqueur 1992, 42). Diese körperlichen Beschreibungen und Deutungen ordnen Männer und Frauen schon in der frühen Moderne symmetrisch und hierarchisch zueinander zu. Während der Mann das menschliche Ideal abbildet, wird ihm die Frau als menschliche Art untergeordnet (Giuliani 1997, 149f). Im 18. und 19. Jahrhundert bringt sich dann das naturwissenschaftliche Wissen um eine körperanatomische Unterschiedlichkeit hervor. Nun unterscheiden sich Männer und Frauen über physiologische Grundausstattungen (Palm 2016, 6). Zwar implizieren diese Körperunterschiede nun spezifisch männliche und weibliche „Fähigkeiten und Fertigkeiten, Einstellungs- und Verhaltensmuster, kognitive und affektive Merkmale“ (Nestvogel 2010, 167), die hierarchische Bewertungskodierung des Ein-Geschlecht-Modells wird jedoch zweckhaft aufrecht erhalten.

Auch heutige Fachdiskurse des wissenschaftlichen Felds der Biomedizin oder Psychiatrie deuten geschlechtsspezifische Eigenschaften biologistisch, vor allem in Bezug auf weibliche und männliche Sexualität. So führen Stefan Lautenbacher, Onur Güntürkün und Markus Hausmann in „Gehirn und Geschlecht“ (2007) einen Überblick über den europäischen Stand der neurowissenschaftlichen Forschung vom Jahr 2006 an[7]. Eine Vielzahl dieser dort angeführten Diskurse legt es als gesicherte Erkenntnis nahe, dass sich menschliche Gehirne in bestimmten Bereichen vor allem über den Einfluss von Sexualhormonen geschlechtsspezifisch organisieren und darüber funktionale Geschlechtsunterschiede zwischen Männern und Frauen determinieren (Lautenbacher/Güntürkün/Hausmann 2007; siehe auch Bischof-Köhler 2011; Bischof/Preuschoft 1980). Diese Ergebnisse sind nach Florian Holsboer jedoch nicht als weitere Erkenntnisse einer geradlinigen neurowissenschaftlichen Forschungstradition zu verkennen. So weist uns der damalige Direktor des Max-Planck-Instituts für Psychiatrie auf einen seines Erachtens wichtigen emanzipatorischen Moment hin. Im Geleitwort befürwortet er ausdrücklich die Auflösung von seines Erachtens sozialisationsperspektivisch vorgegebenen Denkverboten, die es den Neurowissenschaften wieder ermögliche, „fast selbstverständlich anzunehmen, dass genetische (und nicht nur Gene auf dem Geschlechtschromosom) und frühe hormonelle Einflüsse die Struktur und Funktion weiblicher und männlicher Gehirne bedingen“ (Holsboer 2007; zitiert nach Lautenbacher/Güntürkün/Hausmann 2007, V, Geleitwort). Unerwähnt bleibt jedoch, dass auch diese Annahme als unter bestimmten, nämlich den heuti-

7 Auch in „Gehirn und Geschlecht“ (2007) ist eine geschlechtsspezifisch männliche Schlagseitigkeit zu beobachten. Stefan Lautenbacher, Onur Güntürkün und Markus Hausmann führen Fachausführungen von im Vergleich zweimal so vielen männlichen Autoren wie weiblichen Autorinnen an.

gen, zeithistorisch gegebenen Voraussetzungen und Bedingungen verfasst gelten muss. Somit ist nicht nur davon auszugehen, dass dem Wissen um allgemeine wissenstheoretische Begrenzungen ungenügend Beachtung zukommt. Das Wissen um die Relevanz von Historizität und Relativität selbst wird als zeitlich überholt dargestellt. Darüber wird ein Wissenschaftsparadigma entworfen, das die Unfehlbarkeit der Neurowissenschaften neu generalisiert, sie in eine kontextfreie, zweite Ordnung stellt und darüber unangreifbar macht.

Für die Psychoanalyse ist im Zusammenhang mit biologistischen Geschlechterbegründungen zuerst und vor allem der Gründervater Sigmund Freud zu nennen. In seinem erstmals 1905 erschienenen Werk „Drei Abhandlungen zur Sexualtheorie“ (Freud 1905/2014) beschreibt auch Sigmund Freud Geschlechtlichkeit als eine dem Menschen zentrale Funktion. Er kommt dabei zur Auffassung, dass alle Gesundheit oder Krankheit mit der menschlichen Sexualität zusammenhängt. Dabei geht er von der Idee der unvollkommenen Frau und des Mannes als universalen Menschen aus. Nach Freud verführt der im evolutionären Verlauf der Menschheitsgeschichte „verlorengegangene Penis des Weibes“ die Frau zur „Gestaltung mannigfacher Perversionen“ (Freud 1905/2014, 44). Das männliche Genital dem vollkommenen Menschen als Merkmal selbstverständlich vorausgesetzt, erkennt er somit einen „Penisneid“ bei Frauen, der nicht nur ihre Abartigkeit erklärt, sondern auch die gesellschaftliche Abwertung der Frau als Person begründet (ebenda). Denn „daß das Weib keinen Penis besitzt, hinterläßt beim männlichen Individuum oft eine dauernde Geringschätzung des anderen Geschlechts“ (Freud 1905/2014, 44). An sich lässt uns heute das Wissen um eine zeithistorische Entstehung und Einbettung Freuds psychoanalytischer Erkenntnisse den Inhalt und den Sprachgebrauch seiner Werke im entsprechenden historischen Rahmen deuten. Freuds unumstrittene Position als Vordenker, die Aktualität der von ihm entworfenen Methoden und Zugänge vor allem im Rahmen eines sich neu formierenden Unfehlbarkeitsdenkens der Neurowissenschaften (dazu unter anderem Kaplan-Solms/Solms 2007), das im Entwurf neuartiger, biologistischer Antworten auch das Wissen um geschlechtsbezogene Theorieverzerrungen veraltet erscheinen lässt, legen jedoch die Vermutung nahe, dass geschlechtsspezifische Diskriminierungen von Frauen heute wieder als psychologisch begründbar und wissenschaftlich legitimierbar betrachtet werden können.

Es ist deutlich geworden, wie Geschlechterdifferenzansätze soziale Geschlechterdifferenzierungen auf biologische Grundlagen zurückführen und als essenziell festgelegt anerkennen. Über den Verweis auf natürliche Bezüge werden auch gesellschaftliche Geschlechterhierarchisierungen biologistisch ausgelegt und gedeutet. Diese biologistischen Deutungen prägen, wie nachfolgend dargelegt wird, moderne Bilder von Männlichkeit und Weiblichkeit auch von Akteur_innen in technischen Unternehmen.

2.2.1.2 Biologistische Substanzen moderner Männlichkeit und Weiblichkeit

Auf Grundlage von biopsychologischen Erkenntnissen erscheint die Ausbildung geschlechtsspezifischer Eigenschaften mit der Norm des Männlichen schon früh belegbar[8]. So legt eine männlich dominierte Natur- und Humanwissenschaft beispielsweise schon im 19. Jahrhundert das in Relation zum männlichen Organ wahlweise einmal als zu groß und zu anderen Zeiten als zu klein erachtete weibliche Gehirn als Ursache für den Mangel an weiblicher Abstraktionsfähigkeit oder einer fehlenden weiblichen Intelligenz fest (Palm 2016, 6). Darüber werden früh die Verbindung von Biologie und geschlechtstypischer Eigenschaften gestaltet und die Hierarchie der gesellschaftlichen Anerkennung stabilisiert. Rund 200 Jahre später sind diese Erkenntnisse, Bewertungen und Hierarchisierungen nicht endgültig als überholt zu betrachten. Auch heute wird die Fähigkeit zu abstraktem Denken geschlechtsspezifisch ausgelesen. Nach dem Evolutionsbiologen und Psychologen Simon Baron-Cohen zeigten sich bereits im Mutterleib erfahrene Prägungen von Weiblichkeit und Männlichkeit über die Ausbildung geschlechtsspezifischer Hirnstrukturen. Ein typisch männliches Gehirn werde nach Erkenntnis von Baron-Cohen über pränatale Hormoneinflüsse „überwiegend auf das Begreifen und den Aufbau von Systemen“ (Baron-Cohen 2004, 11) ausgerichtet, während sich ein typisch weibliches Gehirn seines Erachtens „überwiegend auf Empathie“ (ebenda) verschalte. Auch die Untersuchungen pränataler Hormonwerte wiesen seines Erachtens auf die Ausbildung von Geschlechtsspezifika hin. Für Jungen typische hohe pränatale Androgenwerte – untersucht werden dabei vor allem die Einflüsse des Hormons Testosteron – korrelierten nach Er-

---

8 Im Allgemeinen wird das Geschlecht heute schon vorgeburtlich festgelegt. Biologisch betrachtet geben primär äußere Geschlechtsorgane Hinweise auf das Geschlecht des Kindes. Penis, Hoden und Samenwege verweisen darauf, dass es sich um einen Jungen handelt, während Eierstöcke, Gebärmutter und Vagina ein Mädchen ausweisen. Weitere biologische Merkmale für die Bestimmung des Geschlechtsunterschieds sind männliche oder weibliche Chromosomen, Hormone oder Keimdrüsen. (Arnold 2007)

kenntnissen der Evolutionsbiologin Doris Bischof-Köhler in Untersuchungen mit Durchsetzungsvermögen, Abenteuerlust und Risikobereitschaft, während der niedrige pränatale Androgenwert mit einer körperlichen Anlage zu vorsichtiger Zurückhaltung zusammenhinge (Bischof-Köhler 2011, 347). Das wiederum bestimme, so der Psychoanalytiker Hans Hopf, die Ausbildung von für Frauen typischen sozialkompetenten Verhaltenseigenschaften (Hopf 2014, 35). Während oben angeführten Erkenntnissen nach die Körper von Jungen also assertives und aktivitätssteigerndes Testosteron in hoher Konzentration ausbildeten, produzierten Mädchenkörper im Vergleich nur eine geringe Menge eines solchen Hormons. Sich diese Realitäten klar vor Augen führend, möchte Bischof-Köhler Frauen über dieses Hormondefizit jedoch bewusst *nicht* als „Mängelwesen" bestimmt wissen, denn „nicht haben' [...] [ist] nicht zu verwechseln [...] mit ‚nichts haben'" (Bischof-Köhler 2011, 348). Es gäbe schließlich „typisch weibliche Verhaltensdispositionen, die sich nur entfalten können, wenn die Androgene *nicht* wirken" (ebenda; Hervorhebung im Original). Dieser hormonelle Mangel bei Mädchen erweist sich für Bischof-Köhler als ein geeignetes Mittel, um gesellschaftliche Geschlechterverhältnisse zu deuten. Doch indem Bischof-Köhler den hohen männlichen Testosteronwert als objektiven Maßstab annimmt, dem sie einen niedrigen Hormonwert von Mädchen als abweichend zuweist, gestaltet sie genau jene Auffassungen des weiblichen Mängelwesens, von dem sie sich ausdrücklich zu distanzieren versucht. Bischof-Köhler hebt somit nicht allein die bipolaren Geschlechtscharaktere mit einer idealen Männlichkeit und einer defizitären Weiblichkeit als ontologisch bestimmt hervor. Sie anerkennt darüber auch gesellschaftliche Herrschaftsverhältnisse, die auf einer Überordnung der Männer und einer Unterordnung der Frauen beruhen, als biologistisch begründet.

Die Psychologin und Ethikerin Carol Gilligan sieht weibliche und männliche Eigenschaften unter anderem in der Beschaffenheit des Körpers begründet, dessen geschlechtsspezifische Entwicklung sich in der frühen Mutter-Kind-Beziehung ausdrückt (Gilligan 1985)[9]. Während Mädchen sich und ihre Weiblichkeit über die Mutter als ihre erste Bezugsperson erleben, begreift der Junge in der Ausbildung seiner Männlichkeit, dass „er anders werden muß, wenn er ein Mann werden will" (Nunner-Winkler

9 Carol Gilligan greift in ihrer Analyse auf die Soziologin und Psychoanalytikerin Nancy Chodorow zurück, die in ihren Arbeiten ein den Frauen eigenes „Muttern" beschreibt und darüber auf die Genese einer psychologischen Mütterlichkeit verweist (Großmaß 1989; Chodorow 1985).

1989, 168). Und während weiblich sein bedeutet, sich schon als Mädchen in „einem Zustand der Verbundenheit zu erleben" (Gilligan 1985, 209), muss der Junge sich, um ein erwachsener Mann zu werden, laut Gilligan in seinem Selbst substanziell gegen enge Ursprungsbindungen abgrenzen. Somit geht es in männlichen Biografien „nicht um Beziehungen, sondern um Autonomie" (ebenda). Ihre Weiblichkeit ermöglicht den Mädchen hingegen in einer weiblichen Beziehung der Fürsorglichkeit und Uneigennützigkeit lange eingebunden zu bleiben. Die unterschiedlichen Bindungserfahrungen begründen nicht allein die Ausformungen der typisch weiblichen Emotionalität und Empathiefähigkeit. Sie führen nach Gilligan zudem bei Jungen zur Ausbildung der typisch männlichen Eigenschaften wie der Selbstbezogenheit und sozialen Distanzierung (Gilligan/Wiggins 1987).

Wie deutlich geworden ist, werden moderne Männlichkeits- und Weiblichkeitsbilder aus Perspektive der Geschlechterdifferenz biologistisch gedeutet und bewertet. Die Grundlagen und Deutungen von Männlichkeit und Weiblichkeit werden in ihren körperlichen und sozialen Unterschiedlichkeiten als vorbestimmt und determiniert betrachtet.

2.2.1.3 Sozialstrukturelle Fundamente patriarchaler Geschlechterordnungen

Wie erarbeitet wurde, nehmen feministische Differenztheorieansätze auf Handlungsebene beziehungsweise Personenebene eine männliche oder weibliche Substanz außerhalb einer gesellschaftlichen Gestaltbarkeit an. Auf Strukturebene indessen entwickeln sich differenztheoretische Positionierungen, die ihrerseits die sozialstrukturellen Grundlagen der geschlechtlichen Arbeitsteilungen als determiniert ansehen. Diese Positionen sollen im Folgenden näher betrachtet werden.

Zu den ersten sozialwissenschaftlichen Forscher_innen, die sich sozialstruktureller Anliegen moderner Gesellschaften aus feministischen Blinkwinkeln annehmen, zählt die Soziologin Ursula Beer (2010, 1990, 1984). In ihren Forschungen fokussiert sie das Verhältnis zwischen Frauen und Männern in modernen kapitalistischen Gesellschaftszusammenhängen und analysiert Bedingungen, nach denen sich Männer und Frauen darin geschlechtlich zuordnen. Dabei erfasst sie soziale Strukturen und Praktiken moderner Gesellschaften insgesamt als patriarchal ausgeformt (Cyba 2010, 18). Angelehnt an ein von Silvia Walby geprägtes Verständnis, das unter dem Begriff Patriarchat „a system of social structures and social practices in which men dominate, oppress and exploit women" (Walby 1990, 20) zusammenfasst, sieht sie patriarchale Herrschaftsstrukturen in etablierten Sozialstrukturen moderner Gesellschaften grundsätzlich tief verankert. In modernen Gesellschaften formt sich nach Beer ein „doppelter Sekundärpatriarchalismus" (Beer 2010), der den Mann ausgehend von der Idee des männlichen Ernährers, in der Geschlechterhierarchie in wesentlichen gesellschaftlichen Sphären höher als die Frau ansiedelt. Darüber wird dem Mann eine Vormachtstellung gegenüber der Frau eingeräumt, die der gesellschaftlichen Beteiligung von Frauen grundlegende Beschränkungen und Begrenzungen auferlegt. Diese äußern sich einmal in einer „geschlechterungleichen Berufs-, Einkommens- und Machtstruktur" (Beer 1990, 264) aller verberuflichter Sozialbereiche. Sie zeigen sich aber auch in der Sphäre des Privaten, indem sich über die sozial strukturierte Übervorteilung des Mannes auch seine Stellung als Familienoberhaupt legitimiert (Knapp 2012, 144; Beer 1990, 252). Ausgehend von einer kapitalistisch veranlassten Arbeitsteilung stabilisieren sich gesellschaftliche Ausschlussstrukturen, die Frauen aufgrund ihres Geschlechts die Teilhabe an modernen Gesellschaften erschweren (Beer 2010, 61). Sozioökonomisch bedingte Benachteiligungen von Frauen gegenüber Männern lassen sich nach Ansicht von Beer als in die sozialen Strukturen moderner Gesellschaften eingelassene Merkmale betrachten.

Auch der Bielefelder Ansatz der feministischen Frauen- und Geschlechterforschung formuliert die grundlegende Annahme, dass Frauenbenachteiligungen in die sozialen Strukturen der Gesellschaft eingelassen sind. So wird nach Bielefelder Verständnis einer der gebärenden und nährenden weiblichen Natur zugewiesenen Reproduktionsarbeit in ökonomischen Zusammenhängen ein gesamtgesellschaftlicher Wert abgesprochen, während der Produktionsarbeit der rationalen männlichen Natur ein wertschöpfendes Gehalt zugesprochen wird. Darüber enthebt sich zum einen die weibliche Reproduktionsarbeit aus den kapitalistischen Bedeutungszusammenhängen von wertschöpferischer Arbeit. Mit Verweis auf eine natürlich begründete Arbeitsteilung wird auf dieser Grundlage zudem ein Verhältnis der Geschlechter entworfen, das Frauen außerhalb gesellschaftlicher Sphären in den Bereich der zu kultivierenden Natur verweist, während sich Männer im Bereich der gesellschaftsgestaltenden Kultur verankern. Laut Auffassung der Bielefelder Soziologinnen Claudia von Werlhof, Veronika Bennholdt-Thomsen und Maria Mies ist die von Hausfrauen erbrachte Reproduktionsarbeit jedoch als Grundbedingung des gesellschaftlichen Systems zu erfassen, durch die sich die kapitalistische Produktionsweise erst ermöglicht. Im Fokus ihres in den 1970er Jahren entwickelten

„Subsistenzansatzes“[10] steht der Entwurf eines neuen Arbeitsbegriffs, der Hausarbeit und Fürsorge als wesentlich für die Organisation und den Erhalt der Gesellschaft begreift.

Ausgehend von Immanuel Wallersteins Weltsystemansatz (1979), der die kapitalistische Arbeitsteilung nicht als ein einzelstaatliches Phänomen, sondern als das zentrale Merkmal einer globalisierten Ordnungsstruktur betrachtet (Wallerstein 1979, 35), kritisieren Werlhof/Bennholdt-Thomsen/Mies zudem eine weltweite Funktionalisierung der Subsistenzproduktion im Sinne eines patriarchal herrschenden Systems. Zweckgerichtet werden Frauen darin zu einer beherrschbaren und einer zu beherrschenden Ressource der Natur erklärt, die für die Fortentwicklung der gesellschaftlichen Moderne nutzbar zu machen ist (Werlhof/Bennholdt-Thomsen/Mies 1983).

Neben der biologistischen Annahme unveränderbarer Determinanten von Weiblichkeit und Männlichkeit auf Personenebene entwickeln sich nach Geschlechterdifferenzansätzen somit auch sozialstrukturelle Positionen, die letztendlich die Grundlagen und Resultate der geschlechtlichen Arbeitsteilungen als Naturphänomene betrachten.

2.2.1.4 Zum Verhältnis von Körperlichkeit und Kompetenz in Organisationen

Während feministische Differenztheorieansätze auf Subjektebene eine genuin männliche oder weibliche Substanz als gegeben annehmen, entwickeln sich auf Strukturebene differenzorientierte Positionierungen, die ihrerseits die Grundlagen der geschlechterhierarchischen Arbeitsteilungen und die Ungleichbewertungen als determiniert betrachten. Diese Arbeitsteilungen werden wiederum körperbezogen begründet.

---

10 Veronika Bennholdt-Thomsen fasst Subsistenzproduktion in „Juchitán – Stadt der Frauen“ (1994) wie folgt zusammen: „Allgemein sind damit alle Tätigkeiten gemeint, die direkt für das Überleben notwendig sind. [...] Unter Subsistenzproduktion verstehen wir sowohl das Herstellen von Nahrung, den Anbau auf dem Feld, wenn die Ernte in den eigenen Konsum fließt, als auch das Einkaufen, Kochen, Tischdecken und – nicht zu vergessen – Abwaschen. Zur Subsistenzproduktion gehört auch die – unbezahlte – ‚Arbeit‘ mit den Kindern, also meistens die der Mutter. In den modernen Gesellschaften ist die Subsistenzproduktion immer mehr zu einer Aufgabe der Frauen geworden.“ (Bennholdt-Thomsen 1993, 25)

Körper und Geschlecht sind nach differenzorientierten Ansätzen wesentliche Faktoren, nach denen sich Gesellschaften und Organisationen strukturieren. Die britische Feministin Cynthia Cockburn gilt als eine jener Forscher_innen, die den körperlich verankerten, naturalisierten Charakter geschlechtlicher Arbeitsteilungen einer feministischen Organisationsanalyse zugänglich zu machen versuchen. In ihrem Aufsatz „Das Material männlicher Macht“ (1991/2013) nimmt sie sich dem Phänomen der Körperkraft an und setzt es mit Kompetenzmerkmalen in Verhältnis. Dabei entlarvt sie einen immanenten Zusammenhang scheinbar körperlich angelegter Fähigkeiten und technisch aneignenbarer Fertigkeiten oder Kompetenzen. Begrifflich vereint sich, so ihre Erkenntnis, „relative Körperkraft und relatives Können“ (Cockburn 1991/2013, 427) mit „relative[r] Kenntnis und Beherrschung von Maschinen oder Werkzeugen“ (ebenda). Cockburn setzt in ihrer Studie daher die Annahme um eine bestimmte „Körperlichkeit und deren Verlängerung in Technik hinein“ (Cockburn 1991/2013, 426) bewusst als eine relevante materielle Außenbedingung handelnder Akteur_innen voraus und veräußert so versteckte Mechanismen in Organisationen und Gesellschaft, die Frauen eine Anerkennung technischer Kompetenzen und Fähigkeiten mit Verweis auf die Beschaffenheit eines weiblichen Körpers systematisch verwehren. Am Beispiel des Handwerks der Buchsetzerei des 19. Jahrhunderts macht sie sichtbar, wie körperliche und moralische Begründungen strategisch so einsetzbar gemacht werden, dass sich Mädchen und Frauen eine produktive Arbeit als Buchsetzerin für sich selbst entweder kaum vorstellen können oder sich für zuarbeitende Tätigkeiten in Unterordnung zu Männern entscheiden (Cockburn 1991/2013, 430). Der körperbezogene Diskurs, so die Erkenntnis, verschließt Frauen somit nicht allein den Zugang zu gesellschaftlich anerkannten und gut dotierten Positionen oder Berufsfeldern. Er unterstützt darüber hinaus vor allem auch die Vorstellung einer körpergeschlechtlich männlichen Technikkompetenz auf der einen Seite und einer körpergeschlechtlich weiblichen Inkompetenz zur Umsetzung technischer Belange auf der anderen Seite.

Robin Leidner wiederum bringt in seiner im tertiären Gesellschaftssektor angelegten Studie hervor, dass vor allem Dienstleistungsstrukturen körperbiologisch Zugeschriebenes, also “workers' looks, personalities, and emotions, as well as their physical and intellectual capacities” (Leidner 1991/2013, 446) in ihr funktionales Profil aufnehmen. Das lässt nicht nur Männern und Frauen dichotom zugewiesene Tätigkeiten und Berufe im ausdifferenzierten Spektrum der institutionalisierten Gefühlsarbeit entstehen. Arlie Hochschild verweist in diesem Zusammenhang auf die männliche Form beispielsweise eines eher tollkühnen und kompromisslosen Inkassobeamtens und der weiblichen Form einer liebevollen und lächelnden Stewardess (Hochschild 1990, 133). Die konzeptuelle Verknüpfung einer emotional-erotischen Körperlichkeit mit der weiblichen Arbeitskraft bedingt laut Catharine MacKinnon schlussendlich, die Sexualisierung der Weiblichkeit „as a part of the job" (MacKinnon 1979, 18) zu begreifen. Wieder Hochschild nennt dazu das Beispiel der „Sekretärin, die ein angenehmes Büroklima schafft" (Hochschild 1990, 34f), um ihrem Chef ein männlich-produktives Tätigsein zu ermöglichen und in Folge ihrer Firma zum Erfolg zu verhelfen[11]. Weiblichkeit und weibliche Sexualität, so zeigt sich hier beispielhaft, ist somit nicht als ein individuelles Merkmal der Person der Sekretärin zu erfassen. Entsprechende Faktoren werden im Gegenteil zweckgerichtet im Sinne der Organisation einsetzbar gemacht.

Es hat sich gezeigt, wie sozial Angeeignetes und Zugeschriebenes über geschlechterdifferenzorientierte Gestaltungsprozesse als geschlechtskörperliche Phänomene von Männern und Frauen in Erscheinung treten. Im Zuge dieser Prozesse werden nicht allein Kompetenzen und Fertigkeiten geschlechtlich zugewiesen und ungleich bewertet. Es werden auch Geschlechterzuschreibungen gestaltet, die in geschlechterungleich zu Lasten von Frauen strukturierten Ordnungsverhältnissen ihren institutionalisierten Ausdruck finden.

2.2.1.5 Zur Sexualität in ihrer organisationalen Dimension

Bisher wurde deutlich zu machen versucht, dass und wie sich geschlechtsbezogene Fertigkeiten und Kompetenzen auf Personenebene über soziale Prozesse ausgestalten und organisationsbezogen nutzbar gemacht wer-

11 Mit dem Fokus auf die gesellschaftliche Funktion „unserer ursprünglichen Fähigkeit" (Hochschild 1990, 43) zu authentischen Emotionen und Gefühlen macht Arlie Hochschild in „Das gekaufte Herz. Zur Kommerzialisierung der Gefühle" (1990) die Einlassung naturalisierter Geschlechterdualismen in die über die gesellschaftliche Arbeitsteilung sozial strukturierten, modernen Gesellschaften deutlich. In ihrer soziologischen Studie zu Gefühlsarbeit veräußert sie organisationale Mechanismen, die auf eine immanente Verknüpfung emotionaler Fähigkeiten und beruflicher Fertigkeiten im Gefühlsbegriff verweisen. Diese Mechanismen strukturieren den zweckgerichteten Einsatz von Gefühlen in Organisationen über den Geschlechterstatus ihrer Arbeitskräfte und legitimieren darüber organisationale Geschlechterhierarchien im Verweis auf die Natur der Geschlechter (Hochschild 1990).

den. Die Instrumentalisierung der sexualisierten Weiblichkeit und der Einsatz von Weiblichkeitsmerkmalen für organisationale Zwecke eröffnen den Blick darauf, Geschlecht als eine in die Unternehmensstrukturen eingelassene Größe zu erfassen. Barbara Gutek argumentiert in diesem Zusammenhang mit der These des weiblichen „sex-role-spillover" (Gutek 1989/2013). Organisationen setzten, so Guteks These, Frauen allgemein mit Körperlichkeit und Sexualität gleich, während sie Männern generell asexuelle und entkörperte Wesen zuwiesen (Gutek 1989/2013, 324ff.). Die von Gutek beschriebene Herangehensweise, weibliche Arbeits- und Führungskräfte immer zuerst als Frauen wahrzunehmen, bringt nach Auffassung von Ursula Müller zudem auch eine Systematik hervor, Geschlechterhierarchisierungen mit Verweis auf das sexuelle Wesen von Frauen zu erhalten beziehungsweise ihnen den Zugang zu Organisationen gänzlich zu verwehren. Denn schließlich, so die auf die Wahrung der bürokratischen Ordnung bedachte organisationale Haltung, „scheint Sexualität [erst durch Frauen] in einen Arbeitsalltag einzutreten, in dem sie eigentlich nichts zu suchen habe" (Müller 2013b, 474)[12]. Frauen, so die hier von Müller formulierte These, wären als sexuell-verführerische Wesen somit immer ein potentieller Störfaktor des bestehenden organisationalen Gefüges. Denn weibliche Kolleginnen, so die Grundannahme, „machen aus entspannten, auf ihre Aufgaben konzentrierten Männern Rivalen und Platzhirsche" (Rastetter 1994/2013, 373), indem sie „asexuelle" Arbeiter sexualisierten, an ihr Mannsein und ihre männliche Sexualität erinnerten und sie darüber in ihrer Funktionsfähigkeit angriffen. Daniela Rastetter entlarvt in „Sexualität und Herrschaft in Organisationen" (1994/2013), wie im männerdominierten Management zur Kontrolle der Weiblichkeit in vielfältiger Art und Weise Männlichkeit und männliche Sexualität einsetzbar gemacht werden. Ganz allgemein veräußert sie einen primären Zusammenhang von berufli-

12 In „Wirtschaft und Gesellschaft" (1980) beschreibt Max Weber die „bureaukratische Herrschaftsform" folgendermaßen: „Die rein bureaukratische, also: die bureaukratisch-monokratische aktenmäßige Verwaltung ist nach allen Erfahrungen die an Präzision, Stetigkeit, Disziplin, Straffheit und Verlässlichkeit, also: Berechenbarkeit für den Herrn wie für die Interessenten, Intensität und Extensität der Leistung, formal universeller Anwendbarkeit auf alle Aufgaben, rein technisch zum Höchstmaß der Leistung vervollkommenbare, in all diesen Bedeutungen: formal rationalste, Form der Herrschaftsausübung. Die Entwicklung ‚moderner' Verbandsformen auf allen Gebieten (Staat, Kirche, Heer, Partei, Wirtschaftsbetrieb, Interessentenverband, Verein, Stiftung und was immer es sei) ist schlechthin identisch mit Entwicklung und stetiger Zunahme der bureaukratischen Verwaltung" (Weber 1980, 128f).

chem Erfolg und sexualisierter Männlichkeit, demgemäß sich über eine generelle „Überhöhung der Männlichkeit durch Erfolg und Macht [...] dem Erfolg eine sexuelle Aura [verleiht]“ (Rastetter 1994/2013, 375). Strukturell in Zusammenhang gesetzt, bildet sich das Unternehmen über den instrumentellen Einsatz sexualisierter Männlichkeit so insgesamt als erfolgreich ab.

Über die Verknüpfung von überhöhter Männlichkeit und Unternehmenserfolg erklärt sich auch die organisationale Relevanz frauenausschließender Riten und Gebräuche. Rastetter beschreibt dazu beispielhaft den musterhaften Ausschluss von Frauen aus informellen Netzwerken und formellen Strukturen von männerdominierten Organisationen (Rastetter 1994/2013, 378ff.). Im Zusammenhang mit Sexualisierungen erfolgreicher Männlichkeiten erkennt sie die Relevanz von „homoerotisch geprägten Beziehungen zwischen Mentor und Schützling“ (Roper 1988, 57; zitiert nach Rastetter 1994/2013, 377) bei Managementkooptationen. Durch „eine sexualisierte Sprache und Sex-Witze“ (ebenda) versicherten sich der männliche Mentor und der männliche Schützling nach Rastetter einerseits ihres grundsätzlichen heterosexuellen Begehrens, während sie andererseits das weibliche Geschlecht darüber zu objektivieren und zu degradieren versuchen, um eine generelle Erhabenheit des männlichen Geschlechts sicherzustellen.

Die Instrumentalisierung der weiblichen Sexualität als ein legitimiertes Mittel zur Bestätigung und Rückversicherung von produktiver Männlichkeit und Unternehmenserfolg kann nach Gildemeister und Robert auch als eine bedeutende Grundlage zur Rechtfertigung sexueller Belästigungen von Frauen am Arbeitsplatz erachtet werden (Gildemeister/Robert 2008, 150). Über diesen Zugang erklären sich nach Müller auch die gewaltigen Widerstände in der Anerkennung des Phänomens der sexuellen Belästigung als tatsächliches Problem (Müller 2013a, 339). Denn im genannten Selbstverständnis erfolgreicher Unternehmen wird dem steigenden Problembewusstsein zu faktisch stattfindenden sexuellen Belästigungen in der Organisation gleichzeitig ein Denken um anwachsende ökonomische Schwierigkeiten beigemessen. Im Anspruch, die männliche Produktivität zu wahren und wirtschaftlichen Schaden vom Unternehmen abzuwenden, wird daher „das Phänomen der sexuellen Belästigung von Frauen zunächst als Problem der Verführung männlicher Vorgesetzter durch weibliche Untergebene thematisiert“ (Müller 2013a, 340). Ein solcher Umgang eröffnet in der immanent unterlegten Denklogik des Unternehmens einen gangbaren Weg, zum einen den eigenen Erfolg und zum anderen das eigene Ordnungsgefüge abzusichern, indem es die als erfolglos und organisational irrelevant erachteten Frauen systematisch als Täterinnen identifiziert, isoliert und darüber auch das Problem der sexuellen Belästigung an sich aus dem eigenen Ordnungssystem ausschließt.

Es ist deutlich geworden, dass und wie sich nach Geschlechterdifferenzansätzen Geschlechterdifferenzierungen als Naturphänomene gestalten. So sind geschlechtsspezifische Eigenschaften und Verhaltensweisen auf Personenebene hier auf einen männlichen oder weiblichen Körper zurückzuführen und gelten als natürlich bestimmt. Auf Strukturebene werden Geschlechterdifferenzansätzen gemäß sozialstrukturelle Grundlagen und Resultate geschlechtlicher Arbeitsteilungen als vorbestimmt und determiniert betrachtet. Mit Blick auf die Organisationsebene zeigt sich, dass und wie sich ungleiche Geschlechterbilder und Geschlechterungleichverhältnisse über organisationale Prozesse auf Struktur- und Personenebene als Naturphänomene institutionalisieren. Die ungleich zu Lasten von Frauen und ihren geschlechtsspezifisch weiblichen Eigenschaften zugewiesene gesellschaftliche Anerkennung wird schlussendlich dann als natürlich bedingt gefasst.

2.2.2 Zu Diskursen der Geschlechtergleichheit

In den vorangegangenen Ausführungen wurde aufgezeigt, dass und wie Geschlechterdifferenzdiskurse Geschlechterdifferenzierungen auf unterschiedlichen Ebenen hervorbringen. Im Gegensatz dazu verweisen Geschlechtergleichheitsansätze auf eine relative und dynamische Entstehung von Geschlecht. Darüber grenzen sie sich zum einen grundlegend von Geschlechterdifferenzansätzen ab. Zum anderen nehmen sie Bezug auch auf Geschlechterdifferenzdiskurse und verstehen sich als Weiterführung zu geschlechterdifferenzorientierten Auseinandersetzungen.

2.2.2.1 Die Sex-Gender-Dynamik

Nach Geschlechtergleichheitsansätzen ist, wie bisher erläutert wurde, von einer grundlegenden Gleichheit der Geschlechter auszugehen. Körperbiologische Erklärungsansätze können nach dem Gleichheitsansatz somit nicht als ausreichende Begründung für gesellschaftlich oder organisational bestehende Geschlechterdifferenzen gewertet werden. Sie entstehen nach Geschlechtergleichheitsansätzen im sozialen Zusammenleben als Produkte dynamischer Gestaltungsprozesse.

Die Soziologin Carol Hagemann-White kommt in ihrem Standardwerk „Sozialisation: Weiblich – männlich?“ (1984) zur Erkenntnis, dass die Differenzen innerhalb der Geschlechtergruppen als größer zu betrachten seien als die zwischen denselben (Hagemann-White 1984). Zur Analyse und Erfassung der Unterschiedlichkeiten in der Praxis wird von Gleichheitstheorieansätzen dem Geschlechterdifferenzgedanken daher als „Gegenpol zum Biologismus [...] die Null-Hypothese entgegengesetzt“ (Hagemann-White 2005, 32)[13]. Hagemann-White schlägt vor, die den Ansätzen der Differenztheorie grundsätzlich unterlegten Annahme der Unwandelbarkeit und Naturhaftigkeit einer eindeutigen Geschlechtszugehörigkeit an sich zur Disposition zu stellen. Neben der Perspektivenverschiebung weg von einer ausschließlich körperbiologischen Differenzbegründung setzt die Überprüfung einer solchen Annahme entsprechende methodische Instrumente und Verfahren voraus, die Geschlecht als eine gesellschaftlich formbare Größe begreifbar und darüber in seinen kulturellen Setzungen zugänglich machen können. Der konzeptionelle Entwurf der Kategorien Sex und Gender ermöglicht diesen Zugang.

Grundsätzlich geht die Unterscheidung Sex und Gender auf Arbeiten des Psychoanalytikers Robert Stoller (1968) zurück. Während Stoller die Begriffe im Zusammenhang mit einem bipolar angelegten Selbsterleben seiner Patient_innen, mit einem körperbiologischen Geschlecht (Sex) auf der einen Seite und einer Geschlechtsidentität (Gender) auf der anderen Seite, in Verhältnis setzt (Stoller 1968), stellt Ann Oakley die Begriffe in „Sex, Gender and Society“ (1972) für soziologische Betrachtungen in Zusammenhang. In dem von Oakley begründeten Verständnis ist bei der Erfassung von Weiblichkeit und Männlichkeit die Wechselseitigkeit zweier Geschlechtsdimensionen zu beleuchten: Der biologische Sex und das gesellschaftliche Gender (Oakley 1972). Während sich der Sex einer Person nach Auffassung dieser gleichheitsorientierten Sex-Gender-Diskurse über konkrete, physische Geschlechtsorgane und einem spezifischen

13 „Die Nullhypothese gilt als Grundlage jeder empirischen Forschung: Vor dem Vergleich zwischen zwei Untergruppen steht die Hypothese, es gäbe keine Unterschiede (=Null). Findet die Datenauswertung einen Beleg gegen die Nullhypothese, fängt die eigentliche Arbeit an, denn nun muss aufgeklärt werden, ob der gefundene Unterschied mit der Zugehörigkeit zur Gruppe zusammenhängt und wenn ja, wie. [...] In Bezug auf die Geschlechterdifferenzen hatte die Nullhypothese den Stellenwert, darauf hinzuweisen, dass wir solange, wie ein starker sozialer Druck zur Einhaltung von Geschlechterrollen ausgeübt wird, nicht wissen können, ob die biologischen Anlagen dieses Verhalten von alleine hervorbringen würden.“ (Hagemann-White 2005, 32, Fußnote)

Geschlechtskörper bestimmt, bezeichnet Gender nach Hannelore Bublitz „die kulturelle und institutionalisierte Form, mit der biologischen Geschlechterunterschieden innerhalb einer Gesellschaft und einer bestimmten historischen Phase soziale Bedeutung verliehen wird“ (Bublitz 1998b, 68).

Es zeigt sich, dass und wie sich nach Auffassung der Geschlechtergleichheitsansätze Geschlecht unter wechselseitiger Einwirkung der beiden Dimensionen Sex und Gender prozesshaft ausgestaltet. Darüber wird ermöglicht, geschlechtliche Identitäten als in dynamischen Wechselwirkungen gestaltete Formen zu betrachten.

2.2.2.2 Geschlecht im Wechselspiel zwischen Natur und Gesellschaft

Peter Berger und Thomas Luckmann analysieren in „Die gesellschaftliche Konstruktion der Wirklichkeit“ (1969/2013), wie sich Gesellschaft als „Produkt menschlichen Tuns“ (Berger/Luckmann 1969/2013, 55) über Interaktionen verfasst. Wie Bublitz erachten auch sie die „biologischen Fakten“ (Berger/Luckmann 1969/2013, 55) des Menschlichen zwar allen sozialen Konzeptionierungen grundsätzlich unterlegt an. Doch, so auch die Überzeugung von Berger/Luckmann, „können weder der Organismus noch gar das Selbst losgelöst von dem gesellschaftlichen Gebilde, indem sie Gestalt angenommen haben, wirklich verstanden werden“ (Berger/Luckmann 1969/2013, 53). Berger/Luckmann gemäß lässt sich alles Wissen um die menschliche Natur und Gesellschaft als kontextuell gebunden und historisch gewachsen begreifen. Indem sich die geläufigen Weisen des Zusammenlebens über objektivierte oder naturalisierte Handlungsgrundlagen hervorbringen, relativiert sich das Wissen um handlungsleitende Strukturen und Bedingungen (Berger/Luckmann 1969/2013). Auch die soziale Verfasstheit gesellschaftlich geltender „Geschlechtscharaktere“ (Hausen 1976), die Frauen und Männern arbeitsteilige Positionen der Reproduktion beziehungsweise Produktion in der Gesellschaft zuordnen, enthebt sich somit einer Bewusstmachung und beeinflusst unbemerkt von Akteur_innen die Ausrichtung gesellschaftskultureller und gesellschaftsstruktureller Entwicklungen.

Generell erfährt Geschlecht über den Prozess der gesellschaftlichen Differenzierung eine erste Relevanz (Wetzel 2014, 93ff.). So scheinen Mitglieder von modernen Gesellschaften im ausgehenden 18. Jahrhundert zum ersten Mal unter den Begriffen Männer und Frauen auf, die einander zur Strukturierung des sozialen Zusammenlebens in bestimmter Art und

Weise zugeordnet werden (Bublitz 1998b, 60ff.). Im Prozess der Ausdifferenzierung von „Familie als privater Sphäre" (Heintz/Merz/Schumacher 2004, 20) als „Gegenpol zur Berufswelt" (ebenda) wird Geschlecht strukturell wichtig für die Stabilisierung von Gesellschaften und deren Organisationen. Denn über die Geschlechterdifferenz wird nicht allein das Private dem Öffentlichem dichotom gegenübergestellt. Anhand normierter Verhältnissetzungen gestalten sich auch die Beziehungen der Geschlechter gegenläufig zueinander. Sozial Gestaltetes wird derart vergeschlechtlicht, dass sich weiblich beziehungsweise männlich Zugeschriebenes als unhinterfragbare Ordnung zementiert (Kahlert/Weinbach 2012, 1; Wobbe/Berrebie-Hoffmann/Lallement 2011, 10f). Ungleiche Herstellungs- und Hierarchisierungsmechanismen verfassen das Männliche schließlich als das vermeintlich Objektive.

Es zeigt sich, dass und wie sich nach Geschlechtergleichheitsansätzen Geschlechterbilder in wechselseitiger Beeinflussung der Pole Natur und Kultur prozesshaft konstruieren und sich soziale Wirklichkeiten dabei zu Lasten von Frauen ausgestalten. Dabei verschleiern sich auch die sozialen Beschaffenheiten der Mechanismen zur Geschlechterkonstruktion, die sich in Folge in technischen Organisationen als Naturphänomene offenbaren.

2.2.2.3 Zur dynamischen Konstruktion eines weiblichen und männlichen Selbsterlebens

Bisher wurden Geschlechterwirklichkeiten in Organisationen und Gesellschaft als androzentrische Konstruktionen entlarvt, die die sozialen Auswirkungen der ungleichen Gestaltungsbedingungen von Männlichkeit und Weiblichkeit verschleiern. Diese wechselseitigen Dynamiken schreiben sich auch in Individuen und somit auch in die Persönlichkeitsstruktur der weiblichen und männlichen Mitarbeitenden in technischen Unternehmen ein und reproduzieren sich dort (Elias 1997, 82).

Nach Auffassung von Hagemann-White prägen soziale und kulturelle Festschreibungen von Geschlechterdifferenzverhältnissen schon früh das subjektive Selbsterleben der Mädchen und Jungen. Während Sozialistationsbedingungen Jungen in ihrer Selbstwahrnehmung symbolisch über das Weibliche ermächtigen, wird Mädchen nach Hagemann-White in ihrem Aufwachsen das gesellschaftliche Prinzip einer permanenten Geringwertung ihrer Weiblichkeit auferlegt. Hagemann-White (2005) beschreibt organisationale Einlassungen der Negation des Weiblichen schon in Kindergärten. So brächten Mädchen dort sinnfällig körperliches Selbsterleben und Handlungsweisen deutlich im aktiven Spiel zum Ausdruck, gesellschaftlich würden sie jedoch keinerlei Bedeutung erlangen, „weil das symbolische System, in dem wir uns verständigen, sie nicht wert schätzt" (Hagemann-White 2005, 42). Eigenheiten von Mädchen werden von Kindern somit früh als irrelevant für das Zusammenleben notiert, während Attribute von Jungen als gesellschaftlich gewichtig erlebt werden. Parallel zur gesellschaftlichen Unsichtbarmachung weiblicher Eigenheiten und Handlungsweisen veröffentlicht Edgar Forster in „Männerforschung, Gender Studies und Patriarchatskritik" (2005) den Blick auf Strategien einer unkritischen Männerforschung, die die Ursachen männlicher Identitätskrisen der Existenz scheinbar übermächtiger Weiblichkeiten zuschreiben. Diese erheben daher die Forderung, die Bedingungen der Entwicklungs- und Entfaltungsmöglichkeit von dominanter Weiblichkeit einzudämmen (Forster 2005, 54ff.). Der Begriff der Weiblichkeit wird somit in Gleichzeitigkeit mit zwei widersprüchlichen Bedeutungen versehen. Zum einen wird eine Relevanz von Weiblichkeit im Generellen aberkannt, und darüber wird sie auch in ihrer Wirksamkeit systematisch ausgeblendet. Und zum anderen wird Weiblichkeit eine Männlichkeit beschränkende oder bedrohende Wirkung zugeschrieben, die es systematisch einzugrenzen gilt. Während sich Männlichkeit als die maßgebende Größe zeigt, wird Weiblichkeit in Gleichzeitigkeit als tendenziell zu machtvoll und zu machtlos in Gesellschaft und ihren Organisationen wahrnehmbar.

Die Implementierung und Verwirklichung eigenständiger Weiblichkeiten auch in technischen Organisationen greift nach Jürgen Straub zudem die Unhinterfragbarkeit der organisationalen Bedingungen und Verhältnisse an, über die sich einflussreiche Männer im Management ihre Macht sichern (Straub 1998, 95). Veränderungen zugunsten von Kolleginnen werden somit immer als Einflussverlust von männlichen Mitarbeitern erlebt, die als Konsequenz die Deutungshoheit des Männlichen machtvoll zu schützen und verteidigen suchen (Forster 2005, 48). Ohne ein Bewusstsein dieser Barrieren und ohne adäquate Orientierungsmöglichkeiten innerhalb von auf Ausgrenzung von Weiblichkeit angelegten Organisationen, sind Frauen angehalten, sich selbst der marginalisierten Positionen des gesellschaftlichen Außens und Untens und der sie betreffenden organisationalen Hindernisse zu entledigen[14].

14 Darüber erklärt sich laut Hagemann-White auch, warum sich Mädchen in der Entwicklung und gesellschaftlichen Verwirklichung ihrer weiblichen Identität an den typisch weiblichen Sozialcharakteren orientieren, obschon sich schon früh

Es ist deutlich geworden, dass und wie sich Geschlechterwirklichkeiten in technischen Unternehmen als androzentrische Konstruktionen offenbaren. Zum einen zeigt sich, wie Wahrnehmungen auf Geschlechtlichkeit insgesamt nach Maßstab des Männlichen gefiltert werden. Zum anderen wird sichtbar, wie sich über diese gefilterten Wahrnehmungen wirkmächtige Bilder und Strukturen zum Nachteil von Frauen hervorbringen.

2.2.2.4 Zur Herstellung von Männlichkeit und Weiblichkeit in der gesellschaftlichen Praxis

Männlichkeit und Weiblichkeit, so wurde bisher dargelegt, bringen sich nach Ansätzen der Geschlechtergleichheit über soziale Konstruktionsprozesse hervor. Wirklichkeit zeigt sich als eine soziale Konstruktion, in der Frauen als gesellschaftliche Abweichungen definiert sind. Wie sich dieses Verständnis in der Ausgestaltung der Alltagspraxis im Unternehmen auswirkt, wird im Folgenden erörtert.

Früh wird dem Mann in Referenz auf seinen männlichen Status als Gestalter und Träger der Kultur die gesellschaftliche Sphäre der Öffentlichkeit zugewiesen, während sich die gesellschaftlich anerkannte Funktion der Frau auf organische Grundlagen ihrer Gebärfähigkeit beschränkt (vgl. 2.2.2.2). Dabei filtern sich auch Deutungs- und Bewertungsmuster. Während sein herrschaftsbedürftiger Charakter den Mann für die Verrichtung gesellschaftlicher Aufgaben zu veranlagen scheint, bestimmt die Natur der Frau sie scheinbar zur Unterordnung aus Liebe (Bublitz 1998b, 61). Sie wird in den Bereich der Familie verwiesen, in der sich Reproduktion, Hausarbeit und Fürsorge als ihre „ureigensten' Aufgabe[n]" (Peuckert 1996, 22) deklarieren.

Nach Auffassung von Regine Gildemeister sind Männlichkeit und Weiblichkeit unter den Begriffen Natur und Kultur gleichermaßen zu fassen. In ihrem Standardwerk „Die soziale Konstruktion von Geschlechtlichkeit" (1992) argumentiert Gildemeister, dass im Zusammenleben auch in technischen Unternehmen nicht biologische Merkmale oder Geschlechtskörper Menschen als männliche oder weibliche Kolleg_innen bestimmten. Vielmehr würde umgekehrt, „[w]enn ein Mensch im sozialen Umgang geschlechtlich zugeordnet ist, [...] das Vorhandensein der dafür erforderlichen Genitalien unterstellt" (Gildemeister 1992, 232). Sowohl die natürli-

---

in ihrem Aufwachsen Abweichungen zwischen den weiblich zugeschriebenen Rollen und den eigenen Erfahrungen zeigen (Hagemann-White 1984, 103).

chen als auch die kulturellen Grundlagen von Männlichkeit und Weiblichkeit sieht Gildemeister in sozialen Prozessen hergestellt. Der Idee der sozialen Herstellbarkeit von Geschlecht tragen Candace West und Don Zimmerman (1987) mit dem Begriff „doing gender" Rechnung. West/Zimmermans doing gender "involves a complex of socially guided perceptual, interactional, and micropolitical activities that cast particular pursuits as expressions of masculine and feminine ‚natures'" (West/Zimmerman 1987, 126). Geschlechtsunterschiede auch in technischen Betrieben stellen sich nach diesem Verständnis also als interaktiv gestaltete und organisationsimmanente Phänomene dar, mit deren Hilfe sich organisationale Akteur_innen als Männer und Frauen ausweisen. Darüber werden ihnen einerseits zugeschriebene Positionen zugewiesen, und ihnen wird andererseits im Unternehmensalltag Orientierung gegeben. Geschlecht wird so auch zu einem variablen Strukturelement, das in seinen symbolischen Ausdrücken dazu beiträgt, soziale Situationen der Zusammenarbeit zu strukturieren oder Ordnungsverhältnisse im Unternehmen zu stabilisieren. Somit ist nicht die weibliche Gebärfähigkeit als Ursache für eine hierarchisierte Ausrichtung der Beziehungen zwischen Männern und Frauen im Unternehmen, eine Ausschließung von Frauen auf zukunftsträchtige Posten und Positionen oder eine Zuweisung von Frauen zu körperbezogenen Aufgabenfeldern wie Kund_innenansprache zu betrachten. Umgekehrt sind es die Bedeutungen, die diesen Unterschieden in organisationalen Aushandlungsprozessen zugewiesen sind, um in weiterer Folge dem Wissen ihrer Herstellbarkeit entledigt und naturalisiert zu werden (Gildemeister 2010, 137; West/Zimmerman 1987).

Zusammengefasst strukturiert sich über das soziale Geschlecht somit auch das in technischen Unternehmen Tätigen zugängliche Alltagswissen von Geschlecht. Es setzt den betrieblichen Akteur_innen einmal eine weibliche oder männliche Geschlechtsidentität zum Zweck der Gestaltung des eigenen Selbsterlebens oder der Organisation des Umgangs mit gleichgeschlechtlich oder gegengeschlechtlich Anderen in Anschluss. Zum anderen verinnerlicht sich den männlichen oder weiblichen Akteur_innen eine für ein betriebliches Zusammensein adäquat erachtete Geschlechtsrolle mit den Regeln und Erwartungen, die in Gesellschaft und Organisation mit Männlichkeit oder Weiblichkeit verknüpft werden (Müller 2013b, 473). Und schließlich richten sich die Personen auch überbetrieblich als Mann oder Frau in historisch und relativ gestalteten Gesellschaftsordnungen in für seine oder ihre Geschlechtsidentität als angemessen betrachtete Position ein. Dabei wird auch die gesellschaftlich gestaltete Geschlechterhierarchie als natürlich angelegt betrachtet. In Wechselseitigkeit gestalten sich somit Geschlechterbilder, Geschlechterdifferenzen und organisationale Geschlechterordnungen.

2.2.2.5 Zur Wechselseitigkeit von männlicher und weiblicher Vergesellschaftung

Während feministische Gleichheitsansätze auf Subjektebene die Wechselseitigkeit von vergeschlechtlichten Handlungsbedingungen und naturalisierten Männlichkeits- und Weiblichkeitskonzepten hervorheben, entwickeln sich auf Strukturebene gleichheitstheoretische Positionierungen, die Zusammenhänge zwischen Geschlechterzuordnungen und der inneren Verfasstheit von Organisationen und Gesellschaft fokussieren.

Zu den Forscher_innen, die diese Dynamik untersuchen, zählt die Soziologin Regina Becker-Schmidt (2012, 2010, 2006, 1996, 1993, 1991, 1987, 1983). Geschlechtsbezogene Zuordnungsformen sind nach Ansicht von Becker-Schmidt nicht als feste Bestandteile einer statischen, außerhalb der sozialen Erreichbarkeit stehenden, patriarchalen Gesellschaftsstruktur zu sehen. Im Gegenteil muss das Geschlechterverhältnis selbst als dynamische Kategorie betrachtet werden, das sich unter kontextualisierten Bedingungen hervorbringt und sich über diesen bezogenen Charakter festlegt. Becker-Schmidt sieht das Geschlechterverhältnis als ein „Ensemble von Arrangements [...], in denen [sich] Frauen und Männer durch Formen der Arbeitsteilung, soziale Abhängigkeitsverhältnisse und Austauschprozesse“ (Becker-Schmidt 2010, 69) wechselseitig aufeinander beziehen.

Den Modus dieses Geschlechterverhältnisses sieht Becker-Schmidt jedoch nicht gleich ausgerichtet, denn determinierte Ungleichheitslagen organisieren auf Geschlecht bezogene gesellschaftliche Teilnahmemöglichkeiten und Ressourcenzuweisungen als ungleich zu Lasten von Frauen. Becker-Schmidt nennt hier beispielsweise „Verteilung von bezahlter und unbezahlter, hoch dotierter und niedrig vergüteter Arbeit, soziale Sicherung, Prestige, Macht“ (Becker-Schmidt 2010, 69). Die Voraussetzungsbedingungen setzen Frauen in Vergleich zu Männern somit in ungleich schlechtere Ausgangslagen, wenn sie eigene Chancen und Möglichkeiten ausgestalten wollen. Becker-Schmidt konkretisiert dies in der These der „doppelten Vergesellschaftung“ (Becker-Schmid 2010).

Frauen, die sich gleichzeitig Erwerbsarbeit und Familienarbeit widmen, so die These der doppelten Vergesellschaftung, sehen sich gezwungen, die widersprüchlichen Bedingungen zu vereinen und persönlich für deren Anschlussmöglichkeit zu sorgen (Becker-Schmidt 2010, 66f). Denn in

Ermangelung eines die Aufwendungen der Familienarbeit umfassenden gesellschaftlichen Arbeitsbegriffs scheint die Arbeitskraft der Frau unter Ausblendung ihrer Familienzuständigkeit der Logik des kapitalistischen Markts unterstellt. Da sich nach kapitalistischer Logik die über mütterliche Liebe und Intimbeziehungen organisierte Familienarbeit prinzipiell jedoch nicht vermarkten lässt, binden sich diesem Denken folgend darin auch keine persönlichen Arbeitsressourcen (Negt 2012, 221ff.). Familienzuständigkeit kann somit nicht als Faktor relevant gemacht werden, der bei der Bewertung weiblicher Leistungsfähigkeit Geltung erlangt. Der Arbeitsaufwand in der privaten Sphäre der Familie wird so aus dem über die Marktlogik geprägten, öffentlichen Bewusstsein ausgeschlossen (Baier 2010, 75). Und obschon sich Frauen die Verschränkung der beiden widersprüchlich gestalteten Arbeitsbereiche alltäglich zumuten und diese unter großem persönlichen Aufwand in Anschluss setzen, wird auch die gelungene Verknüpfung der beiden Bereiche nicht als Arbeitsleistung anerkannt. Im Gegenteil wird diese Verknüpfung vermehrt als Ausdruck einer aus Marktperspektive als illegitim erachteten Einschränkung der Norm der allumfänglichen Verfügbarkeit einer Arbeitskraft an sich betrachtet (Knapp 2012, 64f).

In einer Längsschnittanalyse der Berufskarrieren von 43 weiblichen und 51 männlichen Absolvent_innen wirtschaftswissenschaftlicher Studiengänge der Universität Wien weisen Guido Strunk, Anett Hermann und Susanne Praschak erhebliche Chancengleichheitsgefälle zwischen Männern und Frauen nach, die an sich über gleiche Ausgangsbedingungen verfügen (Strunk/Hermann/Praschak 2005). Parallelisiert nach Faktoren der Ausbildung, Persönlichkeit, sozialen Herkunft und Mikropolitik verdienten Wirtschaftswissenschaftlerinnen nach Ablauf von zehn Berufsjahren maßgeblich weniger als ihre statistischen Zwillingskollegen. Dabei erweisen sich auch Kinderbetreuungspflichten, die tatsächlich geleistete Wochenarbeitszeit und die Organisationsgröße zum Berufseinstieg als ergebnisunabhängige Größen. (Strunk/Hermann 2009, 244ff.). Bei gleichen Grundvoraussetzungen erleben Frauen, diesen Schluss legt die Analyse nahe, in Bezug auf die Entlohnung ihrer Arbeit bedeutende Benachteiligungen. Und dies wiederum, so verdeutlichen die Autor_innen Strunk und Hermann, „verweist auf eine direkte oder indirekte Diskriminierung von Frauen auf Grund ihres Geschlechts […] innerhalb der arbeitgebenden Organisationen“ (Strunk/Hermann 2009, 254). Geschlecht, so macht die Studie deutlich, wird in Erwerbsarbeitskontexten somit zuungunsten von weiblichen Beschäftigten wirksam.

Es ist deutlich geworden, wie sich aus Perspektive des Geschlechtergleichheitsansatzes Geschlechterdifferenzierungen als Produkte gesellschaftlicher Herstellungsprozesse offenbaren. So nehmen nach geschlechtergleichheitsorientiertem Verständnis individuelle Geschlechtsidentitäten, soziale Geschlechterbilder und gesellschaftliche Geschlechterordnungen über wechselseitigen Beeinflussungen einer natürlichen und einer gesellschaftlichen Geschlechtsdimension Gestalt an. Darüber zeigt sich, wie sich Geschlechterhierarchisierungen hervorbringen und stabilisieren. Zudem wird sichtbar, wie strukturelle Phänomene und deren Folgen zu Lasten von Frauen personalisiert werden.

Während Ansätze der Geschlechterdifferenz und Geschlechtergleichheit ihre gegenläufigen Strategien zur Herstellung von Geschlechtergerechtigkeit beide auf dem Selbstverständnis von Zweigeschlechtlichkeit gestalten, stellen Diskurse der Dekonstruktion oder Aufhebung von Geschlecht genau diese Annahme in Frage. Im Gegenteil fokussieren sie darauf, wie sich über die Ordnungskategorie Geschlecht die Voraussetzungsbedingungen für Geschlechterdifferenz und -ungleichheit erzeugen.

2.2.3 Zu Diskursen der Dekonstruktion oder Aufhebung von Geschlecht

Bisher wurde dargelegt, dass und wie Geschlechterdifferenzansätze und Geschlechtergleichheitsansätze auf Grundlage unterschiedlicher Annahmen gegenläufige Argumentationen und Strategien zur Gestaltung von Geschlechtergleichheit begründen und gesellschaftlich implementieren. Die Position der Dekonstruktion oder Aufhebung von Geschlecht stellt die Selbstverständlichkeit der zweigeschlechtlichen Grundordnung selbst ins Zentrum ihrer Analysen. Dabei erkennt sie auch deren Voraussetzungsbedingungen als in Prozessen hergestellt an.

2.2.3.1 Geschlecht als Ordnungskategorie

Während Geschlechterdifferenz- und Geschlechtergleichheitsansätze Zweigeschlechtlichkeit als grundlegend gegeben annehmen, sehen Ansätze der Dekonstruktion oder Aufhebung von Geschlecht Zweigeschlechtlichkeit und Geschlechterdifferenzen über soziale Praktiken hervorgebracht und unhinterfragbar gemacht. Über die Einblendung von Brüchen und Abweichungen von Alltagsordnungen werden die sozialen Konsequenzen der Geschlechterkategorisierungen zuerst sichtbar und dann reflektierbar gemacht. Die Prozesse der Einblendung werden nachfolgend mit Beispielen aus der Inter- und Transsexuellenforschung aufgezeigt.

Der Soziologe Harold Garfinkel beobachtet in seiner ethnomethodologischen Untersuchung „Passing the managed achievement of sex status in an ‚intersexed' person" (1967) Prozesse, Schritte und Praktiken einer individuellen Geschlechtsaneignung (Garfinkel 1967). Garfinkel kommt zur Erkenntnis, dass auch körperliche Anlagen als gestaltet zu betrachten sind. Seine Erkenntnisse generiert Garfinkel auf Grundlage seiner Beobachtungen aus seiner Arbeit mit Transsexuellen, genauer mit der transsexuellen Person Agnes. Dabei fokussiert er darauf, wie und über welche Verhaltensweisen Agnes während ihres Passings, der Zeit ihres körpergeschlechtlichen Übergangs, ihre Weiblichkeit in Kontexten und Situationen der sozialen Praxis zeigt und vertritt. Er kommt zum Schluss, dass Agnes' Sprache, Auftreten und Verhalten als Formen zu sehen seien, die dazu dienten, sich in einer scheinbar nach Körpermerkmalen dichotomisierten Gesellschaftsordnung einzufinden, um so die Menschen in ihrem eigenen, sozialen Umfeld von ihrem ganz normalen Frausein zu überzeugen (siehe auch Hirschauer 2013, 153).

Über die Frauen angemessene Kleidung, eine adäquate Mimik und Gestik oder eine passende Wortwahl inszeniert Agnes ihr Frausein im Alltag (Garfinkel 1967, 119). Die Aneignung von Weiblichkeit bezieht sich nicht allein auf die adäquate Außendarstellung. Auch ihr Kommunikationsverhalten wird von Agnes beständig angepasst (Garfinkel 1967, 157). Um nicht als männlich entlarvt zu werden, eignet sich Agnes beispielsweise auch die weiblich zugeschriebene Kompetenz an, in Gesprächen einzulenken, statt sich durchzusetzen oder auch die eigene Meinung zu verbergen, statt darauf zu bestehen (Kotthoff 2003, 126). So erarbeitet sich Agnes Routinen und Methoden, die eigene Geschlechtsidentität, ihre Geschlechtszugehörigkeit und die Geschlechterbeziehungen als typisch weiblich zu gestalten[15].

15 Gerade auch im Anschluss an diese Erkenntnissen der Transsexuellenforschung von Harold Garfinkel entstand das in Kapitel 2.5.2.4 angeführte Konzept des doing gender von Candace West und Don Zimmerman (1987), das Geschlecht nicht als Eigenschaft einer Person, sondern als ein dynamisch zwischen den Polen des biologischen Sex und des sozialen Gender gestaltetes Produkt beschreibt. Dabei fokussieren West/Zimmerman in ihren Analysen, wie Geschlecht in einem wechselseitigen Konstitutionsverhältnis zwischen Körpergeschlecht und sozialem Gender hergestellt wird. Zwar greift Agnes auf das doing gender Konzept zurück, um ihre weibliche Geschlechtsidentität hervorzubringen und gesellschaftlich zu stabilisieren. Da der Schwerpunkt des hier vorliegenden Kapitels

Während Garfinkel sich bei seinen Studien auf die Person Agnes bezieht, fokussieren Kessler/McKenna in ihrer feministisch-ethnomethodologischen Studie „Gender. An Ethnomethodological Approach“ (1978) dynamische Prozesse, die Geschlecht herstellen und der Gestaltung einer selbstverständlich erscheinenden, bipolaren Geschlechterordnung dienen. Sie beobachten zudem auch, wie Geschlechterzuschreibungen, „gender attribution“, im Alltag zu Genitalzuschreibungen, „genital attribution“, um dann phallozentrisch zu Peniszuschreibungen, „penis attribution“, zu werden (Kessler/McKenna 1978, 153). Kessler/McKenna zufolge wird eine Person nur dann als weiblich erkennbar, wenn männliche Zuschreibungsmöglichkeiten fehlen (Kessler/McKenna 1978, 158). So wird der Penis zum einzigen Merkmal von Geschlecht, die Vagina zur unvollkommenen Männlichkeit und Männlichkeit zur zentralen gesellschaftlichen Größe erklärt. Kessler/McKenna lassen so den reflexiven Zirkel erkennen, mit dem sich ausschließende Grundstrukturen und Normalitäten im Alltag bezogen auf Geschlecht gestalten und reproduzieren.[16]

Garfinkel und Kessler/McKenna arbeiten mithilfe ihrer Forschungen heraus, dass und wie sich tieferliegende Ordnungsstrukturen über interaktive Prozesse ausgestalten, manifestieren und naturalisieren. Während Garfinkel den Schwerpunkt auf die Hervorbringungen von Geschlecht auf Subjektebene legt, fokussieren Kessler/McKenna wie sich in dynamischen Prozessen zwischen Person- und Strukturebene Geschlechterungleichheiten institutionalisieren. Sie verweisen darüber auf vergeschlechtlichte Voraussetzungsbedingungen für die Gestaltung und Aufrechterhaltung ungleicher Gesellschaftsverhältnisse.

2.2.3.2 (De-)Konstruktion von Hierarchie und Differenz

(Geschlechter-)Klassifikationen und Differenzierungen als sozial entworfen und immanente Voraussetzungen für Gesellschaft zu betrachten, ist eine

---

nicht auf der Herstellung von Männlichkeit und Weiblichkeit an sich liegt, sondern mit dem Fallbeispiel Agnes zu beleuchten versucht, wie sich Zweigeschlechtlichkeit programmatisch konstituiert und darüber tiefenstrukturelle Ausschlüsse gestaltet, wird das Konzept von West/Zimmerman nicht an diesem Ort erläutert, sondern in den Zusammenhang mit interaktiven Herstellungsprozessen von Männlichkeit und Weiblichkeit gestellt.

16 Kessler/McKennas Erkenntnisse ermöglichen West/Zimmerman, das Konzept von „doing gender“ (vgl. Kapitel 2.2.2.4) anzuknüpfen, das die sozialen Herstellungsprozesse von Männlichkeit und Weiblichkeit beleuchtet.

der grundlegenden Erkenntnisse von Garfinkel (1967) und Kessler/McKenna (1978). Garfinkel und Kessler/McKenna machen die Hervorbringung und Institutionalisierung von Geschlechterdifferenzphänomenen und die Stabilisierung diesbezüglicher Ordnungen im Alltagshandeln von Akteur_innen sichtbar. Jedoch werden kritische Stimmen laut, die über das Argument, mit Interaktionsanalysen generell keine ausreichenden Aussagen zu gesellschaftlichen „Objektivitäten" tätigen zu können, die Erklärungskraft dieser Ansätze in Frage stellen (dazu siehe zum Beispiel Eickelpasch 2001, 61; Gottschall 2000, 307).

Regine Gildemeister und Angelika Wetterer nehmen sich in „Wie Geschlechter gemacht werden. Die soziale Konstruktion der Zweigeschlechtlichkeit und ihrer Reifizierung in der Frauenforschung" (1992) früh der Herausforderung der Integration von Handlungs- oder Kulturebene und Strukturebene an und beleuchten die strukturgenerierende Bedeutung von Geschlechterklassifizierungen (Gildemeister/Wetterer 1992, 230). Die Grundannahme, „dass sich nur hierarchisieren lässt, was unterschieden und klassifiziert wird" (Meissner 2008, 11) veranlasst Gildemeister/Wetterer dazu, Hierarchie und Differenz in Zusammenhang gesetzt und als sich gegenseitig konstituierende Größen zu sehen. Es lassen sich weder, so die Kernaussage, Geschlechterhierarchisierungsphänomene bearbeiten, ohne geschlechtsbezogene Differenzsetzungen zu betrachten, noch lassen sich Geschlechterdifferenzphänomene beleuchten, ohne die hierarchische Geschlechterordnung in Bezug zu setzen. Das Ziel der Geschlechtergleichheit ist demnach nicht darüber zu erreichen, sich einseitig entweder auf die Auflösung von Geschlechterdifferenzen oder den Abbau von Geschlechterhierarchien zu konzentrieren. Denn „Differenz ohne Gleichheit bedeutet gesellschaftlich Hierarchie, kulturell Entwertung, ökonomisch Ausbeutung. Gleichheit ohne Differenz bedeutet Assimilation, Anpassung, Gleichschaltung, Ausgrenzung des ‚Anderen'" (Prengel 1990, 131; zitiert nach Pimminger 2012, 31). Um Geschlechtergleichheit umfassend zu gestalten, sind die Pole der Differenz und Hierarchie also als sich gegenseitig konstituierende Größen zu betrachten und in Gleichzeitigkeit zu beleuchten. In organisationalen Kontexten sind Geschlechterfragen somit nur im systematischen Bezug dieser beiden Pole zueinander zu bearbeiten.

Joan Acker nimmt mit ihrem Konzept der „gendered organization" (1991/2013) an, dass die Ordnungskategorie Geschlecht Differenzorientierungen erzeugt, die Interaktionen zum Nachteil von Frauen beeinflussen (Acker 1991/2013). Acker selbst orientiert sich in ihrer Argumentation einerseits an der gesellschaftlichen Trennung von Erwerbs- und Familienarbeit. Andererseits bezieht sie Gefühle und Körperlichkeiten als grundsätzlich für die Gestaltung von Organisationen relevante Merkmale mit ein. Sie kommt dabei zum Schluss, dass geschlechtliche Zuschreibungen nicht allein das Denken und Handeln von organisationalen Akteur_innen ordnen, sondern auch den strukturellen Auf- und Ausbau von Organisationen. So argumentiert sie, dass aufbauend auf der geschlechtlich geprägten Vorstellung einer Geschlechtslosigkeit von Erwerbsarbeit Berufe und Bereiche gestaltet werden, die sich nach den Lebensentwürfen von Männern ausrichten (Wilz 2013a, 154ff.). Darüber bleibt Frauen und Weiblichkeit der Zugang zu diesen „normalen" Ordnungen verwehrt. Scheinbar ausschließlich funktional ausgerichtet, wird über die Kategorie Geschlecht in Organisationen somit eine „gendered substructure" (Acker 1991/2013, 92), eine geschlechtliche Substruktur, geschaffen, die Frauen im Verhältnis zu Männern marginalisierte und weniger anerkannte Positionen zuweist. (Acker 1991/2013)

Demgegenüber steht ein Verständnis, dass über die Kategorie Geschlecht in Organisationen keine Ordnung gestaltet wird. Zwar wird anerkannt, dass in technischen Organisationen und auf Führungspositionen im Vergleich zu Männern weniger Frauen vertreten sind (vgl. Kapitel 1.1). Jedoch zeugt die Tatsache, dass sich dort eben dennoch Frauen finden, diesen Vorstellungen nach für die Existenz einer „‚Gleichheits-' oder ‚Gleichstellungsnorm', nach der es keine Unterschiede gibt" (Gildemeister/Robert 2008, 184), die organisational relevant wären. Darüber kommen diese Ansätze der Argumentation der Geschlechtergleichheitsdiskurse nahe. Als Beispiel für diese Perspektive dient die Arbeit der Organisationsforscherin Rosabeth Kanter (1977), die sich früh mit Frauen im Management beschäftigt hat. Ihren Erkenntnissen nach ist die dortige Unterrepräsentanz von gleich befähigten Managerinnen darauf zurückzuführen, dass sich technische Unternehmen und der Managementbereich als homosoziale Einrichtungen erweisen, die sich gegenüber allen Minderheiten – und somit eben auch gegenüber Frauen – abzugrenzen versuchen. Wirksame Geschlechterstereotype auf informeller Ebene, so führt Kanter aus, begründen Machtdefizite und sorgen dafür, dass weibliche Führungskräfte unterrepräsentiert bleiben. Als Außenseiterinnen müssen sie besondere Leistungen erbringen, wenn sie als Mitglied des Managements anerkannt sein wollen (Gildemeister/Robert 2008, 221). Gleichzeitig werden sie zu „token" (Kanter 1977), zu Repräsentantinnen einer Gruppe, und unterliegen einer besonderen Aufmerksamkeit. Über die „zunehmend breite Integration von Frauen in Arbeitsmarkt und Organisation, die Angleichung von Qualifikationen und Karrierepfaden" (Wilz 2013a, 152) werden bestehende Geschlechterhierarchien in Unternehmen nach Kanter mittelfristig abgebaut.

Acker und Kanter werden als Klassikerinnen der feministischen Organisationsanalyse gehandelt (Müller/Riegraf/Wilz 2013). Während sich Geschlechterbeziehungen laut Acker organisational nach Differenz zueinander ausrichten, sieht Kanter organisationale Verhältnisse von Männern und Frauen nach Gleichheit geordnet. Gleichzeitig sind deren konzeptionelle Ordnungsmuster in einen konstituierenden Zusammenhang gesetzt. Denn indem Acker Technik und Management männlich assoziiert, schreibt sie, die Struktur der Zweigeschlechtlichkeit grundsätzlich angenommen, Frauen gleichzeitig den Bereich der Familien- und Hausarbeit zu, ohne davon auszugehen, dass alle Frauen tatsächlich auch Familie haben müssten. Darüber gestaltet sie jene generalisierenden Zuschreibungen, die eine Homogenität der Geschlechtsklasse voraussetzen und darüber dem „token"- Phänomen von Kanter als sinnhafte Grundstruktur dienen. Nach Kanter repräsentieren Frauen in Führungspositionen die Gruppe von Frauen im Allgemeinen. Denn es wird von ihr nicht auf eine Gruppe von Frauen in Führungspositionen spezifiziert, sondern insgesamt auf die Gruppe der Frauen mit ihren stereotypisierten Zuschreibungen und Geringbewertungen verwiesen. Somit finden Normvorstellungen, die gesellschaftliche Zuständigkeitsbereiche von Frauen und Männern als in Familien- oder Hausarbeit und Erwerbsarbeit getrennt und weiblich Zugeschriebenes als geringwertiger betrachten, auch Eingang in Kanters scheinbar geschlechtsneutralem Organisationsmodell und gestalten dieses implizit mit. Während Ackers Differenzverständnis die Aufhebung von Geschlechterhierarchie und -ungleichheit anstrebt, indem sie eine gleiche Anerkennung für Unterschiedliches herzustellen sucht, versucht Kanter mit ihrem Gleichheitsverständnis Ungleichheiten darüber abzubauen, dass sie zu Unterscheidendes als grundsätzlich unterschiedlich hervorhebt.

Vor dem Hintergrund dieser Ausführungen verdeutlicht sich, wie sich in der Organisation von Gleichheit Prozesse der Differenzierung und Hierarchisierung derart grundlegend miteinander verbinden, dass das Phänomen der Geschlechterdifferenz darüber immer wieder neu hergestellt wird. Diese Komplexität versucht Judith Butler (1991) zu durchleuchten, indem sie sich der sprachlichen Herstellung von Geschlecht zuwendet.

2.2.3.3 Die performative Herstellung von Geschlecht

Während die ethnomethodologisch angelegten Studien von Garfinkel (1967) und Kessler/McKenna (1978) gesellschaftliche Ordnungsstrukturen hinterfragen, zeigt der Zusammenschluss der Konzepte von Acker und Kanter beziehungsweise die Erkenntnisse aus der Verknüpfung von Differenzierung und Hierarchisierung, wie unterschiedliche Grundannahmen zu Geschlecht und Geschlechterdifferenz das gesellschaftliche Denken und Handeln organisieren. Somit sind nicht allein die Ergebnisse von Handlungen als geschlechterungleich gestaltet zu betrachten. Auch alle Grundlagen, Gewissheiten und Möglichkeiten des sich aufeinander Beziehens sind als derart ausgerichtet zu begreifen, dass sie wiederum die Konstruktion von Geschlecht als Ungleichheitskategorie und die Gestaltung geschlechterdifferenzierender Gesellschaftsstrukturen anleiten.

Im Zusammenhang mit den Ordnungsgrundlagen der Geschlechterkonstruktion im deutschsprachigen Raum wird Judith Butler (2009, 2006, 1997, 1991) hervorgehoben. Butler formuliert Erkenntnisse zur Konstruktion von Geschlecht weiter aus, indem sie sich kritisch der Frage nach dem Ort und dem Modus der Herstellung von Geschlecht zuwendet (Villa 2010, 146f). Dabei nimmt Butler in Anlehnung an Foucault die Position ein, dass Sexualität und Geschlecht jede Art essentialistischer Grundlage abzusprechen ist[17]. Nach Butler existiert „nichts Authentisches am Geschlecht“ (Butler 1991, 49). Im Gegenteil stellt Geschlecht ein Phänomen dar, über das sich bestimmte Normen im Individuum materialisieren (Butler 1991, 23f). Geschlecht ist, so führt sie weiter aus, „somit weder ein Substantiv noch eine Sammlung freischwebender Attribute“ (Butler 1991, 49), sondern diskursiv gestaltet. Während Geschlecht aus Differenzperspektive als körperlich und aus Gleichheitsperspektive als sozial konstruiert gilt, ist nach Butler davon auszugehen, dass Geschlechtsidentitäten als kulturell gesetzt zu sehen sind. Butler spricht den beiden Dimensionen Sex und Gender darüber nicht allein die Berechtigung als biologische, gesellschaftliche oder universalanalytische Kategorien ab. Sie verweist zudem auch darauf, dass menschliche Körper nur kulturell vermittelt wahrnehmbar sind. So sind es „die Diskurse, die produzieren, was sie vermeintlich nur

17 „Der Wille zum Wissen. Sexualität und Wahrheit 1“ (1976/1987) ist das erste Band zur Geschichte der Sexualität. Foucault untersucht hier, wie sexuelle Praktiken und Verhaltensweisen zu Wissensobjekten werden und wie sich das Wissen und die Erkenntnisse zu Sexualität als Machteffekt beziehungsweise Machtinstrument hervorbringen (Foucault 1976/1987).

bezeichnen" (Pimminger 2012, 120). Darüber legt Butler offen, dass alle Grundstrukturen des Erkennens, wie die über Sex und Gender transportierte Grenzziehung zwischen Biologie und Gesellschaft oder Natur und Kultur, als diskursive und gestaltete Effekte zu betrachten sind (Meissner 2008, 14).

Um Geschlechterungleichheitsfragen auf diesem Hintergrund angemessen bearbeiten zu können, kann der Fokus nach Ansicht Butlers nicht mehr allein auf den Gründen oder den Konsequenzen von Geschlechterungleichheit liegen. Nach Butler muss sich das Interesse der sprachlichen Konstruktion der Geschlechterdifferenz, der Performativität der Sprache zuwenden, über die sich männliche und weibliche Subjekte und deren soziale Realitäten erzeugen. „Geschlecht als performativ hervorgebracht zu fassen, bedeutet [...] Geschlecht als Resultat von Wiederholungen der Norm zu verstehen" (Butler 1991, 49). Geschlechtsidentität, so Butlers Verständnis, ist „ein Ensemble von Akten, die innerhalb eines äußerst rigiden regulierenden Rahmens wiederholt werden, dann mit der Zeit erstarren und so den Schein der Substanz bzw. eines natürlichen Schicksals des Seienden hervorbringen" (Butler 1991, 60). Die geschlechtlichen Identitäten von menschlichen Subjekten begründen sich nach Butler in ihren Entstehungen einerseits somit über eine Wiederholbarkeit der sprachlichen Akte und sind dabei andererseits genau auf diese Wiederholbarkeit auch angewiesen (Felman 1983).

Laut Butler liegt darin auch der emanzipatorische Charakter des Begriffs Geschlecht. Weil die Worte, Sätze und Begriffe ihre Bedeutungszuschreibungen im Rahmen von Wiederholungen erst entwickeln und stabilisieren, eröffnet sich nach Butler gleichermaßen die Möglichkeit, dass sich kontingente Geschlechtsidentitäten hervorbringen:

> In bestimmter Hinsicht steht jede Bezeichnung im Horizont des Wiederholungszwangs; daher ist die ‚Handlungsmöglichkeit' in der Möglichkeit anzusiedeln, diese Wiederholung zu variieren. Wenn die Regeln, die die Bezeichnung anleiten, nicht nur einschränkend wirken, sondern die Behauptung alternativer Gebiete kultureller Intelligibilität ermöglichen, d.h. neue Möglichkeiten für die Geschlechtsidentität eröffnen, die den starren Codes der hierarchischen Binaritäten widersprechen, ist eine Subversion der Identität [...] möglich. (Butler 1991, 213)

So macht der Blick auf die Wiederholungen Geschlecht und Zweigeschlechtlichkeit als gesellschaftliche Konstrukte erkennbar, die sich prozesshaft gestalten. Darüber werden zum einen vielfältige Geschlechtsidentitäten denkbar. Zudem weist dies auch auf eine prinzipielle Veränderbarkeit gesellschaftlicher Ordnungen insgesamt hin. Geschlecht und Geschlechterkategorien werden so zu komplexen Begriffen, die im Zuge gesellschaftskultureller Prozesse auch abseits von über die Ordnung der Zweigeschlechtlichkeit gestalteten, kulturellen Einschränkungen vielfältig denkbar, sagbar und lebbar gemacht werden könnten. So ist für Butler die Geschlechterkategorie der Frau und logischerweise auch des Mannes „selbst ein prozessualer Begriff, ein Werden und Konstruieren [...] [und] [a]ls fortdauernde diskursive Praxis [...] stets offen für Eingriffe und neue Bedeutungen" (Butler 1991, 61). Grundvoraussetzung zur prozesshaften Ausdeutung von Geschlechterkategorien und der Gestaltung von Gleichheit ist es nach Butler jedoch, die Machtwirkungen von Geschlechterdiskursen zu betrachten. So gilt es jene Mechanismen zu entlarven, die das Sagbare bestimmen, indem sie Anderes als unsagbar ausschließen.

2.2.3.4 Das Zusammenspiel von Diskurs, Macht und Geschlecht

Butlers Auffassung nach sind Geschlecht und Zweigeschlechtlichkeit Phänomene, die sich in Diskursen hervorbringen und diese wechselseitig mitbestimmen. Erst durch etablierte Diskurse der Zweigeschlechtlichkeit werden Menschen als Männer und Frauen erzeugt, indem entsprechende Zuschreibungen vorgenommen und herrschaftlich verankert werden. Die im Diskurs getätigten und tätigbaren Aussagen stehen also in Zusammenhang mit tieferliegenden Ordnungsprinzipien, die Sagbares erschaffen, indem sie es von Unsagbarem trennen. Diese Ordnungszusammenhänge gilt es nach Butler nach geschlechtsbezogenen Ausschlusspraktiken und Diskriminierungsmuster zu beleuchten. In ihrer Herangehensweise stützt sich Butler auf Jacques Lacan und Jacques Derrida. Beide gelten als Vertreter des Poststrukturalismus und Begründer des Dekonstruktivismus (Meissner 2008; Andermahr/Lovell/Wolkowitz 2000). Zentral für Butlers feministisch-dekonstruktivistischen Zugang ist einmal die These des Phallozentrismus von Lacan. Lacan sieht nicht allein das für Individuen Sag-, Denk- und Lebbare im „Innen" einer patriarchalen symbolischen Ordnung mit dem Phallus als zentrales Moment des Menschlichen eingebunden (Andermahr/Lovell/Wolkowitz 2000, 198). Auch das, was als „Außen" aus diesem Bewusstsein ausgeschlossen ist und dem explizierten Wissen von Individuen vorgeordnet ist, ist nach diesem Muster geordnet (Meissner 2008, 13f). Gleichermaßen bezieht Butler sich in ihrer Argumentation auf die These des Logozentrismus von Derrida, der darüber das abendländische

Denken hinterfragt, das dichotomisierten Zeichen wie Kultur und Natur, Mann und Frau, Vernunft und Gefühl, Subjekt und Objekt, Geist und Körper eine metaphysische Bedeutung außerhalb des sprachlichen Systems zuspricht (Andermahr/Lovell/Wolkowitz 2000, 198). Butler versucht sichtbar zu machen, dass und wie Herrschaftsdiskurse Hierarchien und Asymmetrien gestalten, indem sie Frauen systematisch auf die Position des Abweichenden stellen. Den Zugang der Dekonstruktion von Derrida erachtet sie geeignet dafür, diese Hierarchien sichtbar zu machen und abzubauen.

Dekonstruktion laut Derrida ist kein Verfahren, das schrittweise und systematisch angewendet werden kann, um richtige Lösungen zu erarbeiten. Dekonstruktion muss eher als eine Denkbewegung begriffen werden, mit der Kontextuierungen begegnet werden kann. Möglich wäre, „sie als subversive Strategie zu begreifen, als philosophisch-philologische Lektüre, Relektüre und Gegenlektüre, die sich auf die Problematik der Gedankenfigur des Zentrums konzentriert“ (Babka 2007, 13). Über das Lesen, Wiederlesen und Gegenlesen auch von sozial Lesbarem wird zu erfassen versucht, wo das aus diesen Kontexten Ausgeschlossene wieder in das Zentrum des Konstituierten eindringt, um sich dann gegen die Bedeutung zu richten, die sich über seine Differenzsetzung erst festlegt. Darüber werden immanente Differenzen zum einen als produktive Kraft für die Schaffung von Sinn sichtbar (Villa 2010, 148). Das bedeutet, Männlichkeit und Weiblichkeit zeigen sich nicht allein in Differenz zueinander, sondern auch in ihrer wechselseitigen Bedingtheit (Butler 1991, 167f). Zum anderen können vermeintlich Natürliches wie Geschlecht, Zweigeschlechtlichkeit oder Heterosexualität als Konstrukte erfasst werden, die sich in historisch verankerten Verdeckungs- oder Machtzusammenhängen erstellen und in diesen Zusammenhängen auch ihre spezifische Bedeutung erfahren. Und schließlich kann beleuchtet werden, mit welchen Regularien die Diskurse für die Aufrechterhaltung der von ihnen hervorgebrachten, einschränkenden Normalitäten sorgen (Villa 2010, 149).

Die Frage, wie „bestimmte kulturelle Konfigurationen der Geschlechtsidentität die Stelle des ‚Wirklichen‘“ (Butler 1991, 69) einnehmen, um daran anschließend „ihre Hegemonie festigen und ausdehnen“ (ebenda) zu können, fokussiert auf die Machtwirkungen von Geschlechterdiskursen (Foucault 1996, 1978). Sie beleuchtet, wie sich Geschlechtsidentitäten herstellen, ausdrücken und naturalisieren, um wechselseitig Verhältnisse von Macht und Herrschaft zu reproduzieren und zu stabilisieren. Über das Verfahren der Dekonstruktion des Subjekts können diese verschleierten Machteffekte laut Butler aufgezeigt und bearbeitet werden, indem „wir alle Bindungen an das, worauf sich der Terminus ‚Subjekt‘ bezieht, suspendieren" (Butler 1993, 48). Dekonstruktion laut Butler will somit „einen Begriff wie ‚das Subjekt' für eine Wieder-Verwendung oder einen Wieder-Einsatz öffnen, die bislang noch nicht autorisiert waren" (ebenda)[18].

Butler geht also davon aus, dass das Subjekt, das wir allen Handlungen als rational und souverän voraussetzen, ein machtvoll gestaltetes Phänomen darstellt. Die Infragestellung der Bindungen und Beziehungen, die diesen Begriff in seiner universalistischen Bedeutung hervorgebracht haben, ermöglicht laut Butler, Faktoren und Mechanismen zu explizieren, die einschlägige soziale Barrieren gestalten und gesellschaftliche Ausschlüsse hervorbringen. Über die Sichtbarmachung von Verschleiertem oder Ausgeschlossenem lassen sich zum einen die autoritären Zuschreibungen von scheinbar objektiven oder neutralen Begriffen erfassen. Zum anderen ermöglicht es eine Redefinition und Neuverfassung von Begrifflichkeiten, die in Gleichzeitigkeit alte Gewissheiten und Legitimationen in Frage stellen und neue Gewissheiten und Legitimationen ausbilden, die dann in einer reflexiven Praxis wiederum in Frage gestellt werden können und müssen.

2.2.3.5 Heterosexualität als Herrschaftssystem

Bisher wurde erarbeitet, wie die Ordnungskategorie Geschlecht Zweigeschlechtlichkeit auf Subjektebene erzeugt und naturalisiert. Das folgende Kapitel fokussiert auf die strukturelle Ebene. Dazu werden das Verhältnis von Sexualität und Macht und das von Butler analysierte Herrschaftssystem der Heterosexualität, die heterosexuelle Matrix, beleuchtet. Butlers Verständnis nach ordnet die heterosexuelle Matrix Menschen und ihre Körper einander über die ihnen zugeschriebene Sexualität hierarchisch zu.

Butler bezieht sich dabei auf das Denken Foucaults, der Diskurse als Ergebnis und Ausdruck bestimmter Formationen von Macht und Herrschaft sieht. Indem Diskurse bestimmte Aussagen in wiederholender Weise zu einer Sinneinheit zusammenkoppeln, schließen sie darüber andere mögliche Zusammensetzungen als unsinnig aus. Perspektiven, die in diesen etablierten Diskurszusammenhängen nicht vorkommen, werden somit ihrer

---

18 Die Idee des Subjekts als rational denkendes und frei handelndes Wesen als Ausgangspunkt jedes gesellschaftlichen Handelns geht zurück auf Immanuel Kant. Kant sieht die reine Vernunft des Menschen als das für Gestaltung von Gerechtigkeit wesentliche Element an. In Kapitel 3.1.5 sind die Grundlagen seiner Gerechtigkeitskonzeption angeführt.

Argumentationsgrundlage enthoben. Aus vorstrukturiertem Denken, Sprechen und Handeln entstanden, organisieren und institutionalisieren herrschaftliche Diskurse somit das als objektiv gültig und universal anerkannte Denken, Sprechen und Handeln. (Foucault 1996, 1978, 1976/1987)

Die „heterosexuelle Matrix" (Butler 1991) ist nach Butler jenes diskursive Ordnungsprinzip, das das symbolische Herrschaftssystem im gesellschaftlichen Alltag wirkmächtig absichert. In einem wechselseitigen Verweis von drei Dimensionen, des anatomisch zugewiesenen Geschlechts, des sozialen Geschlechts und des gegengeschlechtlichen Begehrens, sieht Butler die Geschlechterdichotomie und die Hierarchie der Geschlechter normiert und institutionalisiert (Butler 1991, 220). Denn diese drei Dimensionen erweisen sich nach Butler so aufeinander bezogen, dass sie über den Prozess des sich wechselseitig aufeinander Beziehens bestimmte normierte kulturelle Bedeutungen und soziale Rollen hervorbringen. Dabei wird das Verhältnis von Körper, Sozialem und Begehren auf Zweigeschlechtlichkeit und Heterosexualität ausgerichtet. Der Geschlechtskörper offenbart sich so als ein kulturelles Konstrukt, dem eine bestimmte Rolle und ein heterosexuelles Begehren zugeschrieben wird. Zum anderen arrangieren sich soziale Beziehungen zwischen Männern und Frauen in dieser Matrix so, dass sich die den Subjekten per Geschlecht zugewiesenen Fähigkeiten und Eigenschaften körperlich einschreiben und darüber sichtbar werden (Gildemeister/Robert 2008, 142). So sorgt die Norm der Heterosexualität über diese Affirmationen systematisch für ihren eigenen Erhalt. Denn Sprache, Aussehen und Handlungen einzelner Individuen werden über diese Matrix immer wieder zum Ausdruck gebracht und bestätigt (Hirschauer 2013, 158). Und über die kulturelle „Intelligibilität" (Butler 1991), das heißt, die Hervorhebung jener Eigenschaften und Zuschreibungen, die sich für eine weibliche Identität kulturell lesbar erweisen, verweist sie Frauen per geschlechtlicher Zuschreibungen auf sozial und kulturell schlechter gestellte Plätze. Schließlich „erzwingt" sie Zuordnungen, indem sie außerhalb der binären, heterosexuellen Geschlechterordnung stehenden Individuen die Möglichkeit der gesellschaftlichen Anerkennung und Positionierung gänzlich versagt. (Butler 2009, 9ff.) Weiblichkeit bleibt somit abgewertet und andere denkbar mögliche Geschlechtsidentitäten, wie die der Transsexualität oder der Intersexualität beispielsweise, bleiben unsichtbar und aus gesellschaftlichen Ordnungen ausgeschlossen (Butler 1991, 38). Die heterosexuelle Matrix macht das Herrschaftssystem der Heterosexualität sichtbar und bringt gleichzeitig hervor, wie sich die Ungleichheitsordnung als natürlich darstellt.

3. Gerechtigkeit

Im Zusammenhang mit Geschlechtergerechtigkeit zeigt sich in Wissenschaft und Philosophie neben Geschlecht auch der Begriff der Gerechtigkeit relevant. Zusätzlich zu Auseinandersetzungen, wie sich Gerechtigkeit normativ-inhaltlich bestimmt, werden gerechtigkeitsbezogene Diskurse von Theorie und Praxis seit Jahrhunderten geleitet über die Fragestellung, wie sich das Zusammenleben zum Wohle aller in Gesellschaft organisiert. Eine konzeptionelle Grundlage für Geschlechtergerechtigkeit in technischen Unternehmen soll nachfolgend erarbeitet werden.

In Kapitel 3.1 werden dazu fünf nach dem Merkmal der Gegenläufigkeit ausgesuchte Gerechtigkeitstheorien ständischer Gesellschaften beleuchtet und Herausforderungen skizziert, die sich aus den konzeptionellen Gegensätzlichkeiten in Bezug auf die gesellschaftliche Ausgestaltung von Gerechtigkeit ergeben. Anschließend werden in Kapitel 3.2 drei ausgesuchte liberale Gerechtigkeitstheorien der Moderne als theoretische Bezugspunkte für die weitere Aufarbeitung von Gerechtigkeit in Anschluss gesetzt und strukturbedingte Begrenzungen offen gelegt. Dabei zeigt sich, dass sich im Zuge gesellschaftlicher Entwicklungen Ausschlussmechanismen und -faktoren entwerfen, die einer einheitlichen Fassung von Gerechtigkeit beziehungsweise Geschlechtergerechtigkeit entgegenwirken.[19] Auf Grundlage dieser

---

19 Zur normativen Gerechtigkeit werden von mir mit sieben männlichen Gerechtigkeitsphilosophen und einer weiblichen Gerechtigkeitsphilosophin hauptsächlich Konzepte männlicher Autoren angeführt. Darüber möchte ich nicht den Eindruck vermitteln, dass der Einfluss von Frauen in der Gerechtigkeitsgeschichte als irrelevant zu betrachten ist. Da es mir jedoch darum geht, systematisch sichtbar zu machen, wie sich Gerechtigkeitsauffassungen heute hauptsächlich zusammensetzen, beziehe ich mich auf jene Konzepte, die in Literatur und Forschung der Philosophie als Hauptströme angeführt und darüber auch machtvoll wirksam werden. Die vergleichsweise geringe Referenz auf die Konzepte und das Denken weiblicher Autorinnen führt deutlich vor Augen, wie eine gesellschaftliche und philosophische Geschichtsschreibung allein das Werk männlicher Autoren ernst zu nehmen gewillt war. Leider sticht die Philosophie nach wie vor als männlich dominierte Wissenschaftsdisziplin hervor. So führt Otfried Höffe in den beiden Bänden „Klassiker der Philosophie“ (2008a, 2008b) von Platon bis Rawls beispielsweise 50(!) Philosophen an, während er keine einzige(!) Philosophin in diesem Zusammenhang als erwähnenswert erachtet. Auch finden sich unter den 43 von ihm publizierten Autor_innen insgesamt nur drei Frauen.

Ausführungen wird in Kapitel 3.3 dann die Gestaltung von Gerechtigkeit aus Blickwinkel der organisationalen Gerechtigkeitsforschung beleuchtet, die zu erfassen versucht, über welche gesellschaftlichen Prinzipien, Formen und Ordnungen Menschen Gerechtigkeit in Gesellschaft und Organisationen gestalten. Schließlich wird in Kapitel 3.4 der Versuch unternommen, normative und organisationale Gerechtigkeit in Bezug zueinander zu setzen. Darüber werden konkrete Zusammenhänge und Perspektiven zu Gerechtigkeit erarbeitet.

3.1 Normative Gerechtigkeitskonzepte in ständischen Gesellschaften

Gesellschaften ordnen Zusammenleben nach bestimmten Bedingungen. Soziale Gerechtigkeit ist dabei ein wesentlicher Faktor, nach der sich gesellschaftliches Zusammenleben ausrichtet. In der Geschichte finden sich unterschiedliche Vorstellungen davon, was unter Gerechtigkeit und einer sozial gerechten Gesellschaft zu verstehen ist. Folgendes Kapitel legt eine Auswahl von Gerechtigkeitsphilosophien der Antike bis zur frühen Neuzeit in ständischen Gesellschaften dar. Ein Fokus auf deren implizite Grundannahmen legt die gesellschaftskonzeptuellen Unterschiedlichkeiten vertikal geordneter Gesellschaften offen und wirft den Blick darauf, wie die spezifischen Gerechtigkeitsvorstellungen beschaffen sind. Die Auswahl stellt nicht den Anspruch auf Vollständigkeit. Sie verfolgt jedoch das Ziel, die Spannbreite der in Literatur und Forschung als geschichtlich relevant erachteten Ansätze zu beleuchten. Darüber zeigen sich zum einen unterschiedliche Bedingungen und Formen von Gerechtigkeit in vertikal geordneten Gesellschaften. Zum anderen wird mit Blick auf das deutliche Ungleichheitsverhältnis von weiblichen und männlichen Theoretiker_innen sichtbar, wie auch die Diskursgeschichte der normativen Gerechtigkeitstheorie männliche Standpunkte und Akteure zentral setzt, indem sie weibliche ausklammert.[20]

20 Für die Ökonomin Gabriele Michalitsch erweist sich die „maskuline Selektivität der Kanonisierung“ als eine wirksame Strategie männlich-dominanter Interessenswahrung (Michalitsch 2006, 177; dazu auch Kreisky/Sauer 1997b, 18).

3.1.1 Platon: Die ordnende Gestalt

Das älteste in der Literatur festgehaltene, gesellschaftliche Verständnis von Gerechtigkeit geht auf den griechischen Philosophen Platon zurück. Platon wurde um 428 v. Chr. in Athen oder Aigina geboren, er starb 80 Jahre später in Athen. Angeregt über seinen Lehrer Sokrates und sophistische Debatten setzt sich Platon in seinem Werk „Politeia“[21] mit Gerechtigkeit auseinander. In seinen Abhandlungen beschreibt er Gerechtigkeit als eine Funktion der Seele, die eine dem Menschen angeborene Fähigkeit umschreibt. Gerechtigkeit ist Platon zufolge jener Seelenteil, der Vernunft, Mut und Begierde ausbalanciert und so für eine ausgeglichene Polis, Gemeinschaft, sorgt. Mit „suum cuique“ – „Jedem das Seine“ bringt er zum Ausdruck, dass eine gerechte Gesellschaftsordnung seines Erachtens nach darüber zu gestalten und aufrecht zu erhalten sei, dass jeder Mensch seinem natürlichen Wesen und seinen naturgegebenen Möglichkeiten nach handele. Wenn alle genau diese und nur diese ihnen zugewiesenen Funktionen erfüllten, sei Gerechtigkeit gegeben, weil sich die einzelnen Teile so in ihr natürliches Verhältnis zum Ganzen setzten. Die Einhaltung dieser wesentlichen Ordnung trägt Platons Denken zufolge wechselwirkend Sorge dafür, dass alle Menschen genau jene Güter und Mittel zugeteilt bekommen, die ihnen gerechterweise zustehen. Neben der natürlichen Vergabe gesellschaftlicher Güter regeln sich über Gerechtigkeit auch gesellschaftliche Hierarchisierungen. Denn metaphysischen Ursprungs ist Gerechtigkeit laut Platon den Menschen zwar als eine von vier Fähigkeiten zugewiesen, jedoch könne nicht jeder Mensch eine gleich gute Gerechtigkeitsbegabung vorweisen. So wird anhand dieser Gerechtigkeitsbegabung auch über die Zuweisung gesellschaftlicher Einflussmöglichkeiten entschieden. Platon gemäß können Verantwortung für und in einer gerechten Gesellschaft nur die gut begabten „Philosophenherrscher“ (Höffe 2010, 21) übernehmen. Gesellschaftlich einflussreich positioniert, machen sie diese Fähigkeit dann für die Polis zugänglich. Die Befähigung der weniger gut begabten Gemeinschaft verschafft den (rein männlichen) Philosophenherrschern dann das Anrecht auf einen besonderen, ausschließlich für sie vorgesehenen, gesellschaftlichen Status.

---

21 Platons Politeia ist eine in zehn Büchern gegliederte philosophische Abhandlung zur Gestaltung persönlicher und gesellschaftlicher Gerechtigkeit. Dazu setzt er sieben Figuren in einen fiktiven, kontrovers geführten Dialog. Politeia gilt als das Hauptwerk Platons und als erstes Werk der politischen Philosophie. (Krapinger 2017)

In einer gerechten Welt besetzt Platons Verständnis nach also eine kleine Gruppe von Menschen gesellschaftlich exponierte Stellungen mit hohen Einflussmöglichkeiten, während eine relativ große Gruppe von Menschen gesellschaftlich macht- und einflusslos bleibt. Legitimiert wird diese soziale Ungleichheit über die Zuschreibung einer besonders guten Gerechtigkeitsbegabung an Mitglieder der sozial privilegierten Gruppe, über die Angehörige der anderen Gruppe natürlicherweise nicht verfügen. Platon sieht Gerechtigkeit also als ein gesellschaftsstrukturelles Instrument, um Menschen ihrer guten oder weniger guten Veranlagung nach in einer von Natur aus hierarchisch verfassten Gesellschaftsstruktur einordnen und ungleiche Gesellschaftsverhältnisse darüber stabilisieren zu können. (zu Platon siehe unter anderem Ebert 2015, 83ff.; Höffe 2010, 20ff.; Klopfer 2008, 13ff.; Schweidler 2007a, 25ff.; Erler 2006; Weischedel 1981, 45ff.)

3.1.2 Aristoteles: Die bedingte Gleichheit

Auch für Platons Schüler Aristoteles, 384 v. Chr. in Stageira geboren und 322 v. Chr. in Chalkis verstorben, ist Gerechtigkeit jene wesentliche Substanz, die das Leben von Menschen in Gemeinschaft organisiert. Nach seinem in der „Nikomachischen Ethik“[22] festgehaltenen Verständnis gehört Gerechtigkeit zu den vier menschlichen Kardinalstugenden, nach denen Menschen ihr soziales Verhalten ausrichten. In Erweiterung zu Platon versteht Aristoteles Gerechtigkeit nicht als eine dem Menschen gut oder schlecht zugeteilte Fähigkeitsgröße metaphysischen Ursprungs. Für ihn ist Gerechtigkeit eine menschliche Tugend und somit dem Menschen von Grund auf absolut eigen. Als ein Habitus[23] findet sich Gerechtigkeit nach Aristoteles in einer menschlichen Haltung, wo sie sich seinem Bewusstsein über ihre Abgrenzung vom Anderen erschließt (Buchheim 2007). In seinem Gerechtigkeitskonzept führt diese Annahme Aristoteles zur Erkenntnis, dass das Wissen um Gerechtes das Wissen um das Ungerechte miteinschließt. Gerechtes Handeln kann nicht erfolgen, ohne sich zum

---

22 Die Nikomachische Ethik (Nickel 2007) gilt als eine der drei überlieferten Hauptwerke von Aristoteles und wird als erste Schrift der praktischen Philosophie gewertet, die die „menschliche Praxis“ (Höffe 1997, 237f) und die „strukturellen Bedingungen und Bezüge menschlicher und insbesondere der normativen Prinzipien ‚richtigen Handelns‘“ (Fahrenbach 1972, 17) untersucht.

23 Aristoteles bezeichnet Habitus als „das, was macht, dass wir uns in Bezug auf die Affekte richtig oder unrichtig verhalten“ (Aristoteles o.A.; zitiert nach Pfadenhauer/Scheffer 2009, 96).

einen von ungerechtem Handeln abzugrenzen und diese Begrenzungen zum jeweils anderen offen zu legen. Über diese Begrenzungen definiert sich somit das, was faktisch unter Gerechtigkeit oder gerechtem Handeln zu verstehen ist. Gleichzeitig gestalten sich über sozial gerechtes Handeln gesellschaftliche Phänomene, die sich im Zusammenleben als Ungerechtigkeiten offenbaren (Buchheim 2007, 245). Gerechtigkeit zeigt sich somit als kontextgebundene Gestalt, die sich je nach Bedingung und Perspektive unterschiedlich verhält und in Bezug auf Ungerechtigkeit deutbar wird.

Im Wissen um diese komplexen Zusammenhänge arbeitet Aristoteles verschiedene Gerechtigkeitsarten konkreter heraus. Neben der allgemeinen Gerechtigkeit als Bezeichnung für die grundlegende Rechtschaffenheit einer Person differenziert Aristoteles weitere Formen, die gerechte Gesellschaftsverhältnisse je nach Kontext gestalten. So sorgt einmal eine an einer arithmetischen Gleichheit orientierte Ausrichtung für soziale Gerechtigkeit. Darüber werden die gesellschaftlich zu verteilenden Güter in Verhältnis zu einer Anzahl von Ansprüchen gesetzt oder begangenes Unrecht über eine für alle gleich geltende Rechtsprechung ausgeglichen. Zum anderen formuliert Aristoteles eine zweite Gerechtigkeitsform, die die Verteilung von Gütern, Ehre oder öffentlichem Einfluss proportional ordnet. Darüber wird denjenigen Menschen ein größerer Anteil an Gütern zugesprochen, deren gesellschaftliche Leistungen und Verdienste im Verhältnis größer sind. Je nach Ausgangslage sieht Aristoteles Gerechtigkeit also als Mittel zu einer auf arithmetische Zahlen bezogenen Gleichheit oder zu einer Gleichheit von Verhältnissen. Darüber rechtfertigt sich für Aristoteles je nach Bezugnahme sowohl die Gleichheit von Gleichem als auch die Gleichheit von Ungleichem als gerecht.

In einer gerechten Welt werden nach Aristoteles von der Art gleiche Menschen grundsätzlich gleich behandelt. Dieses auf Gleichheit ausgerichtete Gesellschaftsverhältnis begründet die anteilsgleiche Zuteilung von Gütern und Ressourcen an alle gleich berechtigten Menschen gleichermaßen. Gleichzeitig bestimmen sich individuelle Ansprüche nach Aristoteles auch bedingterweise. So rechtfertigen sich Privilegierungen an Menschen, die sich auf gewisse Art und Weise sozial hervortun. Wie bei Platon legitimiert sich darüber neben einem auf Gleichheit ausgerichteten Verhältnis auch eine auf Ungleichheit ausgerichtete Gesellschaftsordnung. Diese beiden diametral entgegengesetzten Ausrichtungen werden nach dem Gerechtigkeitsverständnis von Aristoteles systematisch in Verhältnis gesetzt. Gerechtigkeit nach Aristoteles ist somit nicht als universale Größe zu verstehen, sondern als bedingte Größe, nach der sich das Leben von Menschen in Gemeinschaft unterschiedlich ausrichtet. (zu Aristoteles siehe unter anderem

Ebert 2015, 100ff; Höffe 2010, 62f; Klopfer 2008, 81ff.; Schweidler 2007b, 51ff.; Weischedel 1981, 58ff.)

3.1.3 Thomas von Aquin: Das göttliche Gewissen

Die Philosophie von Platon und Aristoteles prägt das philosophische Denken des Mittelalters. Thomas von Aquin, geboren um 1225 bei Aquin in Italien und 1274 in Fossanova gestorben, ist einer jener führenden Philosophen und Kirchengelehrten, der sich mit den Werken der Antike auseinandersetzt und sie in seiner christlichen Theologie verarbeitet[24]. Während er Platons metaphysisch begründetes Denken und die Idee von Gerechtigkeit als das anteilig Richtige vom Ganzen eher abzulehnen scheint, prägt Aristoteles' systematische Logik Thomas von Aquins theologische Weltsicht. In seinen Auseinandersetzungen zum Thema verknüpft er somit die auf Rationalität beruhende Vernunftlogik von Aristoteles mit der des christlichen Glaubens (Weischedel 1981, 111f). Wie für Aristoteles ist auch für Thomas von Aquin der Mensch mit seiner physischen Existenz natürlich begründet. Und auch bei ihm ist Gerechtigkeit die höchste aller menschlichen Tugenden, nach der Gemeinschaft ausgestaltet wird. Grundlage dieser Gerechtigkeit ist nach Thomas von Aquin das christlich-moralische Verständnis des sozialen Miteinanders, das ein Menschenleben in Gemeinschaft und ausgerichtet nach bestimmten formellen und informellen Regeln des Zusammenlebens vorsieht. Ein derartiges Gemeinschaftsleben prägt die Menschen in ihrer Lebens- und Denkweise und stattet sie mit sittlichem Wissen aus, das auf konkrete Handlungen anzuwenden ist. Die Instanz, die diese habitualisierten Normen vermittelt, nennt Thomas von Aquin das Gewissen, conscientia. In der Stimme des Gewissens, so ist Thomas von Aquin überzeugt, zeigt sich die unmittelbare Stimme Gottes, die die Menschen auf einer moralischen Handlungsgrundlage gemeinschaftlich verbindet (Rohnheimer 2007, 175). Entscheidend für Gerechtigkeit und die Ausbildung einer gerechten Gemeinschaft ist nicht mehr allein der tatsächliche Akt der Handlung. Grundlegend ist

24 Das philosophisch-theologische Werk „Summa Theologica" gilt als Hauptwerk von Thomas von Aquin. Es beruht auf der Offenbarung Gottes und ist in drei Teile unterteilt. Während von Aquin im ersten Teil Theologie als Wissenschaft erläutert und im zweiten Teil die Morallehre darstellt, bleibt der dritte Teil zur Lehre der Sakramente bei seinem Tod unvollendet. (Albertus-Magnus-Akademie Walberberg 2004)

für ihn die Beschaffenheit des sittlichen Wissens, nach der Akteur_innen ihre Handlungen ausrichten. Beurteilt das Gewissen das persönliche Handlungswissen als sittlich gut, kann die konkrete Handlung selbst ebenfalls nicht als böse eingeordnet werden, auch wenn sie sich unter Vernunftdenken als falsch herausstellt. Das Gewissen als vermittelnde Instanz verknüpft die Menschen über ihre Handlungen mit Gott und mit der von Gott für die menschliche Gemeinschaft vorgesehenen und somit objektiv zu betrachtenden Gerechtigkeit (Hoye 1996, 427). Für den Gerechtigkeitsdiskurs Thomas von Aquins sind weder gesellschaftliche Verhältnissetzungen noch metaphysische Aspekte die Grundlage und der Ursprung von sozialer Gerechtigkeit. Für ihn ist Gerechtigkeit einzig über den Willen Gottes herzustellen, der sich über das Gewissen mit der menschlichen Vernunft verbindet.

Nach Thomas von Aquin werden Menschen ausschließlich über Gott befähigt, eine gerechte Weltordnung zu erschaffen. Menschen sind somit nicht mit individuellen Eigenschaften oder Begabungen ausgestattet, sondern als grundsätzlich neutrale Wesen zu betrachten, die ihre Handlungen in gottgegebener Art und Weise umsetzen. Auch gesellschaftlich stehen Menschen in keinem primären Verhältnis zueinander. Gesellschaftliches Zusammenleben wird laut von Aquin über sittliches Wissen geordnet, das den Menschen über das Gewissen zugänglich gemacht wird. Individuelle Handlungen werden über die übermenschliche Instanz des Gewissens in Bezug zu Gerechtigkeit gesetzt. Gerechtigkeit wird somit als eine göttliche Größe angesehen, die Menschen ein Leben in Gemeinschaft miteinander ermöglicht. (zu Thomas von Aquin siehe unter anderem Ebert 2015, 113ff.; Klopfer 2008, 235ff.; Rhonheimer 2007, 68ff.; Weischedel 1981, 107ff.)

3.1.4 Thomas Hobbes: Der mächtige Vertrag

Der englische Philosoph Thomas Hobbes, 1588 in Wiltshire geboren und 1679 in Derbyshire gestorben, zeichnet in seinem Werk „Leviathan“ (1651/1996) ein Gerechtigkeitsmodell, das von Aquins Idee der Trennung von Recht und Gerechtigkeit formal aufnimmt. In seinen Abhandlungen kommt Hobbes zum Schluss, dass sich Gerechtigkeit weder metaphysisch noch natürlich oder göttlich in der Welt veranlagt. Im Gegenteil begegnen sich seiner Auffassung nach generell unabhängige Menschen in einem Naturzustand von Gefahr, in der sie sich zum Zweck des Selbsterhalts nach Leib und Leben trachten und sich daher gegenseitig fürchten. Ein friedfertiges Zusammenleben dieser über gegenseitige Angst und Gefahr aufeinander bezogenen Menschen ist nach Auffassung von Hobbes nur über die Verfassung und Einhaltung schriftlicher Verträge möglich (Schnebel 2015, 34). Laut Hobbes kann über die menschliche Vernunft ein gerechtes Zusammenleben ermöglicht werden. Dabei geht er im Gegensatz zu Platon, Aristoteles und Thomas von Aquin nicht von einem moralisch-sittlichen Gehalt von Gerechtigkeit aus. Hobbes zufolge sind die Erstellung und Einhaltung der bürgerlichen Verträge die Voraussetzung, um die konflikthaft ausgerichteten Eigeninteressen der Bürger_innen zum Zweck eines friedfertigen Zusammenlebens aller Menschen miteinander in Einklang zu bringen. Diese Ansicht gibt die Vernunft seines Erachtens naturgemäß vor. Demnach ist es Hobbes zufolge auch der menschlichen Vernunft gemäß, Gerechtigkeit über die Einhaltung dieser Verträge als gewährleistet zu betrachten. Über die Installierung eines unabhängigen Souveräns[25], an den die Bürger_innen ihr natürliches „Recht auf alles" (Hobbes 1651/1996, 108) auf Grundlage ihrer menschlichen Vernunft abtreten, kann für die Aufhebung des generellen Zustands der Angst voreinander gesorgt und das gemeinschaftliche Zusammenleben so ausgeglichen werden (Schrader 2007, 266ff.). Diese auf die Regelung von sozialen Konflikten ausgerichtete Gesellschaftsordnung zeichnet konkrete Lebensumstände dahingehend, dass Lebensräume von Menschen tatsächlich auch ohne Kooperationswunsch und auf Konkurrenz ausgerichtet geteilt werden können. Hobbes zufolge gestaltet sich die Zuweisung von gesellschaftlichen Ressourcen und Privilegien unter diesen Umständen nach Einfluss- und Machtfaktoren, die naturgemäß ungleich sind und darüber Übervorteilungen ergeben, die triebhaft geregelt zu ungleichen Verteilungsergebnissen führen. Über die vertragliche Festlegung allgemeiner Grundlagen wird somit verbindlich vereinbart, wie ein sozial gerechtes Zusammenleben auch in Konfliktsituationen möglich wird.

Hobbes sieht Menschen als ausschließlich egoistisch getriebene Wesen, die Mitmenschen und ihre sozialen Handlungen generell argwöhnisch betrachten. Das gesellschaftliche Verhältnis der Menschen zueinander ist nach Hobbes daher grundsätzlich auf Konkurrenz und Konflikt ausgerichtet. In einer geteilten Welt zu einem Zusammenleben verdammt, ist es

25 Der Begriff „Souverän" wurde vom französischen Philosophen Jean Bodin (1529 bis 1596) geprägt; der Souverän gilt als „die höchste (irdische) Instanz, die zur Setzung von Recht befugt ist, von der alle Staatsgewalt abgeleitet ist, die keiner anderen Instanz gegenüber Rechenschaft schuldig ist und lediglich am Naturrecht Grenzen findet" (Ebert 2015, 495).

seines Erachtens notwendig, das Überleben von einander feindlich gesinnten Menschen überhaupt erst zu ermöglichen. Das Instrument der Gerechtigkeit sieht Hobbes dafür als zweckmäßig an. In einer gerechten Welt werden Regeln des Miteinanders gemeinsam ausgehandelt und vertraglich festgelegt. Gerechtigkeit ist nach Hobbes also eine soziale Größe, um Triebhaftigkeit und Vernunft im gesellschaftlichen Zusammenleben in Ausgleich zu bringen. (zu Thomas Hobbes unter anderem Mieth/Neuhäuser/Pinzano 2016, 20f; Ebert 2015, 130ff.; Höffe 2008a, 252ff.; Schrader 2007, 262ff.)

3.1.5 Immanuel Kant: Die reine Vernunft

Der deutsche Philosoph Immanuel Kant, 1724 in Preußen geboren und 1804 dort gestorben, führt den Diskurs zu Gerechtigkeit weiter aus. In Erweiterung zur Philosophie von Platon, Aristoteles, von Aquin und Hobbes sieht er die Frage nach der Bestimmung von Gerechtigkeit weder über metaphysisch, natürlich oder göttlich angelegte Maßstäbe beantwortet noch erachtet er ein positives Naturrecht als Grundlage für tugendhafte Gerechtigkeit. Für Kant ist es der Mensch selbst, der die Voraussetzungen zum sittlich-moralischen Handeln erschafft. Demnach ist seines Erachtens nicht die Handlung selbst als moralisch oder sittlich gut zu bezeichnen, es zählt allein nur der Wille, der zu dieser Handlung führt. Laut Kant ist „überall nichts in der Welt, ja überhaupt auch außer derselben zu denken möglich, was ohne Einschränkung für gut könnte gehalten werden, als allein ein guter Wille" (Kant o.A.; zitiert nach Weischedel 1977, 18). Dieser freie Wille wird laut Kant auch nur dann moralisch gut, wenn er sich und seine beabsichtigte Handlung einem allgemein gültigen Handlungsprinzip, einer Maxime, unterlegt. Über diese Unterwerfung soll nicht nur die Freiheit der eigenen Person gewahrt bleiben, sondern auch Sorge dafür getragen werden, dass auch die individuellen Freiheitsrechte aller anderen Menschen aufrecht erhalten bleiben. Über die Anwendung von Kants Kategorischem Imperativ, „handle nur nach derjenigen Maxime, durch die du zugleich wollen kannst, dass sie allgemeines Gesetz werde" (Kant o.A.; zitiert nach Weischedel 1977, 51), wird der moralische Gehalt der Handlung überprüfbar. Wenn die eigene Handlung diesem Grundsatz nach ausgerichtet wird, ist sie laut Kant dem eigenen und den Rechten aller als grundsätzlich gleich zu betrachtenden Menschen dienlich und fördert so auch die gerechte Ordnung der Gesellschaft. Die Anwendung des Kategorischen Imperativs setzt nach Kant ein vernünftiges Wesen voraus. Denn nur die Vernunft ermöglicht es den Menschen, sich selbstbestimmt eigenen Gesetzen zu unterwerfen, um darüber die positiven Rechte der Freiheit und Gleichheit für sich und alle Anderen gesellschaftlich zu sichern. Kant ergänzt das naturrechtliche Denken somit um eine vernunftrechtliche Dimension, das die sittliche Autonomie des Menschen als höchstes gesellschaftliches Prinzip auszeichnet, dessen Maximen sich die Menschen im Hinblick auf ein gewaltfreies Zusammenleben auch verpflichten. Gerechtigkeit ist also nicht mehr der individuell-moralische Maßstab einer gerechten Verteilung von Gütern und Rechten im Naturzustand. Der Gerechtigkeitsbegriff in Kants Verständnis bezieht sich auf die Fähigkeit von Einzelnen, vernünftige Entscheidungen auch in Bezug auf das Wohl der Anderen zu treffen.

In einer gerechten Welt gestalten Kants Verständnis nach vernünftige Menschen das gesellschaftliche Miteinander zum Wohle aller dieser Gesellschaft Angehörigen. Dazu sind Kants Auffassung nach alle Menschen grundsätzlich in gleicher Art und Weise mit den beiden Eigenschaften Freiheit und Vernunft ausgestattet, die zum Wohle aller in Zusammenhang gesetzt werden. Diese beiden Eigenschaften begründen nach Kant demnach die gesellschaftlichen Handlungen der voneinander unabhängigen Individuen. So ist es dem generell an der Sicherung eigener Freiheiten interessierten Menschen über die Anwendung der ihm eigenen Vernunft möglich, das Zusammenleben in einem grundsätzlich auf Konkurrenz und die Wahrung eigener Interessen ausgerichteten Verhältnis der Menschen zueinander in Ausgleich zu bringen. Gerechtigkeit ist nach Kant also ein individuelles Mittel, um Menschen in Zusammenhang zu setzen und darüber allen Individuen in Gemeinschaft gleiche Freiheitsrechte zuzusichern. (zu Immanuel Kant unter anderem Mieth/Neuhäuser/Pinzano 2016, 22f; Ebert 2015, 177ff.; Höffe 2008b 7ff.; Klopfer 2008, 295ff.; Weischedel 1981, 213ff.)

Es zeigt sich, wie sich im chronologischen Zeitverlauf zentrale Gerechtigkeitstheorien ständischer Gesellschaften in gegensätzlicher Art und Weise zueinander entwerfen. Der Vergleich der Gerechtigkeitsbegriffe von Platon, Aristoteles, von Aquin, Hobbes und Kant im Allgemeinen beziehungsweise der Fokus auf deren universale Ordnungsgrößen, Beziehungs- und Gesellschaftsformen im Speziellen stellt die Spannbreite abstrakter Gegensätzlichkeiten in Bezug auf Gerechtigkeit dar und setzt die Konzepte gleichzeitig in einen formalen Anschluss zueinander. Darüber verdeutlicht sich der historisierte und relativierte Begriff der Gerechtigkeit an sich. Gleichermaßen offenbart sich ein vielfältiger und begrenzter Charakter von Gerechtigkeit, da einzelne Theoreme auch auf nicht in Anschluss

Gesetztes und somit Ausgeblendetes verweisen. Hier wird beispielhaft sichtbar, wie Theoriediskurse ihre zentralen Elemente so ausrichten, dass Grundlegungen entstehen, die fraglos erscheinen. Zudem zeigt sich mit Blick auf die männliche Autorenschaft auch, wie Frauen und Weiblichkeit gesellschaftlich marginalisiert werden. Funktional ausdifferenzierte, moderne Gesellschaften, so die Annahme, zeigen sich in ihrem Zusammenleben maßgeblich von den hier dargelegten Gerechtigkeitskonzepten beeinflusst.

3.2 Normative Gerechtigkeitskonzepte in modernen Gesellschaften

Im Prozess der gesellschaftlichen Entwicklung weichen ursprünglich zentral geordnete Gesellschaften einer funktionalen Gesellschaft. Soziale Gerechtigkeit verliert darüber ihre vormals hervorgehobene Stellung in der gesamtgesellschaftlichen Ordnung und gestaltet sich nunmehr an den Schnittpunkten unterschiedlicher gesellschaftlicher Funktionsbereiche aus. Spezifische Logiken und funktionale Zusammenhänge von Gerechtigkeit bilden sich in Teilbereichen und Strömungen ab (Wetzel 2014, 91).

Im Forschungsprojekt „Gerechtigkeit als innerdeutsches Problem“ (1996) zeigt sich im Zusammenhang mit sozialer Gerechtigkeit nach Jürgen Maes, Manfred Schmitt und Andreas Schmal in Deutschland neben Konservatismus und Sozialismus die Strömung des Liberalismus relevant, der individuelle Freiheit und Gleichheit von Menschen fokussiert (Maes/Schmitt/Schmal 1996, 13). Dabei werden Fragen zur sozialen Gerechtigkeit auf dem Kontinuum zwischen Sozialliberalismus und Wirtschaftsliberalismus ausgehandelt (Anan 2017, 70). Während nach der Position des Sozialliberalismus soziale Gerechtigkeit als Bedingung für die reale Freiheitsausübung eines Menschen gewährleistet sein muss, wird nach der Position des Wirtschaftsliberalismus die Möglichkeit einer sozial gerechten Teilhabe über rein marktökonomische Mechanismen hergestellt (Haase 2014).

Ausgehend davon, dass sich auch in Österreich der Liberalismus als die vorherrschende Strömung erweist, werden nachfolgend drei prominente Positionen einer liberalen Gerechtigkeitsphilosophie in ihrer zeitchronologischen Abfolge angeführt. Für die Auswahl sind neben der Selbstpositionierung der Autor_innen in den Kontext von Liberalismus zum einen maßgeblich, dass alle drei Theorien geschlechterungleichheitsbezogene Fragestellungen als gesellschaftlich relevant anerkennen und diese auch konzeptionell bearbeiten. Zum anderen ist es bedeutend, möglichst kontrastierende Modelle aufzuzeigen. Darüber wird der Vielfältigkeit und der Gerichtetheit von gängigem Gerechtigkeitswissen gleichermaßen Raum gegeben. Und es werden Voraussetzungsbedingungen beleuchtet, die zu dieser Gleichzeitigkeit führen.

3.2.1 John Stuart Mill: Der Utilitarismus

Der britische Ökonom und Philosoph John Stuart Mill, 1806 in London geboren und 1873 in Avignon gestorben, setzt sich in seinem Werk „Der Utilitarismus" (Mill 1861/2006) als einer der ersten mit der individuell zugeschriebenen Verantwortung und der gesellschaftlichen Gestaltbarkeit von sozialer Gerechtigkeit auseinander. Als Vertreter des Utilitarismus beurteilt Mill alles menschliche Handeln hinsichtlich der Folgen, die sich aus der Handlung für die Menschen ergeben; der Maßstab des ethischen Gehalts einer Handlung ist dabei die Bestimmung des Nutzens aller davon betroffenen Menschen (Höffe 1997, 312f)[26]. Eine Handlung wird somit über ihre positiven oder negativen Folgen für alle in dieser Gemeinschaft verbundenen Menschen als moralisch gut oder schlecht beurteilt. Die Motivation zu moralisch guten Handlungen sieht Mill in der Maximierung des Glücks verankert, was er dem Wesen nach generell in allen moralisch guten Handlungen veranlagt sieht (Mill 1861/2006, 23f).

Das Streben nach Lust wird für Mill zum zentralen Bezugspunkt für Glück als sein utilitaristisches Verständnis von ethisch korrekter Lebensführung. Mit Lust bezeichnet Mill ein ganzheitliches menschliches Sinnerleben auf körperlicher, seelischer und geistiger Ebene (Ebert 2015, 249). Er erkennt so die Unbeschränktheit eines Zustands des „Freisein[s] von Unlust" und weist darüber auf das absolute Ideal des freien und ungebundenen Individuums hin. In seiner Auffassung von Freiheit geht Mill davon aus, dass das subjektive Glück im Verhältnis zur allgemeinen Nützlichkeit

26 Die ersten systematischen Abhandlungen utilitaristischen Gerechtigkeitsdenkens finden sich in Jeremy Benthams Werk „Eine Einführung in die Prinzipien der Moral und Gesetzgebung" (Bentham 1789/2013). Seither hat sich Utilitarismus breit ausdifferenziert. Allen unterschiedlichen Formen gemein sind fünf Eigenschaften, die sich auch in John Stuart Mills Verständnis von Utilitarismus finden: die moralische Beurteilung der Handlungsfolgen (1. Konsequentialismus) hinsichtlich deren außermoralischen Werts (2. Teleologie) des Nutzens allein (3. Ein-Gut Axiologie). Dabei ist die maximal beste Handlungsvariante (4. Prinzip der Maximierung) für alle Betroffenen zu wählen (5. Universalität). (Düwell/Hübenthal/Werner 2002, 95f)

steht und somit allen Menschen zugute zu kommen hat. Je mehr lustvolles Glück ein Mensch also anhäuft, desto nützlicher ist sein Handeln laut Mill für die Gemeinschaft; je unlustiger die subjektive Konsequenz aus den hedonistischen Handlungen eines Individuums, desto negativer sind auch die diesbezüglichen gesellschaftlichen Folgen zu betrachten. Mill legt seiner Auffassung des utilitaristischen Handelns einen gemeinschaftlich orientierten Handlungszweck zugrunde, „denn die Norm des Utilitarismus ist nicht das größte Glück des Handelnden selbst, sondern das größte Glück insgesamt“ (Mill 1861/2006, 37). Gemäß dem utilitaristischen Grundverständnis seines Lehrers Bentham, das mit „[e]veryone to count for one and nobody for more than one“ (Bentham o.A.; zitiert nach Birnbacher 2002, 96) dargelegt wird, begründet Mill sein gemeinschaftliches Nutzendenken arithmetisch und auf das Individuum bezogen. Auch auf den Zustand des gemeinschaftlichen Glücks lässt sich über die Addition der Zustände individuellen Glücks schließen. Je mehr Glücksmomente Einzelner zusammenkommen, desto nützlicher sind sie laut Mill für die Gemeinschaft. Dabei definiert Mill Gerechtigkeit als Gefühl, das von einer höheren Vernunft beherrscht wird (Klopfer 2008, 436). „Allein die soziale Nützlichkeit“, so Mill, „kann hier eine Entscheidung treffen“ (Mill 1861/2006, 173).

Mill beschäftigt sich in seinen Werken schon früh mit dem Verhältnis von Geschlecht und Gerechtigkeit und fordert gemeinsam mit seiner Frau Harriet Taylor Mill und deren Tochter Helen Taylor in „Die Hörigkeit der Frau“ (1869) die politische Gleichstellung von Männern und Frauen und den Einbezug weiblicher Bedürfnisse und Interessen bei allen gesellschaftlichen Fragestellungen (Mill/Mill Taylor/Taylor 1869/1997). Denn, so argumentieren Mill und Mill Taylor, sei die angebliche Natur der Frau, die Frauen zur Unterwerfung anleitet, über Erziehung und Sozialisation hergestellt und somit als etwas kulturell Erzeugtes und dem freiheitlichen Gedanken als grundsätzlich widersprechend anzusehen (Schröder 1997, 168). Die Ausführungen von Mill und Mill Taylor zur gesellschaftlichen Herstellung von Geschlechtergerechtigkeit zeichnen sich auch konzeptionell als gesellschaftlich progressiv aus. So schreiben sie einer gelungen politischen und faktischen Gleichstellung von Männern und Frauen zu, auch „den Charakter der Männer von den abtötenden und entwürdigenden Einflüssen eines in vertrautem Umgang mit dem Unterlegenen verbrachten Lebens zu befreien“ (Harriet Taylor am 10. Mai 1848; zitiert nach Coss 1924; zitiert nach Schröder 1997, 178) zu können. Die Unterstützung des männlichen wie weiblichen Strebens nach Unabhängigkeit und die Gewährleistung der gleichen Anerkennung individueller Leistungen gereichen nach Mill und Mill Taylor Männern und Frauen gleichermaßen zum Vorteil. Gleichzeitig fördern sie auch die Gestaltung einer auf liberalen Grundsätzen verankerten und gerechten Gesellschaft. Sie sorgen für die Herstellung bestmöglicher Zugänge und Chancen für alle Menschen und stellen darüber die Gestaltung einer geschlechtergerechten Gesellschaft auf einer Gleichheit beruhenden Haltung sicher. (zu John Stuart Mill unter anderem Ebert 2015, 247ff.; Kuenzle/Schefczyk 2009; Klopfer 2008, 415ff.)

Wie deutlich wurde, legt die Geschichtsschreibung John Stuart Mill als einen der ersten liberalen Philosophen aus, der den Umgang mit Geschlechterfragen als zentral für gesellschaftliche Entwicklungen erachtet. In seinem utilitaristischen Denken bezeichnet er Gerechtigkeit als eine normative Größe, die freie und glücksorientierte Menschen im Zusammenleben dazu anzuleiten vermag, gesellschaftliche Ordnungen von generell Ungleichen auf Gleichheit auszurichten. Grundvoraussetzung für ein Gelingen dieser utilitaristischen Gesellschaftsidee ist für Mill die faktische Anerkennung und Gleichstellung von Frauen, die es erst herzustellen gilt.

3.2.2 John Rawls: Die Theorie der Gerechtigkeit

In kritischer Abgrenzung zu utilitaristischen Gerechtigkeitstheorien entwickelt der US-amerikanische Philosoph John Rawls – geboren 1921 in Baltimore, gestorben 2002 in Lexington – „Eine Theorie der Gerechtigkeit“ (1975). John Rawls ist es ein politisch motiviertes Anliegen, Gerechtigkeitsfragen im sozialen Zusammenleben tatsächlich aushandelbar zu machen. In seinem Werk legt er sein Verständnis von „Gerechtigkeit als Fairneß“ (Rawls 1975, 19ff.)[27] als ein auf Kooperation basierendes gesellschaftliches Handlungsmodell zwischen Freien und Gleichen in einer seines Erachtens grundsätzlich auf individuellen Konkurrenzen bestehenden Gesellschaft dar.

Die Grundidee von Rawls‘ Theorie der Gerechtigkeit ist es, Gerechtigkeitsprinzipien von jenen Grundsätzen der Fairness rechtfertigen zu lassen, auf die sich von eigenen Interessen geleitete Individuen unter der Annahme einer prinzipiellen sozialen und ökonomischen Gleichheit gesellschaftlich einigen können. Dabei geht Rawls in seiner Konzeption der Gerechtigkeit vom höchsten Zweck der Sicherung der Freiheit des Individuums aus, dem sich das Gemeinwohl unterzuordnen hat (Rawls 1975, 46). Über

27 Rawls überarbeitet und rechtfertigt in „Gerechtigkeit als Fairness“ (2003) sein Gerechtigkeitsverständnis.

das Konstrukt eines fiktiven gesellschaftlichen Urzustands entwirft Rawls ein Szenario absolut fairer Ausgangsbedingungen für alle in Freiheit und Gleichheit verbundenen Bürger_innen. In Rawls' Urzustand löscht ein „Schleier des Nichtwissens" (Rawls 1975, 159) alle Kenntnis über die eigene soziale Stellung oder eigene persönliche Merkmale und zwingt Individuen dazu, allen Mitmenschen gleiche moralische Werturteile zuzuschreiben (Rawls 1975, 160ff.). Diese Situation des absoluten Nichtwissens ermöglicht es den Einzelnen laut Rawls, sich in einem über Vernunft gesteuerten und unparteiischen Verfahren für allgemein gültige Gerechtigkeitsprinzipien des kollektiven Zusammenlebens zu entscheiden. Folgende zwei Prinzipien sozialer Gerechtigkeit sieht Rawls darüber begründet:

> 1. Jedermann soll gleiches Recht auf das umfangreichste System gleicher Grundfreiheiten haben, das mit dem gleichen System für alle anderen verträglich ist. (Freiheitsprinzip, A.R.)
> 2. Soziale und wirtschaftliche Ungleichheiten sind so zu gestalten, dass (a) vernünftigerweise zu erwarten ist, daß sie zu jedermanns Vorteil dienen, und (b) sie mit Positionen und Ämtern verbunden sind, die jedem offen stehen. (Differenzprinzip, A.R.) (Rawls 1975, 81)

Nach Rawls' Theorie der Gerechtigkeit entscheiden sich freie und gleiche Individuen zum Zweck der Herstellung von Gerechtigkeit dazu, ihre sozialen Handlungen an bestimmte Voraussetzungen zu knüpfen. Sie einigen sich, ihr soziales Handeln erstens nach dem „Freiheitsprinzip" auszurichten und die Rechte der Einzelnen auf Freiheit und Gleichheit zu respektieren und zu sichern. Zum anderen verantworten sich die Menschen nach dem hierarchisch an zweiter Stelle angeführten „Differenzprinzip" für die Wahrung des sozialen Zusammenlebens, indem sie über ihr gesellschaftliches Handeln Sorge für eine faire Verteilung von Ressourcen und Möglichkeiten zur Nutzung individueller Freiheiten Einzelner tragen. Die Fähigkeit zu gerechten Entscheidungen sieht Rawls (1975) im Menschen aufgrund der menschlichen Natur verankert. Laut Rawls verfügen Menschen über eine Vorstellung eines richtigen, weil vernünftig geplanten Lebens und einen Gerechtigkeitssinn, der sie darin leitet, die vernünftigen Gerechtigkeitsprinzipien dem eigenen Wohle gemäß und in einem Mindestmaß auch für Andere anwenden zu wollen (Rawls 1975, 548). Über diese soziale Orientierung kann das individuelle, mehrheitlich eigennutzorientierte Handeln als der sozialen Norm der Gerechtigkeit entsprechend betrachtet werden.

Geschlechterfragen erachtet Rawls durchaus für relevant. So sind ungleiche gesellschaftliche Strukturen laut Rawls bei Gerechtigkeitsentscheidungen unter der Anwendung des Differenzprinzips zum Vorteil der Frauen auszugleichen. Denn, so argumentiert Rawls, wenn „die Männer bei den Grundrechten bevorzugt werden, so ist diese Ungleichheit nach dem Unterschiedsprinzip […] nur gerechtfertigt, wenn es den Frauen Vorteile bringt und aus ihrer Sicht annehmbar ist" (Rawls 1975, 119). Doch wie ein expliziter Einbezug von Frauen mit den von Rawls' generell entindividualisierten Entscheidungsvoraussetzungen zu erreichen ist, wie sich geschlechtsneutrale Blickwinkel inhaltlich auszeichnen oder wie sich welche weiblichen Vorteile aus einem ausschließlich geschlechterneutralen Blickwinkel definieren lassen, lässt Rawls gänzlich unbeantwortet (Schnebel 2015, 74; siehe auch Pimminger 2012; Moller Okin 1995; Rössler 1992; Moller Okin 1989).

Rawls lässt zudem offen, welche der unter dem Schleier des Nichtwissens definierten Strukturbarrieren als gerechtigkeitsrelevante Phänomene betrachtet werden können, die mit dem Differenzprinzip zu einer gerechten Lösung gebracht werden sollen. Denn dass „die geschichtlich gewordenen Formen auch nur einigermaßen gerecht sein müßten" (Rawls 1975, 308), lässt sich Rawls zufolge aus einem gerechten gesellschaftlichen System nicht rückschließen. Seines Erachtens gibt es in der gesellschaftlichen Praxis einfach „keine Möglichkeit, jederzeit den Schutz aller Interessen zu gewährleisten" (Rawls 1975, 120). Daher gelte es der Umsetzbarkeit des theoretischen Konzepts wegen auch jene Konsequenzen anzuerkennen, die sich aus der Anwendung der Gerechtigkeitsprinzipien ergäben (ebenda). Der Ausgleich ökonomischer Ungleichheiten und die Forderung nach gerechter Bezahlung beispielsweise entziehen sich diesem Verständnis nach im Sinne der Gerechtigkeit dem Anspruch auf Aushandlung unter dem Schleier des Nichtwissens. Damit erhält Rawls' Theorie eine normative Prägung, die vor allem männlich konnotierten Lebensentwürfen zuspricht und weiblich zugeschriebene Lebensentwürfe als sekundär wichtig oder normabweichend auszeichnet.

3.2.3 Martha Nussbaum: Der Fähigkeitenansatz

Die US-amerikanische Philosophin Martha Nussbaum, geboren 1947 in New York City, setzt sich in zahlreichen Werken vielfältig mit philosophischen Entwürfen, Themen und Fragen auseinander. Ihr philosophisches Wirken umfasst Arbeiten zur antiken Philosophie Platons und Aristoteles' über Feminismus und Geschlechtergerechtigkeit bis zur Relevanz von Literatur für die Philosophie. Grundlage all ihrer thematischen Abhandlungen ist die philosophische Reflexion über das gute Leben, das Nussbaum über eine gleichzeitige Betrachtung von Gemeinsamkeiten und Unterschiede spezifischer menschlicher Lebensformen und in Auseinandersetzung mit unterschiedlichen philosophischen Theorien konzeptioniert. Der Ansatz, „historisches und systematisches Interesse auf organische Weise mit politischem Engagement" (Müller 2003, 311) zu verbinden, verschafft Martha Nussbaum nicht allein hohe wissenschaftliche Anerkennung. In Auseinandersetzung mit gesellschaftlichen Bedingungen und in Konfrontation mit konzeptionellen Auslassungen entwickelt Nussbaum die Idee der sozialen Gerechtigkeit gesellschaftsemanzipatorisch weiter.

In „Die Grenzen der Gerechtigkeit" (2010) setzt sich Nussbaum mit Rawls' Theorie der Gerechtigkeit auseinander, um unter anderem die „sträfliche Vernachlässigung"[28] (Nussbaum 2010, 13) des theoretischen Einbezugs der Frauen zu bearbeiten. Zu diesem Zweck ergänzt sie Rawls' „Familie liberaler Konzeptionen" (Nussbaum 2010, 20) um die Theorie des Capability Approachs beziehungsweise des Fähigkeitenansatzes. Dort definiert sie auf Grundlage eines politischen Liberalismus der Gleichwertigkeit (Nussbaum 2002, 9) gerecht zu verteilende Güter des guten Lebens als menschliche Fähigkeiten und koppelt sie mit einem gesellschaftlichen Anspruch, den sie ausdrücklich auch auf Frauen bezieht (unter anderem Nussbaum 2012, 2010, 2002).

In der Einleitung zu „Konstruktion der Liebe, des Begehrens und der Fürsorge" (2002) legt Nussbaum den Fokus auf ihr Konzept des Liberalismus der Gleichwertigkeit. Dabei versteht sie Feminismus einmal als internationalistisch und humanistisch und stellt Frauen mit all ihren unterschiedlichen Leben als gleichermaßen wertvoll in den Mittelpunkt. Zudem fokussiert sie auf die soziale Gestaltbarkeit von Gefühlen oder Wünschen, die ihres Erachtens wiederum auf reflektierte Art und Weise in gesellschaftlicher Verantwortung nutzbar gemacht werden können (Nussbaum 2002, 9ff.; dazu auch Nussbaum 2000). Nach Nussbaum ist es nicht die Aufgabe der Einzelnen, das individuelle Verhalten kontextunabhängig nach einer abstrakten moralischen Größe auszurichten. Denn die Entscheidungen von Menschen sieht sie bedingt durch die Zusammenhänge, in denen sie leben. Nussbaum betrachtet es somit als einen grundlegenden Anspruch an Gerechtigkeitskonzeptionen, sich der Vielfalt menschlicher

28 Die in „Grenzen der Gerechtigkeit" (2010) von Nussbaum dargelegten drei inhaltlichen Ergänzungen zu Rawls' Theorie der Gerechtigkeit (1975) sind: 1) Gerechtigkeit gegenüber Menschen mit Behinderungen, 2) internationale und 3) nicht-menschliche Gerechtigkeit (Nussbaum 2010, 32ff.).

Praxen und Kontexten als anschlussfähig zu erweisen. (Nussbaum 2012, 249)

Nach Nussbaum (2010) kann das ethische Konzept des guten Lebens „am besten von einem Ansatz aus umgesetzt werden, der *menschliche Fähigkeiten* – was die Menschen tatsächlich zu tun und zu sein in der Lage sind – in den Mittelpunkt stellt und der von der intuitiven Idee eines der Menschenwürde gemäßen Lebens ausgeht“ (Nussbaum 2010, 104f; Hervorhebung im Original). Grundlage ihrer Ethik ist für Nussbaum also eine Haltung, die den Wert eines Menschen nicht ausschließlich mit seiner Fähigkeit zur Vernunft verknüpft, sondern die es ermöglicht, Menschen in ihren sozialen Bezügen wahrzunehmen und sie über die Ausbildung von zentralen menschlichen Fähigkeiten zu einem über die intuitive Idee der Menschenwürde gestalteten, guten Leben in ihren gesellschaftlichen Bezügen zu befähigen[29].

Nussbaum hebt in diesem Zusammenhang die Bedeutung von Emotionen hervor, die in liberalen Kontexten ihres Erachtens unangemessene Bewertung erfahren. Denn während Rationalität ein vernünftiges Handeln legitimiere, werden Gefühle als Handlungsgrundlage für überlegtes Handeln als ungeeignet betrachtet. Nach Nussbaum (2012) besteht die gesellschaftliche Übereinstimmung,

> Gefühle seien blinde Kräfte, die nichts (oder nicht viel) mit dem Verstand zu tun haben. Sie seien irrationale, unreflektierte Energien, die

29 Nussbaum nennt zehn wesentliche menschliche Fähigkeiten ihrer Idee eines menschenwürdigen Lebens. Verkürzt formuliert sind das: 1) Leben: Die Fähigkeit, ein menschliches Leben bis zum Ende zu leben. 2) Körperliche Gesundheit: Die Fähigkeit, bei guter Gesundheit zu sein. 3) Körperliche Integrität: Die Fähigkeit, sich frei und ohne Angst zu bewegen und zu verhalten. 4) Sinne, Vorstellungskraft und Denken: Die Fähigkeit, seine Sinne und sein Denken auf menschliche Weise anwenden zu können. 5) Gefühle: Die Fähigkeit, Bindungen zu Dingen und Personen aufzubauen und nicht an der eigenen emotionalen Entwicklung durch Furcht und Angst verhindert zu werden. 6) Praktische Vernunft: Die Fähigkeit, sich eine Vorstellung vom Guten zu machen und kritisch über das eigene Leben nachzudenken. 7) Zugehörigkeit: Die Fähigkeit für andere und bezogen auf andere Menschen zu leben, sich auf verschiedene Formen der sozialen Interaktion einzulassen, sich selbst zu achten und nicht diskriminiert zu werden. 8) Andere Spezies: Die Fähigkeit in Anteilnahme für und in Verbundenheit mit Tieren, Pflanzen und der ganzen Natur zu leben. 9) Spiel: Die Fähigkeit, zu lachen, zu spielen und Freude an erholsamen Tätigkeiten zu haben. 10) Kontrolle über die eigene Umwelt: Die Fähigkeit, sein eigenes Leben und nicht das von jemand anderem zu leben, politisch mitwirken zu können und über gleiches Eigentum zu verfügen. (Nussbaum 2010, 112ff.)

> die Menschen wie Windböen oder Meeresströmungen fortreißen. Sie drücken demnach weder Reflexionsvermögen noch Urteilskraft aus und sind der Stimme der Vernunft kaum zugänglich […] und wenn ein Mensch von ihnen beherrscht wird, scheint es äußerst fraglich zu sein, ob er für die Wahrnehmung gesellschaftlicher und politischer Aufgaben geeignet ist. (Nussbaum 2012, 137f)

Im Verhältnis zu rationalen Aspekten der Vernunft oder des Verstands werden Emotionalität und Gefühle hier mit einer klaren Abwertung in Bezug auf deren Bedeutung für wirksames gesellschaftliches Handeln belegt. Über Gefühle geleitet, kritisiert Nussbaum, scheint Menschen dieser Auffassung nach weder ein reflektierendes Nachdenken noch ein gutes Entscheiden möglich zu sein.

Im Verweis auf die hier angeführten philosophischen Modelle der Vergangenheit und Gegenwart wurde darzulegen versucht, wie uns im Umgang mit gerechtigkeitsrelevanten Fragestellungen beziehungsweise zur Gestaltung von Geschlechtergerechtigkeit heute eine komplexe Vielzahl von Werten zur Verfügung stehen. Gleichermaßen, auch das wurde über die vergleichende Darstellung der kontrastierenden Modelle sichtbar, weisen neben ständischer auch zeitgenössische Gerechtigkeitskonzepte Leerstellen auf, die zu Herausforderungen im Umgang mit Geschlechtergerechtigkeit in der Praxis führen. Denn während in der Antike Platon Gerechtigkeit als strukturelle Größe betrachtet, sieht Aristoteles Gerechtigkeit als bedingt und von Aquin sie als göttlich bestimmt an; Hobbes wiederum sieht Gerechtigkeit als eine instrumentelle Größe, die ein Zusammenleben erst möglich macht, und Kant betrachtet Gerechtigkeit schließlich als Mittel, allen Menschen Freiheitsrechte zuzusichern (Kapitel 3.1). In modernen, funktionalisierten Gesellschaften organisiert sich Gerechtigkeit in Teilbereichen und über Strömungen. Während hier Mill primär das Ansinnen verfolgt, auch Frauen einen strukturellen Zugang zur universalen Größe Gerechtigkeit zu schaffen, versucht Rawls vor allem Mittel zu entwerfen, Gerechtigkeitsfragen formal bearbeitbar zu machen; Nussbaum formuliert schließlich die Idee der Menschenwürde als Letztbegründung alles Gesellschaftlichen (Kapitel 3.2).

3.3 Organisationale Gerechtigkeitsforschung

Bisher wurde aufzuzeigen versucht, dass und wie normative Gerechtigkeitskonzepte der Vergangenheit und Gegenwart eine Vielzahl unterschiedlicher Normen entwerfen und darüber auch theoretische Gegenläufigkeiten und Ausschlüsse produzieren. Der Blick auf die organisationale Gerechtigkeitsforschung legt weitere Betrachtungsebenen offen. Im Gegensatz zu abstrakten Sollaussagen normativer Theorien erhebt die organisationale Gerechtigkeitsforschung den Anspruch zu erfassen, über welche Gerechtigkeitsvorstellungen sich das Zusammenleben im Alltag organisiert.[30]

Während philosophische Gerechtigkeitskonzepte normative Vorstellungen von gerechtem Verhalten und geltenden moralischen Werten in ihrer zeithistorischen Entwicklung diskutieren, fokussiert die organisationale Gerechtigkeitsforschung, wie sich Gerechtigkeit in Alltagsbeziehungen auch in technischen Unternehmen regelt (Lengfeld/Liebig 2003; Cropanzano/Greenberg 1997). Erkenntnissen aus der Forschung zu organisationaler Gerechtigkeit nach lassen sich in Organisationen unterschiedliche Verständnisse von sozialer Gerechtigkeit nachweisen (Liebig/May 2009, 3). Laut empirischer Studienergebnisse scheinen Kontextbedingungen entscheidend dafür zu sein, welche Gerechtigkeitsauffassungen sich im Einzelnen bei organisationalen Akteur_innen herausbilden (Liebig/Lengfeld 2002a; Wegener 1994).

3.3.1 Grundlagen organisationaler Gerechtigkeit

Nach der Argumentation von Berger/Luckmann (1969/2013) und Michel Foucault (1996, 1978, 1976/1987) wird soziale Gerechtigkeit auf vielfältige Art und Weise in vielfältigen Formen ausdeutbar. Die Komplexität von Gerechtigkeit wird darüber anschlussfähig, dass sich verschiedene Gerechtigkeitsformen ausbilden. Mit je passenden Gerechtigkeitsmaßstäben heben sie einen in den Blick genommenen Wirklichkeitsausschnitt hervor. Aus Sicht Foucaults gestalten sich Verfahren dann derart aus, dass sie bestimmte Komponenten machtvoll hervorheben, während andere ausgeblendet werden (Foucault 1996, 1978). Darüber heben sich die in den

30 In der Literatur wird der hier mit organisationaler Gerechtigkeitsforschung benannte Zweig oft auch als empirische Gerechtigkeitsforschung bezeichnet. Während der Begriff empirisch eher auf die Darstellung der in der Praxis vorkommenden subjektiven Einstellungen auch in der Unterschiedlichkeit zu normativen Konzepten verweist, setzt der Begriff organisational den Schwerpunkt darauf, wie sich diese subjektiven Einstellungen de facto ausgestalten. Da es mir bei meinem Vorhaben genau um die Mechanismen der Gestaltung von Gerechtigkeit geht, erscheint die Bezeichnung organisationale Gerechtigkeitsforschung hier angemessen.

einzelnen Bezügen als relevant betrachteten Gerechtigkeitsaspekte hervor, die sich gleichzeitig von kontextuell als irrelevant Erachtetem abgrenzen.

Einen ersten Überblick zur organisationalen Gerechtigkeitsforschung gibt das „Handbuch Gerechtigkeit" (Goppel/Mieth/Neuhäuser 2016). Nach Alexander Lenger und Bernd Wolf kennzeichnen dort vor allem die Arbeiten von Stefan Liebig und Bernd Wegener den Zweig der organisationalen Gerechtigkeitsforschung im europäischen beziehungsweise deutschsprachigen Raum (Lenger/Wolf 2016, 69). Die 1991 umgesetzte Analyse im Rahmen des „ISJP – International Social Justice Projekt" (Humboldt-Universität Berlin 2018) gilt als Startpunkt des organisationalen Forschungszweigs. Das Projekt ermöglichte, die Bildung von Gerechtigkeitseinstellungen in einzelnen Ländern zu beleuchten, indem soziale Gerechtigkeit in Verhältnis zu gesellschaftlichen Bedingungen von Akteur_innen gesetzt wurde (Humboldt-Universität Berlin 2018; siehe auch Jaeger 2017, 19; Lenger/Wolf 2016, 68). In der ländervergleichenden Ausrichtung des ISJP wurden im Jahr 2000 diverse Vorstellungen von sozialer Gerechtigkeit zuerst in Deutschland und in Folge auch in Österreich eruiert (Humboldt-Universität Berlin 2018; siehe auch Schrenker/Wegener 2007, 20).

Organisationale Gerechtigkeitsforschung, so zeigt sich, sucht zu beschreiben und zu erklären, wie und unter welchen Bedingungen Menschen in Organisationen soziale Gerechtigkeit gestalten (Lenger/Wolf 2016, 68ff.; Liebig/Lengfeld 2002b, 7ff.). Sie fokussiert, wie Menschen soziale Gerechtigkeit in Organisationen „*tatsächlich* denken und tun" (Liebig/Lengfeld 2002b, 8f; Hervorhebung im Original). Und sie untersucht, welchen Vorstellungen sich der Begriff der Gerechtigkeit zuordnet, wie und welche Faktoren die Ausbildung spezifischer Gerechtigkeitsvorstellungen bestimmen beziehungsweise wie bestimmte Gerechtigkeitsvorstellungen das organisationale Handeln beeinflussen. (Lenger/Wolf 2016, 68; Liebig/May 2009, 3; Liebig/Lengfeld 2002b, 8; Müller/Wegener 1995, 25)

3.3.2 Ordnungsformen organisationaler Gerechtigkeit

Gesellschaftshistorisch haben sich im Ringen um die Verständigung, wie soziale Gerechtigkeit gedeutet und gestaltet werden kann, unterschiedliche Ordnungsformen ausgebildet (Ebert 2015, 15). Nach Forschungserkenntnissen haben sich vier Formen von Gerechtigkeit historisch hervorgebracht (unter anderem Cropanzano/Rupp/Thornton/Shao 2016, 3ff.; Bies 2001, 93ff.; Greenberg 1990, 400ff.). 1) Verteilungsgerechtigkeit (unter anderem Deutsch 1985, 1975; Adams 1965), 2) Verfahrensgerechtigkeit (unter anderem Lind/Tyler 1988; Folger/Greenberg 1985), 3) Interaktionsgerechtigkeit (Bies 2015; Bies/Moag 1986) und die Informationsgerechtigkeit (Colquitt 2001, 390; Greenberg 1993, 135ff.; Greenberg 1990, 411f). 4) Tauschgerechtigkeit wird von Stefan Liebig und Meike May (2009) schließlich als vierte Form betrachtet (Liebig/May 2009, 5). Auf Grundlage dieser vier Ordnungsformen, so der derzeitige Stand der Forschung, soll sich der Vielschichtigkeit der Frage, wie soziale Gerechtigkeit organisiert werden kann, angemessen angenähert werden können (Ebert 2015, 47ff.; Liebig/May 2009, 4; Gosepath 2004, 84ff.; Koller 2001b, 34ff.).

3.3.2.1 Tauschgerechtigkeit

Tauschgerechtigkeit ist eine der vier gängigen Ordnungsformen sozialer Gerechtigkeit in Organisationen (Liebig/May 2009, 5; Liebig 2004, 90). Tauschgerechtigkeit wird dann relevant, wenn zwei freiwillig miteinander interagierende Akteur_innen Güter oder Leistungen austauschen wollen (Koller 2016, 86f; Ebert 1015, 49; Koller 2001c, 15). Dabei steht der „Ausgleich erbrachter Leistungen im Zentrum“ (Liebig/May 2009, 5) des persönlichen Interesses. Dieser gilt dann als gerecht, wenn das Verhältnis der wechselseitig getauschten Leistungen als gleichwertig betrachtet werden kann. Die Voraussetzung der Herstellung von Tauschgerechtigkeit sind gleiche Tauschbedingungen für die beiden am Austausch beteiligten Parteien oder Personen (Ebert 2015, 50; Koller 2001c, 15).

Traditioneller Maßstab der Tauschgerechtigkeit ist die Zeit, die für die Herstellung einer Leistung aufgebracht wird (Koller 2001c, 15; Koller 1994, 83). Tauschgerechtigkeit in technischen Organisationen wird nach empirischen Forschungsergebnissen vor allem in Bezug auf arbeitsvertragliche Regelungen relevant, auf deren Grundlage organisationale Beziehungen zwischen Arbeitgeber_innen und Arbeitnehmer_innen geknüpft werden und gerechte Austauschverhältnisse gestaltet werden sollen (Liebig/Schupp 2008, 9). Die Voraussetzungen zur Gestaltung tauschgerechter Arbeitsverhältnisse werden in der Literatur durchaus kritisch betrachtet. So werden über die Hervorhebung der reziproken Freiwilligkeit als Ausgangsbedingung von Tauschgerechtigkeit individuelle Abhängigkeitsverhältnisse ausgeblendet. Thomas Ebert beispielsweise fragt nach: „Ist es ein freiwilliger Tausch, wenn jemand, der über keinerlei Vermögen verfügt, einen Arbeitsvertrag bei einem Unternehmen abschließt, das in seiner Region als einziges Arbeitsplätze anbietet?“ (Ebert 2015, 50).

In der gängigen Literatur finden sich Untersuchungen zur Form der Tauschgerechtigkeit in technischen Organisationen. Zum einen steht Tauschgerechtigkeit im Beziehungsverhältnis im Kreis der Arbeitnehmer_innen im Zentrum der Analyse. Hier steht die dem Aufwand der einzelnen Akteur_innen gerecht werdende Aufteilung (Abraham 2007; Alchian/Demsetz 1972; Olson 1965) beziehungsweise das Verhalten organisationaler Akteur_innen bei wahrgenommener Verteilungsungerechtigkeit (Fehr/Gächter 2000; Ockenfels 1999; Rabin 1993) im Mittelpunkt. Eine weitere Form untersucht die Bedeutung von Tauschgerechtigkeit in der Beziehung von Arbeitgeber_innen und Arbeitnehmer_innen aus soziologischer (Kotthoff 1997; Abraham 1996; Blau 1963) oder ökonomischer Perspektive (Beweley 1999; Fehr/Kirchler/Weichbold/Gächter 1998; Akerlof 1982). In diesen Analysen wurde erfasst, dass Arbeitgeber_innen mit solidarischen oder sozialen Bindungen zu in ihrem Unternehmen tätigen Arbeitnehmer_innen anderen Handlungslogiken folgen als jene mit rein ökonomisch begründeten Bindungen (Song/Tsui/Law 2009; Blau 1964). Tauschgerechtigkeit fokussiert somit den gerechten Ausgleich von erbrachten Leistungen.

3.3.2.2 Verteilungsgerechtigkeit

Verteilungsgerechtigkeit ist die zweite der vier gängigen Ordnungsformen sozialer Gerechtigkeit in Organisationen. Sie hat die "Verteilung der Anteile an etwas Gemeinsamem" (Liebig/May 2009, 5) im Fokus, die nach bestimmten Bedingungen an berechtigte Personen verteilt werden. Wer nach welchen Bedingungen eine Berechtigung an welchen gemeinsamen Mitteln und Ressourcen erfährt, ist nach Ordnungsmuster der Verteilungsgerechtigkeit auszuhandeln und festzulegen. Die gemeinsamen Mittel und die Gleichheit von Personen bestimmen sich also in Abgrenzung von ungleichen und somit unberechtigten Personen.

Verteilungsgerechtigkeit im Zusammenhang mit der organisationalen Verhaltens- und Einstellungsanalyse bezieht sich auf die von Akteur_innen wahrgenommene Gerechtigkeit von Verteilungsergebnissen (Cropanzano/Rupp/Thornton/Shao 2016, 3). Als theoretische Grundlage der Verteilungsgerechtigkeit gilt die von John Stacey Adams formulierte „Equity Theorie" (Adams 1965; dazu auch Cropanzano/Rupp/Thornton/Shao 2016, 3). Wenn das Verhältnis zwischen dem Beitrag und dem Ergebnis bei einer Person gleich wie das Verhältnis bei einer anderen Person ist, ist eine Situation laut der Equity Theorie als gerecht zu betrachten (Adams

1965). Eine Entscheidung ist somit dann gerecht, wenn die von den beteiligten Akteur_innen investierten Beiträge eine vergleichsweise angemessene Anerkennung erfahren (Schmitt/Montada 1982, 33). Maßstab der Gerechtigkeit ist ein über einen sozialen Vergleich entwickelter Standard, auf den sich die Beteiligten in ihren Aktionen beziehen (Liebig/Schupp 2008, 10; Homans 1968). Ein höherer Aufwand muss somit auch mit einem höheren Ertrag verbunden sein, um nach der Equity-Theorie als gerecht zu gelten. Dabei zählen zum Aufwand nicht nur jene Komponenten, die in der Situation des Austauschs eingebracht werden. Es gelten auch jene Inputs als anrechenbar, die im Vorfeld getätigt worden sind (Mikula 2002; Homans 1968, 223). Relevante Einsatzfaktoren in technischen Organisationen sind hier beispielsweise „Ausbildung, Intelligenz, Erfahrung, Fertigkeiten, Alter, Geschlecht oder Attraktivität" (Liebig/Schupp 2008, 10). Verteilungsgerechtigkeit aus dieser Perspektive ist somit als das Ergebnis eines Vergleichs zu betrachten, bei dem in Erwartung einer absoluten Proportionalität Inputs und Outcomes miteinander gemessen werden (Homans 1968, 209).

3.3.2.3 Verfahrensgerechtigkeit

Neben Tauschgerechtigkeit und Verteilungsgerechtigkeit zeigt sich Verfahrensgerechtigkeit als eine in der Unternehmenspraxis übliche Form der Gerechtigkeit. Verfahrensgerechtigkeit nimmt sich der Ordnung von Gerechtigkeit an, „wenn es keinen unabhängigen Maßstab für das richtige Ergebnis gibt, sondern nur ein korrektes oder faires Verfahren, das zu einem ebenso korrekten und fairen Ergebnis führt" (Rawls 1975, 107). Verfahrensgerechtigkeit legt Gerechtigkeit somit nicht ein Verteilungsergebnis zugrunde, sondern bezieht sich auf die Form der sozialen Aushandlung, die in diesem Verfahren eingebundene Unternehmensakteur_innen gleichermaßen als gerecht betrachten. Gerechtigkeit im Zusammenhang mit Verfahrensgerechtigkeit wird somit als instrumentelle Größe erfahren.

Im Kontext der organisationalen Verhaltens- und Einstellungsanalyse fokussiert Verfahrensgerechtigkeit den im Unternehmen wahrgenommenen Gerechtigkeitsgehalt „formal definierte[r] Handlungen unabhängig von Personen" (Lenger/Wolf 2016, 73; unter anderem auch Hinsch 2016, 138; Streicher/Maier/Jonas/Reisch 2008, 55). Als grundlegend dafür gilt die Annahme, dass auch die Art der angewendeten Entscheidungsfindungsverfahren als zentral für das subjektive Gerechtigkeits- beziehungsweise Ungerechtigkeitsempfinden der einzelnen Akteur_innen im Unternehmen erachtet werden (Lengfeld/Liebig 2003, 477; Streicher/Maier/Jonas/Reisch 2008, 56).

Mitte der 1970er Jahre prägten John Thibaut und Laurens Walker den Begriff „procedural justice“ bei der Untersuchung bestimmter juristischer Konfliktlösungsverfahren nach deren Fairness-Gehalt (Thibaut/Walker 1975). Gerald Leventhal (1980) nahm den Ansatz der Verfahrensgerechtigkeit für Belange außerhalb des juristischen Kontexts auf (Leventhal 1980). Nach Leventhal wird ein gerechtes Verfahren über die Einhaltung bestimmter Verfahrensregeln sichergestellt. So legen Maßstäbe zur 1) Konsistenz, 2) Unvoreingenommenheit, 3) Genauigkeit, 4) Korrektur, 5) Interessenseinbezug und 6) Ethik den Ablauf eines gerechten Verfahrens fest. Die Gewichtung der sechs Regeln bestimmt sich nach Leventhal in Bezug auf die Zielsetzung des Verfahrens und die Wahrung der individuellen Interessen der am Unternehmen Beteiligten. (Leventhal 1980, 40ff.)

Angelehnt an die Gerechtigkeits- oder Fairness-Regeln Leventhals fokussieren Allen Lind und Tom Tyler (1988) in ihrer Forschungsarbeit das subjektive Gerechtigkeitsempfinden sozialer Akteur_innen in Organisationen und filtern vier Kriterien, die aus Sicht der Akteur_innen ein gerechtes Verfahren im Unternehmen kennzeichnen: 1) Anerkennung, 2) Vertrauen, 3) Neutralität und 4) Kontrolle (Lind/Tyler 1988, 57ff.). Nach Greenberg (1990, 1987) wird die Einhaltung der genannten verfahrensgerechten Bedingungen vor allem in Situationen ungleicher Verteilungen von Outcomes relevant. Seine Forschungserkenntnisse zu beispielsweise Gehaltszahlungen in Unternehmen zeigen, dass fair und transparent umgesetzte Verfahren bei den Beteiligten dabei zu einer besseren Akzeptanz auch von ungleichen Verteilungsergebnissen führen (Greenberg 1990, 1987). Vor allem die Möglichkeit der Mitsprache beziehungsweise der Meinungsäußerung (voice) hat sich aus dem Blickwinkel der organisationspsychologischen Gerechtigkeitsforschung als eines der wichtigsten Merkmale subjektiv empfundener Verfahrensgerechtigkeit hervorgetan (Greenberg 1990; unter anderem auch Bos/Wilke/Lind 1998, 1997). Dabei ist nicht die tatsächliche Einflussnahme, doch die Möglichkeit zur Meinungsäußerung ausschlaggebend für das subjektive Gerechtigkeitsempfinden der einzelnen Beteiligten (ebenda; unter anderem auch Liebig/May 2009, 5; Lind/Tyler 1988, 208).

3.3.2.4 Interaktionsgerechtigkeit

Neben Tauschgerechtigkeit, Verteilungsgerechtigkeit und Verfahrensgerechtigkeit ist Interaktionsgerechtigkeit als eine in der Alltagspraxis technischer Unternehmen relevante Gerechtigkeitsform zu nennen. Interaktionsgerechtigkeit ist auf Forschungsergebnisse zu Erwartungshaltungen an einen persönlichen Umgang während Personalrekrutierungsverfahren von Robert Bies und Joseph Moag (1986) zurückzuführen. Interaktionsgerechtigkeit fokussiert den Austausch der direkt am Verfahren beteiligten Personen und setzt die tatsächliche Gleichbehandlung aller Verfahrensbeteiligten bei Anwendung der formalen Verfahrensregeln in den Mittelpunkt des Interesses (Liebig/May 2009, 5; Lengfeld/Liebig 2003, 479; Bies 2001; Bies/Moag 1986). Ursprünglich als Teil der Verfahrensgerechtigkeit erfasst, folgt die Betrachtung der interaktionalen Gerechtigkeit der Argumentation, dass Verfahrensgerechtigkeit allein die Wirkung des Verfahrens auf die betroffenen Personen nicht zu beobachten vermag (Bies/Moag 1986, 45). Interaktionsgerechtigkeit sieht den Menschen im Mittelpunkt und betont die Wichtigkeit dieser zentralen Positionierung in der Umsetzung von organisationalen Verfahren und Prozessen (Lenger/Wolf 2016, 73). Bies/Moag weisen vier Kriterien nach, nach denen sich eine von den Beteiligten als gerecht wahrgenommene Behandlung auszeichnet: 1) Rechtfertigung und Offenheit beispielsweise von Entscheidungsgrundlagen, 2) Wahrhaftigkeit beispielsweise von Autoritätspersonen gegenüber Untergebenen, 3) Respekt beispielsweise im achtsamen Umgang der Beteiligten untereinander und 4) Anstand im persönlichen Verhalten dem und der Anderen gegenüber (Bies/Moag 1986; dazu auch Colquitt 2001, 390).[31]

Die Studienergebnisse Greenbergs (1993) aufnehmend, teilt Colquitt (2001) Interaktionsgerechtigkeit in eine interpersonale und eine informationale Dimension, um in Organisationen eingelassene Gerechtigkeitsmuster in seiner Untersuchung des Führungsverhaltens von Führungskräften erfassen zu können (Colquitt 2001). Während die interpersonale Dimen-

31 Die Relevanz von Interaktionsgerechtigkeit im organisationalen Kontext ist in Forschungskreisen umstritten. Als zu eng werden die Verbindungen zwischen prozeduraler und interaktionaler Gerechtigkeit betrachtet (Niehoff/Moormann 1993; Lind/Tyler (1988); Moorman 1991). Studienergebnisse von Yochi Cohen-Carash und Paul Spector (2001) bestätigen jedoch die eigenständige Position von Interaktionsgerechtigkeit: Die Ergebnisse ihres Meta-Vergleichs von 190 Studien belegen neben den Dimensionen Verteilungs- und Verfahrensgerechtigkeit die empirische Relevanz einer interaktionalen Gerechtigkeitsdimension (Cohen-Carash/Spector 2001).

sion die wahrgenommene Gerechtigkeit in persönlichen Interaktionen fokussiert, bezieht sich die informationale Dimension darauf, ob alle relevanten Informationen von den Beteiligten ihrem Wahrheitsgehalt entsprechend weiter gegeben werden (Lotz/Gollwitzer/Streicher/ Schlösser 2013, 22; Colquitt 2001). Die beiden genannten Dimensionen beeinflussen laut Colquitt die Form der Interaktionsgerechtigkeit in technischen Unternehmen in unterschiedlicher Art und Weise.

Tauschgerechtigkeit, Verteilungsgerechtigkeit, Verfahrensgerechtigkeit und Interaktionsgerechtigkeit sind Forschungserkenntnissen nach relevante Formen, in denen sich Gerechtigkeit in technischen Unternehmen organisiert. Die Formen strukturieren bestimmte Beziehungsmerkmale und -aspekte zu einer je eigenen Vorstellung von Gerechtigkeit und erhalten diese, indem sie unpassende Beziehungsmerkmale und -aspekte unberücksichtigt lassen und ausblenden. In einen abstrakten Zusammenhang gesetzt, stehen die Formen im Widerspruch zueinander und setzen sich dennoch gleichzeitig voraus.

3.3.3 Ordnungsprinzipien organisationaler Gerechtigkeit

Kernaufgabe von sozialer oder organisationaler Gerechtigkeit ist es, so wurde aufzuzeigen versucht, gerechte Verhältnisse für alle in Gesellschaft oder Organisationen eingebundene Menschen strukturell und inhaltlich zu gestalten. Dabei organisiert sich Gerechtigkeit strukturell in unterschiedlichen Formen. Was in diesen Handlungskontexten schlussendlich als gerecht bewertet wird, ist abhängig von den Gerechtigkeitsprinzipien, die zur Anwendung kommen.

Insgesamt erfährt die praktische Umsetzung von Gerechtigkeit ihre Herausforderung in der Beschränkung der Ressourcen beziehungsweise in sozialen Konflikten darüber, wie eingeschränkt vorhandene „Rechte, Positionen, materielle und immaterielle Güter“ (Liebig/May 2009, 4) unabhängig persönlicher Stellungen und nachvollziehbar für alle zugeteilt werden können (Engel 2011, 14). Um zu klären, wer wie viele der knappen Güter erhalten beziehungsweise wer welche Einschränkungen in Kauf zu nehmen hat, stellt soziale Gerechtigkeit Perspektiven und Verfahren zur Verfügung (Jaeger 2017, 126ff.; Ebert 2015, 39ff.).

Verteilungen erweisen sich dann als sozial gerecht, wenn sie personenunabhängig, kontextübergreifend und über anerkannte Gerechtigkeitsprinzipien gestaltet sind (Jaeger 2017, 129; Ebert 2015, 38; Liebig/May 2009, 5). Laut Duden ist unter einem Prinzip unter anderem eine „Gesetzmäßigkeit, Idee, die einer Sache zu Grunde liegt, nach der etwas wirkt" (Duden 2018a) zu verstehen. Ein Prinzip in dem hier vorliegenden Zusammenhang leitet sich somit über die soziale Gerechtigkeit bestimmenden Kontextfaktoren und -mechanismen her. Gleichermaßen beeinflusst das Prinzip wechselwirkend die strukturelle und inhaltliche Ausgestaltung von Gerechtigkeit. Die Prinzipien bestimmen sich somit nicht allein über unabhängige Merkmale oder Größen. Sie werfen einen strukturell und inhaltlich geprägten Blick auf die sozialen Zusammenhänge und deuten diese spezifisch aus. Gesellschaftliche Wirklichkeiten werden perspektivisch geformt, vermeintlich Objektives nimmt eine perspektivisch geprägte Gestalt an. Die nach spezifischen Gerechtigkeitsprinzipien ausgerichteten Handlungen werden so formal und inhaltlich angeleitet.

Nach Irene Becker und Richard Hauser (2009) greifen soziale Akteur_innen zur Regelung von Verteilungsfragen auf vier Gerechtigkeitsprinzipien zurück. Diese schreiben Verantwortungen und Ansprüche unterschiedlich zu (May/Liebig 2009, 3). Drei dieser Gerechtigkeitsprinzipien – 1) Gleichheitsprinzip, 2) Leistungsprinzip und 3) Bedarfsprinzip – nehmen Bezug auf die Gestaltung von Gerechtigkeit zwischen Individuen, die im gegenwärtigen Verbund zusammenleben (Becker/Hauser 2009, 46). Stefan Liebig, Carsten Sauer und Peter Valet (2013) erweitern die Liste der Gerechtigkeitsprinzipien, die auf aktuelle Gesellschaftskontexte verweisen, durch 4) Anrechtsprinzip (Liebig/Sauer/Valet 2013, 289; siehe auch Liebig/Sauer 2013, 375; Engel 2011, 15; Liebig/May 2009, 5). Becker/Hauser sehen zudem das Prinzip der Generationengerechtigkeit als eigenständiges Gerechtigkeitsprinzip an, das einen Ausgleich zwischen Gesellschaftsgruppen über einen zeitlichen Längsschnitt hinweg anstrebt (Becker/Hauser 2009, 48). Unter diesem Begriff werden gesellschaftliche Verteilungsfragen im Fokus des Wohlergehens kommender Generationen diskutiert (unter anderem Müller-Christ 2005; Pfau 2005). Aufgrund des kurzen Beobachtungszeitraums der relativ jungen Forschung zur Längsschnittperspektive wurde jedoch „noch kein klares Ziel- und Indikatorensystem entwickelt" (Becker/Hauser 2009, 27), das Verantwortungen und Ansprüche klar zuweisen und darüber eine erfolgreiche Anwendung des Prinzips der Generationengerechtigkeit nachweisen könnte. Neben der Form, in der sich Generationengerechtigkeit organisieren soll, scheint derzeit somit auch die Frage nach einem generationengerechten Ordnungsprinzip in der empirischen Forschung offen.[32]

32 Ergänzend zu den Prinzipien Gleichheit, Leistung, Bedarf und Generationengerechtigkeit erachten Becker/Hauser zudem das übergeordnete Prinzip der Ge-

Zur Erforschung der Widersprüchlichkeit von Geschlechtergerechtigkeit in der Alltagszusammenarbeit von technischen Unternehmen erscheinen genau jene Prinzipien von Belang, die Forschungserkenntnissen nach die interaktive Praxis der Organisationen prägen. Daher werden die vier vorgestellten Prinzipien Gleichheitsprinzip, Leistungsprinzip, Bedarfsprinzip und Anrechtsprinzip im konkreten Bezug zum Gesellschaftsbereich Wirtschaft und zur organisationalen Praxis in technischen Unternehmen genauer betrachtet.

3.3.3.1 Gleichheitsprinzip

Das Gleichheitsprinzip ist eines der vier im Alltag von technischen Unternehmen anwendbaren Verteilungsprinzipien. Es fordert, allen beschäftigten Akteur_innen gleiche materielle und immaterielle Güter, Ressourcen, Pflichten und Lasten zuzuweisen. Nach dem Gleichheitsprinzip gilt als gerecht, wenn Akteur_innen vergleichbarer Anspruchsgruppen gleiche gesellschaftliche Anteile einlösen können. Die erfolgreiche Anwendung dieses Prinzips hängt unter anderem von der Vergleichbarkeit der Ausgangsbedingungen oder der persönlichen Ausstattungen einzelner Akteur_innen ab. Die vom Gleichheitsprinzip abgeleitete Chancengleichheit fordert die Gleichheit individueller Ausgangsbedingungen ein. Über die Schaffung und Sicherung von gleichen Zugängen zu gesellschaftlichen Ressourcen und Positionen soll das Gleichheitsprinzip gesellschaftlich verwertbar gemacht werden. (Liebig/Sauer/Valet 2013, 289; Liebig/Sauer 2013, 374; Liebig/May 2009, 6)

In Österreich ist das Gleichheitsprinzip unter anderem im Gleichbehandlungsgesetz – GlBG des österreichischen Arbeitsrechts verankert. Der dort festgehaltende Gleichbehandlungsgrundsatz unterbindet alle geschlechtsbezogenen Ungleichbehandlungen der im Unternehmenskontext eingebundenen Personen. Laut § 31 des Gleichbehandlungsgesetzes sind „Diskriminierungen von Frauen auf Grund von Schwangerschaft oder Mutterschaft […] unmittelbare Diskriminierungen auf Grund des Geschlechts“ (Bundeskanzleramt der Republik Österreich 2018). Somit dürfen im Unternehmen zum einen keine Mitarbeiter_innen willkürlich

schlechtergerechtigkeit als elementar für soziale Gerechtigkeit (Becker/Hauser 2009, 26ff.). Die vorliegende Arbeit befasst sich primär mit dem Thema der Geschlechtergerechtigkeit in Unternehmen. Daher wird dieses Prinzip hier nicht näher angeführt.

und ohne entsprechende Sachbegründung schlechter gestellt werden als andere, die in vergleichbarer Funktion und Position tätig sind. Zum anderen sind von Arbeitgeber_innen in technischen Organisationen auch etwaige Diskriminierungen von Mitarbeitenden durch Dritte zu unterbinden. Diese Gleichbehandlungsregelung bezieht sich auf die Gestaltung von Arbeitsbedingungen und Arbeitsverhältnissen inklusive Entgeltzahlungen, Freistellungen, Sozialleistungen und Qualifizierungsmaßnahmen explizit auch von weiblichen Mitarbeiterinnen und auf den Schutz vor jeder Art von sexueller und geschlechtsbezogener Belästigung. (ebenda)

3.3.3.2 Leistungsprinzip

Neben dem Gleichheitsprinzip ist das Leistungsprinzip das zweite der vier in der gegenwärtigen Praxis von technischen Unternehmen üblichen Verteilungsprinzipien. Es belohnt individuelle Anstrengungen und herausragende Leistungen einzelner Beschäftigter. Nach dem Leistungsprinzip gilt es als gerecht, wenn Akteur_innen, die im Unternehmen größere Anstrengungen zeigen und mehr Leistungen und Beiträge erbringen, proportional mehr Güter und Ressourcen erhalten und besitzen. (Liebig/Sauer/Valet 2013, 289; Liebig/Sauer 2013, 374; Engel 2011, 16; Liebig/May 2009, 6).

Betriebswirtschaftliche Lexika definieren Leistung als „das Ergebnis von Arbeit“ (Wirtschaftslexikon24 2018a). Dabei wird Leistung entweder an der Menge des aktiv Erarbeiteten oder dessen Qualität bemessen (ebenda). Zur Bestimmung des Werts einer solchen Leistungseinheit wird das Ergebnis der Arbeit mit den für dieses Ergebnis benötigten Produktionsfaktoren in Verhältnis gesetzt. Je günstiger die Faktoren im Verhältnis zum erreichten Ergebnis eingesetzt sind, desto besser ist die erzielte Leistung. Die in Verhältnis gesetzten Faktoren erhalten ihren Wert auf nach absoluter Konkurrenz ausgerichteten funktionellen Märkten (Wirtschaftslexikon24 2018b). Das Zusammenspiel von Angebot und Nachfrage bestimmt dabei deren Wert. Neben Maschinen und Material wird somit auch die menschliche Arbeitsleistung zweckgerecht über den Markt bewertet (Wirtschaftslexikon24, 2018a). Die Entlohnung der Arbeitsleistungen von Arbeitnehmer_innen kann daher als eine marktabhängige Größe betrachtet werden.

Die wirtschaftsliberale Ausprägung des Liberalismus sieht Leistung als eine zentrale Norm (siehe Kapitel 3.2). Gesellschaftliche Ordnungen und Positionierungen werden in Verhältnis zu erbrachten Leistungen erstellt. Dabei wird absolute Objektivität unterstellt: “In scharfer Abgrenzung zu allen bloß zugeschriebenen Eigenschaften beansprucht das Leistungsprinzip, Einkünfte, Zugänge, Ränge und Ämter allein nach den Maßstäben von Wissen und Können zu vergeben“ (Neckel 2012, 65). Somit sollen Arbeitnehmer_innen so viel Lohn und Anerkennung bekommen, wie es ihrem konkreten Unternehmensbeitrag entspricht (Jaeger 2017, 133). Individuelle Leistungsbeiträge sollen somit über organisationale Wertmaßstäbe bemessen und mit dem Ziel des Wachstums oder der Optimierung bisheriger Standards unterlegt werden können. Der Kritik gemäß unterliegen dem Leistungsprinzip mehrere Voraussetzungen: Zum einen liegt der Leistungsnorm die Vorstellung der linearen Professionalisierbarkeit von individuell aneignenbarer und zuweisbarer Kompetenzen zugrunde, deren optimale Anwendung zwangsläufig mit Erfolg und Nutzen korreliert (Arzberger 1988, 24ff.). Zum anderen ist die Leistungsnorm über eine grundlegende Wettbewerbsorientierung beteiligter Akteur_innen begründet. Arbeitnehmer_innen wollen ihre professionellen Kompetenzen also über generell auf Konkurrenz ausgerichteten gesellschaftlichen Märkten bestmöglich positionieren (Michalitsch 2006, 49f). Zudem setzt das Leistungsprinzip auch die statische Erfassbarkeit der von den einzelnen Beschäftigten in einem dynamischen Leistungsfeld erbrachten Beiträge als Grundlage für den Leistungsvergleich voraus (Becker 2003). Schließlich ist auch ein permanenter Fortschritt vorauszusetzen. So ist, um dem Leistungsprinzip mit höchstmöglichen Zielsetzungen weiter gerecht werden zu können, die kontextbezogene und fortdauernde (Weiter-)Entwicklung von Leistungsbewertungsfaktoren zu gewährleisten (Neckel 2012, 64ff.; Michalitsch 2006, 50ff.). Über den Weg der Leistung heben sich in der Organisation jene Kriterien von sozialer Gerechtigkeit hervor, anhand derer Ressourcen und Güter verteilt, Karrierechancen und Positionierungen vergeben, Teilhabe gewährt und Ungleichheiten gerechtfertigt werden können[33]. Im Sinne des Leistungsprinzips soll darüber die Gestaltung eines leistungsgerechten Unternehmens gewährleistet werden.

3.3.3.3 Bedarfsprinzip

Neben Gleichheitsprinzip und Leistungsprinzip ist das Bedarfsprinzip eines der vier Prinzipien, die für eine sozial gerechte Verteilung von Gütern und Lasten in Gesellschaft und Organisationen sorgen. Nach dem Bedarfs-

33 Helga Eberherr und Regine Bendl beleuchten in „Organisationen unter Druck? Zum Chancengleichheitsversprechen des Leistungsprinzips“ das Leistungsprinzip kritisch aus der Geschlechterperspektive (Eberherr/Bendl 2017).

prinzip gilt als gerecht, wenn Personen in individuellen Notlagen oder Situationen sozialer Benachteiligung Anteile und Ressourcen zugesichert bekommen, die sie zur Deckung eines grundlegenden Bedarfs benötigen. (Liebig/Sauer 2013, 374; Liebig/Sauer/Valet 2013, 289; Engel 2011, 16; Liebig/May 2009, 6)

Dem Bedarfsprinzip liegt die allgemeine Auffassung zugrunde, dass eine gerechte Gesellschaftsordnung nicht allein über den freien Markt gestaltbar ist. Die funktionellen Mechanismen des Angebots und der Nachfrage reichen nach Auffassung des Bedarfsprinzips für eine gerechte Zuweisung gesellschaftlicher Güter, Ressourcen und Chancen nicht aus (Liebig/Schupp 2008, 7). Um grobe Zuweisungsfehler auszugleichen, werden soziale Maßstäbe gesetzt, anhand derer Mittel und Ressourcen an Menschen verteilt werden, die sich als bedürftig erweisen.

Es gelten unterschiedliche Deutungen, was unter einem gerechtfertigten Bedarf zu verstehen ist. Grundsätzlich impliziert das Bedarfsprinzip nach Ebert das unbedingte Recht eines jeden Menschen bezüglich eines bestimmten Bedarfs mit anderen Menschen absolut gleichgestellt zu werden (Ebert 2015, 51). Dabei bezieht er dieses fundamentale Recht nicht auf die standardmäßige Zuweisung von materiellen Gütern oder Ressourcen allein. Seines Erachtens schließt das Recht auch die Möglichkeit mit ein, außergewöhnlichen Bedürfnissen gerecht werden zu können (ebenda). Für Liebig/May hingegen ist die Anerkennung eines bestimmten Bedarfs abhängig vom Zutun der Betroffenen selbst. Zeigt sich die Person für ihre soziale Lage selbst verantwortlich, sind bedarfssichernde Ressourcenzuweisungen eher abzulehnen (Liebig/May 2009, 6). Engel wiederum definiert Bedarf in Abhängigkeit zur sozialen Situation. Sind individuelle Benachteiligungen gesellschaftlich begründet, ist ein entsprechender Bedarf anzuerkennen (Engel 2011, 17). Im Allgemeinen werden Anspruch, Umfang und Höhe eines für die Gesellschaft oder die Organisation als angemessen betrachteten Bedarfs in entsprechenden Diskursen ausgehandelt und entschieden.

Gesamtgesellschaftlich findet das Bedarfsprinzip seinen Ausdruck hauptsächlich über die Anwendung der Sozialgesetzgebung (May/Liebig 2009). In der Sozialgesetzgebung wird ein gleicher Zugang zu gesellschaftlich als notwendig erachteten Leistungen für berechtigte Personen unabhängig von deren Einkommens- und Vermögensverhältnissen oder gesellschaftlichen Positionen sichergestellt (Klein/Zick 2010, 120f).

3.3.3.4 Anrechtsprinzip

Das Anrechtsprinzip ist neben Gleichheit, Leistung und Bedarf als ein weiteres Prinzip zur Verteilung von Gütern und Ressourcen in Gesellschaft und Organisationen zu nennen. Das Anrechtsprinzip schreibt Individuen bestimmte Anteile nach Status- oder Positionsmerkmalen zu. Danach gilt als gerecht, wenn Individuen bestimmte Ansprüche aufgrund in Vergangenheit erworbener oder traditionell übermittelter Positionen geltend machen und darüber entsprechende Anrechte zugeschrieben bekommen. (Liebig/Sauer/Valet 2013, 289; Engel 2011; Liebig/May 2009, 6).

Das Anrechtsprinzip setzt an persönlich zugeschriebenen Rechten an, nach denen sich Verteilungsentscheidungen in Gesellschaft und Organisationen ausrichten. Es koppelt die Zuweisung bestimmter Ressourcen und Güter an einen Status und beschränkt den Zugang zu diesen ausschließlich an berechtigte Personen oder Gruppen. Sobald diese einen legitimen Anspruch geltend machen können, werden ihnen entsprechende Güter zugewiesen. Personen und Gruppen ohne einen solchen Anspruch haben kein Recht auf eine solche Zuweisung. Das Anrechtsprinzip rechtfertigt Zuweisungsbevorteilungen in Organisationen somit auf Grundlage organisational ungleicher Ausgangsbedingungen. Diese ungleichen und nach Anrechtsdenken gleichermaßen gerechten Ausgangslagen gestalten ungleiche und gerechte Verteilungsergebnisse. (Engel 2011, 16ff.) Eine gerechte Gesellschafts- und Organisationsordnung gestaltet sich also derart, dass die als gerechtfertigt betrachteten Bevorteilungen sicher gestellt werden. Dies hängt unter anderem von einer einheitlichen Festlegung und Gewichtung jener Kriterien ab, die die Zuteilung von Anteilen nach jeweiliger Statusposition bestimmen. (Liebig/Sauer/Valet 2013, 289; Liebig/May 2009, 6)

Im Kontext von technischen Unternehmen findet das Anrechtsprinzip unterschiedlich Anwendung. Zum einen orientiert sich auf institutioneller Ebene beispielsweise eine gerechte Entlohnung unabhängig aktueller Leistungen an in der Vergangenheit erworbenen Bildungsabschlüssen (Sauer/Valet/Liebig 2016, 627). Zum anderen zeigen sich auf struktureller Ebene auch hierarchische Positionen in der Organisation mit bestimmten Vergünstigungen verknüpft (Liebig/Sauer 2013, 376). Schließlich lassen sich auf Ebene der Person über das Anrechtsprinzip Bevorteilungen auch in Bezug auf persönliche Merkmale oder geschlechtliche Zugehörigkeiten rechtfertigen (Höffe/Liebig/Maydell 2006, 28). So erscheint die Zuweisung eines vergleichsweise höheren Gehalts in Zusammenhang mit der Position des männlichen Familienernährers aus dieser Sicht durchaus akzeptabel. Neben Maßstäben der Gleichheit, der Leistung oder des Bedarfs kommen bei der Verteilung von Mitteln, Positionen und Einfluss im Unternehmen also auch Faktoren des Anrechts zur Geltung.

Die vier hier vorgestellten Prinzipien sozialer Gerechtigkeit stehen sowohl in konkurrierenden als auch komplementären Verhältnissen zueinander: Während das Leistungsprinzip eine ungleiche Verteilung von Ressourcen als gerecht legitimiert, legt das Gleichheitsprinzip eine solche Ungleichverteilung als ungerecht aus. Derweil das Bedarfsprinzip die Herstellung von Gleichheit als Voraussetzung zur Anwendung des Leistungsprinzips unterstützt, lehnt das Anrechtsprinzip Leistung als Voraussetzung zur Anwendung des Gleichheitsprinzips grundsätzlich ab. Und während das Bedarfsprinzip den Ausgleich struktureller Benachteiligungen zur Schaffung gleicher Chancen anstrebt, ersucht das Anrechtsprinzip strukturelle Bevorteilungen für Einzelne unabhängig von Leistung und Bedarf zu erhalten. Je nach Standpunkt und Perspektive sind Ausrichtung und Zielsetzung der einzelnen Prinzipien in technischen Unternehmen somit gleichermaßen als gerechtigkeits- oder ungerechtigkeitsfördernd zu betrachten. (Liebig/Sauer/Valet 2013, 289f; Engel 2011, 16ff.; Becker/Hauser 2009, 47ff.)

3.4 Zum Verhältnis von normativer und organisationaler Gerechtigkeit

Sowohl die Disziplin der normativen als auch der organisationalen Gerechtigkeitsforschung befassen sich mit sozialer Gerechtigkeit. Um soziale Gerechtigkeit auszudeuten, wählen die genannten Disziplinen jedoch gegensätzliche Zugänge. Während normative Theorien der Gesellschaft abstrakte Deutungsrahmen für gerechtes Handeln vorzugeben suchen (siehe Kapitel 3.1 und 3.2), beschreiben Zugänge der organisationalen Gerechtigkeitsforschung konkrete Ausgestaltungen in der Praxis (siehe Kapitel 3.3.1, Kapitel 3.3.2 und Kapitel 3.3.3; Jaeger 2017, 125). Von diesen eigenen Interessenschwerpunkten geleitet, unterscheiden sich die beiden Disziplinen somit konzeptuell und methodologisch (Wegener 1994). Im Bewusstsein dieser grundsätzlichen Unterschiedlichkeiten wird im Folgenden der Versuch unternommen, normative und organisationale Gerechtigkeit in Bezug zueinander zu setzen.

In der konkreten gesellschaftlichen Praxis scheinen normative und organisationale Gerechtigkeit über Formen des sozialen Zusammenlebens verknüpfbar (Liebig/Schlothfeldt 2002; Mikula 2002; Douglas 1996; Douglas/Wildavsky 1982; Douglas 1970). Diesbezügliche Erkenntnisse gehen vor allem zurück auf Forschungen der Anthropologin Mary Douglas

(1970). Mit ihrem Grid und Group – Paradigma hat sie ein Modell entworfen, über das sich normative und organisationale Forschungsdisziplinen in einen systematischen Zusammenhang setzen lassen. Dieser Zusammenhang wird im Folgenden in vier Schritten dargestellt. Zuerst wird in das von Mary Douglas erarbeitete Schema und die von ihr analysierten sozialen Beziehungstypen eingeführt (Kapitel 3.4.1). Anhand ihres Grid und Group – Modells werden dann die in Kapitel 3.1 und Kapitel 3.2 dieser Arbeit angeführten normativen Gerechtigkeitstheorien systematisiert (Kapitel 3.4.2). In einem dritten Schritt werden dann die in Kapitel 3.3 skizzierten organisationalen Gerechtigkeitsformen in Bezug zueinander gesetzt (Kapitel 3.4.3). Und schließlich werden in einem vierten Schritt mithilfe des Grid und Group – Ansatzes normative Konzeptionen und organisationale Ordnungsformen beziehungsweise abstrakte Werte und konkrete Ordnungsprinzipien in Verhältnis zueinander gesetzt (Kapitel 3.4.4).

3.4.1 Soziale Beziehungstypen nach Grid und Group

Laut Stefan Liebig und Stephan Schlothfeldt sieht Mary Douglas die Sicht auf die Welt im Wesentlichen abhängig davon, „wie wir mit anderen Personen zusammenleben“ (Liebig/Schlothfeldt 2002, 220). In ihrer Grid und Group – Analyse erkennt Douglas soziale Beziehungen abhängig von zwei dimensionalen Größen. So spielt zum einen das Ausmaß der hierarchischen Zwänge, denen sich Menschen in Gesellschaft unterworfen sehen, eine Rolle. Die Grid – Dimension gibt somit Aufschluss darüber, ob und wie soziale Belange unabhängig hierarchischer Restriktionen von den Akteur_innen als gestaltbar betrachtet werden. Zum anderen betrachtet Douglas die Beziehungsverhältnisse abhängig vom Ausmaß der Gruppeneinbindung der Akteur_innen. Die Group – Dimension beleuchtet somit näher, wie Akteur_innen ihr Handeln auf ihre Gruppe ausrichten und auf eine Zugewandtheit ihrer Gemeinschaft vertrauen können. Beide Dimensionen beschreiben Zustände, die sich nach Douglas gänzlich unabhängig voneinander ausrichten können. (Douglas 1996, 1970)

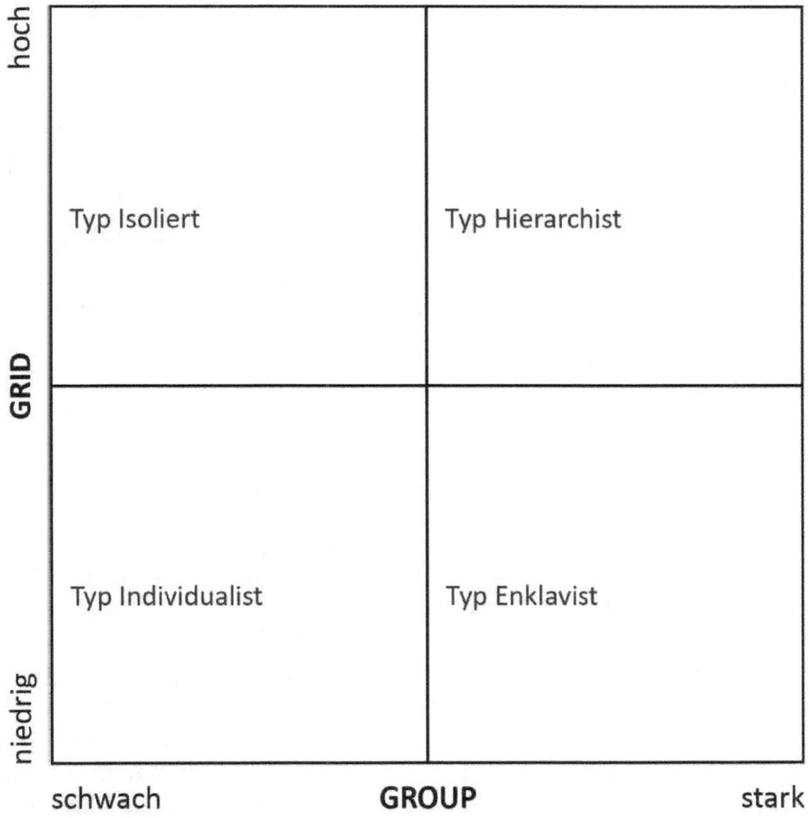

Abbildung 1: Soziale Beziehungstypen nach Grid und Group (schematisiert nach Liebig/Schlothfeldt 2002, 221)

Die Eckpunkte der Grid und Group – Dimensionen gleichermaßen vor Augen führend, ergeben sich nach Douglas im gesellschaftlichen Zusammenleben vier Prototypen sozialer Beziehungen. Zum einen bringt sich der Typ des Isolierten hervor, der seine sozialen Bezüge als stark hierarchisch mit einer schwachen Gruppenbindung erfasst. Des Weiteren bildet sich der Typ des Hierarchisten heraus, der soziale Beziehungen als äußerst hierarchisch und extrem gruppengebunden erlebt. Darüber hinaus entwirft sich der Typ des Individualisten, der Beziehungsverhältnisse als kaum hierarchisch und wenig gruppengebunden wahrnimmt. Und schließlich gestaltet sich der Typ des Enklavisten, der wiederum eine geringe Hierarchisierung und eine starke Gruppenbindung in seinen sozialen Beziehungen erlebt.[34] (Douglas 1996; Douglas/Wildavsky 1982; Douglas 1970) Liebig/Schlothfeldt (2002) nehmen diese Erkenntnisse zu den sozialen Beziehungstypen auf und setzen philosophische Strömungen in Bezug.

3.4.2 Der soziale Zusammenhang normativer Gerechtigkeitstheorien

Mary Douglas entwirft mit dem Grid und Group – Ansatz ein Schema sozialer Beziehungen, mit dem sich auch Gerechtigkeit systematisieren lässt. Nach Liebig/Schlothfeldt (2002) lassen sich auf Basis dieser vier Beziehungstypen vier philosophische Richtungen festlegen, die den Akteur_innen als Orientierung bei der Ausdeutung von Gerechtigkeit dienen können. Die vier von Liebig/Schlothfeld festgelegten normativen Strömungen werden im Folgenden kurz vorgestellt. Danach werden die in Kapitel 3.1 und Kapitel 3.2 angeführten Theorien mithilfe dieses Gerechtigkeitsschemas in Verhältnis gesetzt.

Passend zum Typ des Isolierten, der soziale Beziehungen als hierarchisiert und kaum gestaltbar und das eigene Handeln als sozial unwirksam erlebt, nennen Liebig/Schlothfeldt (2002) die Richtung des Skeptizismus, die die Möglichkeit der Einflussnahme auf soziale Gerechtigkeit insgesamt bezweifelt. Dem Typ des Hierarchisten, der stark hierarchisiert agiert und sein Handeln an Gruppenzugehörigkeiten ausrichtet, entspricht wiederum die Richtung des Askriptivismus, die normative Ansprüche von „natürlich" gebildeten Gruppen hervorhebt. Der Typ des Individualisten wiederum, der seine sozialen Handlungen unabhängig hierarchisierter Einschränkungen und Gruppenloyalitäten entwirft, orientiert sich an der Philosophie des Libertarismus, die soziale Gerechtigkeit hauptsächlich als Begrenzung eigener Freiheiten und Möglichkeiten deutet. Und schließlich korrespondiert mit dem Typ des Enklavisten, der hierarchisierte Handlungszwänge als schwach ausgeprägt und sein Handeln als stark gruppengetrieben erlebt, die Richtung des Egalitarismus, nach der Gesellschaft und gesellschaftliche Organisationen die Verantwortung dafür tragen, alle sozialen Akteur_innen in ein gleichwertiges und gleichberechtigtes Verhältnis zu setzen. (Liebig/Schlothfeldt 2002, 234ff.)

34 Mary Douglas verwendet in ihren Arbeiten die männliche Form. Daher wird sie auch hier im Folgenden beibehalten.

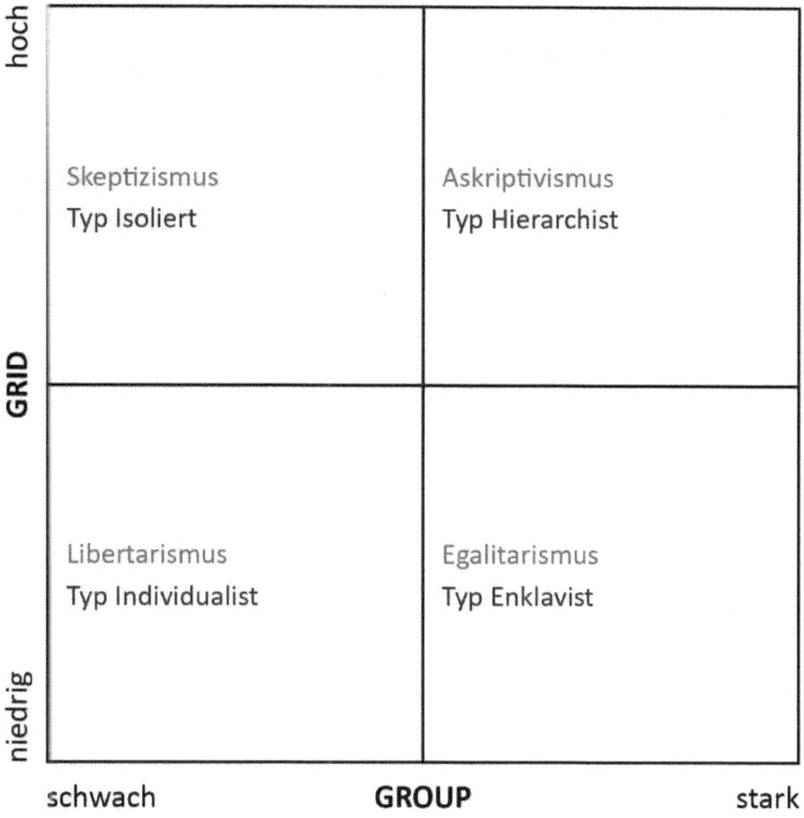

Abbildung 2: Normative Strömungen und Beziehungstypen nach Grid und Group (adaptiert nach Liebig/Schlothfeldt 2002, 234)

In Anlehnung an das von Liebig/Schlothfeldt (2002) mit philosophischen Strömungen erweiterte Grid und Group – Schema werden die in Kapitel 3.1 und Kapitel 3.2 angeführten normativen Gerechtigkeitstheorien nun in einen systematischen Bezug gesetzt. Während sich Liebig/Schlothfeldt in der eigenen Schematisierung der Gerechtigkeitstheorien (Liebig/Schlothfeldt 2002, 236) auf die Anführung ausschließlich eines idealtypischen, hauptsächlich der praktischen Philosophie entnommenen Beispiels pro angeführtem, philosophischem Feld reduzieren, werden nachfolgend weitere Differenzierungen vorgenommen. So werden die Strömungen des Skeptizismus, des Askriptivismus, des Libertarismus und des Egalitarismus mit Beispielen jeweils eines harten und eines weichen Theorietypus belegt. Während die harten Typen eine starke Ausprägung sowohl auf dem Grid als auch auf dem Group – Kontinuum aufweisen, zeigen sich die Charakteristika der weichen Typen im Verhältnis weniger zugespitzt, dafür jedoch vielschichtiger ausgeprägt. Nachfolgend wird zudem der Versuch unternommen, die im Rahmen dieser Arbeit angeführten ständischen und modernen Theorien unabhängig ihrer historischen Einbettung in Anschluss zu setzen. Darüber eröffnet sich auch ein Blick darauf, dass und wie die hier genannten Theorien insgesamt in Zusammenhang gesetzt zu betrachten sind.

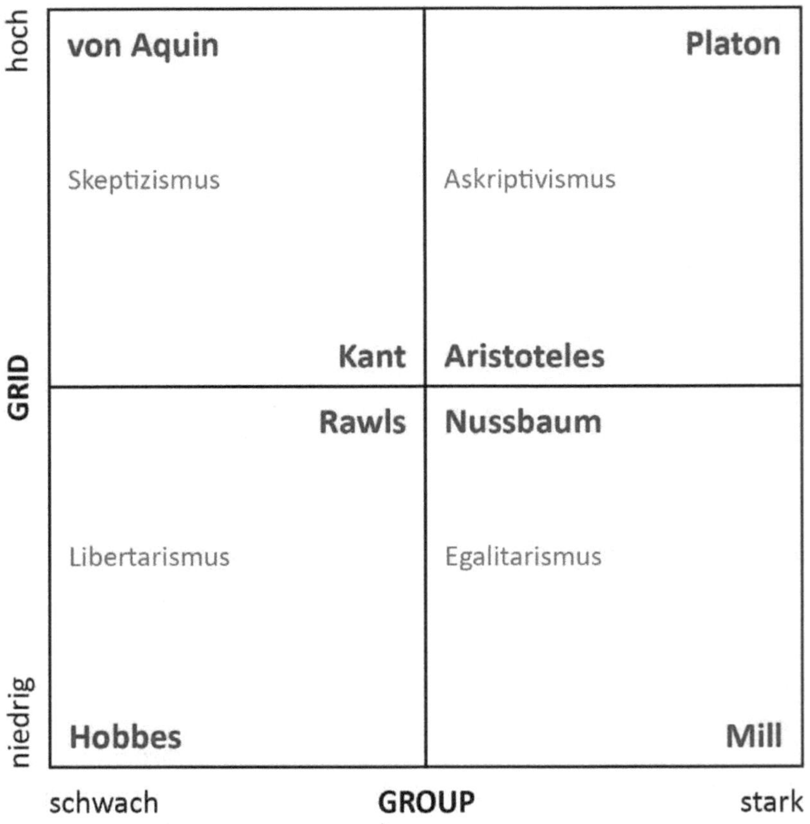

Abbildung 3: Normative Gerechtigkeitskonzepte nach Grid und Group (adaptiert nach Liebig/Schlothfeldt 2002, 236)

Über das Deutungsschema von Grid und Group lassen sich, wie oben grafisch ersichtlich, die Gerechtigkeitskonzeptionen von Platon, Aristoteles, Thomas von Aquin, Thomas Hobbes, Immanuel Kant, John Stuart

Mill, John Rawls und Martha Nussbaum in Bezug setzen. Von Aquin und Kant können dabei als skeptizistische Theorieansätze gefasst werden, die Einflussmöglichkeiten auf soziale Gerechtigkeit insgesamt in Frage stellen. Denn wie in Kapitel 3.1.3 dargelegt, zeigen sich nach Auffassung von Aquins generell uneingebundene Menschen ausschließlich über die strenge Hand Gottes, die sich im Denken und Handeln als Gewissen äußert, in Verhältnis zueinander gesetzt. Für Kant, so zeigt sich in Kapitel 3.1.5, ist die Vernunft als notwendiger Baustein des Kategorischen Imperativs für ein menschliches Wesen gleichermaßen als Einschränkung seiner individuellen Freiheit als auch als axiomatische Grundbedingung aller sozialen Phänomene zu sehen. Im Verhältnis zu von Aquin sind die sozialen Erwartungen bei Kant durchlässiger und die Gruppeneinbindung als verlässlicher zu betrachten. Während sich die Theorie von Aquins darüber als harter Typ an die obere, linke Ecke des Felds positioniert, rückt die skeptizistische Gerechtigkeitsauffassung Kants in die untere, rechte Ecke des Felds und öffnet sich somit als weicher Typ in Richtung schematisches Zentrum.

Die Gerechtigkeitstheorien Platons und Aristoteles' wiederum weisen sich als askriptive Theorieansätze aus, die natürliche Hierarchiebildungen annehmen. In Kapitel 3.1.1 zeigt sich, dass Platon soziale Gemeinschaften als von Natur aus streng hierarchisch geordnet voraussetzt, in denen Menschen gleichzeitig eine unabänderbare Gruppeneinbindung erfahren. Auch Aristoteles, so wird in Kapitel 3.1.2 sichtbar, sieht Gemeinschaft als eine hierarchisch geordnete an, die Menschen stark in Gruppen einbindet. Aristoteles' arithmetische und proportionale Gerechtigkeitsfassung macht jedoch Veränderungen der sozialen Verhältnissetzung je nach Kontext und Voraussetzung denkbar. Während sich Platons Theorie darüber als harter Typ in der äußeren rechten Ecke des Felds platziert, positioniert sich die Theorie von Aristoteles als weicher Typ in die linke Ecke des Felds in Richtung schematisches Zentrum.

Die Gerechtigkeitskonzepte von Hobbes und Rawls wiederum lassen sich als unterschiedliche Beispiele der Strömung des Libertarismus betrachten, die die Verfolgung individueller Interessen auch im Zentrum der Bemühungen um soziale Gerechtigkeit sehen. Wie in Kapitel 3.1.4 aufgezeigt, stehen Menschen einander in Hobbes' Verständnis im Naturzustand der Gefahr Auge in Auge gegenüber. Somit legt Hobbes dem menschlichen Zusammenleben in seiner Theorie eine niedrige Hierarchiebildung und dem Handeln eine nur schwache Gruppenorientierung zugrunde. Auch Rawls, so zeigt sich in Kapitel 3.2.2, sieht Beziehungen in Reinform zwar von individuellen Konkurrenzen und hierarchischen Zwängen beeinflusst. Jedoch werden diese über den Schleier des Nichtwissens ausbalanciert. Während sich die Theorie von Hobbes nach diesem Verständnis an der linken, unteren Ecke als harter Typ verortet, rückt Rawls' Gerechtigkeitskonzept rechts in die obere Ecke des libertaristischen Felds und setzt sich darüber als weicher Typ in das tendenziell vielschichtigere Einflussfeld des schematischen Zentrums.[35]

Die Konzepte von Mill als auch von Nussbaum können schließlich als Beispiele von Egalitarismus gelten. Diese Strömung sieht die Gesellschaft und seine Organisationen in Verantwortung dafür, alle beteiligten Akteur_innen mit gleichen Möglichkeiten und Chancen auszustatten. Mill, so zeigt sich in Kapitel 3.2.1, anerkennt gerechte soziale Beziehungen als absolut hierarchiefrei und gesellschaftlich völlig integriert. Seines Erachtens können hierarchische Zwänge oder Gruppenilloyalitäten soziales Handeln idealerweise nicht einschränken. Nussbaum wiederum, das zeigt Kapitel 3.2.3, sieht gewisse hierarchische Zwänge und einige festgelegte Gruppengrenzen als strukturell gegeben an. Über den Weg der gesellschaftlichen Befähigung gilt es diese ungleichen Voraussetzungen achtsam auszugleichen. Während das Konzept Mills sich als harter Typ somit an die untere, rechte Ecke des Felds platziert, rückt das egalitäre Gerechtigkeitskonzept Nussbaums in die obere linke Ecke des Felds und verortet sich somit als weicher Typ in Richtung des schematischen Zentrums.

Es zeigt sich, dass sich die Gerechtigkeitsideologien von von Aquin, Platon, Hobbes und Mill in sozialen Verhältnissen mit extremen Ausprägungen von Hierarchie und Gruppeneinbindung deutungskompatibel erweisen, während Kant, Aristoteles, Rawls und Nussbaum brauchbare normative Argumentationen bei umfassenderen und vielschichtigeren gesellschaftlichen Konfigurationen zur Verfügung stellen.

35 In ihrer Analyse legen Liebig/Schlothfeldt Rawls' Theorie der Gerechtigkeit als ein Beispiel von Egalitarismus dar (Liebig/ Schlothfeldt 2002, 235). Theoretische Auslassungen widersprechen der Auffassung, dass sich Rawls in seiner Theorie der Gerechtigkeit eine hierarchiefreie und sozial integrierte Gesellschaft als Ideal vor Augen führt (siehe Kapitel 3.2.2). Vielmehr scheint er der grundlegenden Überzeugung zu sein, dass Frauen aufgrund ihres weiblichen Geschlechts soziale Berechtigungen vielfach verwehrt werden können. Die Argumentation von Rawls' Theorie als ein Beispiel von Egalitarismus erweist sich somit als eher nicht haltbar.

3.4.3 Der soziale Zusammenhang organisationaler Gerechtigkeitsformen

Bisher wurden die in dieser Arbeit angeführten normativen Konzepte über die den einzelnen Konzepten implizit unterlegten sozialen Beziehungen in Zusammenhang gebracht. Auf Grundlage des oben genannten Grid und Group – Schemas werden nun in einem zweiten Schritt die empirischen Gerechtigkeitsformen in Bezug zueinander gesetzt. Dabei werden die Ordnungsformen von sozialer Gerechtigkeit den genannten sozialen Beziehungstypen nach Aspekten der Hierarchie und Gruppeneinbindung zugeordnet. Darüber zeigen sich die unterschiedlichen Einstellungsmuster von an der Gestaltung von sozialer Gerechtigkeit beteiligten Akteur_innen.

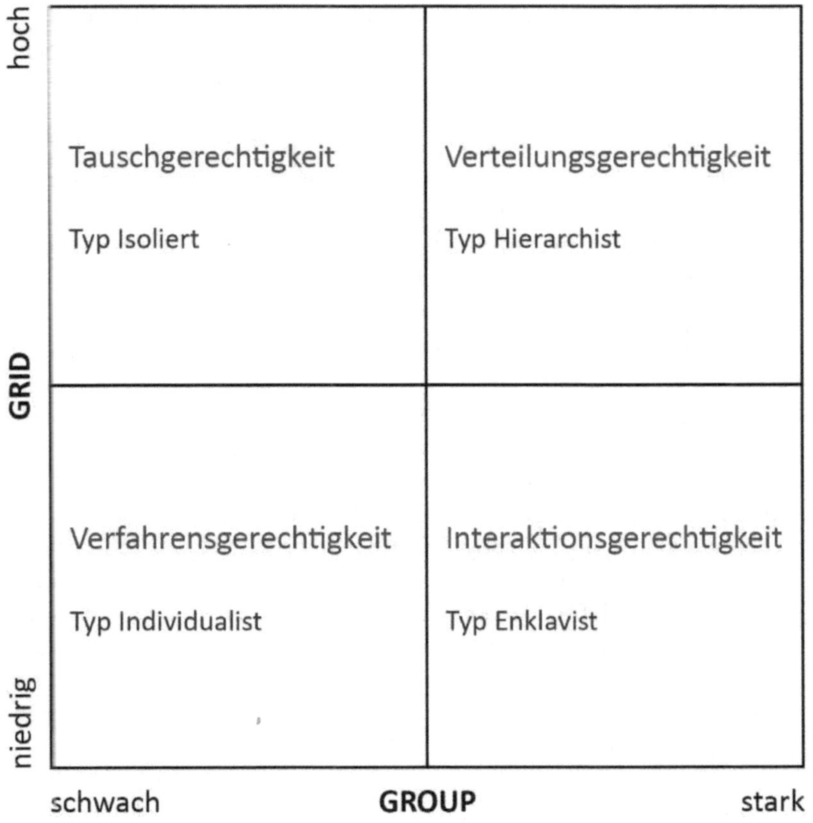

Abbildung 4: Organisationale Gerechtigkeitsformen nach Grid und Group (adaptiert nach Liebig/Schlothfeldt 2002, 230)

Wie oben angeführt, erfasst der Typ des Isolierten soziale Beziehungen als hierarchisch geordnet und Gesellschaft als schwach integriert. Die Gestaltung sozial gerechter Strukturverhältnisse sieht er letztlich dem Zutun von Menschen entzogen. Daher gilt es im Rahmen der Gestaltung von Gerechtigkeit seines Erachtens auch keine strukturbedingten Ungleichheiten auszugleichen. Im Gegenteil wird eine Handlung nach Sicht des Isolierten dann sozial gerecht, wenn beteiligte Akteur_innen für einen gesamten und unbedingten Ausgleich von gegenseitig erbrachten Leistungen und Gütern sorgen. Über diese Bedingungen verfügt die Form der Tauschgerechtigkeit (vgl. Kapitel 3.3.2.1). Für den Typ des Isolierten richtet sich eine sozial gerechte Gesellschaft somit nach Tauschgerechtigkeit aus.

Der Typ Hierarchist wiederum erlebt Gesellschaft und seine sozialen Beziehungen als hierarchisch geordnet und gruppengebunden. Der Anspruch auf bestimmte Leistungen und Güter wird seiner Auffassung nach daher auch grundlegend über bestehende hierarchische Positionierungen und Gruppenzugehörigkeiten der Akteur_innen legitimiert. Im Sinne der sozialen Gerechtigkeit stehen manchen Menschen mehr Anteile der zu verteilenden Güter und Ressourcen zu. Eine sozial gerechte Verteilung ist somit immer abhängig von gesellschaftlichen Kontexten zu bewerten. Aus Perspektive des Hierarchisten kann der Begriff soziale Gerechtigkeit je nach gesellschaftlichen Bedingungen auch ungleiche Zuweisungen legitimieren. Dies spricht für die Form der Verteilungsgerechtigkeit (vgl. Kapitel 3.3.2.2). Für den Typ des Hierarchisten gestaltet sich eine sozial gerechte Gesellschaftsordnung somit nach der Form der Verteilungsgerechtigkeit.

Für den Typ des Individualisten hingegen sind Gesellschaft und seine sozialen Beziehungen kaum hierarchisch und wenig gruppengebunden gestaltet. Seiner Ansicht nach sind die Bedingungen für alle sozialen Akteur_innen grundsätzlich gleich ausgerichtet. Generell haben damit alle Menschen die gleichen Chancen und Möglichkeiten, sich die ihnen zustehenden Ressourcenanteile selbst zu erarbeiten. Gesellschaftlich ist somit hauptsächlich formal für Gerechtigkeit zu sorgen. Über den Fokus auf die Umsetzung formaler Schritte wird die Herstellung von Gerechtigkeit gewährleistet. Diese Bedingungen stellt die Form der Verfahrensgerechtigkeit (vgl. Kapitel 3.3.2.3). Für den Typ des Individualisten richtet Verfahrensgerechtigkeit somit eine sozial gerechte Gesellschaft aus.

Der Typ Enklavist betrachtet Gesellschaft und gesellschaftliche Beziehungen als gering hierarchisch gestaltet und stark gruppensolidarisch organisiert. Gesellschaftliche Prozesse und Verfahren zur Herstellung von Gerechtigkeit sind seiner Auffassung nach vor allem über die kommunikativen Umgangsweisen der involvierten Akteur_innen miteinander zu bewerten. Alle Beteiligten sind unbedingt als gleichberechtigt und gleich zu behandeln zu betrachten. Der Mensch und seine Bedürfnisse stehen im Mittelpunkt der sozialen Handlungen. Diese Voraussetzungsbedingungen stellt die Form der Interaktionsgerechtigkeit zur Verfügung (vgl. Kapitel 3.3.2.4). Für den Typ des Enklavisten richtet sich eine sozial gerechte Gesellschaft somit nach Interaktionsgerechtigkeit aus.

Gerechtigkeitsformen und soziale Beziehungstypen anhand des Grid und Group – Schemas in Zusammenhang gebracht, zeigen, dass der Typ Isoliert Gerechtigkeit in Form von Tauschgerechtigkeit, der Typ Hierarchist in Form von Verteilungsgerechtigkeit, der Typ Individualist in Form von Verfahrensgerechtigkeit und der Typ Enklavist in Form von Interaktionsgerechtigkeit organisiert sieht. Im Folgenden werden die in den letzten beiden Kapiteln erarbeiteten Erkenntnisse zum sozialen Zusammenhang von normativen und organisationalen Konzepten zusammengeführt.

3.4.4 Die Gestaltung von Gerechtigkeit in der sozialen Praxis

Nachdem in einem ersten Schritt anhand des Grid und Group – Modells die normativen Stränge mit den Beziehungstypen in Zusammenhang gebracht (Kapitel 3.4.1.1) und in einem zweiten Schritt die organisationalen Gerechtigkeitsformen systematisiert wurden (Kapitel 3.4.1.2), werden nun die Erkenntnisse dieser Kapitel zusammengeführt. Über den Weg der sozialen Beziehungen wird ein Zusammenhang zwischen den normativen Konzepten und den organisationalen Gerechtigkeitsformen nachgewiesen. Darüber wird verdeutlicht, wie sich vier dominante Gerechtigkeitsüberzeugungen in der Praxis ausbilden und kontextualisieren. Und es zeigt, über welche Prinzipien welche Zuweisungsentscheidungen in welchen kulturellen Kontexten als gerecht beurteilt werden.

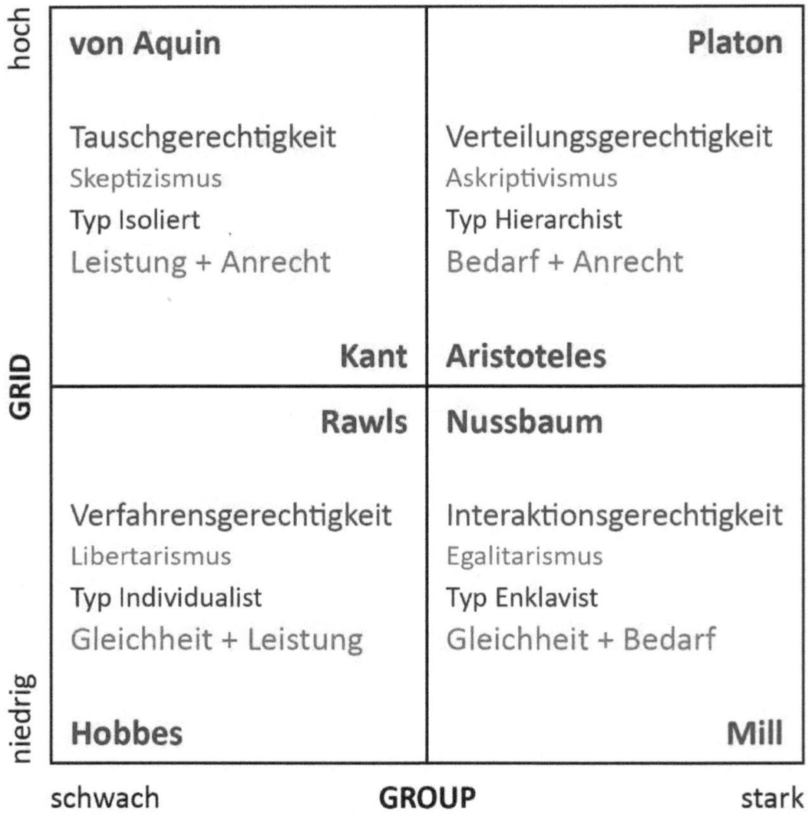

Abbildung 5: Kontexte von Gerechtigkeit nach Grid und Group (eigene Darstellung, A.R.)

Nach den Ergebnissen der Grid und Group – Schematisierungen der angeführten organisationalen und normativen Konzepte lässt sich ein Zusammenhang zwischen der Form der Tauschgerechtigkeit und den skeptizistischen Modellen von von Aquin und Kant feststellen. Darüber zeigt sich, dass Akteur_innen in derartigen Beziehungskontexten, in denen sich Gerechtigkeit über einen unbedingten Leistungsaustausch organisiert, die Präferenz vertreten, abstrakten Normen und Werten im Zusammenhang mit der Herstellung von Gerechtigkeit eher eine Relevanz abzusprechen. Denn sozial gerechte Zustände lassen sich diesen Vorstellungen nach über gesellschaftliches Handeln grundsätzlich eher nicht herstellen oder organisieren. Die Verteilungsprinzipien, die Akteur_innen im Zusammenhang mit sozialer Gerechtigkeit hier zur Anwendung bringen, sind demnach jene, die Egoismen eindämmen beziehungsweise Eigenbezüge rational zu begründen suchen. Wie in Kapitel 3.3.3.2 und Kapitel 3.3.3.4 angeführt, lassen sich nach dem Leistungsprinzip und dem Anrechtsprinzip ungleiche, auch auf den eigenen Vorteil ausgerichtete Verteilungsansprüche schlüssig als gerechtigkeitskonform argumentieren. Nach dem Leistungsprinzip erscheint es objektiv gerechtfertigt, vor allem jenen Menschen viel zuzuweisen, die auch viel leisten. Dem Anrechtsprinzip gemäß werden jenen Menschen vermehrt Ressourcen und Mittel zugewiesen, die auf einen bestimmten, in der Vergangenheit erworbenen Status verweisen können. Das Leistungsprinzip und das Anrechtsprinzip erweisen sich somit als jene Ordnungsprinzipien, die von sozial isolierten Akteur_innen in skeptizistischen Gesellschaftskontexten typischerweise zur Anwendung gebracht werden.

Des Weiteren kann ein Zusammenhang zwischen der Form der Verteilungsgerechtigkeit und den askriptivistischen Theorieansätzen von Platon und Aristoteles konstatiert werden. In gesellschaftlichen Kontexten, in denen sich Gerechtigkeit vor allem auch in und über die Gestaltung ungleicher Gesellschaftsverhältnisse entwirft, neigen soziale Akteur_innen dazu, die sich in bestimmten sozialen Situationen offenbarenden Ungleichheiten unter Anwendung statusbezogener Normen als sozial gerecht zu deuten. Gerechtigkeit gestaltet sich nach dieser Vorstellung somit beeinflusst und gestaltet von etablierten Zugehörigkeiten oder Positionierungen. Die zentralen Verteilungsprinzipien, die hier zur Anwendung gebracht werden, sind daher jene, die Zuweisungen aufgrund Status- oder Gruppenzugehörigkeiten rechtfertigen. Wie in Kapitel 3.3.3.3 und Kapitel 3.3.3.4 erläutert, ist die Zugehörigkeit zu einer Gruppe oder der gesellschaftliche Status vor allem bei der Anwendung des Bedarfsprinzips oder des Anrechtsprinzips von Relevanz. Das Bedarfsprinzip weist Gruppen mit bestimmten gesellschaftlichen Bedarfen entsprechende Güter zu. Das Anrechtsprinzip legitimiert, den Menschen bestimmte Anteile an zu verteilenden Ressourcen zuzuschreiben, die über statusbezogene Privilegien verfügen. Bedarfsprinzip und Anrechtsprinzip sind somit als jene Ordnungsprinzipien hervorzuheben, die von sozial hierarchisierten Akteur_innen in askriptivistischen Gesellschaftszusammenhängen typischerweise zur Anwendung gebracht werden.

Die Form der Verfahrensgerechtigkeit wiederum kann in ein direktes Verhältnis mit den libertaristischen Konzepten von Hobbes und Rawls gesetzt werden. In Gesellschaftskontexten, in denen sich Gerechtigkeit vor allem formal ausgestaltet, orientieren sich soziale Akteur_innen in ihren interaktiven Handlungen an auf Eigenverantwortung oder Eigeninitiative ausgerichteten Normen und Werten. Soziale Akteur_innen neigen somit zur Haltung, auch eine Ungleichverteilung von Gütern als positiv für soziale Gerechtigkeit zu betrachten. Denn ihrer Auffassung nach spiegeln sich darüber die unterschiedlichen Leistungsfähigkeiten einzelner Menschen wider. Die zentralen Verteilungsprinzipien, die in diesen sozialen Situationen angewendet werden, sind jene, die die Vergleichbarkeit individueller Ausgangsbedingungen und persönlicher Ausstattungen voraussetzen. Wie in Kapitel 3.3.3.1 und in Kapitel 3.3.3.2 angeführt, finden sich diese Voraussetzungen sowohl im Gleichheitsprinzip als auch im Leistungsprinzip. Nach Richtlinien des Gleichheitsprinzips ist es Menschen vergleichbarer Anspruchsgruppen grundsätzlich möglich, gleiche gesellschaftliche Anteile im Zusammenleben einzulösen. Und über das Leistungsprinzip wird vor allem jenen Menschen viel zugewiesen, die einen entsprechenden Leistungswillen in Gesellschaft und Organisationen zeigen. Das Gleichheitsprinzip und das Leistungsprinzip erweisen sich somit als jene Ordnungsprinzipien, die von individualisierten Akteur_innen in libertarisierten Gesellschaftskontexten typischerweise angewendet werden.

Schließlich wird ein Zusammenhang zwischen der Interaktionsgerechtigkeit und den egalitären Konzepten von Mill und Nussbaum nachgewiesen. Darüber zeigt sich, dass sich Akteur_innen in gesellschaftlichen Kontexten, in denen sich Gerechtigkeit über die Ausrichtung interaktiver Prozesse organisiert, an Normen und Werten orientieren, die allen Menschen faktisch gleiche Rechte und Pflichten zuschreiben. Gerechtigkeit nach dieser Vorstellung bedeutet somit eine Gleichheit an formalen und tatsächlichen Chancen und Ergebnissen. Wie in Kapitel 3.3.3.1 aufgezeigt, wird diese grundsätzliche Gleichheit einmal über das Gleichheitsprinzip sichergestellt. Zudem sorgt, wie in Kapitel 3.3.3.3 angeführt, die Anwendung des Bedarfsprinzips dafür, dass diese generelle Gleichheit Menschen auch unter gesellschaftlich ungleichen Bedingungen zukommt. Das Gleichheitsprinzip und das Bedarfsprinzip verdeutlichen sich somit als jene Prinzipien, die von enklavistischen Akteur_innen in egalitären Gesellschaftskontexten typischerweise bei der Gestaltung von Gerechtigkeit unterlegt werden.

4. Geschlechtergerechtigkeit

Im Folgenden werden die Themen Geschlecht und Gerechtigkeit miteinander verknüpft. Dazu wird auf die im Vorfeld in Kapitel 2 und Kapitel 3 erarbeiteten Erkenntnisse Bezug genommen. Mit Verweis auf das Grid und Group – Schema von Mary Douglas wurde in Kapitel 3.4.1 beleuchtet, wie sich Gerechtigkeit im Zusammenleben der Menschen gestaltet. Dazu wurde der Blick auf die Strukturen gerichtet, die normative und organisationale Gerechtigkeitsmuster ordnen. Zudem wurde deutlich gemacht, wie in diesen Strukturen Gerechtigkeitsnormen und Verteilungsprinzipien interagieren. In wechselseitiger Beeinflussung dieser Dimensionen bringen sich schließlich vier unterschiedliche Gerechtigkeitseinheiten hervor. Die Gerechtigkeitserkenntnisse werden nun in Zusammenhang mit Geschlecht gestellt. Dazu wird Geschlechtergerechtigkeit in der Praxis von Gesellschaft und Organisationen in Kapitel 4.1 zuerst aus eher inhaltlicher Perspektive nach Geschlechterdiskursen und dann in Kapitel 4.2 aus eher formaler Perspektive nach Geschlechterkulturmustern analysiert. Dabei wird davon ausgegangen, dass diese Kulturmuster Sinnstrukturen in der Praxis der Unternehmen vorgeben und Handlungen der Akteur_innen anleiten (Smircich 1985; siehe auch Liebig 2000). Über diesen Zugang werden dynamische Wechselwirkungen von geschlechtergerechten Inhalten und Formen sichtbar gemacht. Zudem wird darüber die Möglichkeit geschaffen, vielfältige Auffassungen zu Geschlechtergerechtigkeit in ihren normativen und strukturellen Grundlagen zu beleuchten. Die Voraussetzungsbedingungen der verschiedenen Haltungen zu Geschlechtergerechtigkeit im Unternehmen werden sichtbar. Und es wird systematisierbar, in welchen Kontexten sich welche Geschlechtergerechtigkeitshaltungen hervorbringen. Es wird somit deutlich, welchen Inhalten in welchen Formen nach welchen Prinzipien im Alltag handlungsleitende Bedeutung zugewiesen wird.

4.1 Diskurskontexte von Geschlechtergerechtigkeit

Mit Irene Pimminger wird nachfolgend aufgezeigt, dass und wie sich die Bedeutung von Geschlechtergerechtigkeit in Gesellschaft und Organisationen mehrdimensional aushandelt. In ihrer Studie „Was bedeutet

Geschlechtergerechtigkeit?" (2012) beleuchtet Pimminger die Ansätze der Geschlechterdifferenz, der Geschlechtergleichheit und der Dekonstruktion oder Aufhebung von Geschlecht als unterschiedliche Perspektiven eines Spannungsfelds, in dem sich Geschlechtergerechtigkeit ausdeutet. Mit Blick auf das in dieser Studie bearbeitete Forschungsanliegen wird in nachfolgenden Beispielen auch ein Schwerpunkt darauf gesetzt, was Geschlechtergerechtigkeit im Rahmen der Diskurse für technische Organisationen bedeuten kann.

Die Ansätze der Geschlechterdifferenz, der Geschlechtergleichheit und der Dekonstruktion oder Aufhebung von Geschlecht gehen, wie in Kapitel 2.2 angeführt, von unterschiedlichen Grundannahmen zu Geschlecht aus und entwerfen darüber unterschiedliche Vorstellungen und Wege, was Geschlechtergerechtigkeit in der Alltagspraxis bedeutet und wie es hergestellt werden soll. So geht der Geschlechterdifferenzansatz (siehe Kapitel 2.2.1) von einem biologisch-organischen Geschlechtsunterschied zwischen Männern und Frauen aus, bei der die Eigenarten von Frauen über den Schritt der Ausblendung von Geschlechterdifferenzierungsmechanismen eine im Vergleich zu denjenigen der Männer abgewertete, gesellschaftliche Position zugewiesen bekommen. Im Bewusstsein um hergestellte Ungleichbewertungen setzen Geschlechterdifferenzansätze somit die „Anerkennung der Frauen in ihrer Andersheit" (Pimminger 2012, 28) in den Mittelpunkt ihres Denkens. So gilt nach Geschlechterdifferenzdenken als geschlechtergerecht, wenn mit Emotionalität, Beziehung und Fürsorge gleichgesetzte Weiblichkeiten und sich in Zusammenhang mit diesen Attributen herausbildende Tätigkeiten und Berufsfelder eine gesellschaftliche und organisationale Aufwertung erfahren. Auf der Ebene der Gesamtgesellschaft zeigt sich dieser Ansatz beispielsweise in Auseinandersetzungen darüber, der Produktivität von meist unbezahlter oder schlecht bezahlter Care Arbeit besser Rechnung tragen zu wollen. Auf Ebene der technischen Unternehmen verdeutlicht sich eine an Geschlechterdifferenz orientierte Gleichstellungsarbeit beispielsweise an Entscheidungen, den Fähigkeiten zur Emotionalität und Empathie weiblicher Arbeitnehmerinnen eine höhere Anerkennung im Betrieb zukommen zu lassen und die von ihnen aufgrund dieser Fähigkeiten übertragenen Tätigkeit der Kontaktgestaltung von mit Kund_innen beispielsweise monetär aufzuwerten. Zudem werden weiblich zugeschriebene Attribute nach Geschlechterdifferenzverständnis von Gilligan (vgl. Kapitel 2.2.1.2) auch als Grundlage für eine gesellschaftliche Vervollkommnung gehandelt. Diesem Verständnis nach ist es als geschlechtergerecht zu betrachten, der männlich zugeschriebenen Ausrichtung auf Wettbewerb und Konkurrenz ein weiblich gedeutetes Ideal der Naturverbundenheit und Sanftmütigkeit hierarchisch überzuordnen. (Pimminger 2012, 102ff.)

Die Muster von Geschlechtergleichheit schließen sich, wie in Kapitel 2.2.2 deutlich gemacht, in abgrenzender Weise den Denkmustern der Geschlechterdifferenz an. Geschlechtergleichem Verständnis nach tragen Differenzansätze über ihren unhinterfragten Bezug zur Natur und die daraus entstehende Annahme von natürlichen Fähigkeiten von Frauen und Männern dazu bei, Frauen die Zugänge zu zentralen Positionen in der gesellschaftlichen Gestaltung eher zu verschließen. Geschlecht darf jedoch, so formuliert Pimminger den zentralen Grundsatz der Gleichheitsansätze, „keinen systematischen Einfluss auf die gesellschaftliche Position von Frauen und Männern haben“ (Pimminger 2012, 25). Das heißt, in der Ausgestaltung der gesellschaftlichen Ordnungsstrukturen ist Sorge dafür zu tragen, dass allen Menschen unabhängig ihres Geschlechts der Zugang zu allen Möglichkeiten und Positionen gleichermaßen offen steht. Nach Geschlechtergleichheit ist es als geschlechtergerecht zu betrachten, wenn Strategien entwickelt und Maßnahmen gesetzt werden, die Geschlechterzuschreibungen hinterfragen und hegemonial männliche Gesellschaftsordnungen aufbrechen. Auf der Ebene der Gesamtgesellschaft zeigt sich Geschlechtergleichheit dann, wenn über Gesetzgebungen in Aufsichtsräten börsendotierter Unternehmen beispielsweise die Anzahl und der Einfluss von Frauen im männlich dominierten Gesellschaftsbereich der Finanzwirtschaft erhöht werden sollen[36]. Zum anderen wird Geschlechtergleichheit sichtbar, wenn die Zuständigkeitsfrage für Familie, Pflege und Kinder auch im Zusammenhang mit Männern und Vätern öffentliche Aufmerksamkeit erfährt und den Blick auf die Praxis der ungleichen Zuweisung dieser unbezahlten Fürsorgearbeiten an Frauen und Mütter offenlegt. Auch in technischen Unternehmen zeigt sich der Ansatz der Geschlechtergleichstellung beispielsweise dann, wenn Strategien zur Erhöhung des Frauenanteils in Führungspositionen innerhalb des Unternehmens festgelegt und überprüfbar gemacht werden. Ansätze der betrieblichen Geschlechtergleichstellung werden zudem sichtbar, wenn Maßnahmen installiert werden, die Lohndifferenzen zwischen Frauen und Männern veröffentlichen und abbauen. Und schließlich zeigen sich betriebliche Ge-

36 Seit Januar 2018 gilt in Österreich die Regelung, die Aufsichtsräte börsendotierter Unternehmen mit 30 Prozent Frauen zu besetzen. Im September 2018 lag der Anteil von Frauen bei 23 Prozent. (Der Standard 2018) Der Frauen.Management.Report.2020 weist einen Anteil von 24,6 Prozent auf (Kammer für Arbeiter und Angestellte für Wien 2020b, 2).

schlechtergleichstellungsansätze dann, wenn sich Auswahlverfahren, Karriereverläufe und Ausbildungswege auch im Bereich der Technik mit Blick auf diskriminierende Effekte weiblicher Sozialisation und die Ansprache von Mädchen und Frauen ausrichten.

Schließlich greift der Ansatz der Dekonstruktion oder Aufhebung von Geschlecht, wie in Kapitel 2.2.3 angeführt, die Annahme der zwischen Geschlechterdifferenz und Geschlechtergleichheit entworfenen Debatte um die konstituierenden Grundlagen von Geschlecht auf und stellt die Geschlechterdifferenzierung ins Zentrum der Auseinandersetzung um Geschlechterungleichheiten. Ansätze der Dekonstruktion oder Aufhebung von Geschlecht sehen somit Geschlecht als Ordnungskategorie und die Geschlechterdifferenz selbst als eine „Hervorbringung sozialer Konstruktionsprozesse“ (Pimminger 2012, 32). So werden sowohl das biologische und soziale Geschlecht als auch die Ordnungsmuster der Zweigeschlechtlichkeit als Phänomene betrachtet, die von sozialen Akteur_innen in interaktiven Prozessen ausgedeutet und ausgestaltet werden. Somit beschäftigen sich Ansätze der Dekonstruktion oder Aufhebung von Geschlecht mit den Grundvoraussetzungen, die bipolare Realitäten und Identitäten gestalten und festschreiben, um darüber die Bedingungen und Mechanismen von Ausgrenzung und Hierarchiebildung in Gesellschaft und Unternehmen zu hinterfragen. Darüber wird nicht allein ein Blick auf die wechselseitige Bedingtheit gesellschaftlicher Ausdeutungen und Gestaltungen geworfen. Es wird zudem auf die Grundstrukturen der Praxis und die begrenzten Möglichkeiten gesellschaftlicher Wahrnehmungen und Verhältnissetzungen verwiesen, die unabhängig von geschlechtlichen Grenzziehungen weder Identitätsentwicklungen denkbar noch Gesellschaftsordnungen gestaltbar erscheinen lassen. Vor allem der Bezug zur Sprachtheorie macht in diesem Zusammenhang sichtbar, wie androzentrische Wirklichkeiten machtvoll hervorgebracht und gestaltet werden. Als geschlechtergerecht im Sinne der Dekonstruktion oder Aufhebung von Geschlecht sind nach sprachtheoretischem Ansatz alle diskursiven Akte zu betrachten, die die Prozesse und Strukturen der Konstruktion von Zweigeschlechtlichkeit und der Geschlechterdifferenzierung selbst beleuchten. Über die Hervorhebung von Bruchstellen dieser zweigeschlechtlichen „Normalität“ können Widersprüchlichkeiten beleuchtet, Ordnungen hinterfragt und Geschlechterungleichheiten die Berechtigungsgrundlage entzogen werden. So kann die Wahrnehmung eines vergleichsweise dominanteren Auftretens einer weiblichen Chefin einschränkende Geschlechterzuschreibungen in Frage stellen und darüber betriebliche Denk- und Handlungsräume erweitern. Zudem kann der Anpassungsdruck beispielsweise von Frauen an die Muster männlicher Normalbiografien hervorgehoben und auch ein Blick auf strukturelle Ausschlüsse geworfen werden, die beispielsweise dann entstehen, wenn weibliche Führungskräfte aufgrund einseitig zugewiesener Familienaufgaben an abends angesetzten Führungsmeetings nicht teilnehmen können. Und schließlich kann die zweigeschlechtliche Ordnung von Gesellschaft und Unternehmen über die Sichtbarmachung von beispielsweise transsexuellen oder intersexuellen Menschen selbst in ihren Begrenztheiten erfasst und vor dem Hintergrund der Geschlechtergerechtigkeit als reformbedürftig verstanden werden.

Wie deutlich wurde, bringen die oben angeführten Debatten der Geschlechterdifferenz, der Geschlechtergleichheit und der Dekonstruktion oder Aufhebung von Geschlecht in Zusammenhang mit Gerechtigkeit unterschiedliche Bedeutungen von Geschlechtergerechtigkeit hervor. In der Alltagspraxis von Unternehmen stellen sie unterschiedliche inhaltliche Deutungs- und Handlungsgrundlagen für die Beschäftigten zur Verfügung.

4.2 Kulturordnungen von Geschlechtergerechtigkeit

Das vorherige Kapitel hat aufzuzeigen versucht, wie sich unterschiedliche Bedeutungssysteme von Geschlechtergerechtigkeit in Bezug auf die Diskurse der Geschlechtergleichheit, der Geschlechterdifferenz und der Dekonstruktion oder Aufhebung von Geschlecht hervorbringen. Annehmend, dass die Diskurse in wechselseitiger Beeinflussung zueinander auch den Strukturzusammenhang mitbestimmen, in dem sich Zusammenleben und Zusammenarbeiten der Geschlechter im Unternehmen als kulturelle Formen ausbilden, wird nachfolgend die strukturelle Ebene betrachtet. Dem Forschungsinteresse der vorliegenden Arbeit gemäß, wird dabei ein Schwerpunkt auf technische Organisationen gesetzt. Dabei geht Kapitel 4.2.1 erst auf Ordnungsformen von Geschlechtergerechtigkeit in technischen Unternehmen ein, während Kapitel 4.2.2 auf Ordnungsprinzipien von Geschlechtergerechtigkeit in diesen Unternehmen zu sprechen kommt.

4.2.1 Kulturelle Ordnungsformen von Geschlechtergerechtigkeit

Nachdem Kapitel 4.1 mit Irene Pimminger die Ausdeutung von Geschlechtergerechtigkeit nach den Diskursen der Geschlechterdifferenz, der

Geschlechtergleichheit und der Dekonstruktion oder Aufhebung von Geschlecht aus systemischer Handlungsperspektive dargestellt hat, wird nun auf die Ordnungsformen von Geschlechtergerechtigkeit in technischen Organisationen eingegangen. Die Studie „Organisationskultur und Geschlechtergleichstellung. Eine Typologie betrieblicher Gleichstellungskulturen" (2000) von Brigitte Liebig schafft dazu einen passenden Anschluss. Liebig analysiert in Schweizer Unternehmen einen Zusammenhang von bestehenden Geschlechterverhältnissen und Geschlechtergerechtigkeitsformen (Liebig 2000).

Auch Liebig kommt im Zusammenhang mit betrieblicher Geschlechtergleichstellung zum Schluss, dass sich die Bedeutungen von Geschlechtergerechtigkeit mit sozialen Strukturen in Bezug setzen. In ihrer Studie zu betrieblichen Geschlechterkulturen erarbeitet Liebig „vier Typen kollektiver Orientierung zum betrieblichen Geschlechterverhältnis" (Liebig 2000, 296): Den Typ des männlichen Traditionalismus, den Typ des betrieblichen Kollektivismus, den Typ des normativen Individualismus und den Typ des pragmatischen Utilitarismus. Die Unterschiede dieser Typen lassen sich laut Liebig mit Blick auf drei Dimensionen festmachen. Neben der Beziehung zwischen der betrieblichen Geschlechterordnung und der Außenwelt (Dimension 2) und den geltenden Auffassungen zur Gleichstellung der Geschlechter (Dimension 3), sieht sie das betriebliche Geschlechterverhältnis (Dimension 1), das „das betriebliche Zusammenleben der Geschlechter und in diesem Zusammenhang Konstruktionen von Geschlecht" (Liebig 2000, 297) erfasst, als primär relevant an.

Orientierungs-dimension		**männlicher Traditionalismus**	**betrieblicher Kollektivismus**	**normativer Individualismus**	**pragmatischer Utilitarismus**
1	**betriebliches Geschlechter-verhältnis**	Homogenität	dethematisierte Heterogenität	aufgewertete Diversität	soziale Vielfalt und Variabilität
2	**Beziehung zwischen betrieblicher Geschlechter-ordnung und Außenwelt**	Innen = Außen	Innen ≠ Außen	Innen <-> Außen	Innen + Außen
3	**Geschlechter-gleichstellung**	Privilegierung von Frauen	außerbetrieb-liches Problem	individuelles Problem	betriebliche Verantwortung

Abbildung 6: Betriebliche Geschlechterkulturen und ihre Dimensionen (Liebig 2000, 296; geringfügig abgewandelt, A.R.)

Nachfolgend sollen nun die vier empirisch von Liebig erfassten Geschlechterkulturtypen dem Grid und Group – Schema zugeordnet und mit den in Kapitel 3.4 erarbeiteten Gerechtigkeitsideologien verknüpft werden[37]. Anhand der den einzelnen Kulturtypen implizit unterlegten Geschlechterbeziehungen wird dieser Zusammenhang hergestellt:

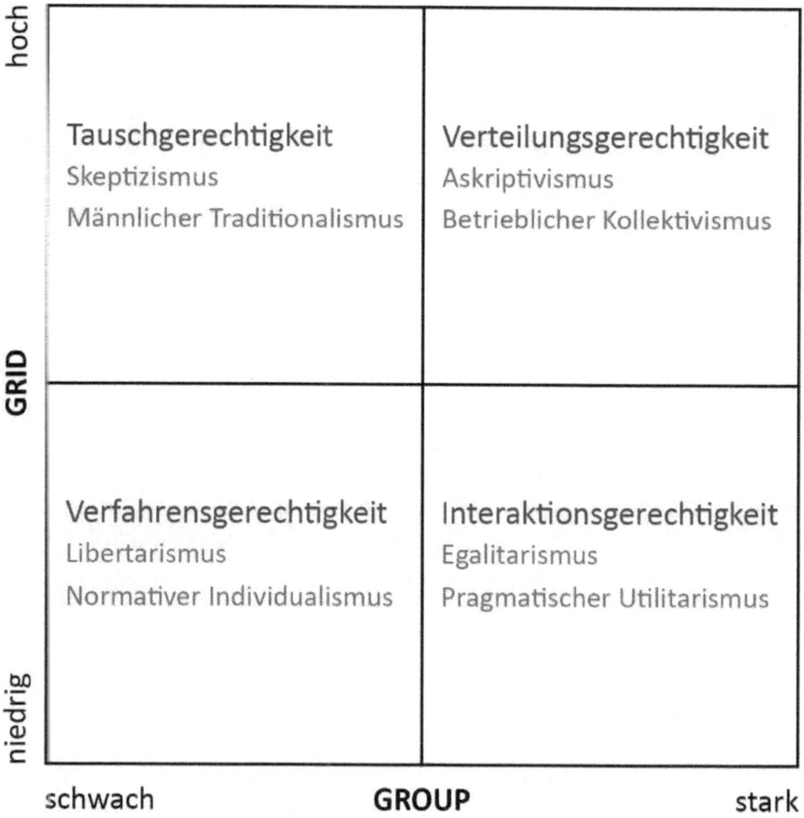

Abbildung 7: Gerechtigkeitsideologien und Geschlechterkulturtypen nach Grid und Group (eigene Darstellung, A.R.)

37 Die vorliegende Studie untersucht die betrieblichen Kommunikationsmuster von Geschlechtergerechtigkeit. Somit ist hauptsächlich die Orientierungsdimension des betrieblichen Geschlechterverhältnisses relevant. In Kapitel 4.2.2 wird auch die dritte Ebene der Orientierung zu Geschlechtergleichstellung exemplarisch eingebunden.

Nach Liebig sind betriebliche Beziehungen zwischen Männern und Frauen beim Geschlechterkulturtyp des männlichen Traditionalismus „hegemonial männlich“ (Liebig 2000, 297) ausgerichtet[38]. Qua Geschlecht wird männlichen Individuen nach dem Modus der hegemonialen Männlichkeit die betrieblich dominante Stellung zugeschrieben, während weibliche Individuen eine untergeordnete Position zugewiesen bekommen. Gleichzeitig gestalten und erhalten sich männlich geprägte Denkweisen und Umgangsformen als normale Formen der Kommunikation. Aufrechterhalten wird diese Geschlechterungleichheit nach Erkenntnissen von Liebig hauptsächlich über „die Sexualisierung des Geschlechterverhältnisses“ (Liebig 2000, 298). Über den Mechanismus der Sexualisierung wird Männern im Vergleich zu Frauen historisch ein privilegierter Zugang zu Macht und Einfluss in ihren Unternehmen gewährt. Neben dem Merkmal der hierarchisch herausragenden Positionierung von männlichen Betriebsakteuren ist dieser Geschlechterkulturtyp auf den Erhalt und die Verfolgung von Eigeninteressen ausgerichtet. Frauen und die als weiblich erachteten Anliegen finden innerhalb der Geschlechterkultur des männlichen Traditionalismus wenig Anerkennung. Eine explizite Ausrichtung der Organisationsformen auch auf die Belange und Bedürfnisse von Frauen oder von anderen sozial schlechter gestellten Gruppen scheint nicht denkbar, da sich aus hegemonialer Sicht ausschließlich Nachteile für die involvierten männlichen Akteure ergäben. Die Ausrichtung an eine Kooperation oder eine Einbindung weiblicher Organisationsmitglieder oder eine Solidarisierung mit anderen Beteiligten kann somit als gering gedeutet werden. Insgesamt werden die Beziehungen im Betrieb als stark hierarchisiert und wenig gruppengebunden erlebt. Nach der in Kapitel 3.4.2 dargestellten Grid und Group – Schematisierung stellt sich die Betriebskultur nach Geschlechterkulturmuster des männlichen Traditionalismus darüber in den Zusammenhang von Skeptizismus und Tauschgerechtigkeit.

Beim Geschlechterkulturtyp des betrieblichen Kollektivismus sind die Geschlechterbeziehungen im Unternehmen nach Liebig zwar ebenfalls männlich geprägt, insgesamt erweisen sich die Verhältnisse zwischen Männern und Frauen jedoch als heterogener. So wird hier im Vergleich zum Geschlechterkulturtyp des männlichen Traditionalismus die Geschlechterhierarchie nicht allein von Männern, sondern auch von weiblichen Kolleginnen gestärkt und aufrecht erhalten. Faktoren und Mechanismen der

---

38 Das Konzept der Hegemonialen Männlichkeit geht auf Robert Connell (1987) zurück. Er beschreibt darin, wie und warum Männer soziale Dominanzverhältnisse gegenüber Frauen gestalten und aufrechterhalten. (Connell 1987)

„Grenzziehungen" (Liebig 2000, 301) tragen laut Liebig Sorge dafür, dass sich männlich geprägte Sichtweisen und Ordnungen im Unternehmensalltag von Männern und Frauen gleichermaßen reproduzieren. Vor allem eine organisationale Praxis der generellen Ausgrenzung und Dethematisierung der Geschlechterungleichheitsproblematik ist in diesem Kontext beobachtbar. Obschon Geschlechterbeziehungen Ungleichheiten hervorbringen, werden sie im Geschlechterkulturtyp des betrieblichen Kollektivismus als neutral interpretiert. Die Gleichbehandlung aller betrieblichen Akteur_innen wird in der Geschlechterkultur des betrieblichen Kollektivismus zwar als selbstverständlich angenommen, diese Annahme wird aber nur bedingt hinterfragt oder bei einem offensichtlich werdenden Bedarf eingefordert. Einerseits rechtfertigt also allein die Zuweisung der Akteurin zur Gruppe der weiblichen Arbeitnehmerinnen die tatsächliche Schlechterstellung ihrer Person und Ansprüche gegenüber einem der privilegierten Gruppe angehörenden männlichen Arbeitnehmer. Andererseits wird ganz allgemein das Bild gezeichnet, allen Beschäftigten unabhängig ihres Geschlechts eine Gleichbehandlung im Unternehmen immer und zu jeder Zeit zuteilwerden zu lassen beziehungsweise organisational bedingte Missverhältnisse zwischen Männern und Frauen selbstverständlich korrigieren zu wollen. Geschlechterbeziehungen im Betrieb werden somit als stark hierarchisiert und solidarisch getragen erlebt. Hierarchische Beziehungsstrukturen und eine starke Gruppengebundenheit gelten im Betrieb demnach als Merkmale des Geschlechterkulturtyps des betrieblichen Kollektivismus. Nach der in Kapitel 3.4.2 dargestellten Grid und Group – Schematisierung stellt sich der betriebliche Kollektivismus demnach in den Gerechtigkeitskontext von Askriptivismus und Verteilungsgerechtigkeit.

Die betriebliche Geschlechterkultur des normativen Individualismus wiederum orientiert sich indes an der „Souveränität des Einzelnen" (Liebig 2000, 305). Die Selbstbestimmung und Eigenverantwortung der einzelnen Akteur_innen wird in den Mittelpunkt dieses Geschlechterkulturtypus gestellt. Nach der Geschlechterkultur des normativen Individualismus sind die individuellen Möglichkeiten zur Gestaltung betrieblicher Geschlechterbeziehungen nach Erkenntnissen von Liebig keinerlei strukturellen Einschränkungen unterworfen. Männlichen und weiblichen Arbeitnehmer_innen werden zwar durchaus geschlechtsbezogen weibliche oder männliche Eigenschaften zugeschrieben. Während weibliche Eigenschaften in der betrieblichen Geschlechterkultur des männlichen Traditionalismus oder des betrieblichen Kollektivismus eine Abwertung oder eine Dethematisierung erfahren, werden „Differenzen zwischen den Geschlechtern [...] in dieser Gruppe bewusst anerkannt“ (ebenda). Das heißt, weiblich zugeschriebene Kompetenzen werden bewusst aufgewertet und den männlichen darüber gleichgestellt. Im Gegensatz zu dem noch traditionellen Außenumfeld scheinen die Bedingungen im Unternehmen für alle männlichen und weiblichen Kolleg_innen somit grundsätzlich gleich ausgerichtet. Nach Auffassung des Geschlechterkulturmusters des normativen Individualismus haben alle Beschäftigten unabhängig ihres Geschlechts generell die gleichen Möglichkeiten und Chancen auf Teilhabe und Ressourcenzuweisung im Unternehmen. In der Geschlechterkultur des normativen Individualismus werden Geschlechterbeziehungen somit als hierarchiefrei und autonom gestaltbar erlebt. Darüber zeigt sich auf dem Grid – Kontinuum ein niedriger Wert. Gleichermaßen werden Anforderungen, die sich beispielsweise aus der doppelten Vergesellschaftung (vgl. Kapitel 2.2.2.5) für weibliche Kolleginnen ergeben, nicht als strukturelle Einschränkungen wahrgenommen. Im Gegenteil machen sich laut Liebig „die männlichen Kollegen die impliziten Vorgaben des ‚Entrepreneur‘ zu Eigen und wenden das Argument der Doppelbelastung berufstätiger Frauen zu einer Frage des persönlichen Leistungswillens“ (Liebig 2000, 307). Ein Eintreten für strukturell benachteiligte Frauen findet somit nicht statt. Auf der Group – Skala wird demnach eine schwache Solidarisierung von Männern und Frauen deutlich. Mit einer sowohl niedrigen Hierarchisierung als auch einer schwachen Gruppeneinbindung stellt sich die Geschlechterkultur des normativen Individualismus nach dem in Kapitel 3.4.2 dargestellten Schema von Grid und Group in den Gerechtigkeitskontext von Libertarismus und Verfahrensgerechtigkeit.

Der Geschlechterkulturtyp des pragmatischen Utilitarismus orientiert sich schließlich an den Erfahrungen und Bedürfnissen aller im Betrieb eingebundenen Akteur_innen. Während die betriebliche Geschlechterkultur des normativen Individualismus die Gestaltung von Geschlechtergleichheit unter Ausblendung diskriminierender Strukturelemente in die Verantwortung der einzelnen Akteur_innen im Betrieb legt, beleuchtet die Geschlechterkultur des pragmatischen Utilitarismus vielseitige Zusammenhänge und nimmt auch betriebliche Strukturverhältnisse „als Teil der gesellschaftlichen Bedingungen“ (Liebig 2000, 308) in den Blick. Das Phänomen Geschlecht erhält seine Bedeutung somit über das Zusammenwirken von Struktur- und Handlungsebene. Auch betriebliche Geschlechterbeziehungen werden in ständiger Wechselwirkung zwischen strukturellen und individuellen Handlungskontexten organisiert und gedeutet. Dabei werden unter dem Blickwinkel des größtmöglichen Nutzens für den Betrieb Geschlechtergleichstellungsforderungen auf beide Geschlechter gleichermaßen bezogen, denn Frauen und Männer werden beide als von geschlechtertypisierenden Zuschreibungen und Begrenzungen betroffen betrachtet. So orientiert sich der Geschlechterkulturtyp des pragmatischen Utilitarismus an dem Wissen, ein Mann verfüge über gleichermaßen ausgeprägte soziale und empathische Eigenschaften, wie Frauen die Fähigkeit besäßen, bei Bedarf hart und unnachgiebig durchzugreifen (Liebig 2000, 309). Die Entscheidung, welches Verhalten sich als angemessen erweist und somit angewendet wird, ist abhängig von einzelnen Handlungskontexten und Entscheidungssituationen. Im Allgemeinen sei es Frauen und Männern also gleichermaßen möglich, mitzugestalten. Prinzipiell sind betriebliche Geschlechterbeziehungen nach der Geschlechterkultur des pragmatischen Utilitarismus somit einerseits als soziale Gebilde mit flachen Hierarchien und einem niedrigen Grid – Grad zu betrachten. Andererseits sind unterschiedliche Voraussetzungsbedingungen von Männern und Frauen gleichermaßen zu reflektieren. Die Geschlechterkultur des pragmatischen Utilitarismus sieht alle beteiligten Akteur_innen in solidarischer Verantwortung für den Abbau betrieblicher Geschlechterungleichheiten, denn die „Integration von Frauen gilt als unerlässliche Voraussetzung des Unternehmenserfolgs“ (Liebig 2000, 311). Jedoch sind, das macht Liebig auch deutlich, auch in diesem Rahmen noch vertiefte Auseinandersetzungen zu Hintergrund und „Nutzen der Gleichstellung der Geschlechter“ (Liebig 2000, 313) zu führen. Über die hohe Gruppengebundenheit zeigt sich die Group – Dimension als stark ausgeprägt. Mit niedrigen Grid und starken Group – Werten stellt sich die betriebliche Geschlechterkultur des pragmatischen Utilitarismus nach dem in Kapitel 3.4.2 dargestellten Schema von Grid und Group in den Kontext von Egalitarismus und Interaktionsgerechtigkeit.

4.2.2 Kulturelle Ordnungsprinzipien von Geschlechtergerechtigkeit

Nachdem in Kapitel 4.2.1 die kulturellen Ordnungsformen von Geschlechtergerechtigkeit in technischen Organisationen beleuchtet wurden, werden nun die Prinzipien betrachtet, über die sich die unterschiedlichen Kulturformen von Geschlechtergerechtigkeit in Betrieben organisieren. Wie in Kapitel 3.4 erarbeitet wurde, werden Verteilungsentscheidungen über die Anwendung anerkannter Ordnungsprinzipien als gerecht legitimiert. In welchen Zusammenhängen welche Prinzipien Anerkennung finden, soll im Folgenden eruiert werden. Dazu soll ein Zusammenhang zwischen den in Kapitel 4.2.1 nach Grid und Group – Schema in Verhältnis gesetzten Geschlechterkulturtypen und den in Kapitel 3.3.3 erarbeiteten Gerechtigkeitsprinzipien erstellt werden. Dabei wird auch die von Liebig schematisch auf der dritten Ebene angeführte betriebliche Orientierung zu Geschlechtergleichstellung exemplarisch eingebunden.

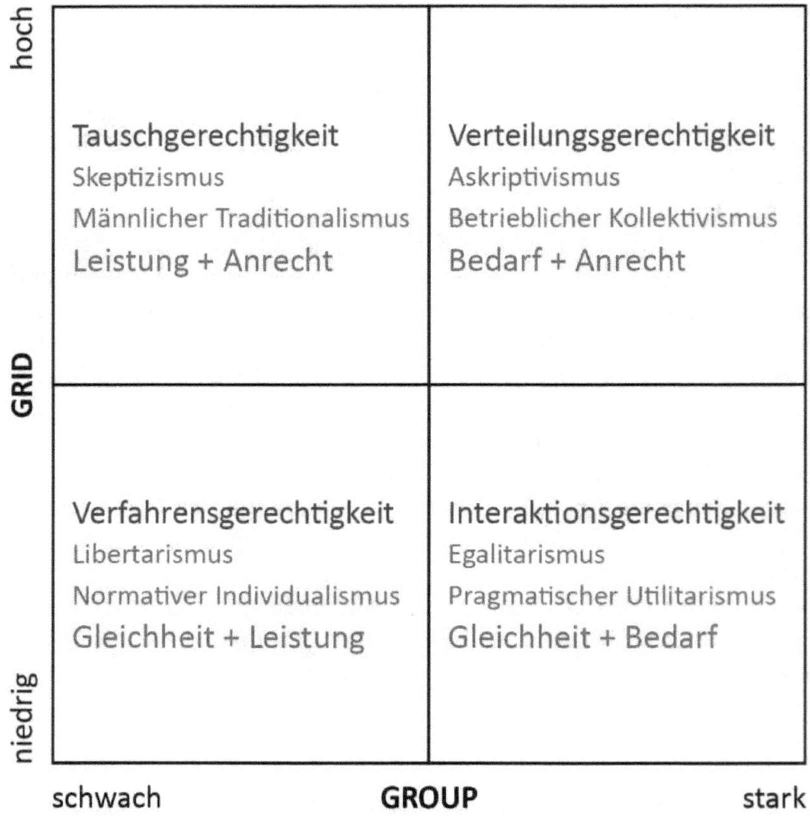

Abbildung 8: Geschlechtergerechtigkeitskontexte und Ordnungsprinzipien nach Grid und Group (eigene Darstellung, A.R.)

Nach der Grid und Group – Schematisierung von Kapitel 4.2.1 lässt sich im Geschlechterkulturtyp des männlichen Traditionalismus ein Zusammenhang mit Tauschgerechtigkeit und dem ideologischen Skeptizismus feststellen. Das Handeln der betrieblichen Akteur_innen orientiert sich an einer sozial isolierenden Grundhaltung. Sowohl die Möglichkeit als auch die Legitimation einer Einflussnahme zur Herstellung von Geschlechtergerechtigkeit im Unternehmen werden generell bezweifelt. In einer nach dem Denkmuster der hegemonialen Männlichkeit gestalteten Betriebsordnung wird die Haltung vertreten, dass Geschlechtergerechtigkeit unter Ausblendung der zum Nachteil von Frauen wirkenden Bedingungen schon grundlegend hergestellt ist. Somit besteht keine Notwendigkeit für jedwede geschlechtergerechtigkeitsfördernde Intervention. Die Ordnungsprinzipien, die sich in der Geschlechterkultur des männlichen Traditionalismus als geschlechtergerecht ausweisen, sind nach den in Kapitel 3.4 angeführten Erkenntnissen die Prinzipien der Leistung und des Anrechts. Das Leistungsprinzip rechtfertigt jenen Frauen und Männern viel zuzuweisen, die auch viel leisten. Was in diesem Zusammenhang als Leistung anzuerkennen ist, wird jedoch ausschließlich hegemonial männlich bestimmt. Somit ist es diesem Denkmuster nach durchaus im Sinne der Geschlechtergerechtigkeit, dass betriebliche Leistungen von Frauen beispielsweise in Zusammenhang mit weiblicher Sexualität gesetzt oder traditionell zum Nachteil von Frauen gestaltete, geschlechterhierarchische Arrangements strukturell verankert werden. Konkret wird zum Beispiel kein Widerspruch darin gesehen, betriebsexterne Kontakte mit Kund_innen ausschließlich in die Kompetenz von Frauen zu legen und diese Tätigkeit monetär schlechter zu bewerten (Liebig 2000, 299). Zudem ist es im Denkmuster der Geschlechterkultur des männlichen Traditionalismus nach Anrechtsprinzip als geschlechtergerecht zu betrachten, Männern aufgrund männlich zugeschriebener Statusmerkmale, wie das des Familienernährers, vermehrt Ressourcen oder Mittel zuzuweisen.

Die Geschlechterkultur des betrieblichen Kollektivismus lässt sich in den Kontext von Verteilungsgerechtigkeit und Askriptivismus stellen. Das organisationale Handeln in diesen Zusammenhängen orientiert sich an einer hierarchisierenden Grundhaltung. Die nach männlichen Idealen interpretierten Wirklichkeiten des betrieblichen Kollektivismus werden sowohl von am Unternehmen beteiligten Männern als auch Frauen vertreten. Benachteiligende Bedingungen und Positionierungen für und von Frauen werden zwar in der Gesamtgesellschaft grundsätzlich als gegeben anerkannt, betrieblich werden bestehende Missverhältnisse jedoch relativiert und eine Geschlechterungleichheitsproblematik insgesamt ausgeblendet. Somit wird Geschlechtergerechtigkeit nur außerhalb des Betriebs zum Thema, innerhalb des Betriebs gilt das Geschlechterverhältnis als ausgewogen. Im Kontext der Geschlechterkultur des betrieblichen Kollektivismus sind bestehende Geschlechterungleichheiten im Unternehmen durchaus mit dem Ideal der Geschlechtergerechtigkeit zu verknüpfen. Die Ordnungsprinzipien, die ungleichheitsfördernde und -gestaltende Handlungen als geschlechtergerecht legitimieren, sind das Bedarfsprinzip und das Anrechtsprinzip. Nach dem Bedarfsprinzip werden betrieblichen Akteur_innen nur dann entsprechende Ressourcen zugewiesen, wenn ihnen aufgrund allgemein anerkannter Benachteiligungslagen bestimmte Bedarfe zugestanden werden. Wenn jedoch beispielsweise das Missverhältnis einer hauptsächlich männlich besetzten Führungsriege und eines überwiegend weiblichen Pools von ausführenden Helferinnen mit Blick auf den Beschäftigungsanteil der Frauen und Männer im Betrieb als ausgewogen argumentiert wird oder Geschlechterungleichheiten aufgrund virulent erachteter, interkultureller Problematiken im betrieblichen Alltag Relativierungen erfahren, finden auch entsprechende Bedarfe keine Anerkennung im Betrieb (Liebig 2000, 302). Nach dem Anrechtsprinzip gilt es beispielsweise zudem als legitim, den hauptsächlich männlichen Vertretern der Führungsebene privilegierte Zugänge zu Firmenparkplätzen oder Büroräumlichkeiten zuzuweisen, diese Privilegierungen als leistungskonform zu argumentieren und darüber geschlechtsbezogene Übervorteilungen zu Lasten von Frauen auszublenden. Während außerhalb des Betriebs Bemühungen um die Gleichstellung der Geschlechter durchaus als relevant erachtet werden, wird darüber innerbetrieblich die Notwendigkeit solcher Aktivitäten in Abrede gestellt. Geschlechterungleichstellungen werden somit als ein rein außerbetriebliches Problem argumentiert.

Die Geschlechterkultur des normativen Individualismus wiederum verankert sich im Kontext von Verfahrensgerechtigkeit und Libertarismus. Während auf gesellschaftlicher Ebene Geschlechterungleichheiten tatsächlich wahrgenommen werden, wird das betriebliche Handeln von Akteur_innen in diesem Denkmuster nach individualistischer Grundhaltung ausgerichtet. Dabei wird ein breites Spektrum an betrieblich verwertbaren Sicht- und Herangehensweisen grundsätzlich als positiv erachtet und die Entwicklung von unterschiedlichen Meinungen und Positionierungen bewusst gepflegt. Über diese Herangehensweise unterhalten die unterschiedlichen Beteiligten im Betrieb somit einen auf Gleichberechtigung und Wertschätzung ausgelegten Umgang miteinander. Auch die betrieblichen Geschlechterbeziehungen werden als statusfern und wechselseitig gestaltet betrachtet. Geschlechterungleiche Strukturen und Verhältnisse erscheinen darüber nur außerhalb des Betriebs als Problem. Sich der Verantwortung zur Auseinandersetzung mit Geschlechterfragen bewusst, werden weibliche Kompetenzen positiv hervorgehoben und als den männlichen gleichgestellt präsentiert. Darüber erscheint den Akteur_innen der Betrieb selbst geschlechtergerecht organisiert. Die Prinzipien, mit denen sich Geschlechterdifferenzen positiv im Sinne der Geschlechtervielfalt deuten lassen, sind das Gleichheits- und das Leistungsprinzip. Das Gleichheitsprinzip setzt zum einen die Vergleichbarkeit der Ausgangslagen von Männern und Frauen voraus. Ungleichheitsstrukturen, die Frauen beispielsweise den Zugang zu Führungspositionen erschweren, werden jedoch ausgeblendet. Zum anderen geht das Gleichheitsprinzip davon aus, dass Frauen und Männer grundsätzlich gleichermaßen befähigt sind, ihnen zustehende Anteile einzulösen. Differenzmechanismen, die beispielweise dem Denken und Handeln von Frauen im Betrieb weniger strategische und mehr sexualisierte Kompetenzen zuschreiben, bleiben somit unbeachtet. Gleichermaßen schreibt das Leistungsprinzip jenen viel zu, die einen individuellen Leistungswillen zeigen. Dabei wird der Leistungswille im Betrieb unabhängig außerberuflicher Aufgabenzuweisungen bemessen. Die Einschränkungen, die sich beispielsweise aus den gesellschaftlich hauptsächlich den Frauen übertragenen Familienaufgaben ergeben, werden darüber nicht als strukturell bedingt wahrgenommen. In der Geschlechterkultur des normativen Individualismus werden sie als persönliches Versagen interpretiert und als solches auch von den Beschäftigten wahrgenommen. Strukturphänomene werden personalisiert und Geschlechtergleichstellung selbst erscheint als das Ergebnis individueller Leistungen.

Schließlich stellt sich die Geschlechterkultur des pragmatischen Utilitarismus in Zusammenhang mit Interaktionsgerechtigkeit und Egalitarismus. Betriebliches Handeln wird dabei nicht allein unter den Kontextbedingungen des Unternehmens betrachtet, sondern in einen übergeordneten Zusammenhang gestellt und in seiner gesamtgesellschaftlichen Relevanz erkannt. So steht es für alle betrieblichen Akteur_innen außer Frage, die Aufhebung von gesellschaftlichen Ungleichheiten als Ziel des unternehmerischen Handelns selbst anzuerkennen. Unabhängig ihrer Position und Funktion sehen sich die beteiligten Akteur_innen somit gleichermaßen in Verantwortung, ihr Tun nach der Gleichstellung aller auszurichten, um darüber auch Geschlechtergerechtigkeit im Betrieb und in der Gesellschaft herzustellen. Dabei gehen die Beteiligten nicht allein von einer Vielfalt geschlechtsbezogener Verhaltensweisen aus. Unterschiedliche, auf Geschlecht bezogene berufliche Voraussetzungsbedingungen der Akteur_innen finden in der Ausgestaltung des betrieblichen Zusammenlebens ebenso Beachtung wie die Vorstellung und die allem übergeordnete Herausforderung, gleichwertige und gleichberechtigte Beziehungen außerhalb von Geschlechterzuschreibungen in einer kategorial geordneten Gesellschaft zu ermöglichen. Die Prinzipien, über die sich diese Gleichheit in Vielfalt herstellen und gestalten lässt, sind das Gleichheits- und das Bedarfsprinzip. Das Gleichheitsprinzip trägt Sorge dafür, dass allen Menschen unabhängig von Eigenschaften oder Zuschreibungen, Position oder

Status, ein Anrecht auf die Zuweisung gleicher Ressourcen und Möglichkeiten von Teilhabe zugewiesen wird. So wird beispielsweise unabhängig eines eventuellen Kinderwunsches einer jungen Mitarbeiterin die offene Führungsposition ebenso angetragen wie dem gleichermaßen dafür geeigneten jungen Mitarbeiter. Das Bedarfsprinzip regelt in diesem Zusammenhang wiederum, dass gesellschaftsbedingte Benachteiligungen beteiligter Akteur_innen ausgeglichen werden. So werden, um im oben genannten Beispiel zu bleiben, adäquate Arbeitsmodelle für den oder die das Kind dann versorgende Mitarbeiter_in in Abhängigkeit der Bedürfnisse und unabhängig ihres oder seines Geschlechterstatus entworfen. Dabei wird nach dem Wissen gehandelt, dass die Bedingungen, in denen die Maßnahmen zur Vereinbarkeit von Familie und Beruf entwickelt und zur Herstellung von Geschlechtergerechtigkeit zur Anwendung kommen, selbst geschlechterkategorial gestaltet sind. Geschlechtergleichheit ist somit als eine betriebliche Handlungsorientierung zu betrachten, in der die Aufhebung des geschlechterkategorialen Denkens im Wissen um die gesellschaftshistorische Bedingtheit der Voraussetzungen als eine emanzipatorische Aufgabe in Verantwortung des Unternehmens betrachtet wird.

5. Interpretative und zirkuläre Forschungsstrategie

Gegenstand des Forschungsanliegens ist die Mehrdeutigkeit von Geschlechtergerechtigkeit in der Alltagspraxis von technischen Organisationen. Um sich diesem Anliegen anzunähern, werden die Begriffe Geschlecht (Kapitel 2) und Gerechtigkeit (Kapitel 3) in ihren historisierten und kontextualisierten Bezügen rekonstruiert. Dabei zeigen sich die Begriffe Geschlecht und Gerechtigkeit in der Art gestaltet, dass sie konzeptionelle und strukturelle Ausschlüsse hervorbringen. Die in Kapitel 2 und Kapitel 3 erarbeiteten Erkenntnisse werden dann auf den Begriff der Geschlechtergerechtigkeit bezogen (Kapitel 4). Dabei stellt sich der Begriff der Geschlechtergerechtigkeit zum einen als vieldeutig interpretierbar heraus. Zum anderen zeigt sich, wie sich Geschlechtergerechtigkeit strukturell vielförmig organisiert.

Folgendes Kapitel beleuchtet nun das empirische Vorgehen innerhalb des gesamten Forschungsprozesses. Relativ unbearbeitete, zeitgenössische soziale Phänomene, wie die Bedeutung von Geschlechtergerechtigkeit in technischen Unternehmen eines darzustellen scheint, lassen sich gut in einem qualitativen Design bearbeiten (Lamnek 2010; Mruck/Mey 2005; Flick/Kardorff/Steinke 2000a). Denn die Offenheit und Flexibilität eines qualitativ angelegten Forschungsprozesses gewährleistet eine Realitätsnähe der erhobenen Daten auch bei nicht klar abgrenzbaren Untersuchungsgegenständen. Mit einem qualitativen Forschungszugang wird somit ein sinnverstehender, interpretativer Ansatz verfolgt (Reichertz 2016, 34). Im Gegensatz zum normativen Ansatz, der „objektive" Realitäten hauptsächlich quantitativ zu beforschen versucht, verstehen Ansätze des interpretativen Paradigmas soziale Wirklichkeiten über Interpretationen konstruiert (Lamnek 2010, 32).

Vorliegendes Forschungsvorhaben rekonstruiert, unter welchen Voraussetzungen und in welchen Zusammenhängen sich die Mehrdeutigkeiten von Geschlechtergerechtigkeit in der Alltagspraxis von Akteur_innen in technischen Unternehmen hervorbringen und erhalten. Darüber wird ausgehend vom sozialwissenschaftlichen Forschungsverständnis von Alfred Schütz (1971), der soziale Wirklichkeit über die Alltagspraxis von Akteur_innen und die „allgemeinen Prinzipien [...], nach denen der Mensch im Alltag seine Erfahrungen [...] ordnet" (Schütz 1971, 68) zu erforschen sucht, der Bogen erst zum konstruktivistischen Forschungsverständnis von

Peter Berger und Thomas Luckmann geschlagen, das Geschlechterwirklichkeiten in Austauschhandlungen gestaltet sieht. Berger/Luckmann gehen in „Die gesellschaftliche Konstruktion der Wirklichkeit" (1969/2013) davon aus, dass sich subjektive Wirklichkeiten in sozialen Prozessen hervorbringen, um sich dann in der Ordnung einer geteilten Alltagswelt als objektive Wirklichkeit zu institutionalisieren. Nach Ausweitung der Perspektive auch auf eine objektive oder strukturelle Ebene, wird über die von Berger/Luckmann formulierte Annahme, dass sich Wirklichkeit gesellschaftlich konstruiert, ein Schwerpunkt auf die Rekonstruktion jener Muster gelegt, die spezifische Bedeutungen von Geschlechtergerechtigkeit in historisierten und kontextualisierten Wissensbeständen verfassen. Dies ergänzt die institutionelle Handlungsebene und verweist auf vorstrukturierte und -gedeutete Voraussetzungsbedingungen, unter denen Menschen gerichtete Interpretationen über ihre Alltagswelt hervorbringen. Michel Foucault (1996, 1978, 1976/1987) sieht im Diskurs das Instrument, auch um multiple Geschlechterwirklichkeiten machtvoll auszugestalten. Aufgabe des rekonstruktiven Verfahrens in hier vorliegendem Zusammenhang ist es somit, zu erfassen, wie, wann und mit welchem Wissen die unterschiedlichen Muster handlungsleitende Bedeutung erfahren.

Ausgehend von der Annahme, dass sich der betriebliche Alltag aus multiplen Wirklichkeitskonstruktionen zusammensetzt, die unterschiedliche vorstrukturierte Deutungs- und Handlungsbedingungen für die eingebundenen Akteur_innen im Unternehmen voraussetzen, werden Ordnungsmuster und Sinnbezüge zu rekonstruieren versucht, anhand derer die zugewiesenen Bedeutungen von Geschlechtergerechtigkeit im Alltagshandeln der Akteur_innen im Unternehmen sinnverstehend nachgezeichnet werden können (Reichertz/Schröer 1994, 60). Über die Analyse dieser impliziten Deutungsbedingungen und -regeln werden zum einen jene Ordnungszusammenhänge rekonstruiert, in denen Akteur_innen spezifische Wertmaßstäbe und Haltungen ausbilden und gegen andere Positionen abgrenzen. Zum anderen werden diese unterschiedlichen Deutungsmuster in Verhältnis zueinander gesetzt und in ihren übergeordneten Bezügen betrachtet. Und schließlich wird darauf verwiesen, wie und mit welchen Wissensbeständen die Akteur_innen auf diese Ordnungen einwirken, sie verändern und ausgestalten. Das wirft einen Blick auf die Historizität und Kontextualität gesellschaftlichen Wissens an sich, beleuchtet Faktoren und Mechanismen der Inklusion und Exklusion und verdeutlicht auch, wie sich im Alltag der Unternehmen Grundwidersprüche und Gegensätzlichkeiten zum Gegenstand der Geschlechtergerechtigkeit hervorbringen und institutionalisieren. Und es verweist auf die Herausforderungen, die soziale

Akteur_innen dann zu bewältigen haben, wenn es um die Ausdeutung und Aushandlung von Geschlechtergerechtigkeit in ihrem Unternehmen und in der Gesellschaft geht.

Forschungsdesign und Forschungsprozess zeigen sich insgesamt als in enger Wechselbeziehung zueinander aufgebaut. Dabei wird auf ein Methodeninstrumentarium verwiesen, das im Zuge des Forschungsprozesses selbst entwickelt wurde. Um dem Gegenstand und dem Forschungsanliegen gerecht zu werden und die Bedingungen der Herstellung von Geschlechtergerechtigkeit in technischen Unternehmen bestmöglich sichtbar zu machen und analysieren zu können, erweist es sich in vorliegendem Zusammenhang als wichtig, vor allem den theoretischen, methodischen und empirischen Alternativen, die sich im Forschungsprozess als relevant hervorbringen, Platz einzuräumen. So orientiert sich das Vorgehen an Forschungsansätzen, die ein zirkuläres und interpretatives Tun proklamieren (unter anderem Lamnek 2010, 174f; Froschauer/Lueger 2009; Witt 2001, Absatz 15).

5.1 Grounded Theorie als forschungsstrategischer Rahmen

Eines der bekanntesten Forschungsverfahren, das neue Erkenntnisse mit einer zirkulären Prozesslogik und flexiblen Leitlinien generieren möchte, ist die von Barney Glaser und Anselm Strauss herausgebrachte Grounded Theorie (Glaser/Strauss 1967/1998)[39]. Seit den Anfängen ihrer Entwicklung in den 1960er Jahren haben sich die Zugänge zur Grounded Theorie vielfältig ausdifferenziert (siehe dazu unter anderem Breuer/Muckel/Dieris 2018; Equit/Hohage 2016; Mey/Mruck 2010; Strübing 2004; Strauss/Corbin 1996; Glaser 1992)[40]. All diesen Zugängen gemeinsam ist, dass sie über den kontinuierlichen Wechsel zwischen Erhebung und Reflexion die „breitbandige Erfassung des Untersuchungsgegenstandes“ (Witt 2001, Absatz 18) gewährleisten und die Entwicklung einer empirisch begründeten Theorie, einer Grounded Theorie, als einen kreativen Forschungsprozess anerkennen. Die Zugänge, die sich am Konzept der Grounded Theorie

39 Näheres zur Entstehungsgeschichte und zum Forschungsablauf der Grounded Theorie-Methodologie siehe „Reflexive Grounded Theory. Eine Einführung in die Forschungspraxis“ (2018) von Franz Breuer, Petra Muckel und Barbara Dieris (Breuer/Muckel/Dieris 2018).

40 Näheres zur Methodologie und zu den einzelnen Schulen der Grounded Theorie haben Claudia Equit und Christoph Hohage in „Handbuch Grounded Theorie“ (2016) zusammengefasst (Equit/Hohage 2016).

orientieren, tragen über ein Hin- und Herbewegen und einem schrittweisen Anpassen von Datenmaterial, Analysemethoden und Theorie Sorge dafür, dass sich die generierten theoretischen Erkenntnisse und empirischen Ergebnisse wechselseitig und Schritt für Schritt be- und ergründen (Humme 2015, 8; Herschinger 2014, 630). In „Discovery of Grounded Theory" (1967) wurde dieses Vorgehen als „Methode des permanenten Vergleichs" eingeführt. Auf Grundlage der Ergebnisse der Datenauswertung werden in einem engen Wechselverhältnis von „theoretisch angeleiteter Empirie und empirisch gewonnener Theorie" (Dausien 1996, 93) solange weitere Differenzierungen, Festigungen und Verifizierungen vorgenommen, bis keine zusätzlichen Daten mehr gefunden oder Kategorien mehr hervorgebracht werden können, das heißt, eine „Sättigung" (Glaser/Strauss 1967/1998, 69) erreicht ist und somit kein weiteres Wissen mehr produziert werden kann (Truschkat/Kaiser-Belz/Reinartz 2007, 247ff.).

Anselm Strauss und Juliet Corbin entwickeln in ihrem Standardwerk „Grounded Theory: Grundlagen Qualitativer Sozialforschung" (1996) einen Kodierprozess mit drei Schritten: Das erhobene Datenmaterial wird zuerst offen, dann axial und schließlich selektiv kodiert. In einem ersten Schritt sorgt das offene Kodieren für einen detaillierten Zugang zu den Daten. Mit Blick auf alles, was im Zusammenhang der Forschungsfrage als wichtig erscheint, wird das Material „aufgebrochen", sodass die Fülle möglicher Kodes hervorgebracht werden kann. Zeile für Zeile wird analysiert und den über die Sätze, Phrasen oder Worte hervorgebrachten Ereignissen wird ein abstrakter „konzeptueller Name" (Strauss/Corbin 1996, 47), ein Kode, zugeordnet. Diese Kodes können dann in Kategorien zusammengefasst werden. Zielsetzung des offenen Kodierens ist es, „theoretisch relevante Kategorien und ihre Eigenschaften und Dimensionen aufzudecken und das sensibilisierende theoretische Konzept hinsichtlich seiner empirischen Relevanz zu überprüfen" (Truschkat/Kaiser-Belz/Reinartz 2007, 248). Im zweiten Schritt werden über das axiale Kodieren empirische Eigenschaften und Beziehungen der über das offene Kodieren entwickelten Kategoriefassungen zueinander herausgearbeitet. „Dabei soll die Analyse der Daten sich an einem bestimmten Punkt um die Achse einer Kategorie drehen" (Kaiser-Belz 2008, 100). Über dieses Vorgehen werden unterschiedliche Kontexte und Bedingungen des zu untersuchenden Phänomens hervorgebracht und in einen geordneten Handlungszusammenhang gestellt. Darüber können auch die spezifischen Strategien und Konsequenzen von Handlungen in den jeweiligen sozialen Rahmungen kenntlich gemacht und Auslassungen sichtbar gemacht werden. Zielsetzungen des axialen Kodierens sind demnach „das Herstellen der empirischen Beziehungen zwischen den Kategorien" und „das Sampling von Beziehungen und Variationen" (Truschkat/Kaiser-Belz/Reinartz 2007, 248). Dem axialen Kodieren folgt in einem letzten Schritt dann das selektive Kodieren. Bei diesem Schritt werden die über die axiale Kodierung als wesentlich hervorgebrachten Schlüsselkategorien so verknüpft, dass sie in eine Kernkategorie integriert werden können. Der Kodiervorgang wird somit auf jene „Variablen begrenzt, die einen hinreichend signifikanten Bezug zu den Schlüsselkodes aufweisen" (Strauss 1994, 63). Grundsätzlich werden abhängig vom jeweiligen Interesse zwei verschiedene Samplingsstrategien angewendet. Während das Prinzip der maximalen Kontrastierung gezielt nach Differenzen zwischen den Fällen sucht, um neue Kategorien zu entdecken oder alte auszudifferenzieren, wird mit der minimalen Kontrastierung für eine Konsolidierung des Kategoriensystems gesorgt (Glaser/Strauss 1967/1998, 63). Ziel ist die Entwicklung einer gegenstandsbezogenen Theorie „bei dem für das untersuchte Phänomen die jeweils konkreten Kontexte, Bedingungen und Strategien und deren konkrete Konsequenzen in ihren relationalen Bezügen ausgearbeitet werden" (Mey/Mruck 2010, 622). Mithilfe der drei Kodierschritte und der beiden Prinzipien kann aus empirisch erhobenen Daten ein gehaltvolles Handlungs- oder Interaktionskonzept gestaltet werden.

In Abgrenzung zu deduktiven oder induktiven Forschungsverfahren wird nach der Grounded Theorie-Methodologie eine abduktive Forschungslogik angewendet (Lamnek 2010, 72). Während die Induktion vom beobachteten Einzelphänomen auf eine allgemein bekannte Regel schließen lässt und die Deduktion ausgehend von einer bekannten Regel auf den Einzelfall ableitet, beschreibt die Abduktion eine Art der Datenbearbeitung, die, weil sich bekannte Regeln nicht als passend erweisen, die geistige Suche nach neuen Erklärungen beschreibt (Reichertz 2016, 129ff.; Humme 2015, 9). Sie „‚schlussfolgert' also aus einer bekannten Größe (= Resultat) auf zwei unbekannte (= Regel und Fall)" (Reichertz 2016, 131f.). Theoriewissen und Vorerfahrungen sind methodisch also so aufeinander zu beziehen, dass in wiederholender Weise Wahrscheinlichkeitsbeschlüsse aus der Verknüpfung von theoretischen Resultaten und empirischen Beobachtungen vorgenommen werden können, um dann spiralförmig neue Erkenntnisse in eine „neue" und vorläufig bestehende Grounded Theorie abzuleiten (Lamnek 2010, 170f). Der abduktive Forschungsprozess ist daher auch als ein Verfahren zu begreifen, das seine Erkenntnisse in iterativ-zyklischen Aneinanderreihungen von ineinandergreifenden deduktiven und induktiven Vorgehensphasen generiert und sukzessive zu einer gegenstandsbezogenen Theorie verdichtet (Strübing 2004, 47).

5.2 Einbezug der Wissenssoziologischen Diskursanalyse

Die Annahme der Historizität und Kontextualität von Wissen insgesamt, die beobachteten Widersprüchlichkeiten im Zusammenhang mit der Ausdeutung von Geschlechtergerechtigkeit im Praxisalltag von technischen Unternehmen und die Zwischenergebnisse des hier dargelegten Forschungsprozesses weisen darauf hin, dass sich der Gegenstand der Geschlechtergerechtigkeit nicht allein im Hinblick auf die praktische Zusammenarbeit der Akteur_innen im Alltag bestimmt. Die ausschließenden Wirklichkeiten in technischen Unternehmen scheinen, wie der Verweis auf den Diskursbegriff von Foucault in Kapitel 2.2.3.3 zeigt, auch in und über unterschiedliche gesellschaftliche Diskurse begründet. Die Wissenssoziologische Diskursanalyse von Reiner Keller (2011, 2006) gilt als ein Forschungsprogramm, das Verbindungen zwischen diskursiven Handlungen und der Herstellung von Wissen auf kollektiver, institutioneller und organisationaler Ebene mit Blick auf die sozialen Konsequenzen zu analysieren sucht. Auf der Annahme, dass sich soziale Phänomene diskursiv erzeugen, fragt die Wissenssoziologische Diskursanalyse nach den symbolischen Ordnungsstrukturen und den diskursiven Regeln, in und nach denen soziale Akteur_innen ihre Deutungen und Handlungen in der Praxis ausrichten.

Über ihre zirkuläre Verknüpfung von Theorie und Empirie (Humme 2015, 9) lässt sich die Wissenssoziologische Diskursanalyse nach Auffassung von Keller durchaus am Forschungsvorgehen der Grounded Theorie anschließen. Dies macht Keller in „Diskurse und Dispositive analysieren. Die Wissenssoziologische Diskursanalyse als Beitrag zu einer wissensanalytischen Profilierung der Diskursforschung“ (2007) deutlich. So zeigt er dort auf, wie die Konzeptionalisierungsschritte des offenen, axialen und selektiven Kodierens der Grounded Theorie in der empirischen Diskursforschung zur Analyse des diskurstypischen Interpretationsrepertoires – der Deutungsmuster, Klassifikationen, Phänomenstrukturen und der narrativen Strukturen – konkrete Anwendung finden können (Keller 2007).

Der Einbezug der Wissenssoziologischen Diskursanalyse in die Konzeptionalisierung über die Grounded Theorie eröffnet nicht allein die Möglichkeit, Prozesse gemeinschaftlicher Erzeugung, Verteilung und Strukturierung von Wissen zu beleuchten. Es ermöglicht außerdem, Wissensbestände auch in ihren historisierten und kontextualisierten Entstehungszusammenhängen zu betrachten und die Auswirkungen gesellschaftlich institutionalisierter Wissensvorräte auf die konkrete Praxis zu erfassen. Im Zusammenhang mit dem hier vorliegenden Forschungsanliegen, das die Mehrdeutigkeit oder Widersprüchlichkeit von Geschlechtergerechtigkeit in der Alltagspraxis von technischen Unternehmen auf Basis von über die Kernsatzanalyse[41] erfassten kollektiven Grundeinstellungen beleuchten möchte, erscheint die Verknüpfung von Grounded Theorie und Wissenssoziologischer Diskursanalyse daher bedeutend.

5.3 Einbezug des Grid und Group – Modells

Um die widersprüchlichen Denk- und Verhaltensweisen zu Geschlechtergerechtigkeit in technischen Unternehmen systematisierbar zu machen, benötigt es ein Analyseinstrument, das dazu in der Lage ist, Deutungsmuster zu verknüpfen, deren Merkmale, Eigenschaften und Bedingungen auf gegenseitige Abgrenzung ausgerichtet sind. Die Sozialanthropologin Mary Douglas, das wurde in Kapitel 3.4 angeführt, entwickelt dazu einen geeigneten methodischen Zugang. Um verschiedene gesellschaftliche Kulturen miteinander vergleichbar zu machen, entwirft sie das Grid und Group – Schema, das es ihres Erachtens ermöglicht, jene grundsätzlichen Strukturen hervorzubringen, die allen Gesellschaften und Kulturen gemein sind. Ziel von Douglas war, jene wesentlichen, verbindenden Elemente des gesellschaftlichen Zusammenlebens hervorzubringen, anhand derer es dann möglich sein sollte, die vielfältigen kulturellen Unterschiede zu vergleichen, unabhängig davon, wie unterschiedlich diese Gesellschaften auch sein sollten (Hahn 2011; Liebig/Schlothfeldt 2002). Ausgehend von dieser Gemeinsamkeit, so Douglas, lassen sich Werte-, Deutungs- und Handlungsmuster von gesellschaftlichen Kulturen und Subkulturen so klarer analysieren, systematisieren und konstruktiv ausdeuten (Douglas 1986, 6).

Grundvoraussetzung, Kulturen oder Gesellschaften zu vergleichen und ihre Zusammenhänge über Parameter zu klassifizieren, ist nach Douglas (1982) jedoch, die Bedeutungen von Denk- und Handlungsweisen radikal zu reduzieren:

> The first simplifying assumption is that the infinite array of social interactions can be sorted and classified into a few grand classes. The object is not to come up with something original, but gently to push what is known into an explicit typology that captures the wisdom of

41 Die Kernsatzanalyse stellt die ursprünglich geplante Auswertungsmethode dar. Sie wird im Zusammenhang mit dem methodischen Vorgehen in Kapitel 6.5.2.1 näher vorgestellt.

> a hundred years of sociology, anthropology and psychology. [...] Grid/ Group analysis does this by reducing social variation to only a few grand types, each of which generates its own self-sustaining perceptual blinkers. (Douglas 1982, 1f; zitiert nach Hahn 2011, 162)

Über diesen methodisch angelegten Schritt der Vereinfachung lassen sich, so die Annahme, zum einen die widersprüchlichen Ausdeutungen und Aushandlungen zu den Themen Geschlecht und Gerechtigkeit in technischen Unternehmen interpretieren und systematisieren. Zum anderen kann auch ein übergeordneter Bezug hergestellt werden, da sich Handlungsfähigkeiten von Gesellschaften heute vor allem in und über Organisationen bestimmen (Krobath/Heller 2010, 19). In diesem Sinne wird der Grid und Group – Ansatz in der vorliegenden Arbeit somit über die Forschungsstrategie der Grounded Theorie mit der Kernsatzanalyse und der Wissenssoziologischen Diskursanalyse trianguliert.

5.4 Zum zirkulären Erkenntnisprozess zwischen Theorie, Empirie und Reflexion

Im hier vorliegenden Zusammenhang ist das Forschungsvorgehen, das die Ausdeutung und Ausgestaltung von Geschlechtergerechtigkeit im Alltag von technischen Unternehmen zu analysieren versucht, zirkulär gestaltet. Früh im Forschungsverlauf hat sich gezeigt, dass ein lineares Analysevorgehen dem Forschungsgegenstand nicht in vollem Umfang gerecht werden kann und daher zu adaptieren ist. Nachfolgend möchte ich mithilfe einer groben Rekonstruktion des im Wechsel zwischen Theorie und Empirie vollzogenen Erkenntnisprozesses für die Nachvollziehbarkeit des Forschungsvorgehens sorgen und einen Einblick in die Zirkularität des Forschungsverfahrens geben. Ausgehend vom ursprünglichen Forschungsdesign möchte ich dabei auch zugänglich machen, warum und wann welche methodischen Adaptionen im Design und im Vorgehen als notwendig erachtet und vollzogen wurden.

Ich starte die chronologische Aufzeichnung mit dem Zeitpunkt der Genehmigung des Dissertationsvorhabens über die Alpen-Adria-Universität Klagenfurt. Das bedeutet nicht, dass meine Arbeit an der Dissertation erst zu diesem Zeitpunkt begonnen hat. So wurde beispielsweise das erste Exposé nach langer Bearbeitung im Mai 2013 zur Einreichung gebracht, mein digitales Forschungstagebuch mit dem Namen „Über das Wann und Wie der AHAs", das Aufzeichnungen zu Beobachtungen, Erkenntnissen und zur gelesenen und der zu lesenden Literatur enthält, setzt ein Erstdatum auf den April 2013 und auch das Doktorand_innenseminar startete im Oktober 2013. Meine Notizen namens „Eindrücke, Nachdrücke und Rückmeldungen“ machen auch deutlich, wie ich mich dem Vorhaben schon in dieser Zeit zirkulär angenähert habe[42]. Grundvoraussetzung, mein geplantes Vorhaben überhaupt fertigstellen zu können, war jedoch die formale Zustimmung über das Studienrektorat der Alpen-Adria-Universität Klagenfurt. Die an diesem Zeitpunkt beginnende, chronologische Aufzeichnung der Dissertationsphasen soll zudem nicht den Eindruck erwecken, die angeführten Phasen seien zeitlich klar voneinander abtrennbar. Im Gegenteil gehen sie, ganz dem Vorgehen der Grounded Theorie gemäß, im Prozess der Erarbeitung ineinander über, springen zurück und gehen. Den Lesenden dient der Ablauf jedoch zur groben Orientierung durch meine Arbeit.

06/2014: Mitte Juni 2014 wurde mein Dissertationsvorhaben auf Grundlage eines schriftlich eingereichten Exposés geprüft. Dieses Exposé gab Auskunft über den Stand der Forschung, die Zielsetzungen, die Methoden und die geplante Umsetzung davon, wie ich den Herausforderungen im Zusammenhang mit der Ausdeutung und Ausgestaltung von Geschlechtergerechtigkeit in der Alltagspraxis von technischen Unternehmen auf den Grund gehen wollte. In klar voneinander getrennten und aufeinanderfolgenden Phasen sollte zuerst die Theorie, dann die Methodik und dann die empirische Studie umgesetzt werden. Diese Studie sah vor, anhand problemzentrierter Interviews erhobener, individueller Einstellungen ausgewählter Führungskräfte, verallgemeinerbare Deutungs- und Handlungsmuster innerhalb der beteiligten Unternehmen über die Kernsatzanalyse zu erfassen. So sollten das Alltagshandeln und damit die beobachteten Widersprüchlichkeiten im Zusammenhang mit Geschlechtergerechtigkeit nachvollziehbar gemacht und verstanden werden können. Das sollte Wissen generieren, das in der Zusammenarbeit im konkreten Alltag zur Organisation von Geschlechtergerechtigkeit im Unternehmen einsetzbar gemacht werden sollte. Eine Ergänzung oder eine Adaption des theoretisch Verfassten nach Abschluss der empirischen Studie und ein kommunikatives Valididieren der Forschungsergebnisse mit den Untersuchungspersonen waren zwar von Beginn an geplant, doch grundsätzlich waren der

42 In „Eindrücke, Nachdrücke und Rückmeldungen“ vom Oktober 2013 habe ich folgendes notiert: „Ein kreisendes, zirkuläres sich annähern an „neues“ Wissen als methode => ganzheitlich über alle sinne unter einbezug aller wissens„voraussetzungen“ (sozialisation, geschlecht, emotionen, ...)“. (Um den Notizcharakter zu unterstreichen, wird die ursprüngliche Orthografie hier beibehalten, A.R.)

gesamte Forschungsprozess und das Design der empirischen Studie linear angelegt.

Phase I: Nachdem mein Dissertationsvorhaben nach der öffentlichen Präsentation vom Doktorbeirat befürwortet und vom Studienrektorat der Alpen-Adria-Universität Klagenfurt genehmigt wurde, habe ich mich mit der Recherche von Literatur und dem praktischen Zugang zum eigenen Schreiben beschäftigt. Ich habe erste Texte und Schriften zum Thema Geschlecht und Organisation verfasst und diese gleich wieder verworfen, mich schreibend mit dem methodologischen Zugang auseinanderzusetzen versucht, um mich schließlich wieder davon abzuwenden. Und ich habe Zugänge gesucht, das Thema der Geschlechtergerechtigkeit in technischen Unternehmen und damit mein Dissertationsvorhaben abstrakt anzugehen. Und je mehr ich mich schreibend annäherte, umso mehr wurde deutlich, welche Bedeutungen ich darüber ausschloss. Und weil mir ein umfassender Umgang mit diesen von mir gestalteten Ausschlüssen im Schreiben immer unmöglicher erschien, habe ich mich dann dazu entschlossen, mich zuerst auf empirische Schritte zu konzentrieren. Ich habe erste Kontakte mit Betrieben geknüpft, Vorgespräche geführt, Samplingkriterien gestaltet, Informationsschreiben zusammengestellt, den Interviewleitfaden erstellt und erste Termine mit Interviewpartner_innen vereinbart. Und ich habe gelesen, gelesen und immer weiter gelesen. Vor allem jedoch habe ich mich auch, das zeigen meine Notizen zu dieser Zeit, ganz gezwungenermaßen mit Rückmeldungen beispielsweise von Professor_innen, Kolleg_innen, Freund_innen oder Familie zu mir als Dissertantin und meinem Schreiben auseinandergesetzt und mich darüber meiner Person als wieder und neu Lernende im Verhältnis zu meiner Rolle als Fachexpertin für praktische Mädchen- und Geschlechterarbeit gewidmet[43]. Neben meinen Versuchen, dem umfassenden Erschreiben näher zu kommen und den konkreten Vorbereitungsarbeiten der empirischen Studie, erinnere ich dieses als eine der herausforderndsten an mich gestellten Aufgaben dieser Zeit.

---

43 In meinen Reflexionen stehen folgende Notizen:
1) „du musst nicht wissen, wie es geht, also antworten parat haben, sondern lernen, fragen zu stellen" … und das hab ich dann versucht
2) auftrag mich irritieren zu lassen zu ernst genommen. Vor roter ampel gestanden und überlegt, ob ich fahren darf
3) ich muss aufhören, mich vom alltag irritieren zu lassen.
(Um den Notizcharakter zu unterstreichen, wird hier die ursprüngliche Orthografie beibehalten, A.R.)

Phase II: Von Juni 2015 bis August 2015 und von Mai 2016 bis Juni 2016 habe ich insgesamt 16 Interviews mit je acht männlichen oder weiblichen Führungskräften in zwei technischen Betrieben in zwei Städten und Bundesländern von Österreich geführt. Über den Zugang der individuellen Erfahrungen und Beobachtungen der von mir interviewten Personen sollten dabei Problemfelder zu Geschlechtergerechtigkeit im betrieblichen Alltagshandeln zur Sprache kommen, über die im Verlauf des Interviews gemeinsam nachgedacht werden sollte. Ziel war es, darüber Unsichtbares sichtbar zu machen und betriebliche Realitäten näher beschreiben zu können. Auf jedes einzelne dieser Interviews habe ich mich gewissenhaft vorbereitet, den Internetauftritt sowohl der Betriebe selbst als auch der einzelnen Interviewpersonen im Vorfeld studiert, dass ich schließlich das Gefühl hatte, sowohl mit den Interviewpartner_innen als auch mit den Unternehmen bekannt gewesen zu sein. Die anschließenden Transkriptionen und ersten Auswertungen habe ich ähnlich intensiv gestaltet. So habe ich nicht allein jedes einzelne Interview bis auf die letzte kleine Pause „*" oder das letzte kleine „äh" transkribiert (siehe Kapitel 6.5.1). Ich habe zudem auch eingehend meine nach den Interviews verfassten Postskripte studiert und, nicht zuletzt weil sich das ursprünglich geplante methodische Vorgehen als dem Vorhaben nicht adäquat erwies, neben Versuchen der Systematisierung der Daten nach Vorgabe der Kernsatzanalyse auch andere Optionen zur Weiterführung des Forschungsprozesses und Gedanken zum Forschungsinteresse notiert. Und ich bin in diesen Wochen und Monaten jedes einzelne Interview unzählige Male Wort für Wort, Satz für Satz und Phrase für Phrase durchgegangen, um das Gesagte noch einmal zu drehen und vielleicht Unbekanntes darüber zu entdecken. Das war eine spannende und herausfordernde Aufgabe zugleich. Denn ich habe darüber nicht allein immer mehr und weitere Widersprüchlichkeiten zur Organisation von Geschlechtergerechtigkeit in technischen Unternehmen entdeckt. Ich habe in diesem Tun auch erfahren, was es tatsächlich heißt, sich offen und flexibel an ein Datenmaterial anzunähern. So haben sich, je öfter ich durch das Material ging, dort umso verschiedenartigere Phänomene gezeigt, die mir schließlich derart schwer fassbar und systematisierbar erschienen, dass es mir allein über eine vorstrukturierte Herangehensweise möglich vorkam, diese Herausforderung zu bewältigen. So habe ich mich dann an dem von Strauss/Corbin eröffneten Zugang der Grounded Theorie orientiert (siehe Kapitel 5.2), mich im ersten Schritt des Samplings auf theoretische Vorannahmen bezogen und bin dem Material ausgehend von meinem Wissen aus der praktischen Mädchen- und Geschlechterarbeit begegnet. Forschungsleitend bei diesem Vorgehen war die Frage, wie die von mir beobachteten, widersprüchlichen Alltagsbedeutungen und -handlungen zur sozialen Kategorie Geschlecht systematisiert werden können. Dabei ergab die Auswertung der Interviewdaten, dass in der alltäglichen Praxis technischer Unternehmen bei der Ausdeutung von Geschlecht und der Aushandlung von Geschlechterverhältnissen die drei Geschlechterdiskurse der Geschlechterdifferenz, der Geschlechtergleichheit und der Dekonstruktion oder Aufhebung von Geschlecht mit ihren widersprüchlichen Grundannahmen gleichzeitig Relevanz erfahren. Diese ersten Ergebnisse wurden in der darauffolgenden Zeit im Prozess auf vielfältige Weise adaptiert und immer wieder auf neue Erkenntnisse bezogen, bis schließlich die Empiriekapitel zum Thema Geschlecht hervorgebracht waren (siehe Kapitel 7.1 und Kapitel 7.2).

Phase III: Nachdem die Empiriekapitel zum Thema Geschlecht in der jeweils ersten Fassung bearbeitet waren, habe ich mich auf das Theoriekapitel Gerechtigkeit konzentriert. Hintergrund dieses Vorgehens war, dass sich in der konkreten Bearbeitung der Interviews im Vorfeld zwar offenbart hat, dass ich auf einen theoretischen und praktischen Wissensvorrat zum Thema Geschlecht und Geschlechterungleichheit zurückgreifen konnte, der mir einen strukturierten Zugang zum empirischen Material eröffnete. Gleichermaßen wurde in der ersten Durcharbeitung der Interviews auch deutlich, dass sich mir das Datenmaterial zum Thema Gerechtigkeit nicht ausreichend öffnete, um es in ähnlicher Weise bearbeiten zu können. Somit habe ich mich, um die in dieser Phase forschungsleitende Frage nach der Bedeutung und dem Einfluss von Gerechtigkeit im Alltagshandeln von Akteur_innen in technischen Unternehmen umfassend beantworten zu können, im Anschluss an diese Erkenntnis mit Theorien, Ansätzen, Konzepten, Methoden und Zugängen zum Thema Gerechtigkeit befasst. Und ich habe zum zweiten Mail intensiv gelesen, gelesen und wieder gelesen. Und auch in dieser Phase des Datenerfassens habe ich erfahren, wie sich mit dem Begriff der Gerechtigkeit derart unterschiedliche Vorstellungen, Haltungen und Zugänge verbinden, dass nach den ersten Versuchen einer Systematisierung der Bedeutungen wenig übrig blieb. Was übrig blieb, war der Blick auf Ausgelassenes und meine Verzweiflung über die immer größer werdende thematische Unübersichtlichkeit. Langsam und sukzessive habe ich dann Verbindungen zwischen Theoriedaten entworfen, wieder verworfen und das Theoriematerial immer weiter dem Vorhaben der Erforschung der Widersprüchlichkeit von Geschlechtergerechtigkeit in der Praxis von technischen Unternehmen angepasst, bis sich eine Verdichtung auf die hier angeführten normativen Gerechtigkeitskonzepte von Platon, Aristoteles, von Aquin, Hobbes, Kant, Mill, Rawls und Nussbaum verdeutlichte (siehe Kapitel 3.1 und Kapitel 3.2).

Phase IV: Die bei der Bearbeitung des normativen Deutungsrahmens von Gerechtigkeit angewendete Strategie der maximalen Kontrastierung rückte neben den normativen Differenzierungen dann auch die organisationale Gerechtigkeitsforschung in mein Blickfeld. Dabei wurde offenbar, dass Wissenschaft und Forschung das Thema Gerechtigkeit insgesamt so behandeln, dass sich normativ und organisational zwei einander ausschließende Perspektiven auf das Thema der Gerechtigkeit entwickeln und manifestieren[44]. Nachdem ich also das Theoriekonzept zur normativen Gerechtigkeit in einer Erstfassung fertiggestellt hatte, schloss ich die Bearbeitung der organisationalen Gerechtigkeit an. Denn die im Vorfeld von mir konzeptualisierten Gegensätzlichkeiten der relevanten normativen Theorien deuteten darauf hin, dass den organisationalen Bedingungen und Faktoren von Gerechtigkeit ein gewichtiger Stellenwert zukommt, wenn die heute in technischen Organisationen inhaltlich vertretenen, widersprüchlichen Positionen zu Gerechtigkeit oder Geschlechtergerechtigkeit im Einzelnen benannt und in Verhältnis gesetzt werden sollen. Forschungsleitend in dieser Phase der theoretischen Analyse war die Frage, wie sich widersprüchliche Bedeutungen von Gerechtigkeit im Alltagshandeln der Akteur_innen in technischen Unternehmen ordnen und institutionalisieren. Somit habe ich mich sukzessive der Forschung zu organisationalen Voraussetzungen von Gerechtigkeit zugewendet und mich mit den Ordnungsbedingungen befasst, die sich im Zusammenhang mit der Ausgestaltung von Gerechtigkeit in technischen Organisationen heute theoretisch als relevant erweisen (siehe Kapitel 3.3).

Phase V: Anschließend an die erste Gesamtfassung des Theoriekapitels bestehend aus normativer und organisationaler Gerechtigkeit habe ich das Empiriekapitel Gerechtigkeit in seiner ersten Fassung erstellt. Forschungsleitend war in dieser Phase, wie sich die theoretisch mit Bedeutung versehenen Gerechtigkeitskategorien im empirischen Material begründen lassen. Weil sich die organisationale Gerechtigkeitsforschung – im Gegensatz zur normativen – damit beschäftigt, wie soziale Gerechtigkeit in der Alltagspraxis auch von Organisationen tatsächlich mit Bedeutung versehen

44 So stellt sich Bernd Wegener bei seiner Antrittsrede an der Humboldt-Universität zu Berlin schon im Jahr 1994 die Frage: „Wie kann man eigentlich von einem einheitlichen Gebiet und einer eigenen wissenschaftlichen Disziplin reden – der Gerechtigkeitsforschung –, wenn dieses Gebiet so deutlich in zwei Lager geteilt ist?“ (Wegener 1994, 4).

und ausgestaltet wird, habe ich das Theoriekonzept in dieser Phase mit dem Fokus auf organisationale Gerechtigkeit nach und nach in Bezug zum empirischen Datenmaterial gesetzt. In diesem konkreten Zusammenhang habe ich dabei vor allem die im Vorfeld generierten Theorieerkenntnisse zur organisationalen Gerechtigkeit zur Grundlage genommen. Das bewusst so angelegte Reflexionsvorgehen, mich zwischen dem Interviewmaterial und diesen theoretischen Kategorien hin und her zu bewegen, hat mich nicht allein unterschiedliche Ordnungsbedingungen von Gerechtigkeit im Material bestimmen lassen. Über dieses Analysevorgehen wurde zudem sichtbar, dass sich auch soziale Ungleichheiten über den Bezug zu den von mir abstrahierten organisationalen Gerechtigkeitskategorien „Gerechtigkeitsformen“ und „Gerechtigkeitsprinzipien“ institutionalisieren. Denn soziale Gerechtigkeit erweist sich im Alltag als derart komplex, dass je nachdem, welche Eigenschaften in welcher Weise hervorgehoben und in Zusammenhang gebracht werden, sich auch Ungleichheiten als sozial gerecht auszeichnen. Dies deutete darauf hin, dass über ein wechselseitiges Zusammenwirken von Prinzip und Form neben Geschlechtergerechtigkeiten auch Geschlechterungerechtigkeiten ausbilden[45].

Phase VI: Nachdem das empirische Datenmaterial aus Perspektive der organisationalen Gerechtigkeit bearbeitet worden war, habe ich mich mit den Theoriekapiteln zum Thema Geschlecht beschäftigt. Dies war darüber begründet, dass die Art und Weise, wie sich mir das Thema Gerechtigkeit eröffnete, meinen Blick auch darauf richtete, wie die Theoriezusammenhänge zum Thema Geschlecht angemessen erarbeitet werden können. Zum Thema Gerechtigkeit hatte ich relevante empirische Daten ausgehend von einer umfangreichen Literaturanalyse sukzessive in einem deduktiv-induktiven Wechselverhältnis mit dem Interviewmaterial entworfen. Dem Thema Geschlecht habe ich mich von der Gegenseite angenähert. Dort habe ich relevante Theoriedaten ausgehend von den in Phase II erarbeiteten empirischen Praxiserkenntnissen zum Thema Geschlecht in einem engen induktiv-deduktiven Wechselverhältnis von Empirie und Theorie hervorgebracht. Dabei stellten sich im Zusammenhang mit der Forschungsfrage vor allem diskurslogisch gestaltete Ausschlussbedingungen als bedeutend heraus (siehe Kapitel 2).

Phase VII: Bisher hatte ich das Thema Geschlecht und die beiden Gerechtigkeitsthemen unabhängig voneinander jeweils empirisch und theoretisch bearbeitet. Bevor die erarbeiteten Ergebnisse von Geschlecht und

45 Diese Erkenntnis habe ich dann in meinen Notizen festgehalten und zu diesem Zeitpunkt nicht weiter verfolgt.

Gerechtigkeit in ein Verhältnis gesetzt werden konnten, galt es, Gerechtigkeit zu vereinheitlichen. Forschungsleitend war hier also die Frage, wie sich normative und organisationale Gerechtigkeit verknüpfen (siehe Kapitel 3.4). Auf der Annahme, dass sich soziale Gerechtigkeit in der Zusammenarbeit im Alltag von technischen Unternehmen gleichermaßen normativ und organisational bedingt, habe ich die erstellten Kategorien zueinander in Bezug zu setzen versucht. Zudem annehmend, dass soziale Gerechtigkeit eine relevante Orientierungsgröße im Zusammenleben in der Gesellschaft und der Zusammenarbeit von Akteur_innen in technischen Unternehmen darstellt, habe ich mich der Frage gewidmet, unter welchen Bedingungen sich unterschiedliche soziale Beziehungen und Arbeitsverhältnisse in technischen Unternehmen tatsächlich als gerecht ausweisen. Der Zugang des Grid und Group – Modells von Douglas, soziale Beziehungen über den Blick auf das soziale Hierarchiegefüge und das Ausmaß der Gruppeneingebundenheiten der sozialen Akteur_innen zu dimensionalisieren, erwies sich hierbei als passender Anschluss (siehe Kapitel 3.4.1). Denn auch die von mir aus Theorie und Empirie identifizierten normativen und organisationalen Kategorien enthielten Kodes mit Bedeutungen, die sich diesen beiden Dimensionen als zuordnenbar erwiesen.

Phase VIII: Nachdem ich organisationale und normative Gerechtigkeit über die Grid und Group – Beziehungsachsen theoretisch verknüpft hatte, wendete ich mich wieder den empirischen Ergebnissen zu. Hier habe ich den Schwerpunkt dann darauf gelegt, das zum Thema der Gerechtigkeit kodierte empirische Datenmaterial nach sozialen Gesichtspunkten zu ordnen, um die Daten dann normativ zu begründen. Dazu habe ich die in Phase V mit organisationalen Formen in Vergleich gesetzten Interviewausschnitte zuerst nach den theoretischen Eigenschaften von Grid und Group gedeutet, um sie dann nach den Beziehungsachsen zuzuordnen. Im anschließenden Schritt habe ich das dem Vierfelderschema der Gerechtigkeitsformen zugeordnete, empirische Datenmaterial mit den Auswertungsergebnissen zu normativer Gerechtigkeit dimensionalisiert. Dazu habe ich die über Grid und Group systematisierten normativen Gerechtigkeitskonzepte mit dem empirischen Datenmaterial in Bezug gesetzt. Annehmend, dass sich die theoretischen Systematisierungen zur normativen Gerechtigkeit auch empirisch begründen, habe ich das empirische Material dann gezielt nach jenen normativen Eigenschaften und Dimensionen erforscht, die im Kapitel 3.4.2 von mir konzeptionalisiert wurden.

Phase IX: Nachdem ich in der letzten Phase normative und organisationale Gerechtigkeit im empirischen Material nach Grid und Group dargestellt hatte, wendete ich mich jetzt dem Thema der Geschlechtergerechtigkeit zu. Forschungsleitend war hier die Frage, wie sich die entworfenen Konzepte zu Geschlecht und Gerechtigkeit in Bezug setzen lassen. Dem Forschungsvorgehen von Phase VIII weiter folgend, bin ich der Bearbeitung der Frage dann erst perspektivisch ausgerichtet begegnet und habe anhand des Konzepts von Pimminger beleuchtet, wie sich geschlechtergerechte Verhältnisse in einem Spannungsfeld sich ausschließender Diskurse entwerfen (siehe Kapitel 4.1). Anschließend habe ich dann die Strukturmuster von Geschlechtergerechtigkeit anhand des Geschlechterkulturmodells von Liebig analysiert, das unterschiedliche Geschlechterkulturmuster der betrieblichen Praxis mit unterschiedlich ausgerichteten Geschlechterbeziehungen verknüpft (siehe Kapitel 4.2).

Phase X: Nachdem ich theoretisch vier Geschlechtergerechtigkeitsmuster erarbeitet hatte, habe ich mich wieder den Empiriekapiteln zum Thema Geschlecht zugewendet. Forschungsleitend in dieser Phase war die Frage, wie sich die in der Phase IX erreichten theoretischen Erkenntnisse zur schematischen Verknüpfung im relevanten empirischen Material begründen lassen. Hier konnte ich schließlich aufzeigen, wie sich die unterschiedlichen Geschlechterdiskurse derart vielfältig mit den Geschlechterkulturformen verknüpfen, dass die Aushandlung oder Herstellung der sozialen Kategorie Geschlecht in der Praxis beliebig erscheint. Dies verweist auf eine komplexe Vieldeutigkeit des Begriffs der Geschlechtergerechtigkeit und auf eine unüberschaubare Vielzahl an rechtfertigbarer Geschlechtergerechtigkeitsverständnisse und -handlungen in der Praxis (siehe Kapitel 7).

Phase XI: Nachdem die empirischen Ergebnisse zum Thema Geschlecht über die Verknüpfung mit den theoretisch identifizierten Geschlechterkulturmustern verdichtet wurden, habe ich mich in meiner Analyse wieder zurück zur Theorie der Geschlechtergerechtigkeit bewegt. Nun wollte ich mein Augenmerk auf das Phänomen der Widersprüchlichkeit von Geschlechtergerechtigkeit legen. Dazu habe ich einerseits auf jene Erkenntnisse zurückgegriffen, die ich in der Erarbeitung der ersten Fassung des empirischen Gerechtigkeitskonzepts (siehe Phase V) generiert hatte. Forschungsleitend in dieser Phase war die Frage, in welchen Kontexten sich welche Handlungen oder Deutungen als geschlechtergerecht ausweisen beziehungsweise wie diese sich von geschlechterungerechten Ausgestaltungen oder Ausdeutungen abgrenzen. Ziel war es somit, relevante Ordnungsprinzipien von Geschlechtergerechtigkeit oder Geschlechterungerechtigkeit zu systematisieren, indem ich ihre identifizierten Eigenschaften und Kategorien in Bezug zu übergeordneten Voraussetzungsbedingungen stelle. Diese Systematisierung zeigt, wie sich Geschlechter(un)gerechtigkeiten über einen wechselseitigen Zusammenhang bestimmter Formen und Prinzipien organisieren (Kapitel 4.2.1 und Kapitel 4.2.2).

Phase XII: In der letzten Phase hatte ich die Organisation von Geschlechter(un)gerechtigkeit über die Verknüpfung von Prinzipien und Formen auf theoretischer Ebene vervollständigt. Nun sollte die Organisation von Geschlechter(un)gerechtigkeit in der Praxis beleuchtet werden. Dazu habe ich mich wieder den empirischen Kapiteln zum Thema Gerechtigkeit zugewendet. Forschungsleitend stellte ich mir hier die Frage, wie sich die theoretisch herausgearbeitete Systematik zur Organisation von Geschlechter(un)gerechtigkeit mit ihren gegensätzlich ausgerichteten Ordnungsbedingungen auch im empirischen Material findet. In mehreren ineinander übergreifenden Arbeitsschritten habe ich mich der Bearbeitung dieser Frage erst mit dem Fokus auf die Organisation von Geschlechtergerechtigkeit genähert[46]. So habe ich in einem ersten Schritt die in Phase VIII mit den normativen Konzepten in Vergleich gesetzten Formen nach dem Zusammenhang mit den Prinzipien untersucht. Dann habe ich mich in einem zweiten Schritt den Prinzipien zugewendet und diese wiederum mit den Datenkategorien der Formen und Normen dimensionalisiert. Schließlich habe ich in einem dritten Schritt zuerst die Formen und dann die Prinzipien mit den Geschlechterkulturmustern verknüpft. Indem ich die normative, formale, prinzipielle und kulturelle Ebene miteinander in Vergleich setzte, systematisierte ich schließlich die Organisation von Geschlechtergerechtigkeit in der Praxis von technischen Unternehmen (siehe Kapitel 7.3.1).

Phase XIII: Nachdem ich im empirischen Material die theoretischen Erkenntnisse begründen und nachweisen konnte, wie sich die Organisation von Geschlechtergerechtigkeit in den Unternehmen gestaltet, habe ich mich in einem letzten Schritt der Organisation von Geschlechterungerechtigkeit zugewendet. Forschungsleitend in dieser Phase war schließlich die Frage, wie sich die theoretisch herausgearbeitete Systematik der Organisation der Geschlechterungerechtigkeit im empirischen Material begründet. In zwei ineinandergreifenden Schritten wurden erstens die von mir im Datenmaterial kategorisierten „Ungerechtigkeitsformen“ und zweitens die Kategorien der „Unprinzipien“ mit normativen und geschlechterkulturellen Kategorien in Beziehung gesetzt[47]. Dabei wurde sichtbar, dass sich

46 Diese ineinander übergreifende Bearbeitung wird nachfolgend als aufeinanderfolgende Schritte angeführt.

47 Um zu verdeutlichen, dass Formen und Prinzipien über ihre Verhältnissetzung neben Geschlechtergerechtigkeiten auch Geschlechterungerechtigkeiten entwer-

Geschlechterungerechtigkeiten in der Unternehmenspraxis in der Art von Geschlechtergerechtigkeiten unterscheiden, dass sie ihre Ausdeutungen und Ausgestaltungen in einem Überkreuzzusammenhang derselben Formen und Prinzipien organisieren (siehe Kapitel 7.3.2).

Phase XIV: In den Phasen I bis XIII hatte ich die Organisation von Geschlechter(un)gerechtigkeit in der Praxis von technischen Unternehmen theoretisch und empirisch umfassend bearbeitet. Nun wendete ich mich der Beschreibung des forschungsstrategischen und methodischen Vorgehens zu. Ziel war es, den Forschungsprozess für alle Lesenden offen zu legen und nachvollziehbar zu machen, wie die Ergebnisse erarbeitet wurden. Dabei war es mir primär wichtig, die Zirkularität und die abduktive Logik, mit der ich die Forschungsfragen bearbeitet hatte, genau darzustellen. Darüber machte ich verständlich, warum, wann und wie welche Adaptionen im Forschungsvorgehen von mir als notwendig erachtet und vorgenommen wurden. Außerdem war es für mich relevant, genau zu beschreiben, welche Methoden ich aus welchem Grund im Prozess kombiniert hatte. Zudem wollte ich einen genauen Einblick geben, wie die Daten aus der empirischen Praxis der technischen Unternehmen gewonnen, bearbeitet und zugeordnet wurden. Schließlich war es für mich bedeutend, die gewonnenen Ergebnisse, die Logik des Aufbaus und den gesamten Erkenntnisprozess schlüssig darzustellen. Mit diesem Schritt wollte ich für Überprüfbarkeit und Nachvollziehbarkeit des gesamten Vorgehens sorgen (siehe Kapitel 5 und Kapitel 6).

Phase XV: Nachdem ich in Phase XIV mein forschungsstrategisches und methodisches Vorgehen beschrieben hatte, wendete ich mich der Diskussion der Ergebnisse zu. Über eine grafische Darstellung habe ich einen Einblick in die Vielschichtigkeit von Geschlechtergerechtigkeit in der Alltagspraxis technischer Organisationen gegeben und grundlegende Zusammenhänge zwischen den angeführten Themenbereichen und den relevanten Deutungsebenen vermittelt. Darüber verdeutlichte sich auch die wesentliche Ausschlusssystematik, die in der Konstruktion der Widersprüchlichkeit von Geschlechtergerechtigkeit grundlegende Bedeutung annahm: Das Denken in Einheiten, das Bedeutungen von Kategorien isoliert und unabhängig voneinander betrachtet versus das Denken in Zusammenhängen, das Wechselwirkungen der Bedeutungszuschreibungen zwischen Kategorien fokussiert. So konnte ich umfassend darlegen, dass gegenstandsbezogene Fragestellungen nur perspektivisch Relevanz erhal-

fen, verwende ich für die Beispiele prinzipieller und formaler Geschlechterungerechtigkeit die negativierten Begriffsbezeichnungen.

ten, weil sich unter den Bedingungen des jeweiligen Blickwinkels nur der anschlussfähige Teilbereich der Wirklichkeit einblendet, während der andere Teil ausgeblendet bleibt. (siehe Kapitel 8)

Phase XVI: Schließlich habe ich im letzten Schritt das gesamte Werk überarbeitet. Übergänge wurden geglättet, Quellenangaben bearbeitet, das Verzeichnis und der Anhang zusammengestellt, Fehler in der Rechtschreibung und Grammatik korrigiert und letzte stilistische Feinheiten geklärt. Zudem wurden auch alle hier angeführten Grafiken professionell angefertigt, das Werk formatiert und das Gesamtlayout gestaltet. Über diesen letzten Schritt wollte ich für eine gute Lesbarkeit sorgen.

6. Methodisches Vorgehen

Nachdem im letzten Punkt die Forschungsstrategie auch als ein zirkulärer Prozess zwischen Theorie und Empirie beschrieben wurde, der sich im Tun entwickelte, wird sich nun den methodischen Überlegungen zugewendet, die diesem Prozess zugrunde lagen. Dazu werden in Kapitel 6.1 erst das konkrete Sample und seine Kriterien beschrieben. Kapitel 6.2 erläutert dann die Auswahl der Datenerhebungsmethode. Anschließend daran gibt Kapitel 6.3 Einblick in den Aufbau des Interviewleitfadens und die Strukturierung des Forschungsthemas. Kapitel 6.4 legt dar, wie die Daten im empirischen Feld erhoben wurden. Kapitel 6.5 geht auf die Auswertung der erhobenen Daten ein. Nach der Darlegung der Regeln der Transkription in Kapitel 6.5.1 wird in Kapitel 6.5.2 die Triangulation der Auswertungsmethoden erläutert. Der grafische Überblick über den gesamten Forschungsprozess in Kapitel 6.6 schließt das Kapitel ab.

6.1 Das Sample und seine Kriterien

Da sowohl die Fragestellung als auch die Untersuchungsgruppe der Akteur_innen in technischen Organisationen relativ weit gefasst waren, habe ich zu Studienbeginn Einschränkungen vorgenommen. Aufgrund meiner beruflichen Tätigkeit im Feld der Mädchen- und Geschlechterarbeit zu Beginn des Doktorats fokussierte ich auf jene Betriebe, die zum einen eine breite Palette von Lehrberufen für Mädchen und Jungen im industriellen Sektor anbieten und die zum anderen in den auf das sie auszeichnende Produkt bezogenen Lehrberufen eine deutliche geschlechtsspezifische Segregation aufweisen[48]. Gemäß der WKO Liste der Lehrberufe weisen die Betriebe in diesen Lehrberufen einen Frauen- oder Mädchenanteil auf, der maximal 30 Prozent beträgt (Kammer für Arbeiter und Angestellte für Wien 2020a). Die Fokussierung auf genau diese Betriebe hatte den Vorteil, dass ich entweder persönliche Kontakte zu infrage kommenden Betrieben oder zu Einrichtungen und Personen vorweisen konnte, die

48 Angelehnt an der in Gildemeister und Robert zitierten Auffassung von „Kernberufen" (Gildemeister/Robert 2009, 219) sind hier jene Lehrberufe gemeint, die für das das Unternehmen auszeichnende Produkt am wichtigsten sind.

mit entsprechenden Betrieben in Projekten arbeiteten. Es sollten zudem ausschließlich technische Betriebe eingebunden werden, die sich offiziell zu einer sozialen Unternehmensverantwortung und zur Herstellung von Gleichheit als Unternehmenszielsetzung bekennen. Die Konzern- oder Betriebsleitungen der teilnehmenden Unternehmen sollten also die Entwicklung und Umsetzung von Mädchen- und Frauenförderungsmaßnahmen und somit auch die zu erwartenden Erkenntnisse der hier vorliegenden Studie generell als nutzenstiftend erachten. Um einen optimalen thematischen Nutzen auch für andere Unternehmen zu gewährleisten, sollten die Betriebe schließlich Vorerfahrungen in der Umsetzung von Mädchen- und Frauenförderprojekten vorweisen können und darüber als Best Practice Unternehmen in der Auseinandersetzung mit Geschlechterfragen gelten. Dem Prinzip der maximalen Kontrastierung (siehe Kapitel 5.2) gemäß sollten schließlich aus zwei international tätigen, technischen Großunternehmen Führungskräfte aus dem Lower, Middle und Top Management für ein Interview angefragt werden, die Vorerfahrungen in der Bearbeitung von Geschlechtergerechtigkeitsfragen vorweisen[49]. In ihren unterschiedlichen Managementfunktionen sollten sich die Interviewpartner_innen sowohl für operative, taktische als auch strategische Unternehmensentscheidungen verantwortlich zeichnen. So sollten einmal Personen befragt werden, zu deren Aufgabe es beispielsweise gehört, grundsätzlich über die Organisation der Geschäftsfelder, der Ausgestaltung von Unternehmensleitlinien oder dem Umgang mit Großaufträgen zu entscheiden. Zum anderen sollten Führungskräfte interviewt werden, die die Umsetzung dieser strategischen Grundsatzentscheidungen beispielsweise in Produktion und Fertigung oder dem Qualitätsmanagement verantworten. Und schließlich sollten Führungskräfte zu Wort kommen, die sich unmittelbar für die Qualität und die Effizienz des Leistungsprozesses verantwortlich zeichnen. Schließlich sollten innerhalb dieser definierten Gruppe dann nach dem Prinzip der maximalen Kontrastierung optimalerweise auch

49 Nach ursprünglichem Forschungsplan sollten Interviewpartner_innen aus drei technischen Organisationen befragt werden. Da sich, wie in Kapitel 6.4.1 angeführt, die Ansprache und Rekrutierung über mehrere Monate hinziehen kann, habe ich zum einen aus forschungspraktischen Gründen auf die Rekrutierung eines weiteren Unternehmens verzichtet. Zum anderen hat sich bei der „ad hoc Kodierung“ (Kelle 1994, 294) des vorhandenen Datenmaterials gezeigt, dass die geführten 16 Interviews derartige Datenmassen enthielten, dass diese für mich schwer bewältigbar erschienen. Somit war die Entscheidung, kein weiteres Unternehmen in die Studie einzubinden auch darüber bestimmt, den Forschungsprozess insgesamt nicht gefährden zu wollen (vgl. Kapitel 5.5, Phase II).

Personen unterschiedlichen Alters, unterschiedlicher Ausbildung und unterschiedlichen Geschlechts zur Sprache kommen.

6.2 Die Wahl der Forschungsmethode

Die Wahl der Forschungsmethode richtete sich nach dem Thema der Untersuchung. Um die persönlichen Erfahrungen, Wahrnehmungen und Reflexionen zur Bedeutung und Organisation von Geschlechtergerechtigkeit erfassen zu können, wählte ich gegenstandsbezogen eine qualitative Forschungsmethode. Qualitative Forschungsmethoden eignen sich dazu, komplexe Einstellungsmuster und Verhaltensmuster zu erfassen, da Betroffene ihre Erfahrungen und Sichtweisen auf eigene Weise erörtern und subjektive Sinn- und Handlungsbezüge darüber differenziert und situationsbezogen darstellen können (Lamnek 2010; Flick/Kardorff/Steinke 2000a). Für mein Forschungsanliegen waren diese Sinn- und Deutungsbezüge in der Art relevant, dass über sie kollektive Handlungs- und Deutungsmuster in den Unternehmen erkannt werden sollten. Zudem sollte sichergestellt werden, dass spezifisches Erfahrungswissen von Akteur_innen in der Ausdeutung und Ausgestaltung von Geschlechtergerechtigkeit im Kontext von technischen Unternehmen einbezogen wird.

Um das Ziel zu erreichen, wählte ich zur Datenerhebung die Methode des problemzentrierten Interviews nach Andreas Witzel (2000). Weil es den „Erkenntnisgewinn als induktiv-deduktives Wechselspiel organisiert" (Witzel 2000, Absatz 0), sollte sich den Problemfeldern, die sich im Zusammenhang mit der Vielfältigkeit oder Widersprüchlichkeit von Geschlechtergerechtigkeit in technischen Unternehmen zeigen, darüber angemessen angenähert werden können. Denn der vermeintliche Gegensatz zwischen einer theoriegeleiteten „Objektivität" und einer forschungsleitenden Offenheit sollte so aufgehoben werden (ebenda). Das Verfahren schien mir hier zum einen geeignet, weil das Wissen und die Problemanalysen der Interviewten „als Experten ihrer Orientierungen und Handlungen" (Witzel 2000, Absatz 17) so explizit Eingang und Beachtung finden sollten. Zum anderen wurde über die Anlage des Verfahrens auch mir als Interviewerin ermöglicht, der Interviewsituation mit meinem Wissen und mit vorformulierten Problemauffassungen zu begegnen.

Die Methode des problemzentrierten Interviews stellt sich bewusst in den Zusammenhang mit dem forschungsstrategischen Vorgehen der Grounded Theorie. Denn wie auch das Verfahren der Grounded Theorie sind die einzelnen Phasen des problemzentrierten Interviews im Gesprächsverlauf nicht zwingendermaßen linear gesetzt. Sie greifen zurück, gehen ineinander über und bauen aufeinander auf. Und sie ermöglichen so, den Gegenstand umfassend zu beleuchten. Günter Mey (2000) hebt im Zusammenhang mit dem Ablauf des problemzentrierten Interview vor allem den diskursiv-dialogischen Charakter hervor, der sich über die Kombination von Fragen und Erzählen entwickelt (Mey 2000). Die im Verfahren angelegte Förderung und Forderung von selbstreflektierenden Aussagen der Interviewpartner_innen soll eine gemeinsame Vorinterpretation der Daten zwischen Interviewer_in und Interviewpartner_innen und eine erste theoretische Bezugsetzung ermöglichen, die schlussendlich auch der Systematisierung der gemeinsam gedeuteten Widersprüche dienen soll. Über dieses Verständnis stellt Mey die Methode des problemzentrierten Interviews auch in den Zusammenhang mit der Wissenssoziologischen Diskursanalyse von Keller (Keller 2011, 2006; siehe auch Kapitel 5.2).

6.3 Der Interviewleitfaden und die Strukturierung des Themas

Nachdem ich die geeignete Forschungsmethode mit dem problemzentrierten Interview festgelegt hatte, wurde ein Interviewleitfaden verfasst, der eine organisierte und vergleichbare Herangehensweise im Interviewgespräch gewährleistete und der groben Untergliederung des Themas diente. Der Leitfaden wurde aufgrund meines theoretischen Vorwissens und meiner thematischen Vorüberlegungen erstellt. Darüber konnten zum einen relevante Aspekte der beobachteten Widersprüchlichkeit von Geschlechtergerechtigkeit im Rahmen der Zusammenarbeit in technischen Unternehmen im Laufe des Interviews von mir eingebracht werden. Im Gespräch sollte seine Verwendung zum anderen für eine strukturiert-inhaltliche Abfolge der Fragestellungen sorgen und darüber schließlich auch eine Vergleichbarkeit von Daten gewährleisten. Im Gespräch selbst sollte ein Schwerpunkt darauf gelegt werden, wie sich Geschlechtergerechtigkeit in der Alltagszusammenarbeit im Unternehmen aus Sicht der Akteur_innen ausdeutet und ausgestaltet. Im kommunikativen Prozess sollten widersprüchlich dargestellte Erfahrungen sichtbar gemacht und in Bezug gesetzt werden können. Die Förderung und Forderung von selbstreflektierenden Aussagen der Interviewpartner_innen sollte eine gemeinsame Vorinterpretation der Daten zwischen mir als Interviewerin und den Interviewpartner_innen ermöglichen. Neben dem Umgang mit Geschlechterfragen in der Organisation sollten vor allem Geschlechterbilder und Erfahrungen der Interviewpersonen selbst eine Rolle spielen. Den Bezug zu diesen eigenen Bildern und Erfahrungen hielt ich deshalb für wichtig, weil Geschlecht als ein „tief in Wahrnehmung, Denken, Verhalten und Handeln" (Gildemeister 2010, 143) eingeschriebenes Phänomen die Tiefenschichten unseres Alltagshandelns ordnet. Der ausgearbeitete Leitfaden umfasste neben der Erhebung der personalen Daten und Fragen zum Miteinander im Unternehmen die Fragenkomplexe Geschlecht, Gerechtigkeit sowie Verfahren und Prozesse. Während des Interviews diente mir der Leitfaden zur Überprüfung, ob und inwieweit die Antworten der Interviewpartner_innen den Fragen zuzuordnen waren. Dabei setzte ich die Reihenfolge und die Formulierung der Fragen nach Bedarf und flexibel ein. Darüber konnte ich gewährleisten, dass die Erzählungen der Befragten selbst den Verlauf des Interviews bestimmten.

6.4 *Die Erhebung der Daten*

Im Folgenden wird der Verlauf der Datenerhebung protokolliert. Dabei wird in Kapitel 6.4.1 beschrieben, wie Kontakt mit den teilnehmenden Unternehmen aufgenommen wurde. Anschließend daran gibt Kapitel 6.4.2 Einblick in den Prozess der Durchführung der Interviewgespräche.

6.4.1 Die Kontaktaufnahme

Gemäß der in Kapitel 6.1 beschriebenen Samplingkriterien habe ich im Juni 2014 dann früh Kontakt mit auf das Einrichtungsprofil passenden technischen Unternehmen aufgenommen. Aus meinem eigenen beruflichen Kontext habe ich bekannte Vertretungen unterschiedlicher, den formulierten Kriterien entsprechenden, Betrieben angesprochen. Von der Konzernleitung eines kontaktierten Unternehmens wurde dann nach internen Klärungen eine Zusage zu Studienteilnahme gegeben. In mehreren persönlichen Gesprächen wurden Bedarfe eruiert, Themen konkretisiert und Samplingkriterien bewertet. Dabei wurde deutlich, dass es das Unternehmen bei der Auswahl der Interviewpersonen als wichtig erachtete, Männer und Frauen gleichermaßen zu Wort kommen zu lassen. Da in Österreich die Führungsbeteiligung von Frauen in Groß- und börsendotierten Unternehmen auf den höchsten Managementebenen nach unterschiedlichen Studienergebnissen seit mehreren Jahren rund um die 5 Prozent Hürde stagniert (unter anderem Kammer für Arbeiter und Angestellte für Wien 2020b, 2; Mensi-Klarbach/

Risberg 2019; Kleinert/Kohaut/Brader/Lewerenz 2007)[50], bedeutete der Schwerpunkt der anteilsmäßigen Geschlechtergleichheit, Funktionsträger_innen auf Schlüsselpositionen auch hierarchisch untergeordneter Ebenen einbinden zu wollen. Der Fokus des Samplings lag schließlich vor allem auf einer Führungs- und Entscheidungsverantwortung männlicher und weiblicher Schlüsselpersonen gleichermaßen. Somit wurden schließlich fünf Männer und drei Frauen hauptsächlich aus dem Middle und dem Lower Management zum Interview vorgeschlagen, die sich alle für eine Teilnahme am Interview bereit erklärte. In einem gesondert angesetzten Briefing im Mai 2015 wurden die Interviewpartner_innen von mir dann über die Studie, die Zielsetzungen und ihre Rolle als Interviewpartner_innen informiert. Schließlich wurde jeder Person ein von mir im Vorfeld vorbereitetes Informed Consent[51] übergeben (Anhang a)), die alle direkt vor Ort unterfertigten. Die Interviewtermine wurden dann zwischen Juni und August 2015 festgelegt.

Parallel zur Konkretisierung der Studienteilnahme des ersten Betriebs beziehungsweise der acht betrieblichen Interviewpartner_innen wurde ab März 2015 über die Ansprache eines weiteren Unternehmens entschieden. Im Gegensatz zum ersten Betrieb war mir dieses Unternehmen nicht aus früheren Zusammenarbeiten bekannt. Bei der Auswahl der Interviewpersonen wurde hier vor allem ein Schwerpunkt auf deren strategische Entscheidungskompetenzen gelegt und Schlüsselpersonen zum Interview vorgeschlagen, die auf der Middle und Top Managementebene tätig waren. Aufgrund der ungleichen Präsenz von Frauen auf diesen Führungsebenen wurden schließlich eine Frau und sieben Männer als Interviewpartner_innen angefragt. Im April 2016 wurden die Interviewpartner_innen schließlich telefonisch über den konkreten Rahmen, die Inhalte und Zielsetzungen der Studie vorinformiert. Zusätzlich konnten letzte Fragen zu meiner Person und zur Anonymisierung der Daten geklärt werden. Schließlich erklärten sich alle Interviewpartner_innen grundsätzlich zum Interview bereit, die Interviewtermine wurden vereinbart und das Informed Consent (Anhang a)) anschließend übermittelt. Die Interviews sollten zwischen Mai 2016 und Juni 2016 stattfinden.

---

50 Der Frauen.Management.Report.2020 führt einen Anteil von Top Managerinnen bei quotenpflichtigen Börsenunternehmen von 5,8 Prozent an (Kammer für Arbeiter und Angestellte 2020b).

51 Das Informed Consent stellt eine Einverständniserklärung dar, das neben Informationen zum Untersuchungsvorhaben, dem Forschungsinteresse und dem geplanten, methodischen Vorgehen die Zusicherung der Anonymisierung sämtlicher persönlicher und organisationaler Daten enthält (Lamnek 2010, 659).

Die Gruppe der Interviewpartner_innen besteht schließlich aus 16 Personen, die zum Zeitpunkt der Interviewdurchführung in Österreich bei zwei international tätigen technischen Unternehmen auf Positionen der Lower, Middle und Top Managementebene beschäftigt sind. Die vier weiblichen und zwölf männlichen Interviewpersonen sind zwischen 22 und 62 Jahre alt, die angegebene höchste abgeschlossene Ausbildung liegt zwischen Schul- oder Lehrabschlüssen in technischen oder mechanischen Bereichen und Doktoratsstudiengängen zu Natur- und Wirtschaftswissenschaften.[52]

Die Interviewdaten werden nachfolgend tabellarisch aufgelistet:

Nr	Datum Interview	Höchste Ausbildung	Geschlecht	Alter	Initialen[53]
1	30.06.2015	TU Studium	W	36	RF
2	01.07.2015	Lehre Technik	W	22	BB
3	03.07.2015	Lehre Technik	M	47	KF
4	04.07.2015	Lehre Mechanik	W	22	RB
5	09.07.2015	FH Studium	M	48	AT
6	10.07.2015	FH Studium	M	41	IB
7	10.07.2015	FH Studium	M	37	FW
8	13.08.2015	HTL Textil	M	36	AS
9	30.05.2016	TU Studium	M	46	HY
10	31.05.2106	Uni Studium	W	49	VW
11	01.06.2016	Uni Studium	M	50	RM
12	01.06.2016	TU Studium	M	55	OH
13	02.06.2016	Uni Studium	M	56	FF
14	02.06.2016	TU Studium	M	39	XP
15	02.06.2016	TU Studium	M	47	KW
16	27.06.2016	TU Studium	M	62	HW

Abbildung 9: Übersicht Daten Interviews

52 Um Rückschlüsse auf die teilnehmenden Unternehmen und die einzelnen Interviewpartner_innen auszuschließen, wird auf nähere Angaben zu Personen, Funktionen und Aufgaben verzichtet. Auch die von den Unternehmen offiziell angegebenen Managementbezeichnungen werden hier aus diesem Grund nicht veröffentlicht.

53 Die den Initialen unterlegten Namen der Interviewpersonen sind geändert.

6.4.2 Die Durchführung der Interviews

Auf die Durchführung der Interviews habe ich mich gewissenhaft vorbereitet. Ich habe drei Probeinterviews mit Personen aus den Bereichen Wissenschaft und Lehre, Wirtschaft und Technik sowie Männerarbeit und Soziales umgesetzt. Danach führte ich in einer ersten Interviewphase zwischen Juni und August 2015 acht Interviews mit sechs männlichen und drei weiblichen Führungskräften hauptsächlich des Lower und des Middle Managements durch. Die Dauer der Gespräche lag zwischen 60 und 77 Minuten. Sie wurden mit Einverständnis der Interviewten alle per Tonband aufgenommen. Nach Durchführung der Interviews wurden jeweils Postskripte zum Interview verfasst. In diesen habe ich mir wichtig Erscheinendes zu Vor- und Nachgesprächen, Störungen, Beobachtungen zu nonverbalen Reaktionen meiner Interviewpartner_innen, aber auch Reflexionen auf Haltungen und Reaktionen meinerseits festgehalten. So habe ich meine Gedanken und Gefühle während der Durchführung des Interviews und meine Erkenntnisse aus dem Nachdenken über das jeweilige Gespräch notiert.

In einer zweiten Interviewphase zwischen Mai und Juni 2016 führte ich weitere acht Interviews mit einer weiblichen und sieben männlichen Interviewpersonen. Um eine Vergleichbarkeit zu gewährleisten, habe ich den Interviewablauf, den Einsatz der Fragen und die Bearbeitung wie in der ersten Phase der Interviewdurchführung nach den Bedürfnissen der Gesprächspartner_innen gestaltet. Die Dauer der Gespräche lag hier zwischen 53 und 67 Minuten. Auch diese Gespräche wurden mit Einverständnis der Interviewten alle per Tonband aufgenommen. Und auch hier habe ich all jenes, was ich im Nachhinein als wichtig erachtete, in Postskripte festgehalten. Nach Durchführung der einzelnen Interviews habe ich zeitnah mit der Auswertung begonnen.

6.5 Die Auswertung der Daten

Nachdem in Kapitel 6.4 die Erhebung der Daten angeführt wurde, möchte ich nun auf die Auswertung des Interviewmaterials eingehen. Dazu führe ich in Kapitel 6.5.1 erst an, nach welchen Regeln ich die Interviews aufbereitet habe. In Kapitel 6.5.2, das die Schritte der Interpretation darlegt, wird das ursprünglich geplante Interpretationsverfahren nach der Kernsatzanalyse angeführt. In diesem Zusammenhang möchte ich auch beispielhaft deutlich machen, wie und warum sich das geplante Verfahren dem von mir verfolgten Ansinnen als nicht adäquat erwiesen hat. Anschließend soll wiederum beispielhaft dargestellt werden, wie das Auswertungsverfahren der Kernsatzanalyse anhand der zirkulären Strategie der Grounded Theorie trianguliert wurde mit der Wissenssoziologischen Diskursanalyse (Kapitel 6.5.2.2) und dem Grid und Group – Schema (Kapitel 6.5.2.3).

6.5.1 Transkription

Um eine ausführliche Auswertung zu ermöglichen, wurden die insgesamt 16 Interviews von mir anschließend an die Durchführung vollständig und wortwörtlich transkribiert. Bei der Transkription bin ich in mehreren Phasen vorgegangen (Lamnek 2010, 367). In einer ersten Phase habe ich das gesamte Gespräch in eine lesbare Form gebracht. Um grundsätzlich ausschließen zu können, dass wichtige Daten über die Verschriftlichung verloren gehen, war es mir dabei wichtig, auch alle Lautäußerungen und sprachlichen Eigenheiten der Interviewpartner_innen auf Papier zu bringen. Zudem habe ich nonverbale Aspekte wie Pausen, Lachen, Hervorhebungen oder ähnliches kenntlich gemacht (Mayring 2002, 92). In einer zweiten Phase habe ich datenrelevante Texte der Lesbarkeit wegen bereinigt. Die Transkriptionsregeln von Dresing und Pehl (2011) habe ich hier nach Brauchbarkeit adaptiert. Ich habe Satzbaufehler bereinigt und den Stil insgesamt geglättet. Wort und Satzbrüche habe ich weitgehend ausgelassen und Wortdoppelungen nur erfasst, wenn sie als Stilmittel wichtig waren. Zudem habe ich den relevanten Passagen die persönlichen Ausdrucksweisen entnommen, um die Anonymität der Sprechenden zu gewährleisten. Dann habe ich sprachliche Färbungen möglichst genau ins Hochdeutsche übersetzt, spezifische Ausdrücke jedoch belassen. Sprache und Interpunktion wurden im Wesentlichen beibehalten, wobei Kommata auch zur Verdeutlichung von Sinneinheiten gesetzt wurden. Verständnissignale wurden nicht transkribiert, es sei denn die Antwort bestand nur aus dieser Äußerung oder das Signal war für den Sinngehalt der Aussage von Relevanz. Emotionale nonverbale Äußerungen wurden in Klammern gesetzt [lachen], kurze Pausen wurden mit * Stern, längere mit zwei ** Sternen und sehr lange Pausen mit *** Sternen gekennzeichnet. Betonungen einzelner Worte wurden mit _wort_ hervorgehoben. Unverständliche Passagen wurden in Klammern [...] gesetzt und ausgelassene Worte oder Passagen mit ... verdeutlicht. Von mir eingefügte Anmerkungen, die dem Verständnis dienen, sind mit meinen Initialen in eckige Klammer [das hier dient dem Verständnis, A.R.] gesetzt. Zu anonymisierende Begriffe wie beispielsweise Eigennamen, Organisationen oder Orte habe ich mit [name], [organisation] oder [ort] ersetzt. Und um den Schwerpunkt weg vom geschriebenen Text auf den Sinnzusammenhang des Gesprochenen zu setzen, habe ich schließlich den gesamten Interviewtext in Kleinschrift verfasst.

6.5.2 Schritte der Interpretation

Nachfolgend beleuchte ich die Auswertung des erhobenen und verschriftlichten Materials. Dabei stelle ich das Analysewerkzeug vor, das von mir im Prozess des Auswertens entwickelt wurde, um die Rekonstruktion der Sinn- und Deutungsbezüge von Geschlechtergerechtigkeit in den technischen Unternehmen nach Sicht der Interviewpartner_innen anhand des erhobenen Interviewmaterials gewährleisten zu können. Sie stellen die einzelnen Schritte des strategischen Dreischritts der Grounded Theorie dar. In Kapitel 6.5.2.1 „Von der Kernsatzmethode zum offenen Kodieren“ wird ein erster Zugang zur Kodierung der Daten gewählt. Zudem wird hier deutlich, wie sich die Adaption des Forschungsprozesses begründet. Kapitel 6.5.2.2 „Von der Wissenssoziologischen Diskursanalyse zum axialen Kodieren“ beschreibt, wie die im ersten Schritt erhobenen Daten aufeinander bezogen werden. In Kapitel 6.5.2.3 „Das selektive Kodieren nach Grid und Goup“ werden die Schlüsselkategorien schließlich miteinander verknüpft.

6.5.2.1 Von der Kernsatzmethode zum offenen Kodieren

Eine umfängliche Erfassung der Widersprüchlichkeit von Geschlechtergerechtigkeit beziehungsweise der vielfältigen sozialen Wirklichkeiten zu Geschlechtergleichstellung in technischen Unternehmen setzt ein Verfahren voraus, das die Handhabbarkeit des in den Interviews umfangreich erhobenen Datenmaterials gewährleistet, ohne dessen Komplexität und Sinn zu reduzieren. Um dies sicher zu stellen, habe ich mich bei der Auswertung der Daten an der Methode der Kernsatzfindung von Thomas Leithäuser und Birgit Volmerg (1988) orientiert. Die Kernsatzanalyse ist ein tiefenhermeneutisch angelegtes Verfahren, das sich an der Psychoanalyse (unter anderem Freud 1905/2014; König 1997) orientiert. Den Blick vor allem auf „den Konflikt zwischen Individuum und Gesellschaft“ (Lamnek 2010,

201) gerichtet, sucht sie tiefere Strukturen – hier in Form von kollektiven Grundeinstellungen – zu ermitteln (Lamnek 2010, 203).

Die Kernsatzanalyse wurde Mitte der 1980er Jahre im Rahmen von Betriebsuntersuchungen in der industriellen Arbeitswelt erstmalig angewendet (Volmerg/Senghaas-Knobloch/Leithäuser 1986). Mit dem Interesse an „Möglichkeiten und Grenzen der Humanisierung des Arbeitslebens" (Leithäuser/Volmerg 1988, 36) wurde die Methode im Hinblick auf die Analyse von Spannungsfeldern im industriellen Arbeitsfeld entwickelt. Darüber wurden latente Sinnstrukturen und darin enthaltene Grundwidersprüche sichtbar. In einem ersten Schritt habe ich das aus den Interviews entstandene qualitative Datenmaterial nach Kernsätzen gegliedert. Im zweiten Schritt habe ich dann die Kernsätze nach Ähnlichkeiten gebündelt. Als sich über Wiederholungen von Themen und vergleichbare Ansichten der Interviewpartner_innen zeigende „Erfahrungsfelder" (Leithäuser/Volmerg 1988, 246) sollten diese Bündel Gewichtungen im Erleben vor allem von Geschlecterungerechtigkeiten in der betrieblichen Zusammenarbeit der Interviewpartner_innen aufdecken, die dann auf der nächsten Ebene in Vergleich gesetzt und verallgemeinert werden sollten.

Tatsächlich erwies sich die Interpretation der Daten über die Kernsatzanalyse allein nicht zielführend, um die aktuellen betrieblichen Handlungsmuster der untersuchten technischen Unternehmen zukunftsgerichtet ausdifferenzieren zu können. Im Gegenteil führte die Auswertung des Materials zu einem eher ernüchternden Ergebnis. Vor allem schien, das legten die Daten offen, die Alltagszusammenarbeit zwischen den Geschlechtern auch nach langer Erfahrung in der Geschlechtergleichstellungsarbeit nach hinlänglich bekannten geschlechterdifferenzierenden Deutungs- und Gestaltungsmustern organisiert. Um dies zu veranschaulichen, führe ich nachfolgend beispielhaft zwei kollektive Erfahrungsmuster zum Thema der kommunikativen Kompetenzen von Frauen auf, die ich über die Kernsatzanalyse erstellt habe.[54]

Im Datenmaterial nimmt die Argumentation, dass sich kommunikative Kompetenzen von Frauen positiv für die Zusammenarbeit im Betrieb auswirken, einen bedeutenden Stellenwert ein. So sind hier unter „… da

54 Mit dieser Veranschaulichung und der darauffolgenden Darstellung meines Nachdenkens über die Bedeutung dieser Erkenntnisse möchte ich das Erfordernis nach einer Adaption des Auswertungsverfahrens sichtbar machen. Im Sinne der zirkulären Strategie sind diese Zwischenergebnisse und Gedanken Teil des methodischen Vorgehens und werden daher hier nachfolgend angeführt.

wird das Klima besser!“ sieben Passagen angeführt, die diese Sichtweise bestätigen:

1) Positive Ausdeutung: „... da wird das Klima besser!“
RM: ... wenn es nur männerdominierte bereiche gibt, leidet etwas der umgangston [kurzes lachen] und, sag ich mal, sobald, und wenn irgendwo auch nur eine frau ist, in dem bereich ist, wird das, wird das klima anders.
OH: ... sagen wir so, der ton oder so, wenn es ein bisschen, entwickler sind manchmal ein bissel ein eigenartiges volk, sagen wir mal so, es wird ein bisschen runder, ein bisschen weniger ruppig vielleicht ab und zu.
FF: ... weil ich einfach merke, dass sich männer in der gesellschaft von frauen, ein bisschen verhalten wir uns doch vernünftiger oder anders, und ich find das eigentlich gut.
KW: ... ein, zwei frauen oder drei frauen. das klima in dem team wird deutlich besser, weil die menschen einfach, also, männer gehen auch mit sich selbst immer, mit den männern halt auch besser um, wenn frauen anwesend sind.
AT: ... bei uns ist jetzt nicht unbedingt so eine, so eine richtige streitkultur da, aber es gibt es dann schon manchmal, dass, wie soll ich sagen?, mit harten bandagen gekämpft wird. und wenn dann vielleicht auch eine frau dabei ist, dann nehmen sich die männer schon eher zurück und schauen, dass das in, ein bisschen geglätteter, sagen wir das mal so.
AS: ... ich weiß nicht, wenn da zwei, drei dabei sind in einem team, ja. bei den männern ist es, es führt dann auch oft ein bisschen zu,*in manchen situationen auch zur deeskalation. *es macht das ganze ein klein wenig runder.
BB: ... mein chef schaut jetzt da eher auf das, wie du mit den leuten auch umgehst, was für ein mensch du selber bist, also nicht einer, der dann gleich anfängt zu schreien, oder solche kompetenzen mitbringt, sondern einfach einer, der vielleicht ruhig ist, der zuhören kann [...] das sagen sie jetzt mittlerweile, dass jetzt da einfach **auch frauen eingestellt werden.

Wie deutlich wird, differenzieren sich die geführten Argumentationen der interviewten Schlüsselpersonen nur in geringem Maße aus. Während RM und OH beide mit einem besseren Umgangston in den Teams bei Anwesenheit von Frauen argumentieren, verweisen FF und KW auf verbesserte Verhaltensweisen der Teammitglieder untereinander. AT und AS konstatieren eine Änderung der Voraussetzungen des Miteinanders, wenn Frauen Sitzungen beiwohnen. Und BB weist darauf hin, dass die Einstellung von Frauen strategisch vorgenommen wird, um einen gerechteren Umgang miteinander zu erhalten. Mit vergleichsweise geringer Dimensionalisierung verweisen alle Interviewpassagen darauf, wie sich das Kommunikationsverhalten von Frauen positiv auf das Miteinander in der betrieblichen Zusammenarbeit auswirkt.

Im Gegensatz zum Deutungsmuster von „... da wird das Klima besser!" hebt „... Frauenteams sind ein Desaster!" die kommunikativen Kompetenzen von Frauen als grundsätzlich negativ für eine Zusammenarbeit hervor. Wiederum führe ich sieben Passagen aus den unterschiedlichen Interviews an, um diese Ausdeutung zu vollziehen:

2) Negative Ausdeutung: „... Frauenteams sind ein Desaster!"
   IB: ... hättest du mich das vor fünf jahren gefragt, dann hätte ich gesagt, das kann es ja nicht sein, aber mittlerweile sage ich immer daily soap, es gibt nichts, was es nicht gibt, oder die eine der anderen den mann ausspannt oder den freund undundund.
   KF: ... und der muss eigentlich in dem frauenteam mitarbeiten. aber da kommts halt auch ... ich schau mir die leute immer an vorher, und dann kann man das eigentlich immer recht gut abschätzen, kann er es oder kann er es nicht.
   AS: ... dass man je nachdem, was für eine frau, wie gesagt, nicht pauschalieren, aber ich sag jetzt einmal, zum großteil muss man höllisch aufpassen, was man sagt, weil die immer zwischen den zeilen lesen.
   RB: ... wenn sie ein bisschen rumgezickt haben oder so, aber das ist normal ...
   RM: ... das hab ich auch schon mal aus eigener erfahrung, als ferienarbeiter, schon mal erlebt, wo ich dann als ferienarbeiter in einem reinen, war auch ein produktionsbetrieb, und dann waren wir nur zwischen frauen, das war ein desaster [lachen].
   FF: ... für mich sind reine männerorganisationen schlimm, ich muss aber ehrlich gestehen, reine frauenorganisationen sind schlimmer.
   AT: ... ein reines frauenteam, das ist für mich ein, wie soll ich sagen? ein no go.

Wie sichtbar wird, werden die kommunikativen Kompetenzen von Frauen in der betrieblichen Zusammenarbeit in diesem Deutungsmuster negativ kodiert. Während IB die Kommunikation von und unter Frauen als irrational und unnachvollziehbar argumentiert, legen KF und AS hier grundlegende Schwierigkeiten dar, im betrieblichen Alltag mit Frauen zu interagieren. RB bezeichnet Gehässigkeit in der Zusammenarbeit vor allem unter Frauen als ein übliches Verhaltensmuster, und RM, FF und AT erachten eine Zusammenarbeit in einem Team, das sich rein aus Frauen zusammensetzt, für insgesamt nicht tragbar. Auf das Thema der Kommunikationskompetenzen von Frauen bezogen steht das Deutungsmuster von „... Frauenteams sind ein Desaster!" nicht allein im Widerspruch zur Ausdeutung von „... da wird das Klima besser!". Die beiden hervorgebrachten, kollektiven Muster, so lässt sich schlussfolgern, tragen in ihrer Widersprüchlichkeit deutlich zu einer gegensätzlichen Ausdeutung und Aushandlung von Geschlechtergerechtigkeit in der betrieblichen Alltagszusammenarbeit bei.

Die beiden Bündel zeigen beispielhaft, wie über die Kernsatzanalyse widersprüchliche Bedeutungs- und Gestaltungsmuster erarbeitet wurden, die in Literatur und Forschung im Zusammenhang mit Geschlechterdiskriminierung als hinlänglich bekannt diskutiert werden. Des weiteren, das zeige ich nachfolgend vereinfacht über den exemplarischen Bezug der empirischen Daten zu theoretischen Quellen, die Diskriminierungsmuster belegen, ließen sich folgende widersprüchlichen Muster systematisieren.

Der Übersichtlichkeit wegen werden die Ergebnisse nachfolgend tabellarisch aufgelistet:

Nr	**Beispiel Muster Phänomene**	**Fallbeispiel Pro**	**Fallbeispiel Kontra**	**Beispiel Literatur**
1a	**Stereotype Weiblichkeit**	die emotionale komponente [...] ist [...] bei frauen deutlich stärker	[die] hochtaffe lady [...] hat den laden einfach im griff gehabt, der war das restliche egal	Arrow 1973; Phelps 1972
1b	**Stereotype Männlichkeit**	ich glaub schon, dass männer [...] ein höheres risiko übernehmen	die [weibliche schlüsselkräfte, A.R.] trauen sich, die trauen sich viel, ja	Arrow 1973; Phelps 1972
2	**Frauen als sexualisierte Wesen**	dass die [frauen] [...] mit ihren optionen und möglichkeiten dann schauen, ob sie da vielleicht etwas mehr kontakt, oder mehr mit dem mann oder so zu tun haben	ich kann mich jetzt nicht an eine situation erinnern, wo ich irgendwo gedacht hätte, das ist jetzt eine frau oder ein mann	Rastetter 1994/2013, 2007

Nr	Beispiel Muster Phänomene	Fallbeispiel Pro	Fallbeispiel Kontra	Beispiel Literatur
3	**höheres Fluktuationsrisiko bei Frauen**	ich denke, dass sie [frauen, A.R.] immer noch im zweifelsfall karriere zurückstellen gegenüber familie und kinder	es [ist] selbstverständlich, dass circa 50:50 [männer:frauen, A.R.] auf der universität technik studieren und das spiegelt sich auch bei [firma] und bei anderen unternehmen wider	Dressel/ Wanger 2013
4	**Benchmarkorientierte Gleichstellungsrhetorik**	da [gleichbehandlung von männern und frauen, A.R.] haben wir immer topwerte	der [hat] einfach seinen job [gleichbehandlung von männern und frauen, A.R.] nicht gemacht. und das ärgert mich	Müller 2013b
5	**Symbolische Politik**	wir tun eh alles [für die geschlechtergleichstellung, A.R.]	wir müssen eigentlich was tun [für die geschlechtergleichstellung, A.R.]. wir tun aber nicht so viel	Liebig 2013, 2001
6	**Sackgassenberuf**	ich hab [...] eine dame, die macht alle kundenaudits	in jeder ebene [...] gibt es jetzt frauen in führungspositionen	Ranftl 2014
7	**Gläserne Decke**	dann hat es auch zuerst geheißen: nein, wir stellen keine frauen ein in der position	dass wir durchaus heute frauen in gewissen situationen sogar bevorzugen gegenüber männern	Littmann-Wernli/ Schubert 2001
8	**Drehtüreffekt**	meine frau verdient jetzt [nach elternkarenzzeit, A.R.] weniger	wir haben unsere mitarbeiterinnen [in elternkarenzzeit, A.R] auf dem radar	Wilz 2013b

Abbildung 10: Betriebliche Deutungsmuster von Geschlechtergerechtigkeit (eigene Erarbeitung, A.R.)

Neben des Aufdeckens vielfältiger Gegensätzlichkeiten und des Entdeckens und Vergleichens von Altbekanntem machten die Daten auch deutlich, dass es nicht auszureichen schien, den Analyseblick ausgehend von der subjektiven auf die kollektive Deutungs- und Handlungsebene allein zu lenken, wenn die bestehenden Widersprüche systematisiert und in ihren Spannungsverhältnissen verstanden werden sollen.

Das Ergebnis der Gleichzeitigkeit von Ungleichzeitigkeiten verdeutlichte die Notwendigkeit einer Neuausrichtung des geplanten Forschungsvorgehens. Denn warum und wann welches dieser widersprüchlichen Deutungs- und Handlungsmuster welche Art von geschlechtergerechten Beziehungen in technischen Organisationen organisiert, das wurde deutlich, ließ sich über die Kernsatzanalyse nicht erfassen. Im Nachdenken über das weitere Vorgehen erschlossen sich drei mögliche Varianten: Um den Fokus vor allem auf schon Erreichtes zu legen, konnte ich meinen Blick erstens vor allem auf Veränderung ausrichten. Das bedeutete, die beobachteten althergebrachten Deutungsmuster eher zu vernachlässigen und mich in der Analyse auf eher progressivere Muster zu konzentrieren. Einerseits könnte so sichtbar neues Wissen in Anschluss an schon Geleistetes gesetzt und für die Praxis nutzbar gemacht werden. Indem jedoch, das impliziert diese Ausrichtung, traditionelle – und gleichermaßen dominante – Verhaltensmuster im Tun eher ausgeblendet und unsichtbar gemacht werden würden, liefe ich mit meiner Analyse hier Gefahr, neue Tabuisierungen zu schaffen, die in Folge neue Strukturausschlüsse aufwerfen könnten. Zweitens schien es mir möglich, den Fokus auf Beharrung zu richten und diese eher dominanten Verhaltens- und Deutungsmuster zu beleuchten. Darüber würde der Beständigkeit alter Ungleichheitsordnungen, Diskriminierungsmuster und -routinen einerseits zwar angemessen analytisch Raum gegeben werden können. Andererseits würden jedoch schon erfolgreich implementierte Geschlechtergleichheitsstrategien im Alltagshandeln der Akteur_innen eine Ausblendung erfahren. Zudem implizierte dieses Analysevorgehen die Gefahr, zur Reifizierung der Geschlechterungleichheiten und der Stabilisierung der Geschlechterungleichheitsstrukturen beizutragen. Denn die Fokussierung auf Bipolarität und Geschlechterdifferenzen festigt nach Auffassung von Gildemeister/Wetterer (1992) gleichzeitig die unhinterfragte Grundannahme einer biologisch gegebenen Zweigeschlechtlichkeit. Die Analyse eine Stufe „tiefer“ anzusetzen und zu rekonstruieren, unter welchen historisch und sozial vorgefertigten Sinnbezügen die betrieblichen Akteur_innen welche ihrer Deutungen und Handlungen als geschlechtergerecht beziehungsweise geschlechterungerecht bestimmen, erwies sich schließlich als das dem Forschungsanliegen angemessene Vorgehen. Denn sowohl die traditionellen als auch die progressiven Muster würden so in ihren konstruierten oder konstituierten Bedingungen und Faktoren beleuchtbar. Mit dem Fokus auf die Rekonstruktion des Verhältnisses dieser ebenso konstruierten Bedingungen und Faktoren würden die Grundwidersprüche von Geschlechtergerechtigkeit im Unternehmen typisierbar und systematisierbar gemacht werden können. Somit habe ich mich entschlossen, mein Vorgehen dementsprechend zu adaptieren, um der Komplexität des Untersuchungsgegenstands gerecht werden und die Daten angemessen auswerten zu können. Im zirkulären Stil der Grounded Theorie habe ich dann im Tun sukzessive ein Verfahren entwickelt, das die

Kernsatzanalyse von Leithäuser/Volmerg mit der Wissenssoziologischen Diskursanalyse von Keller und methodischen Elementen der Grid und Group – Theorie von Douglas trianguliert. Die über die Kernsatzanalyse gebündelten Praxisthemen ließen sich so regelgeleitet und gleichzeitig offen anhand der Wissenssoziologischen Diskursanalyse an konstituierende Diskurse knüpfen. Widersprüchliche Geschlechterrealitäten in der Praxis wurden zudem mit ihren historisierten und relativierten Bezügen anhand der Grid und Group – Achsen systematisierbar. Darüber sehe ich gewährleistet, dass diese Komplexität analytisch zugänglich und organisational fassbar gemacht werden kann. Aus diesen Gründen habe ich die Methoden nach und nach dem Vorhaben entsprechend angepasst.

Ein Vorteil der Methode der Kernsatzanalyse liegt darin, dass sie sich als optimal anschlussfähig an andere Auswertungsansätze erweist. Indem die Kernsätze nahe an den Themen der Befragten formuliert werden, können diese Sätze in andere Analysezusammenhänge eingebunden werden, ohne dass es zu Brüchen in der Analysestruktur kommt. In dem hier vorliegenden Zusammenhang können sie – und die identifizierten Bedeutungen – zudem als das Ergebnis des Prozesses des offenen Kodierens im Sinne des Verständnisses von Strauss/Corbin erfasst werden. Am Thema Geschlecht habe ich, um die Begriffe der Grounded Theorie zu verdeutlichen, oben beispielhaft nachvollziehbar gemacht, wie das Datenmaterial, aufgebrochen in seine unterschiedlichen Elemente, theoretisch gesampelt wurde. Über dieses Vorgehen konnte ich einen Überblick darüber geben, wie Geschlecht in der Alltagszusammenarbeit von technischen Unternehmen nach Auffassung der interviewten Führungskräfte thematisch vielfältig Handlungs- und Bedeutungsrelevanz erfährt. Diesen Prozess habe ich auch beim Thema Gerechtigkeit wiederholt. Über die Zerlegung und das Aufbrechen wurde das relevante empirische Datenmaterial theoretisch gesampelt und Eigenschaften und Dimensionen erst zum Thema Geschlecht und anschließend zum Thema Gerechtigkeit sichtbar gemacht. Aufbauend darauf habe ich in einem zweiten Schritt die erhobenen Daten dann mithilfe der Wissenssoziologischen Diskursanalayse axial kodiert.

6.5.2.2 Von der Wissenssoziologischen Diskursanalyse zum axialen Kodieren

Wie auch das Grounded Theorie Verfahren ist die Wissenssoziologische Diskursanalyse als ein zirkulärer Prozess angelegt. Sukzessive werden aus einem zusammengestellten Datenkorpus bestimmte Daten ausgewählt und mit Bedeutung versehen. Dabei wird über eine Hin- und Herbewegung darauf geachtet, dass der offene, doch gegenstandsbezogene Suchprozess eine Bandbreite an möglichen Daten erfasst. Laut Keller „organisieren [Diskurse] nicht nur die Strukturen des Wissens, sondern auch sich daraus ergebende (Sinn-)Strukturen der sozialen Beziehungen und der materiellen Objektwelt“ (Keller 2006, 126). Jedoch fokussiert die Wissenssoziologische Diskursanalyse nicht auf die subjektiven Phänomene der einzelnen Akteur_innen. Sie konzentriert sich darauf, die Objektivation oder Legitimation von Sinn- und Deutungsprozessen „nicht als singuläre (Aussage-)Ereignisse, sondern als strukturierte Zusammenhänge, d.h. eben: als Diskurse zu rekonstruieren und die gesellschaftlichen Wirkungen dieser Prozesse zu analysieren“ (Keller 2010, 205). Dazu erscheinen folgende drei Kontextdimensionen als relevant: Historisch-sozialer, zeitdiagnostischer Kontext, institutionell-organisatorischer Kontext und situativer Kontext (Keller 2011, 100).

Im vorliegenden Zusammenhang erweist sich die Wissenssoziologische Diskursanalyse methodisch als eine fruchtbare Ergänzung zur Kernsatzanalyse. Denn sie ermöglicht nicht allein, übersituative Zusammenhänge mit Elementen der Grounded Theorie zu rekonstruieren. Über die Fokussierung der Daten nicht auf Subjekt-, sondern auf kollektiver, gesellschaftlicher Ebene erlaubt sie es auch, Deutungsmuster auf einer höheren Abstraktionsebene zu beleuchten und in Verhältnis zu setzen. Weil sich, so die Annahme, über die Wissenssoziologische Diskursanalyse auch Widerspruchsphänomene von Geschlechtergerechtigkeit in Verhältnis setzen lassen, wird sie hier vor allem für den Prozess des axialen Kodierens relevant.

Wie schon beim Beispiel des offenen Kodierens über die Kernsatzanalyse veranschauliche ich ein Ergebnis eines axialen Kodierprozesses anhand einer konkreten Darstellung zum Thema Geschlecht. Dabei dimensionalisiere ich drei, schließlich als widersprüchlich gedeutete Aussageereignisse der in Kapitel 7.2.1 angeführten Kategorie „Grundlagen“. Über diese Dimensionalisierung werden die Textelemente miteinander in Beziehung gesetzt und Bedingungen hervorgebracht, die als Bausteine unterschiedlicher Diskurse erkannt werden.

Unter „... das ist so wie beim Hahn!“ (Kapitel 7.2.1.1) wird folgendes Ereignis angeführt:

> KW: frauen [haben] vielleicht gewisse stärken in bereichen [...], die die männer nicht so haben. dass sie ausgleichend wirken, nicht versuchen immer, vielleicht ein bisschen die konkurrenzsituation zwischen männern, die ja ab und zu herrscht, eben nicht spielen, also diese konkurrenzsituation dann eher nicht machen. also zwischen

> frauen und männern gibts eigentlich fast nie, also, ich empfinde es als, nie eine konkurrenzsituation [...] wenn nur männer in der gruppe sind, merkst du schon, dass da eine stärkere konkurrenzsituation da ist, und auch, dass das stärker ausgelebt, also, artikuliert wird.
> AR: wie wird das artikuliert?
> KW: ja, also nicht so direkt, aber es kann schon vorkommen, dass da jeder versucht zu zeigen, dass er der platzhirsch ist. und das ist, mit einer reinen männerorganisation ist das durchaus stärker ausgeprägt.

KW unterlegt seiner Vorstellung die Annahme, dass es Zweigeschlechtlichkeit de facto gibt und Männer und Frauen verschieden sind. Diese Verschiedenheit ist unbedingt und in der Natur begründet. Geschlecht wird als biologische Kategorie relevant. Darüber wird Geschlecht nicht hinterfragbar und zu einer unteilbaren Konstante. Geschlecht artikuliert sich über körperbezogene Eigenschaften und schließlich zeigen die Elemente eine statische Wirkung. Über diese analysierten Merkmale ist dieses Aussageereignis im Kontext von Geschlechterdifferenzdiskursen situiert.

Die Subkategorie „... das ist transzendiert vom Jagen!" (Kapitel 7.2.1.2) führt folgendes Ereignis an:

> HW: frauen haben, zumindest in unserem kulturkreis [...] haben sozusagen eine andere, eine andere, wie sagt man denn da jetzt?, sie haben halt sozusagen eine erziehung und eine kultur genossen [...] also das sind halt, das sind rollenverständnisse, die sich in einem kulturkreis ausbilden [...]
> AR: wie erklären sie sich das, dass es unterschiedliche kulturelle hintergründe gibt?
> HW: puh ... *aus einer sehr veralteten kultur, nicht?, der mann bringt, also, sehr weit zurückgreifend, nicht? [...] also, im bergwerk haben halt eher männer gearbeitet [...] genauso wie, was weiß ich, beim, beim jagen oder sonst was, aber ich glaub, dass es ganz tief und weit zurückreichende ursachen hat, die irgendwie gepflegt worden sind.

Auch HW unterlegt seiner Darstellung die Annahme, dass es Zweigeschlechtlichkeit tatsächlich gibt. Jedoch argumentiert er, dass Männer und Frauen grundsätzlich gleich sind. Verschiedenheiten sind kulturell begründet. Geschlecht wird als soziale Kategorie relevant. Darüber wird Geschlecht hinterfragbar und zum teilbaren Konstrukt. Geschlecht wird in Geschlechterrollen und einem spezifischen Verhalten sichtbar. Und über diese Merkmale werden Menschen als Frauen und Männer in Relation zueinander gesetzt. Diese analysierten Merkmale situieren dieses Aussageereignis somit in den Kontext von Geschlechtergleichheitsdiskursen.

Schließlich führt die Subkategorie „… wieso fragt man nach den Unterschieden?“ (Kapitel 7.2.1.3) folgendes Aussageereignis an:

> AR. gibts unterschiede zwischen männer und frauen […]?
> OH: ja.
> AR: können sie das beschreiben?
> OH: ja, weil das gibts auch zwischen männern und männern.
> AR: einfach mal beschreiben, bitte!
> OH: ich könnte das auch mit ‚nein‘ beantworten.[…] es gibt so viele unterschiede, dass ich frag, wieso fragt man genau nach dieser trennung?

OH schließlich stellt Zweigeschlechtlichkeit in Frage. So argumentiert er, dass der Geschlechterbegriff insgesamt unbestimmt ist. (Geschlechtsbezogene) Verschiedenheiten sind hier erzeugt. Geschlecht wird als Ordnungskategorie relevant. Darüber wird Geschlecht von Subjekt und Gesellschaft abgehoben und zu einer abstrakten Variable. Geschlecht wird diskursiv sichtbar, Geschlechtsmerkmale sind kontingent und drücken sich performativ aus. Diese analysierten Merkmale situieren dieses Aussageereignis somit in den Kontext von Diskursen der Dekonstruktion oder Aufhebung von Geschlecht.

Beispielhaft lassen sich an der in Kapitel 7.2.1 angeführten Kategorie „Grundlagen“ über die axiale Kodierung der subkategorischen Aussagen also Merkmale und Ereignisse konstatieren, die als übersituative Diskursbedingungen von widersprüchlichen Geschlechteraussagen gelten und abstrakt in Beziehung gesetzt werden können. So sind Annahmen vorausgesetzt, die einmal von der Unterschiedlichkeit oder der Gleichheit von Geschlecht ausgehen beziehungsweise Zweigeschlechtlichkeit insgesamt in Frage stellen. Klassifiziert wird Geschlecht als biologische, als soziale oder als Ordnungskategorie. Seine Form erhält Geschlecht im Körper, in der Gesellschaft oder in der Sprache über determinierte, konstruierte oder konstituierte Größen. Der Ursprung von Geschlecht wird in der Natur, in der Kultur oder in abstrakten Zeichen begründet. Und der Herstellungsmodus wird als statisch, wechselwirkend oder performativ betrachtet.

Der besseren Übersichtlichkeit wegen werden die Ergebnisse nachfolgend tabellarisch aufgelistet:

	Differenz	**Gleichheit**	**Aufhebung**[55]
Annahme	Unterschiedlich	Gleich	Infragestellung von Zweigeschlechtlichkeit
Kategorie	Biologisch	Sozial	Tiefenordnung
Form	Körper	Gesellschaft	Sprache
Größe	Determiniert	Konstruiert	Konstituiert
Ursprung	Natur	Kultur	Abstrakt
Modus	Statisch	Wechselwirkend	Performativ

Abbildung 11: Axiale Kodierung der Daten der Kategorie „Grundlagen" (eigene Erarbeitung, A.R.)

In diesem Kapitel habe ich deutlich gemacht, wie sich der Forschungsprozess ausgehend von identifizierten Kodes, Subkategorien und Kategorien der Literaturanalyse über die dem Vorhaben angepasste Methode der Wissenschaftlichen Diskursanalyse vergleichend auf das über die Kernsatzanalyse erhobene und offen kodierte Datenmaterial zubewegt. Dieses Vorgehen habe ich auf die unterschiedlichen Datenkategorien von Geschlecht und Gerechtigkeit angewendet. Darüber wurde ermöglicht, kollektive Deutungs- und Handlungsmuster in ihrer „sozialen Situiertheit" (Keller 2011, 99), das heißt, auch die bedeutungsstiftenden Voraussetzungen und die Beziehungen zueinander, zu erfassen.

6.5.2.3 Das selektive Kodieren nach Grid und Group

Nach der beispielhaften Vorstellung des axialen Kodierens gehe ich nun ebenso beispielhaft auf das Verfahren des selektiven Kodierens anhand der Grid und Group – Beziehungsachsen ein. In Kapitel 3.4 wurden die Beziehungsachsen des Grid und Group – Ansatzes als das methodische Instrument erfasst, mit dem sich die widersprüchlichen Merkmale der theoretisch gedeuteten Geschlechter- und Gerechtigkeitskategorien sowohl

55 Der besseren Darstellbarkeit wegen wird der Ansatz der Dekonstruktion oder Aufhebung von Geschlecht hier mit „Aufhebung" abgekürzt.

innerhalb des eigenen thematischen Felds als auch in einem übergeordneten Bezug in Vergleich setzen lassen. Erste Erkenntnisse legen eine Systematisierbarkeit auch der Datenkategorien des empirischen Materials über den methodischen Zugang des Grid und Group – Modells nahe[56].

In einem letzten Schritt des selektiven Kodierens geht es um die Verknüpfung der axial vorläufig geordneten Kategorien der Themen Geschlecht und Gerechtigkeit. Da es im vorliegenden Kontext um die Systematisierbarkeit der Vielfältigkeit empirisch beobachtbarer, widersprüchlicher Ausdeutungen und Ausgestaltungen von Geschlecht, normativer und organisationaler Gerechtigkeit und schließlich Geschlechtergerechtigkeit in technischen Unternehmen geht, fokussiert das selektive Kodieren darauf, die Widerspruchsphänomene im Zusammenhang mit der Ausdeutung und Aushandlung von Geschlechtergerechtigkeit im Unternehmensalltag anhand einer strukturierten Regelhaftigkeit sichtbar und systematisierbar zu machen. Somit habe ich mich mit dem Ziel, zentrale Kernkategorien und deren konstituierende Bedingungen zu erarbeiten, danach ausgerichtet, die in den Datenkategorien vorhandene Komplexität so zu reduzieren, dass sie anhand der Grid und Group – Achsen verknüpfbar werden. Um die Schlüsselkategorien vergleichbar zu machen, habe ich das Regelmuster des Vierfelderschemas von Grid und Group übernommen und auf die Kategorien angewendet. Die widersprüchlichen Geschlechterrealitäten der Unternehmenspraxis konnten so schließlich mit ihren vielfältigen historisierten und relativierten Wissensbezügen systematisiert und vergleichbar gemacht werden.

Beispielhaft verdeutliche ich den Prozess des selektiven Kodierens darüber, wie sich als Voraussetzung für die Verknüpfung von Geschlecht und Gerechtigkeit die empirischen Feldkategorien zur organisationalen

---

56 Die Grid und Group – Achsen werden hier daher noch einmal auf den Gegenstand der Geschlechtergerechtigkeit in der Alltagszusammenarbeit von technischen Unternehmen bezogen: Geschlechtergerechte Beziehungen im Alltag technischer Unternehmen zeigen sich nach Grid und Group abhängig von zwei dimensionalen Größen. Einmal erweist sich die geschlechtergerechte Zusammenarbeit beeinflusst vom Grid – Ausmaß der hierarchischen Zwänge, denen sich die Beschäftigten im Alltag aufgrund ihres ihnen zugewiesenen Geschlechterstatus unterworfen sehen, als relevant beziehungsweise ob und wie die Alltagszusammenarbeit von Männern und Frauen als beeinflussbar und gestaltbar betrachtet werden kann. Zum anderen erscheinen geschlechtergerechte Arbeitsbeziehungen abhängig vom Group – Ausmaß der Einbindung in den Arbeitsbereich, die Abteilung oder das Unternehmen zu sein, nach denen weibliche und männliche Akteur_innen ihr Handeln ausrichten und in welchem Maße sie auf eine Zugewandtheit ihrer Kolleg_innen dort vertrauen können.

Gerechtigkeit über die Grid und Group – Achsen mit den normativen Gerechtigkeitskategorienverbinden. Dieser Schritt wird in Kapitel 5.5 unter Phase VIII angeführt. Bis dahin war das empirische Datenmaterial getrennt nach Geschlecht, organisationaler und normativer Gerechtigkeit bearbeitet worden.

Bei diesem Schritt der selektiven Kodierung habe ich anhand der Methode der minimalen Kontrastierung zuerst darauf geachtet, dass sich die Eigenschaften der Theoriekategorien zur organisationalen und normativen Gerechtigkeit mit den Merkmalen der entsprechenden empirischen Kategorien vergleichen lassen und sich das theoretisch identifizierte Vierfelderschema im empirischen Datenmaterial begründet. In Abgleich mit den theoretisch hervorgebrachten Kontrasteigenschaften an den Polen der beiden Achsen wurde in der anschließenden Datenanalyse anhand der Methode der maximalen Kontrastierung ein Schwerpunkt darauf gelegt, dass die in Vergleich gesetzten empirischen Passagen innerhalb der Kategorien konträre Eigenschaften aufweisen. Dazu wurden einige der zuvor erstellten Zusammenhänge neu interpretiert, andere wurden durch neu hervorgebrachte Daten ergänzt. Schließlich habe ich, jeweils mit drei, aus dem Datenmaterial erhobenen Szenen der Alltagspraxis der interviewten Akteur_innen, die unterschiedlichen, im Vierfelderschema in Bezug gesetzten, Gerechtigkeitsformen begründen können. Darüber habe ich einen systematischen Zusammenhang zwischen den diskurs- oder theorieanalytisch begründeten Gerechtigkeitsformen und den in der Alltagszusammenarbeit relevanten sozialen Strukturen und Beziehungen auch in den beteiligten Unternehmen erstellen können. Um die im letzten Zwischenschritt erstellten Schlüsselkategorien zu Gerechtigkeitsformen mit den Kategorien zur normativen Gerechtigkeit zu dimensionalisieren, bin ich genauso vorgegangen. Ich habe die bisher analysierten und dem Vierfelderschema zugeordneten Kategorien des empirischen Interviewdatenmaterials gezielt nach jenen normativen Eigenschaften und Dimensionen erforscht, die im Kapitel 3.4.2 von mir konzeptionalisiert wurden. Theoriegeleitet habe ich somit schwerpunktmäßig die schon identifizierten und empirisch gedeuteten Interviewfälle mit einer letzten theorieanalytischen Ebene in Vergleich gesetzt. Um die theoretisch ausgedeuteten Kategorien entsprechend empirisch zu begründen, habe ich in diesem Schritt im schematisch zugewiesenen empirischen Datenmaterial gezielt nach Eigenschaften gesucht, die die theorieanalytisch erstellten Bezugsetzungen von normativer Gerechtigkeit, organisationaler Gerechtigkeit und sozialer Beziehungen verifizieren. Über dieses Vorgehen konnte ich hervorbringen, wie formale, prinzipielle und normative Gerechtigkeit im Unternehmensalltag in Zusammenhang stehen. Dieses anhand der Grid und Group – Beziehungsachsen kodierte Gerechtigkeitskonzept systematisiert die Vielschichtigkeit von sozialer Gerechtigkeit im Unternehmensalltag, zeigt Grundwidersprüche auf und stellt die vorläufige, weil sich noch in Entwicklung befindende Gerechtigkeitstheorie der betrieblichen Praxis dar.

6.6 Grafischer Überblick des Forschungsprozesses

In den vorangegangenen Kapiteln habe ich genau beschrieben, wie ich mich strategisch und methodisch der Beantwortung der Forschungsfrage angenähert habe. Zur Veranschaulichung wird der Forschungsprozess abschließend grafisch dargestellt:

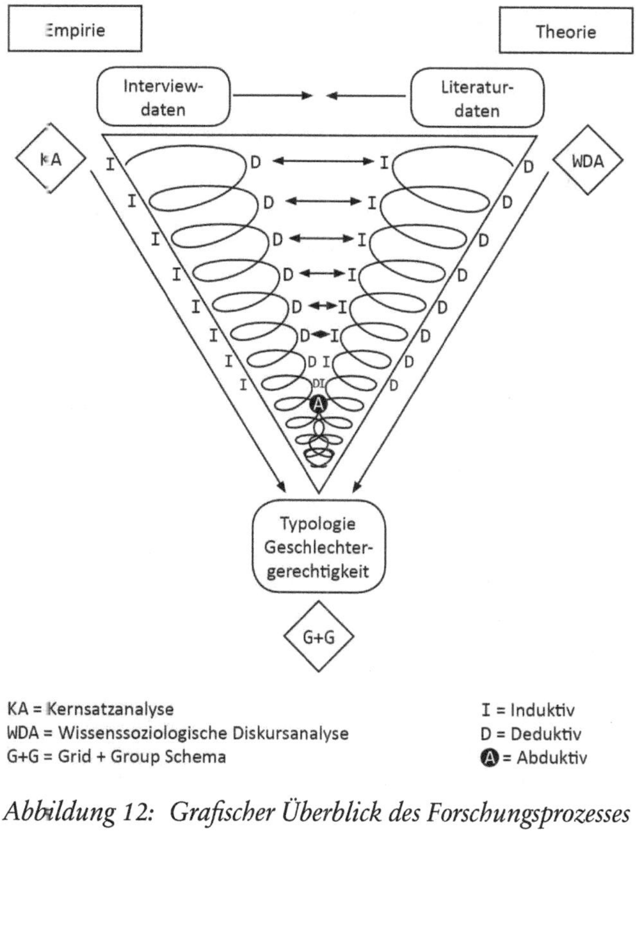

Abbildung 12: Grafischer Überblick des Forschungsprozesses

II. [Zwischenspann]

der erste blick auf das bisher erarbeitete zeigt folgendes: in der organisation von geschlechtergerechtigkeit in unternehmen bringen sich vielfältige muster einer geschlechtergerechten zusammenarbeit hervor. je nach standpunkt und sichtweise können diesen alltagszusammenarbeiten im zusammenhang mit geschlechtergerechtigkeit gegensätzliche bedeutungen zugewiesen werden. abhängig davon, wie sich beziehungen in der jeweiligen situation ausrichten, lässt sich ein und dieselbe zuweisung oder entscheidung jeweils auf unterschiedliche art und weise als geschlechtergerecht oder geschlechterungerecht deuten. ich habe erarbeitet, dass von den beteiligten dazu in der alltagssituation jeweils merkmale ausgewählt werden, die innerhalb eines bestimmten bezugssystems sinn hervorbringen. somit scheinen im tun also wirklichkeitsausschnitte fokussiert, die sich weiteren möglichen interpretationen eröffneten, wenn sich andere normative oder kulturelle aspekte in ihren auswirkungen als bedeutend erwiesen. jedoch scheinen die alternativen interpretationszusammenhänge ausgeblendet. so stellt sich die frage, ist geschlechtergerechtigkeit in der alltagszusammenarbeit in organisationen einfach nicht umfassend zu begreifen?

auf der oberfläche zeigt sich in diesem ersten blick noch etwas anderes: meinem anliegen, die widersprüchlichkeit von geschlechtergerechtigkeit über die analyse der verknüpfung von struktur und handlung angemessen zu erfassen, scheine ich nicht gerecht geworden zu sein. so sieht es danach aus, dass mich die organisation der vermittlung zwischen struktur und handlung, allen mühen zum trotz, im prozess des organisierens vom eigentlichen zentrum meiner aufmerksamkeit eher weggebracht haben könnte. um es nochmal vor augen zu führen, habe ich mein forschungsanliegen 2014 unter dem titel „ungleichheiten in technischen organisationen: zur dynamik von gerechtigkeit, geschlecht und organisation“ an der alpen-adria-universität klagenfurt eingereicht. im nachhinein gedeutet, habe ich es mir damals wohl zum anliegen gemacht, die widersprüchlichkeit von geschlechtergerechtigkeit im alltag technischer unternehmen ausgehend von den beiden punkten, die den von mir als passend erachteten titel in zwei sätze trennen, zu beleuchten. so wollte ich mich demnach, ausgehend von der position in der mitte – dem doppelpunkt – ein, zwei kleine schritte in richtung strukturperspektive bewegen, um mit „ungleichheiten in technischen organisationen“ die ungleichheitsstrukturen der organisation als ganzes ein wenig näher zu betrachten. ebenso wollte ich von dort mit ein, zwei kleinen schritten auch in richtung handlungsebene gehen, um „zur dynamik von gerechtigkeit, geschlecht und organisation" wechselseitige auswirkungen zwischen gerechtigkeit und geschlecht in der praktischen alltagsorganisation zu erfassen. handlungsperspektivisch betrachtet scheine ich mich auch durchaus bewegt zu haben. das „dazwischen" von geschlecht, gerechtigkeit und organisation wurde zirkulär beleuchtet. die widersprüchlichkeiten in zusammenhang mit geschlechtergerechtigkeit wurden schrittweise in bezug gesetzt. und darüber lassen sich herausforderungen in der organisation von geschlechtergerechtigkeit im miteinander besser erfassen. gleichermaßen scheint mich dieses tun auf der handlungsebene von den ursprünglich geplanten ein, zwei kleinen schritten in richtung der strukturebene entfernt zu haben. denn das vorhaben, über die zergliederung der organisation als ganzes ein besseres verständnis zu bestehenden ungleichheitsstrukturen zu erarbeiten, ist mir fast gänzlich außer blick geraten. habe ich da etwas falsch gemacht?

zur beantwortung dieser frage richte ich meinen blick auf die forschung: in der disziplin der organisations- und geschlechterforschung lassen sich die strukturperspektiven zum verhältnis von geschlecht und organisation anhand drei unterschiedlicher positionierungen beschreiben (wilz 2013a, 150ff.). so gelten zum beispiel kathy ferguson (1984), rosemary pringle (1989), janice yoder (1991) oder, wie sich in kapitel 2.2.3.2 schon andeutet, joan acker (1991) als klassikerinnen der organisationsforschung, die organisationsstrukturen generell als vergeschlechtlicht, das heißt, organisationen als strukturell von geschlecht durchzogen, betrachten. im gegensatz dazu gelten die auch schon in kapitel 2.2.3.2 eingeführte rosabeth kanter (1977) und ulla ressner (1987) als vertreterinnen der organisationsforschung, die organisationen im wesentlichen als geschlechtergleich strukturiert erachten[57]. schließlich erscheint in der neueren forschung eine dritte perspektive beispielsweise über ursula pasero (2003) bedeutend, nach der sich geschlechterdifferenzierungen in organisationen funktionell überlagern, sodass sie sich dort strukturell als unbedeutend erweisen. während der erste ansatz organisationen als grundlegend vergeschlechtlicht und der zweite sie als grundsätzlich geschlechtergleich betrachten, erachtet der dritte ansatz schließlich die polarisierende betrachtungsweise auf organisationen insgesamt als unangemessen (riegraf 2013, 17f). der kurze blick

57 auffallend ist nach edeltraud ranftl, dass kanter zu den wenigen autorinnen der organisations- und geschlechterforschung gehört, die überhaupt von der mainstream-organisationsforschung rezipiert wird (ranftl 2014, 69).

auf den stand der strukturforschung zeigt somit ein spannungsfeld von positionierungen, die sich anschlussfähig an die schon im kapitel 2.2 erarbeiteten diskursansätze zeigen. darüber wird ein zusammenhang von struktur und handlung deutlich, bei dem ich, ganz im sinne des interpretativen ansatzes, im forschungsprozess der handlungsperspektive den vorrang einräume (vgl. kapitel 5.1). über das kommunikative „handeln der akteurinnen, über ihre organisationalen praktiken“ (krobath 2010, 549) fortgeschrieben, entwerfen sich, davon gehe ich also aus, die organisationsstrukturen als ein breites spektrum von in form gegossenen diskursen (ebenda). wie schon die soziale konstruktion von geschlecht, deute ich somit auch organisationsstrukturen als tatsachen, die sich sozial hervorbringen, indem sie sich erst ausdeuten und aushandeln, um sich dann zu objektivieren.

dies zur grundlage genommen, wird es mir deutlich: eigentlich ist mir die strukturebene in der bearbeitung der widersprüchlichkeit von geschlechtergerechtigkeit nicht wirklich aus dem blick geraten. denn ob und wie geschlechtergerechtigkeit in organisationen heute welche bedeutung erfährt, sich reproduziert und erhält, lässt sich, so meine annahme, nur mit blick auf das organisationale geschehen selbst erfassen. so waren für mich, um organisation strukturell zu begreifen, angelehnt an edeltraud hanappi-egger und helga eberherr, die fragen leitend, wie sich im prozess des organisierens geschlechtergerechtigkeitsrelevante bezüge herstellen und ordnungsprinzipien konstituieren, die sich in der alltagspraxis der organisationalen akteur_innen dann als handlungsleitend erweisen (hanappi-egger/eberherr 2014, 225). das heißt, organisation in vorliegendem zusammenhang wird somit rein prozesshaft als eine „momentaufnahme kontinuierlicher veränderung“ (hanappi-egger/eberherr 2014, 226) bedeutend. das tun meiner forschung sieht sich somit einmal auf einem prozesshaften organisationsbegriff begründet und vermittelt gleichzeitig ein verständnis, das sich auch bei den organisationalen akteur_innen widerspiegelt[58].

wie sich die prozesshafte organisation auf meine forschung auswirkt, möchte ich hier kurz reflektieren: das prozesshafte organisationsverständnis wurde zum einen bei der bearbeitung des phänomens geschlecht bedeutend. denn über die prozesshafte organisation war es mir möglich, das phänomen der gleichzeitigen relevantmachung und nichtrelevantmachung von geschlecht in der alltagszusammenarbeit von unternehmen zu beleuchten. denn der blick auf das organisationale geschehen eröffnete

58 beispielhaft beschreibt xp im interview organisationsstrukturen in seiner abteilung als „sehr tagesgetaktet, weil übermorgen, in zwei monaten ist alles anders wie heute“.

mir einen zugang dazu, ob, wie und in welchen kontexten die soziale kategorie geschlecht im alltag wirksam gemacht wird. die soziale bedeutung von geschlecht erwies sich dabei dynamisch und situativ ausgedeutet und ausgestaltet[59]. zudem konnte die heterogenität der kategorie geschlecht selbst anhand der prozesshaften organisation anschlussfähig gemacht werden. gegensätzliche bedeutungszuschreibungen und auswirkungen von geschlecht konnten erfasst, regelhaft miteinander in verhältnis gesetzt und in ihrer gleichzeitigen relevantmachung sichtbar gemacht werden. darüber wurden geschlechtsbezogene ungleichheitshandlungen deutbar und als sozial gestaltet erkennbar. zudem wurde mit blick auf die organisationsstrukturen sichtbar, dass sich die ungleichheitsstrukturen und die hierarchischen geschlechterordnungen in den organisationen nicht unabhängig von deutungen und handlungen der akteur_innen gestalten. auf der grundlage historisch entworfener und kontextuell hervorgebrachter bezüge und bedingungen zeigen sich geschlechterbeziehungen in der situation der zusammenarbeit erst ausgedeutet, um sich dann über wiederholende praktiken in kulturellen mustern zu institutionalisieren. in diesen kulturmustern setzt sich dann die organisation entsprechender organisationsstrukturen in anschluss, die wiederum dazu beitragen, die geschlechterkulturmuster und geschlechterbeziehungsformen zu festigen und zu reproduzieren.

neben der bearbeitung des sozialen phänomens geschlecht, das sich in der alltagspraxis von akteur_innen im unternehmen auf kultureller ebene konkretisiert, war es mir über den zugang der prozesshaften organisation auch möglich, gerechtigkeit als ein sozial konstruiertes phänomen zu begreifen, das mit der weise, wie geschlechterbeziehungen im organisationalen geschehen organisiert werden, in zusammenhang gesetzt zu sehen ist. denn die kulturmuster von geschlecht und die formen von gerechtigkeit zeigen sich systemisch so aufeinander bezogen, dass sich die in situationen der alltagszusammenarbeit hervorgebrachte art der geschlechterbeziehung tendenziell einer bestimmten form von gerechtigkeit zuordnet. und in diesen formen wiederum heben sich bestimmte normen als kulturell relevant hervor. somit verknüpft sich – je nach kulturkontext in art und maß unterschiedlich – „doing gender“ im praxisalltag von unternehmen mit

59 ein solches prozesshaftes und situatives organisationsverständnis wird beispielhaft an einer passage aus dem interview mit hw deutlich. gefragt danach, wie er organisation gestaltet, gibt er folgende antwort: „aus der beurteilung der situation, wie sie dort konkret ist, also aus dem verständnis. ich versuche, die lage zu verstehen, und dann den richtigen typ hinzusetzen“.

„doing justice“ (vgl. dazu auch wilz 2013a, 152). denn die entscheidung, welches prinzip in einer nach einer bestimmten form geordneten alltagspraxis handlungsleitend zur anwendung kommt, begründet geschlechtergleichheit in der zusammenarbeit als konform und somit geschlechtergerecht oder als nicht konform und darüber als geschlechterungerecht. das zeigt, dass die organisation von geschlechtergerechtigkeit sich weder auf antworten zur frage nach dem abstrakten verhältnis von geschlechterdifferenz und geschlechterhierarchie reduzieren noch über den entwurf und die umsetzung praxiszentrierter gleichstellungsstrategien allein ausdeuten und ausgestalten lässt. doch gewöhnlich, das ist mir aus vielen jahren praxisarbeit im feld der geschlechterarbeit bekannt, streben wir das an, wenn geschlechtergerechtigkeit in organisationen organisiert werden soll (unter anderem cordes 2010). somit erweist sich der begriff der organisation auf struktur- und handlungsebene im zusammenhang mit geschlechtergerechtigkeit als reform- beziehungsweise optimierungsbedürftig.

im nachhinein gedacht, eröffnet der zugang der prozesshaften organisation auch hier den passenden anschluss. denn der (de-)konstruktivistisch-interpretative zugang der prozesshaften organisation erlaubt es, im prozess des organisierens auf die begrenzungen im tun zu reflektieren. karl weick (1995) zufolge, der in der literatur als einer der erfolgreichsten prozesshaften organisationstheoretiker hervorgehoben wird (hanappi-egger/eberherr 2014, 228), materialisieren sich über den begriff organisation handlungsordnungen und wirkungsweisen, die sich im moment der bezeichnung selbst hinterfragen und darüber den weiteren prozess des organisierens als voraussetzungsbedingung einschränken: „das wort organisation ist ein substantiv, und es ist außerdem ein mythos“ (weick 1995, 129), das uns dazu verleitet, inhaltsleere formen fälschlicherweise in inhalte zu verwandeln, nach denen wir unsere handlungen dann ausrichten. in diesem sinne habe ich mich dazu entschlossen, weicks vorschlag aufgreifen zu wollen, um in *I. [vorspann]*, *II. [zwischenspann]* und *III. [nachspann]* „alle substantive einzustampfen“ (weick 1995, 67). darüber möchte ich nicht allein mein wissen um die unabgeschlossenheit und die prozesshaftigkeit des begriffs organisation im hier vorliegenden werk verdeutlichen, die ich vor allem in diesen kapiteln zur sprache zu bringen versuche. ich möchte auch an sprachlich gesetzten gewissheiten rütteln und, wie in den nachfolgend in bezug gesetzten interviewpassagen, auf das wie des organisierens verweisen, indem ich auf kleingeschriebenes und somit auf interpretativ hergestellte zusammenhänge fokussiere. und schließlich möchte ich darüber auch deutlich machen, dass auch diese studie als produkt eines dynamischen prozesses der sozialen wissensgenerierung zu verstehen ist, dessen inhalte in kooperativer zusammenarbeit mit den interviewpartner_innen diskursiv entworfen und zirkulär weiterverarbeitet wurden und ganz im sinne der prozesshaften organisation als momentaufnahme der kontinuierlichen veränderung von organisationen zu verstehen sind.

7. Darstellung der Ergebnisse

Nachfolgend wird die Organisation von Geschlechter(un)gerechtigkeit in der Alltagspraxis von Unternehmen analysiert. Die Basis stellen insgesamt 16 problemzentrierte Interviews dar, die zwischen Juni und August des Jahres 2015 beziehungsweise zwischen Mai und Juni des Jahres 2016 mit Führungskräften von zwei technischen Unternehmen in Österreich geführt wurden. Anhand der Daten aus Erzählungen von zwölf Männern und vier Frauen, die zu den jeweiligen Interviewzeitpunkten Führungspositionen in ihren Betrieben besetzten, werden die Sinn- und Handlungsbezüge der gegenläufigen Deutungs- und Handlungsmuster zu Geschlechtergerechtigkeit und Geschlechterungerechtigkeit rekonstruiert, die sich in der Alltagspraxis von diesen Unternehmen als relevant erweisen. Die folgende Darstellung der empirischen Ergebnisse orientiert sich am forschungslogischen Aufbau der hier vorliegenden Studie.

In Kapitel 7.1 werden erst die analysierten Deutungsebenen und Gestaltungsebenen von Geschlecht analog zu den drei in Kapitel 2 erarbeiteten Geschlechterdiskursen der Geschlechterdifferenz (Kapitel 7.1.1), der Geschlechtergleichheit (Kapitel 7.1.2) und der Dekonstruktion oder Aufhebung von Geschlecht (Kapitel 7.1.3) angeführt[60]. Dies zeigt auf, wie die interviewten Führungspersonen die Deutung und Gestaltung der geschlechtsbezogenen Zusammenarbeiten in ihrer Alltagspraxis perspektivisch ausrichten. Zudem verdeutlicht sich, wie sich ein Umgang mit der Bedeutungsvielfalt von Geschlecht in der Alltagspraxis von technischen Organisationen über Ausschließungen organisiert.

In Kapitel 7.2 werden anschließend, ausgehend von den einzelnen Deutungs- und Gestaltungsebenen, vier Themenfelder analysiert, in denen die unterschiedlichen Bedeutungszuschreibungen von Geschlecht relevant werden. Dabei beleuchten die beiden ersten Kapitel über die Felder Grundlagen (Kapitel 7.2.1) und Fähigkeiten/Verhalten (Kapitel 7.2.2) Phänomene der geschlechtlichen Differenzierung und Einschreibung von Geschlechterungleichheiten ausgehend von der Ebene des Subjekts bezie-

---

60 Der besseren Darstellbarkeit wegen werden die Diskursansätze in den folgenden Überschriften von Kapitel 7.1 und Kapitel 7.2 mit „Differenz“ für Geschlechterdifferenz, „Gleichheit“ für Geschlechtergleichheit und „Aufhebung“ für Dekonstruktion oder Aufhebung von Geschlecht abgekürzt.

hungsweise der Person oder der interaktiven Handlungsebene, während die beiden letzten Kapitel über die Felder Kompetenzen/Qualifikationen (Kapitel 7.2.3) und Tätigkeiten/Zuständigkeiten (Kapitel 7.2.4) ungleiche Geschlechterverhältnisse ausgehend von der institutionalisierten Handlungsebene oder der objektivierten Strukturebene betrachten.

In Kapitel 7.3 wird aufbauend auf diesen Ergebnissen beleuchtet, wie sich Geschlechtergerechtigkeiten und Geschlechterungerechtigkeiten in der betrieblichen Praxis hervorbringen. Dabei zeigt sich, dass nach Wahrnehmung der Interviewpartner_innen dieselben organisationalen Voraussetzungen gleichermaßen für Geschlechtergerechtigkeit und Geschlechterungerechtigkeit im Betrieb sorgen. So beleuchtet Kapitel 7.3.1, wie sich Geschlechtergerechtigkeit in den Alltagszusammenarbeiten der Akteur_innen über die in Kapitel 3 und Kapitel 4 theoretisch als relevant erkannten normativen, formalen, prinzipiellen und geschlechterkulturellen Bedingungen organisiert. Anschließend zeigt Kapitel 7.3.2, wie sich Geschlechterungerechtigkeit in der Alltagspraxis von betrieblichen Akteur_innen in einem Überkreuzzusammenhang derselben Voraussetzungsbedingungen herstellt. Darüber werden vielfältige Phänomene der Geschlechter(un)gerechtigkeit in der betrieblichen Zusammenarbeit sichtbar. Und es wird deutlich, dass sich Geschlechtergerechtigkeit in der empirischen Praxis nur in Abgrenzung zu Geschlechterungerechtigkeit ausdeuten und ausgestalten lässt.

7.1 Deutungsebenen/Gestaltungsebenen von Geschlecht

Eng verknüpft mit den theoretischen Erkenntnissen zu Geschlecht werden im folgenden Kapitel die Deutungs- und Gestaltungsebenen von Geschlecht in der Alltagszusammenarbeit von technischen Unternehmen beleuchtet. Dabei wird in Kapitel 7.1.1 der Ansatz der Geschlechterdifferenz, in Kapitel 7.1.2 der Ansatz der Geschlechtergleichheit und in Kapitel 7.1.3 der Ansatz der Dekonstruktion oder Aufhebung von Geschlecht betrachtet.

7.1.1 Differenz: „... die Frau ist doch etwas anders!“

Wie in Kapitel 2.2.1 angeführt, teilt nach Ansätzen der Geschlechterdifferenz ein körperlicher Unterschied Menschen in Frauen und Männer. Menschen verfügen demnach entweder über einen geschlechtsspezifisch männlichen oder weiblichen Körper mit entsprechend unterschiedlichen organischen und anatomischen Ausstattungen. Der körperliche Unterschied ist Basis für die Ausbildung geschlechtsbezogener Verhaltensweisen, die Ausformung spezifisch weiblicher und männlicher Kompetenzen und Persönlichkeiten und die Ausrichtung von Geschlechterbeziehungen. Gesellschaftliche Geschlechterverhältnisse gestalten sich nach Annahme der Geschlechterdifferenzansätze somit auf der Differenz von Männern und Frauen im Bezug zueinander. Nach Auffassung der Geschlechterdifferenzansätze sind Männer und Frauen somit als grundsätzlich unterschiedlich zu betrachten, wobei der Frau und dem Weiblichen eine sozial abgewertete Position zukommt. Auf Grundlage dieser Ungleichheit generieren sich soziale Ordnungsstrukturen, die Frauen und Weiblichkeit im Vergleich zu Männern und Männlichkeit gesellschaftlich ungleich schlechtere Anerkennung zusprechen.

Die Referenz auf einen grundlegenden Geschlechterunterschied, der sich auf die körperliche Ausstattung von Männern und Frauen zurückführen lässt, findet sich in zahlreichen Interviews wieder. Beispielhaft bestätigt dies folgender Interviewabschnitt von Fritz Franke (FF)[61]:

> FF: ja, ich glaub schon, dass die sichtweise für, nennen wir es einmal menschliche, technische, vielleicht finanzielle probleme, dass frauen andere betrachtungsweisen einfach haben, für verschiedene dinge, egal, können ja beide das gleiche studiert haben. das ist es nicht, aber die herangehensweise ist vielleicht doch etwas anders. vielleicht kommen mehr auch emotionale aspekte dazu […] und ich glaub, bevor wir es intellektuell wirklich merken, dass die emotionale komponente einfach schon angestoßen ist in unserem körper und deswegen das dann da ist, und da glaub ich, dass das bei frauen deutlich stärker oder prinzipieller der fall ist, wie bei männern.

Laut FF sind Männer und Frauen unterschiedlich aufgrund ihres körperlichen Geschlechts. Unabhängig von beruflichen Qualifikationen oder institutionalisiertem Werdegang, „egal, können ja beide das gleiche studiert haben", ist für ihn im Alltag erkennbar, „dass frauen andere betrachtungsweisen einfach haben". Laut FF haben Frauen und Männer allein über ihre männlichen und weiblichen Geschlechtsattribute spezifische Sichtweisen „für verschiedene dinge". Dieser Unterschied wird nach FF dann sichtbar, wenn sich „menschliche, technische, vielleicht finanzielle probleme" zeigen. Nach seiner Meinung könnten im Körper verankerte „emotionale

61 Dieser und die folgenden Namen der interviewten Personen sind verändert.

aspekte“ Ursache für die weiblichen Herangehensweisen sein beziehungsweise die Andersartigkeit von Frauen erklären. Denn die „emotionale komponente“ sieht FF bei Frauen „deutlich stärker“ oder „prinzipieller“ angelegt, „wie bei männern“. Seines Erachtens sind diese körperlichen Ausstattungen somit Grundlage für die Ausbildung genuiner Unterschiedlichkeiten.

Neben der Auffassung, die Geschlechtszugehörigkeit anhand körperlicher Organe festlegen zu können, wird in FFs Darstellung auch eine Geschlechterdifferenz konstruiert. Denn zur näheren Beschreibung der männlichen und weiblichen Geschlechtscharaktere setzt er Emotionalität mit Intellektualität in ein hierarchisches Verhältnis. Dabei hebt er zwar Emotionalität als die seines Erachtens höchste menschliche Bewusstseinsstufe hervor, der die Frau im Vergleich näher steht als der Mann und setzt darüber die Frau somit scheinbar an die hierarchisch ranghöhere Position. Gleichzeitig geht er aber davon aus, dass dem Verstand die Funktion zugeschrieben wird, Gefühle zu kontrollieren und zu ordnen. Während er also bei der Frau die Fähigkeit, ihr Verhalten zu steuern über ihre Emotionen überlagert sieht, schreibt er dem Mann über seine vergleichsweise geringeren emotionalen Fähigkeiten die Möglichkeit zu, auf seinen Verstand zurückzugreifen. Darüber wird der Mann zum Gestalter und zum Oberhaupt der Gesellschaft gemacht, dem auch die Aufgabe zukommt, die gefühlsbetonte Frau anzuführen. Und es wird ein gesellschaftliches Geschlechterverhältnis gezeichnet, das den Mann mit seiner Fähigkeit, Gesellschaft zu organisieren, über die emotional geleitete Frau stellt.

Auch Hans Winter (HW) belegt mit seinen Ausführungen die Annahme der Geschlechterdifferenzansätze, die Männer und Frauen auf Grundlage ihrer Körperausstattung als unterschiedlich betrachten:

> HW: ich glaub jetzt nicht, dass prinzipiell frauen und männer jetzt komplett andere anlagen hätten, außer natürlich, dass frauen schon irgendwie einen anderen zugang jetzt zu, sagen wir mal zu unterstützung und, ich meine, die sind auch [...] die, die schwerpunktmäßig die kinder aufziehen und sich um sie kümmern, wenn sie krank sind und so weiter.

Auch HW beschreibt Männer und Frauen mit unterschiedlichen Eigenschaften. Zwar weist HW hier darauf hin, dass Frauen und Männer sich seines Erachtens nicht grundsätzlich unterscheiden, jedoch sei die biologische Anlage von Frauen „natürlich“ darüber bestimmt, dass sie „schon irgendwie einen anderen zugang [...] zu unterstützung“ hätten. Zusätzlich zu den menschlichen Eigenschaften, die Männer und Frauen gleichermaßen besitzen, leitet HW bei weiblichen Akteurinnen über ihre weibliche Sexualität und die körperliche Eigenschaft, Kindern das Leben zu schenken, somit eine spezifisch weibliche Fähigkeit des Kümmerns und des Sorgetragens für Andere ab. Diese im weiblichen Körper angelegte Fähigkeit, die Männer nach Aussage von HW körperlich nicht ausbilden können, ist für ihn Grundlage, Familienaufgaben den Frauen und das gesellschaftliche Arbeitsfeld den Männern zuzuweisen.

Wie schon FF deutet auch HW Frauen als den Männern prinzipiell überlegen an. Denn während er Frauen und Männer grundsätzlich als gleich veranlagt betrachtet, sieht er die Fähigkeit des Sorgetragens für Andere den Männern grundsätzlich nicht gegeben. Im Vergleich zu Männern sieht er Frauen somit als breiter befähigt an. Das stellt Frauen einerseits über Männer. Das Fehlen dieser Eigenschaft eröffnet aber gleichermaßen die Möglichkeit, ein gesellschaftliches Geschlechterverhältnis zu stabilisieren, das den Mann mit seinen Bereichen in der Gestaltung der gesellschaftlichen Belange über die Frau mit ihren weiblichen Tätigkeitsfeldern stellt. Denn während die Frau „schwerpunktmäßig" innerfamiliäre Aufgaben zu erledigen hat, wird dem Mann, da er sich aus rein körperlichen Gründen für die Erfüllung familiärer Aufgaben nicht eignet, die Zuständigkeit für die Gestaltung der Gesellschaft übertragen.

In den angeführten Interviewpassagen gehen die Interviewpartner FF und HW beide davon aus, dass Männer und Frauen unterschiedliche körperliche Ausstattungen besitzen, die grundlegend für die Ausbildung weiblicher und männlicher Eigenschaften und Fähigkeiten sind. Die von FF und HW beispielhaft dargelegten Auffassungen bestätigen so die Argumentation nach Modellen der Geschlechterdifferenz, die Männer und Frauen über ihre körperbiologischen Anlagen als generell unterschiedlich betrachten und gesellschaftliche Geschlechterverhältnisse nach dieser Unterschiedlichkeit ausgerichtet sehen. Dabei sind Frauen scheinbar vielfältiger ausgestattet. Gleichermaßen werden Frauen, die weiblich zugeschriebenen emotionalen Eigenschaften und die sich daraus ergebenden Familienzuständigkeiten, den Männern, den männlich zugeschriebenen intellektuellen Fähigkeiten und den sich darauf begründenden Gesellschaftsgestaltungsaufgaben, in herabsetzender Art und Weise zugeordnet. Im Vergleich zu Männern kommt Frauen und Weiblichkeit gesellschaftlich somit eine ungleich schlechtere Anerkennung zu.

7.1.2 Gleichheit: „… das ist einfach ein Mensch!“

Im Gegensatz zu Geschlechterdifferenzansätzen sind nach Geschlechtergleichheitsansätzen keine grundsätzlichen Unterschiede zwischen Männern und Frauen feststellbar, die sich auf ihr biologisches Geschlecht zurückführen lassen. Wie in Kapitel 2.2.2 angeführt, sind Männer und Frauen nach Blickwinkel der Geschlechtergleichheit als Menschen mit gleichen körperlichen Anlagen ausgestattet. Darüber sind Männer und Frauen zur Ausbildung gleicher Verhaltensweisen, Kompetenzen und Persönlichkeiten befähigt. Auch gesellschaftliche Zuständigkeiten und Tätigkeitsfelder sind unabhängig von Geschlecht besetzt. Im Gegensatz zu Geschlechtergleichheitsmodellen gestalten sich Geschlechterverhältnisse den Geschlechtergleichheitsansätzen nach somit auf der Annahme der Gleichheit von Männern und Frauen im Bezug zueinander. Dabei sehen sie gesellschaftsstrukturelle Bedingungen geschlechterungleich zum Vorteil von Männern ausgerichtet.

Im folgenden Interviewabschnitt legt Kurt Wiesel (KW), nach der Relevanz von Geschlecht bei der Stellenbesetzung gefragt, beispielhaft seine nach Geschlechtergleichheitslogik formulierte Perspektive dar:

> KW: also, ich bewerte das geschlecht im prinzip gar nicht, also ich sag, mir ist das egal, ob da eine junge dame oder ein junger herr da vor mir sitzt. also, mir ist wichtig, dass die die ziele, die wir mit ihm erreichen wollen, erfüllen kann. ich kann mich jetzt nicht an eine situation erinnern, wo ich irgendwo gedacht hätte, das ist jetzt eine frau oder ein mann, also für mich ist es einfach ein mensch.
> AR: können sie sicher sein, dass die bilder, die sie im kopf haben, diese neutralität auch gewährleisten?
> KW: ja. hundertprozentig.

Etwas früher im Interviewverlauf gibt er die Anzahl der mit Frauen besetzten Führungspositionen in seinem Team wie folgt an:

> KW: [in der] projektleitung hatten wir eine kollegin, die ist aber leider weggegangen, und im management haben wir im moment keine frau.

Für den Interviewpartner KW ist, so gibt er an, Geschlecht bei der Besetzung vakanter Stellen grundsätzlich „egal“. Bei der Eignungsbewertung der sich für die vakante Stelle bewerbenden Person erachtet er nicht den geschlechtlichen Status, sondern „die ziele, die wir mit ihm erreichen wollen“ als wichtig an. Laut eigener Aussage hat KW bisher niemals die Erfahrung gemacht, dass sich individuelle Geschlechtsmerkmale auf seinen

Umgang mit einer Person auswirken, nie hat er „irgendwo gedacht [...], das ist jetzt eine frau oder ein mann". KW ist sich sicher, über einen von Geschlechterzuschreibungen freien Blick zu verfügen und in den Bewerbungsgesprächen immer objektiv zu agieren. Zu jederzeit, davon ist KW auch auf Nachfrage „hundertprozentig" überzeugt, ist sein Austausch mit dem Gegenüber daher unbeeinflusst von etwaigen Geschlechterimplikationen. Für ihn ist es „einfach ein mensch", mit dem er sich in Bezug setzt, gleich, welches biologische Geschlecht dieser Mensch sich selbst zuschreibt. Mit der Zuweisung auf den Menschen fokussiert KW die seines Erachtens körperbiologisch gleiche Ausstattung von Personen unterschiedlicher Geschlechter.

Die Art und Weise, wie KW die absolute Gleichbehandlung von Menschen in seiner Abteilung versichert, macht die Gestaltung einer Geschlechterhierarchie deutlich. Zum einen verdeutlicht er sich selbst und mir als Interviewerin, dass Geschlechterungleichheiten innerhalb seiner Abteilung absolut kein Thema seien. Darüber zeigt sich eine Praxis, die das Faktum der nachweislich geschlechterungleich besetzten Organisationsstrukturen selbst unsichtbar und die Bearbeitung der Geschlechterungleichheitsproblematik aus dem betrieblichen Verantwortungsbereich ausgrenzt. Zum anderen wird deutlich, dass sich KW die Möglichkeit, über eigene geschlechterstereotypisierende und Frauen ausschließende Vorurteile zu dieser ungleichen Struktur beigetragen zu haben, nicht vor Augen führt. Gerade auch die ausschließlich männlich besetzte Führungsriege lässt darauf schließen, dass über diese Ausblendungen Strukturbarrieren institutionalisiert werden, die Frauen den Zugang zu den Bereichen Technik und Management erschweren.

Auch Karl Frieder (KF) weist der Kategorie Geschlecht im Erstkontakt mit potentiellen Mitarbeitenden keine Bedeutung zu. Erste Begegnungen mit den noch unbekannten Personen beschreibt er folgendermaßen:

> KF: ja, also es geht eigentlich, das ist eigentlich dann, der erste optische eindruck ist eigentlich das, was man großartig schaut, das ist, ich schau auch nicht auf die augen oder sonst irgendwo hin, auf die frisur oder sonst irgendwie, das ist einfach so, der ganze mensch. und dann, wenn ich das erste mal mit ihm rede, wie sind die ersten worte, die da dann zu mir rauskommen, dann kann ich ihn mir eigentlich schon recht gut einstufen und ein bild machen.

Gefragt nach dem Anteil von Frauen in seiner Abteilung, die nicht allein ausführend tätig sind, gibt er an früherer Stelle des Interviews an:

KF: [frauen sind] bei uns in der produktion eben teilweise als vorarbeiter [...] teilweise auch als springer auf den verschiedenen bändern mit den verschiedenen produkten auch [tätig], aber das sind eben ganz, ganz wenige, ich sag, das sind eben maximal 5 prozent. alle anderen stehen an irgendeinem tisch oder anlage und tun irgendein drähtlein stupfen.

Nach Erfahrungen von KF geschehen persönliche Einschätzungen von potentiellen Mitarbeitenden unbeeinflusst von deren geschlechtlichen Status. Seines Erachtens orientiert sich eine erste Einschätzung in zwei sich ergänzenden Schritten. In einem ersten Schritt wird ein Persönlichkeitsbild über den „erste[n] optische[n] eindruck" gezeichnet. Laut KF formt sich dieser erste Eindruck jedoch nicht in Bezug auf die individuellen Merkmale der fremden Person, denn weder ein Blick auf „die augen" noch auf „die frisur" lenken ihn dabei. Seiner Auffassung nach ist es die Gesamtheit der die Person des Gegenübers bestimmenden, äußeren Merkmale, „der ganze mensch", anhand derer sich sein erster Eindruck begründet. Das von KF geformte Persönlichkeitsbild bezieht sich KFs Einschätzung nach auf die Einheit der Person, die persönliche (Geschlechts-)Merkmale übergreifend bestimmt. In einem weiteren Schritt wird „dann" dieses erste, über äußere Merkmale bestimmte Bild im direkten, kommunikativen Bezug der Beteiligten zueinander ergänzt. So zeigen sich für KF „wenn ich das erste mal mit ihm rede" die äußerlich nicht sichtbaren Eigenheiten einer Person. Über „die ersten worte", die „zu mir rauskommen", ist es KFs eigenen Einschätzungen nach möglich, zu erfassen, wie der Mensch ist, der gerade vor ihm steht. Denn die Art und Weise, „wie" Sprache im ersten Kontakt gebraucht wird, zeigt KF die bestimmenden unsichtbaren Charaktereigenschaften des Gegenübers auf. Dies hilft KF eigenen Angaben gemäß, die interessierte Person „gut ein[zu]stufen" und das von ihm oder ihr prozesshaft gezeichnete „bild" angemessen zu vervollständigen.

Die symptomatische Verwendung der Sprache, dass KF potentielle Mitarbeitende unabhängig ihres Geschlechts einzustufen weiß, weist auf Denkmuster und Mechanismen hin, die Hierarchien in der Geschlechterstruktur bilden und ausbauen. Denn zum einen werden Frauen als Mitarbeiterinnen über die männliche Sprache einfach ausgeschlossen. Zum anderen gestalten sich konkrete Vorstellungen von betrieblichen Realitäten, in der Frauen als leitende Mitarbeitende nicht vorkommen. Darüber werden nicht allein die Bilder von mir als Interviewerin geprägt. Der Ausschluss von Frauen zeigt sich einmal auch in den betrieblichen Strukturen. So sind „in der produktion [...] eben maximal 5 prozent" Frauen zu finden, die als „vorarbeiter" oder „springer" auch dispositive Tätigkeiten übernehmen. Sowohl die Produktion selbst als auch die Funktionen der Leitung innerhalb dieses Bereichs sind somit männlich besetzt. Frauen hingegen, so KFs Angaben, stehen gewöhnlich „an irgendeinem tisch oder anlage und tun irgendein drähtlein stupfen". Neben dem Ausschluss von Frauen aus der Organisation erfahren weibliche Tätigkeitsfelder somit gleichermaßen eine Abwertung. In KFs vorgestellter Praxis, allen Menschen unabhängig ihres Geschlechts gleich gegenüberzutreten, zeigt sich, dass und wie sich Zugangs- und Strukturbarrieren zu Lasten von Frauen gestalten.

In den angeführten Interviewabschnitten legen die Interviewpartner KW und KF beide dar, dass ihres Erachtens der körperbiologischen Anlage nach keine grundsätzlichen Unterschiede zwischen Männern und Frauen vorhanden sind und dem biologischen Geschlecht von Personen daher keinerlei Bedeutung zukommt. Beispielhaft bestätigen die Darlegungen von KW und KF zu Geschlecht und Geschlechterbeziehungen somit die Argumentation der Geschlechtergleichheitsansätze, die Männer und Frauen als generell gleichartig unter der Gattung Mensch zusammenfassen und gesellschaftliche Geschlechterverhältnisse nach dieser Gleichheitsannahme ausgerichtet sehen. Gleichermaßen werden über die Ausblendung gesellschaftsstruktureller Ungleichheiten Zugangsbarrieren zu Lasten von Frauen aufrechterhalten und ausgestaltet.

7.1.3 Aufhebung: „... die Frau ist meistens ohne Bart!"

Ansätze der Dekonstruktion oder Aufhebung von Geschlecht stellen die Eindeutigkeit der biologischen und gesellschaftlichen Grundannahmen der Kategorie Geschlecht in Frage. Wie in Kapitel 2.2.3 dargestellt, wird nach Auffassung der Dekonstruktion oder Aufhebung von Geschlecht Zweigeschlechtlichkeit über die Ordnungskategorie Geschlecht erst hergestellt. Geschlecht und Zweigeschlechtlichkeit werden somit als Phänomene betrachtet, die sich in binär vorgeformten Struktur- und Handlungszusammenhängen prozesshaft hervorbringen und etablieren, um sich dann zu naturalisieren und objektivieren. Ansätze der Dekonstruktion oder Aufhebung von Geschlecht stellen diese Normalitäten und Objektivitäten in Frage und kritisieren Geschlecht als strukturerzeugende Kategorie. Indem sie die binäre Grundlogik des Denkens und Handelns im gesellschaftlichen und organisationalen Alltag zu durchbrechen versuchen, nehmen sie Faktoren, Bedingungen und Mechanismen vor allem der sprachlichen Gestaltung von Zweigeschlechtlichkeit in den Blick. Darüber werden Differenzlinien hinterfragt, Denkvoraussetzungen erweitert und Handlungsfähigkeiten begründet.

Im Versuch von Heinz Yapp (HY), das Phänomen Geschlecht und eindeutig männliche und weibliche Geschlechtsmerkmale im Interview darzulegen, wird der Ansatz der Dekonstruktion oder Aufhebung von Geschlecht sichtbar:

> AR: geschlecht, was ist denn das? gibt es eine typische vorstellung?
> HY: ja, mann, frau. ja, also ich glaube*
> AR: und was beschreibt einen mann und was beschreibt eine frau?
> HY: ***hm.
> AR: also, wie sieht ein typischer mann aus?
> HY: ja, wie sieht ein typischer mann aus? *hm. nicht immer mit bart [lachen]. und die frau, meistens ist sie ohne bart. nein, ähm*
> AR: wobei, es gibt conchita wurst ...
> HY: meistens, deshalb hab ich das wort meistens verwendet, das ist … ***keine antwort.

HY macht mit seiner Antwort „ja, mann, frau“ klar, dass seiner unvermittelten Einschätzung nach Individuen ganz objektiv in geschlechtlich zugewiesene Gruppen von Männern und Frauen eingeteilt werden können. Gleich im darauffolgenden Satz setzt er seine Erstaussage mit „ja, also, ich glaube*“ in einen persönlichen Bezug. Mit dieser persönlichen Inbezugsetzung hinterfragt er die objektive Gültigkeit der Geschlechterkategorien. Direkt nach spezifischen Unterscheidungsmerkmalen gefragt, antwortet HY mit einer langen Nachdenkpause und schließt mit der seine Nachdenklichkeit ausdrückenden Interjektion „***hm“ ab. Auch auf Nachfrage von mir als Interviewerin werden die Merkmale eines typischen Mannes von HY nicht klar benannt. HY wiederholt die an ihn gestellte Frage hörbar, um sie dann mit einer den Kern der Frage umgehenden sprachlichen Figur „nicht immer mit bart“ zu beantworten. Mit Referenz auf die Figur Conchita Wurst[62] beschreibt er die Frau dann als „meistens […] ohne bart“. Seine mit Worten bipolar dargestellten Geschlechtertypen Männlich und Weiblich werden damit unter Verwendung einer tautologischen Aussage aufeinander bezogen und sinninhaltlich unter Auslassung eigenständiger Typendefinitionen ident beschrieben. Schließlich beantwortet er die

62 Der Sänger und Travestiekünstler Thomas Neuwirth gewann 2014 für Österreich in der Rolle von Conchita Wurst den Eurovision Song Contest. Conchitas Markenzeichen ist ein auffälliges, weiblich zugeschriebenes Styling kombiniert mit einem markanten, schwarzen Bart (Star-Datenbank auf ProSieben 2020).

Frage zu Geschlecht und Männer und Frauen beschreibende Geschlechtermerkmale mit dem Paradoxon „***keine antwort" und legt damit offen, keine eindeutige Antwort auf diese Frage geben zu können.

Auch für KW erscheint es herausfordernd, Geschlecht und die im Alltag erkennbaren Unterschiede zwischen Männern und Frauen eindeutig zu beschreiben. Im folgenden Interviewabschnitt wird dies deutlich:

> AR: wie erkennen sie draußen auf der straße eine frau, einen mann?
> KW: ja, durch die kleidung halt, das ist klar, ja.
> AR: sonst noch irgendwelche kriterien?
> KW: *ja, von dem, dem, dem äußeren her. meistens unter, der, der, der *ja, kann man schwer sagen, das ist so, typische merkmale mann, frau?

Nach Erstaussage von KW werden Menschen im Alltag geschlechtlich wie selbstverständlich „durch die kleidung halt, das ist klar" unterschieden. Die Kleidung als ein das Äußerliche umhüllender Stoff teilt Menschen demnach in Gruppen von Männern und Frauen ein und kennzeichnet die bipolare Geschlechterordnung. Von mir als Interviewerin noch einmal nach Kriterien gefragt, lässt die stotternde Wortwiederholung des Interviewpartners darauf schließen, keine eindeutige Antwort auf die gestellte Frage geben zu können. Auch auf eine weitere Nachfrage sind die Merkmale der Unterscheidung von Männern und Frauen für KW nicht zufriedenstellend ausdifferenzierbar. Seine Aussage „meistens unter, der, der, der *ja, kann man schwer sagen, das ist so, typische merkmale mann, frau?" zeigt die grundlegende Schwierigkeit, das männliche und weibliche Geschlecht charakteristisch definieren zu können. Die Darlegung eindeutiger Merkmale, die Geschlechtszugehörigkeiten von Menschen klar belegen, scheint auch für KW nicht möglich zu sein.

Die hier angeführten Interviewpassagen von HY und KW verdeutlichen die Problemstellungen im Versuch, die im Alltag als selbstverständlich angenommene Ordnung der Zweigeschlechtlichkeit per eindeutigen Geschlechts- und Zuordnungsmerkmalen von Männern und Frauen zu belegen. Die Unmöglichkeit der Vereindeutigung und die von HY und KW beschriebenen Widersprüchlichkeiten stellen bipolare Geschlechtszugehörigkeiten sowohl in ihrer biologischen als auch sozialen Begründung in Frage und rücken Geschlecht in seiner strukturerzeugenden Bedeutung in den Vordergrund.

7.2 Die Themenfelder/Gestaltungsfelder von Geschlecht

Nachdem die gleichzeitige Relevanz der gegensätzlichen Diskursansätze der Geschlechterdifferenz, der Geschlechtergleichheit und der Dekonstruktion oder Aufhebung von Geschlecht für die Ausdeutung und Ausgestaltung der Alltagszusammenarbeit in technischen Unternehmen in Kapitel 7.1 nachgewiesen werden konnte, beleuchtet Kapitel 7.2 nun die Themen- und Gestaltungsfelder, in denen die einzelnen Diskursansätze die Bedeutung und Gestaltung von Geschlecht hervorbringen. Kapitel 7.2.1.1 und Kapitel 7.2.1.2 richten ihren Blick auf die Person- oder Handlungsebene aus, während Kapitel 7.2.1.3 und Kapitel 7.2.1.4 Institutionalisierungen ungleicher Geschlechterverhältnisse aus und bezogen auf Handlungs- und Strukturebene betrachten.

Neben der Sichtbarmachung der unterschiedlichen Geschlechterdiskursebenen soll folgendes Kapitel auch dazu dienen, einen Zusammenhang zu den empirisch hervorgebrachten Geschlechterkulturmustern (vgl. Kapitel 4.2.1) herzustellen. So werden die angeführten Interviewpassagen erst im Kontext der jeweiligen Diskursansätze ausgedeutet, um am Ende des Kapitels zusammenfassend auch auf die relevanten Geschlechterkulturmuster des männlichen Traditionalismus, des betrieblichen Kollektivismus, des normativen Individualismus und des pragmatischen Utilitarismus (siehe Kapitel 4.2.2) zu verweisen. Darüber wird sichtbar, wie sich Deutungen aus Diskursen hervorbringen, um sich schließlich zu objektivieren (Berger/Luckmann 1969/2013)[63].

7.2.1 Grundlagen

Ansätze der Geschlechterdifferenz, der Geschlechtergleichheit oder der Dekonstruktion oder Aufhebung von Geschlecht richten ihre gegensätzlichen Deutungen und Gestaltungen von Geschlecht auf unterschiedlichen Annahmen aus. Nachfolgendes Kapitel 7.2.1 beleuchtet die Ausdeutungen

63 Die Verknüpfung der nach den unterschiedlichen Geschlechterdiskursen gedeuteten Passagen mit den genannten Geschlechterkulturmustern erst in den Kapitelzusammenfassungen ist bewusst so gestaltet. Ich möchte darüber deutlich machen, dass Geschlechterdiskurse auf systemischer Handlungsebene Ausdeutungen in einem ersten Schritt perspektivisch unabhängig von der systemischen Strukturebene hervorbringen. Erst in einem zweiten Schritt gießen sie sich als Muster aus (Krobath 2010).

und Ausgestaltungen der Grundlagen von Geschlecht ausgerichtet nach den drei Diskursansätzen.

7.2.1.1 Differenz: „... das ist so wie beim Hahn!"

Geschlechterdifferenztheorien gehen von der Annahme aus, dass sich Geschlechterkategorien und Geschlechterverhältnisse auf einer natürlichen Grundlage entwickeln. Nach differenzorientiertem Blickwinkel bringt sich Zweigeschlechtlichkeit aus dieser Naturordnung hervor. Dabei erfahren die Grundlagen von Weiblichkeit eine ungleich schlechtere Bewertung.

Ganz allgemein erklärt sich Barbara Brecht (BB) die menschliche Existenz in folgender Interviewpassage in Referenz zu biologischen Grundlagen. Der Absatz zur Erläuterung ihrer Aufgabenstellungen im Unternehmen macht ihre Ansicht deutlich:

> BB: es [ist] meine aufgabe zu schauen, [...] dass die [mitarbeiter_innen, A.R.] wirklich als team zusammenarbeiten, dass nicht jeder für sich einzeln kämpft [...] dass sie einfach miteinander reden können, wenn ihnen, wenn jetzt jemand etwas zum beispiel auch gesagt hat, was dem anderen jetzt nicht gepasst hat, dass er einfach sagen kann, du, das hat mir jetzt nicht so wirklich gepasst, sag das bitte nicht mehr, oder, ich find das jetzt nicht mehr lustig oder irgendwie so, dass sie das einfach sagen können aber im prinzip nachher nicht *böse aufnehmen, sondern dass es einfach für den mensch, oder für die person, jetzt einfach gereicht hat, das, was in der situation jetzt war, dass sie das einfach akzeptieren, also dass sie sich im prinzip, die einzelnen *menschenarten [auch bezogen auf männer und frauen, A.R.], was so sind, irgendwie lernen zu akzeptieren.

Nach BB sind menschliche Kategorien natürlich angelegt. So sieht sie auch die sich im Alltag zeigenden, zwischenmenschlichen Konflikte biologisch begründet. Ihre Aufgabe im Unternehmen ist es laut eigener Aussage demgemäß, ihre Mitarbeiter_innen, die aus ihrer Natur heraus „für sich einzeln" und somit auch gegeneinander „kämpf[en]" in Beziehung zu bringen und Sorge dafür zu tragen, „dass die wirklich als team zusammenarbeiten". Wichtig dabei ist ihr, verschiedene Sichtweisen im Team sichtbar zu machen und bestehende Konfliktpositionen, „wenn jetzt jemand etwas zum beispiel auch gesagt hat, was dem anderen jetzt nicht gepasst hat", besprechbar zu machen. Zudem sieht sie für eine erfolgreich gestaltete Teambeziehung eine generelle Achtung des Gegenübers als wichtig an.

Denn „dass er einfach sagen kann, du, das hat mir jetzt nicht so wirklich gepasst, sag das bitte nicht mehr" ist für sie Voraussetzung dafür, dass eine zweckbezogene Zusammenarbeit unter den Teammitgliedern gelingen kann. Die Teamkommunikation muss also derart gestaltet sein, dass Auseinandersetzungen nicht auf Grundlage von „böse[m]" Misstrauen geregelt werden, sondern in gegenseitigem Vertrauen gleichermaßen ein Verständnis für „situation[en]" und füreinander entwickelt wird, um erkennen zu können, wenn es „für die person [...] einfach gereicht hat". Aus einer Andersartigkeit aller Menschen heraus, stellt die Gestaltung des betrieblichen Miteinanders für BB einen Prozess der Auseinandersetzung mit dem Ziel dar, dass unterschiedliche und natürlich angelegte „menschenarten [...] irgendwie lernen [,] [sich] zu akzeptieren". Im Mittelpunkt steht laut BB also die Gestaltung eines kommunikativen Miteinanders zwischen generell auf soziale Konflikte und die Erfüllung von Eigeninteressen ausgerichteten Mitarbeiter_innen im Team. Während BB die betriebliche Praxis darüber vor allem nach männlich konnotierten Deutungsmustern interpretiert, verlieren weiblich zugeschriebene Eigenschaften und Verhaltensweisen an organisationaler Relevanz. Eine geschlechtshomogen männlich gedeutete Wirklichkeit wird somit als eigentlich menschliche Norm objektiviert. Und die Problematik von Geschlechterungleichheiten im Unternehmen wird gänzlich ausgeblendet.

Mit Bezug auf die Ordnung in der Tierwelt erläutert FF in folgender Passage, wie sich organisationale Beziehungen von Männern und Frauen im Unternehmen begründen:

> FF: hm, ich denke, ganz egal, aus welcher sicht heraus, ich meine, dieses komische bild der hahn im korb, so ein bisschen was um das wird herum kreisen, auch wenn es jetzt nicht irgendwie im sinn von beziehung ist, aber so, aber ich glaub, dass die [frauen] das total spannend finden und mit ihren optionen und möglichkeiten dann schauen, ob sie da vielleicht etwas mehr kontakt, oder mehr mit dem mann oder so zu tun haben.

Der Bezug zu einer natürlichen Grundlage von geschlechtsspezifischen Eigenheiten von Männern und Frauen wird anhand der von FF verwendeten Metapher aus der Tierwelt deutlich. Eine Metapher ist laut Duden ein „sprachlicher Ausdruck, bei dem ein Wort [...] aus seinem eigentlichen Bedeutungszusammenhang in einen anderen übertragen wird, ohne dass ein direkter Vergleich die Beziehung zwischen Bezeichnendem und Bezeichnetem verdeutlicht" (Duden 2017a). Über den Gebrauch der Tiermetapher überträgt FF zur Beschreibung der Geschlechterbeziehungen in seiner Organisation somit Hierarchien aus dem Tierreich und dem Bereich der Haushühner. Darüber zeigt sich das hegemonial männliche Muster, über das er soziale Wirklichkeiten in seinem Betrieb deutet. FF spricht in dieser Metapher vom Mann als „hahn im korb“ und den frauen, die „ihre optionen und möglichkeiten“ ausloten. Darüber vergleicht FF das soziale Verhalten von Männern und Frauen mit dem von Hähnen und Hühnern. Seiner heterosexuell herrschaftlichen Auffassung nach zeichnen sich Frauen wie Hühner in der Tierwelt mit ihrem Verhalten darüber aus, den männlichen Gegenpart als „hahn im korb“ in den Mittelpunkt ihres sexualisiert weiblichen Interesses zu setzen. Zwar ausdrücklich „nicht irgendwie im sinn von beziehung“ gedeutet, beobachtet er dennoch, dass die Frauen „das total spannend finden“, zu schauen, ob sie „etwas mehr kontakt“ bekommen „oder mehr mit dem mann oder so zu tun haben“. Frauen richteten ihr Streben im Unternehmen demnach danach aus, mit einem Mann in eine emotional-erotische Beziehung zu treten, mit dem Ziel, ihre soziale Position darüber zu erhöhen. Darüber zeigt sich nicht allein die geschlechtshomogen männliche Deutung der Wirklichkeit im Unternehmen. Es offenbart sich auch ein Mechanismus der Sexualisierung des betrieblichen Geschlechterverhältnisses, über das der Mann auf Grundlage seines biologisch männlichen Geschlechts einen Machtanspruch auf die Position des Oberhaupts einnimmt, während sich Frauen zu untergeben haben und dies auch wollen.

Auch KW verwendet Naturvergleiche, wenn er auf die Unterschiede im Verhalten von Frauen und Männern zu sprechen kommt. Anhand einer Tiermetapher beschreibt KW in nachfolgender Interviewpassage seine geschlechtsspezifischen Beobachtungen bei Männern und Frauen:

> KW: frauen [haben] vielleicht gewisse stärken in bereichen [...], die die männer nicht so haben. dass sie ausgleichend wirken, nicht versuchen immer, vielleicht ein bisschen die konkurrenzsituation zwischen männern, die ja ab und zu herrscht, eben nicht spielen, also diese konkurrenzsituation dann eher nicht machen. also zwischen frauen und männern gibts eigentlich fast nie, also, ich empfinde es als, nie eine konkurrenzsituation [...] wenn nur männer in der gruppe sind, merkst du schon, dass da eine stärkere konkurrenzsituation da ist, und auch, dass das stärker ausgelebt, also, artikuliert wird.
> AR: wie wird das artikuliert?
> KW: ja, also nicht so direkt, aber es kann schon vorkommen, dass da jeder versucht zu zeigen, dass er der platzhirsch ist. und das ist, mit einer reinen männerorganisation ist das durchaus stärker ausgeprägt.

Wie sich in oben genannter Interviewpassage zeigt, sieht KW bei Frauen „gewisse stärken in bereichen [...], die die männer nicht so haben“. Als ausschließlich weibliche Fähigkeiten nennt KW, dass Frauen zum einen „ausgleichend wirken“ und zum anderen „die konkurrenzsituation zwischen männern, die ja ab und zu herrscht, eben nicht spielen“. Das führt dazu, dass es in der Zusammenarbeit „zwischen frauen und männern [...] fast nie [...] eine konkurrenzsituation [gibt]“. Der Fokus der Aufmerksamkeit kann so auf die Aufgaben im Betrieb gerichtet werden. Der Einbezug von Frauen und ihren weiblich zugeschriebenen Fähigkeiten wird von KW als positiv und nutzenstiftend für den Betrieb betrachtet. Denn in geschlechtshomogen männlichen Teams beobachtet KW hingegen „eine stärkere konkurrenzsituation“, die „stärker ausgelebt“ oder „stärker [...] artikuliert wird“. Dabei sieht auch er männliche Eigenschaften in der Natur begründet. Denn Männer werden in ihrem Konkurrenzverhalten von KW mit dem Begriff „platzhirsch“ stilisiert. Mit diesem Ausdruck umschreibt KW das in seinen Augen auf körperliche Konfrontation und Auseinandersetzung ausgelegte Agieren von Männern in „einer reinen männerorganisation“. Da kann es nach Aussage von KW „schon vorkommen, dass da jeder versucht zu zeigen“, dass er die ihm aufgrund seiner männlichen Natur vermeintlich zustehende Vormachtstellung tatsächlich einzunehmen gewillt ist. Denn bedeutungsbezogen verteidigt der Platzhirsch als Rudelanführer im Kampf sein Revier gegen seinen Nebenbuhler (Duden 2017b). Übertragen auf den Betrieb kämpft der männliche Mitarbeiter als „platzhirsch“ im Unternehmensalltag mit dominanten Mitteln gegen andere Konkurrenten zur Sicherung seiner persönlichen und hierarchischen Überlegenheit und seiner ihm naturgemäß zustehenden Vormachtstellung. Neben KWs Selbsteinschätzung, betriebliche Einbindungen von Kolleginnen und ihren weiblich zugeschriebenen Eigenschaften als fruchtbringend für das Unternehmen zu betrachten, zeigen sich gleichzeitig traditionelle, hegemoniale Muster, die seinem Denken unterliegen. Denn während Geschlechterungleichheiten strukturell als überwunden kommuniziert werden, stehen Männer, KWs Selbstverständnis nach, aufgrund ihrer männlichen Natur für ihren Führungsanspruch ein.

Mit Bezug auf natürliche Arten und in Verwendung von Tiermetaphern übertragen BB, FF und KW gesellschaftliche Zusammenhänge in eine natürliche Ordnung. Sie setzen somit im Alltag beobachtetes, geschlechtsbezogenes Verhalten in die Naturwelt. Natürliche Bedingungen begründen so die Zusammenarbeit der Geschlechter im Betrieb. BB, FF und KW deuten Geschlechterbeziehungen gleichermaßen auf Grundlage der Differenzmodelle. Ausgehend von biologistisch männlichen und weiblichen

Geschlechtscharakteren bestimmen sich dort ungleiche Geschlechterbeziehungen und Geschlechterhierarchisierungen. Doch während BB sich am Geschlechterkulturmuster des betrieblichen Kollektivismus orientiert und die Problematik der Geschlechterungleichheit im Betrieb gänzlich entthematisiert oder FF die betriebliche Wirklichkeit nach dem Geschlechterkulturmuster des männlichen Traditionalismus rein hegemonial deutet, wird die Integration von Frauen und ihrer Weiblichkeit im Unternehmen von KW nach dem Geschlechterkulturmuster des normativen Individualismus nur scheinbar aufgewertet. Innerhalb des Geschlechterdifferenzdiskurses zeigen sich beim Themenfeld der Grundlagen somit unterschiedliche kulturelle Ausprägungen.

7.2.1.2 Gleichheit: „... das ist transzendiert vom Jagen!"

Aus gleichheitstheoretischer Sicht ist die Entstehung von Geschlechterunterschieden zwischen Männern und Frauen im gesellschaftshistorischen Kontext zu betrachten. Nach diesem Blickwinkel hat sich eine auf Zweigeschlechtlichkeit angelegte Geschlechterordnung im Laufe der modernen Menschheitsgeschichte in wechselwirkender Beeinflussung der beiden Geschlechterpole männlich und weiblich ausgestaltet. Nach Auffassung von Geschlechtergleichheitstheorien etablieren sich diese Ordnungsstrukturen zum Nachteil von Frauen.

Den Ansatz, die über Zweigeschlechtlichkeit strukturierte Gesellschaftsordnung kulturgeschichtlich zu begründen, erläutert FF in der Auseinandersetzung über das Bild des typischen Mannes von heute wie folgt:

> FF: *ich denke, für mich wars, ist es so, archaisch war halt der [mann, A.R.] der, [der] jagen gegangen ist, und, und, und das essen heimgebracht hat und wahrscheinlich war es bis vor einigen jahren ja auch bei uns durchaus nicht anders, und so war auch meine kindheit so, dass ich ja einfach aufgrund der tatsache, dass frauen sehr häufig nicht berufsausbildungen hatten, nicht berufstätig waren, sondern dann einfach mit familie zu hause waren, das war ja etwas, ein bild, mit dem ich groß geworden bin. und da gibt es natürlich schon das thema, dass ich auch mich verantwortlich fühle, dass, wenn wir eine familie haben, dass die kinder was zum essen haben und auch eine ausbildung bekommen, die, diese rolle sehe ich, transzendiert vom jagen oder heimbringen, das, nennen wir es einmal so, das prinzipielle physische leben einfach zu ermöglichen, das sehe ich schon irgendwie so bei mir.

FF legt hier dar, dass sich die in der heutigen Gesellschaft zeigenden Geschlechterzuschreibungen seines Erachtens nach über einen kulturgeschichtlichen Hintergrund deuten lassen. Denn „archaisch war halt der [mann, A.R.] der, [der] jagen gegangen ist“ und so über sein familienexternes Tun für den Erhalt der Familie gesorgt hat. Diese geschlechtsbezogenen Erwartungen sieht FF über Generationen hinweg sozial übermittelt. Auch aufgrund der Tatsache, „dass frauen [...] nicht berufstätig waren, sondern dann einfach mit familie zu hause waren“, sich also um das Wohlergehen der Familienmitglieder kümmerten, erachtet FF es als tradierte Aufgabe des Mannes, die Verantwortung für den Unterhalt der Familie zu übernehmen und dafür zu sorgen, „dass die kinder was zum essen haben und auch eine ausbildung bekommen“. Während die Frau aus historischen Gründen also innerfamiliäre Agenden als Aufgabe zugeschrieben bekommt, ist der Mann dafür zuständig, der Familie die benötigten materiellen Ressourcen für „das prinzipielle physische leben“ zu beschaffen. Auch bei FF persönlich, „das sehe ich schon irgendwie so bei mir“, ist diese geschlechtsbezogene Aufteilung der gesellschaftlichen Agenden erhalten.

HW bestätigt FFs Auffassung der gesellschaftshistorisch hervorgebrachten, bipolaren Geschlechterordnung, die Männern und Frauen festgelegte Zuständigkeitsbereiche und Tätigkeitsfelder zuweist. Wie folgende Interviewpassage zeigt, erachtet auch er kulturelle Entwicklungen als grundlegend für die Beschaffenheit der aktuellen Geschlechterordnung mit ihren geltenden Geschlechterzuschreibungen:

> HW: frauen haben, zumindest in unserem kulturkreis [...] haben sozusagen eine andere, eine andere, wie sagt man denn da jetzt?, sie haben halt sozusagen eine erziehung und eine kultur genossen [...] also das sind halt, das sind rollenverständnisse, die sich in einem kulturkreis ausbilden [...]
> AR: wie erklären sie sich das, dass es unterschiedliche kulturelle hintergründe gibt?
> HW: puh ... *aus einer sehr veralteten kultur. der mann bringt, also, sehr weit zurückgreifend [...] also, im bergwerk haben halt eher männer gerarbeitet [...] genauso wie, was weiß ich, beim, beim jagen oder sonst was, aber ich glaub, dass es ganz tief und weit zurückreichende ursachen hat, die irgendwie gepflegt worden sind.

HW zufolge erläutern sich die geschlechtsbezogenen Unterschiede in der Gesellschaft über einen gesellschaftskulturellen Entwicklungsprozess, der soziale Aufgaben entsprechend ausformt, denn Frauen „haben sozusagen eine andere […] erziehung und [..] kultur genossen". So hat der Mann außerhalb der Familie „im bergwerk" gearbeitet oder sich „beim jagen oder sonst was" verdient gemacht hat. Diese traditionellen, „ganz tief und weit zurückreichende[n]" Vorstellungen dieser festgelegten weiblichen und männlichen Aufgaben sind „rollenverständnisse, die sich in einem kulturkreis ausbilden" und nach HW „irgendwie gepflegt worden" sind. Diese archaischen Geschlechterrollen zeichnet HW als „ursachen" kausal verantwortlich für die gesellschaftlich aktuell geltenden Geschlechterverständnisse und Geschlechterordnungen.

Auch Ignaz Bosch (IB) sieht die Bipolarität der Geschlechterordnung anhand gesellschaftskultureller Prozesse gestaltet. In Bezug auf eigene, persönliche Eigenschaften legt er seine Ansicht folgendermaßen dar:

> IB: das nehm ich ja selber wahr, dass ich halt schon fünf schritte weiter denke, weil ich immer, wenn sie [weibliche mitarbeiterin, A.R.] mir was [eine problemstellung, A.R.] sagt, eh schon nachdenke, wie könnte die lösung sein. das ist, weiß nicht, ist das ein urinstinkt des mannes? ich weiß es nicht [lachen]. keine ahnung, muss er da schnell entscheidungen früher getroffen haben, wo er großwild gejagt hat, ich weiß es nicht [lachen]. ich weiß es nicht, ist das so tief verwurzelt bei uns? weil das stell ich bei männern schon fest. wenn wir diskutieren, kommen wir schneller auf die lösungsebene. wenn frauen miteinander diskutieren, kann es stundenweise gehen.

Geschlechtsspezifische Fähigkeiten vermutet IB in kulturhistorischen Entwicklungsprozessen ausgestaltet. So beobachtet er an sich selbst, oft „schon fünf schritte weiter [zu] denke[n]" als weibliche Mitarbeiterinnen. Beispielhaft begründet er die Richtigkeit seiner Aussage anhand von Situationen aus dem eigenen Arbeitsalltag. So gibt er an, „immer" schon Überlegungen dazu anzustellen, „wie die lösung sein [könnte]", während seine weiblichen Mitarbeiterinnen noch damit beschäftigt seien, die Problemstellungen überhaupt erst auszuformulieren. Seiner Vorstellung nach könnte seine Fähigkeit der Lösungsorientiertheit auf einen „urinstinkt des mannes" zurückzuführen sein und durchaus in Zusammenhang mit urzeitlichen, geschlechtsspezifisch männlichen Anforderungen stehen. Ihm zufolge musste der Mann „früher" möglicherweise, „wo er großwild gejagt hat", „schnell entscheidungen" treffen. Einen ursächlichen Zusammenhang von archaisch geprägten Rollenbildern und persönlichen Fähigkeiten sieht er jedoch nicht mit absoluter Bestimmtheit herstellbar, denn „das [ist] so tief verwurzelt bei uns", dass er das Wissen um die tatsächliche Ursache und Herkunft dieser Fähigkeit, „keine ahnung […] ich weiß es nicht", als kognitiv für die Menschen nicht zugänglich betrachtet. Beobachtbar für IB ist jedoch, dass Männer generell „schneller auf die lösungsebene" kommen, während eine Diskussion zwischen Frauen „stundenweise" andauern kann.

FF, HW und IB argumentieren in ihren Darlegungen alle mit historisch bedingten und gesellschaftskulturell gestalteten Geschlechterungleichheitsverhältnissen. Der Mann sorgte im Außen für den Erhalt der Familie, indem er dafür brauchbare Fähigkeiten entwickelte. Die Frau hingegen kümmerte sich um innerfamiliäre Aufgaben. Während sich FF am Geschlechterkulturmuster des normativen Individualismus orientiert und die getrennten Sphären der männlichen Produktion und der weiblichen Reproduktion als eine Auswirkung aus dieser Entwicklungsdynamik sieht, der auch er sich nicht entziehen kann, ermöglicht diese Grenzziehung, HW's nach Geschlechterkulturmuster des betrieblichen Kollektivismus vorgenommenen Deutung nach, erst das Zusammenleben von Männern und Frauen in der Moderne. IB wiederum orientiert sich an der Geschlechterkultur des männlichen Traditionalismus und sieht Geschlechterverhältnisse prinzipiell hegemonial männlich geordnet. So sei es dem logisch und lösungsorientiert denkenden Mann grundsätzlich nicht möglich, sich kommunikativ mit irrational veranlagten Frauen zu verständigen.

7.2.1.3 Aufhebung: „… wieso fragt man nach den Unterschieden?"

Ansätze der Dekonstruktion oder Aufhebung von Geschlecht hinterfragen die konstituierenden Grundlagen und Bedingungen der Kategorie Geschlecht. Nach diesen Ansätzen bringen sich die Grundlagen für objektivierte Geschlechterdichotomien und naturalisierte Geschlechterzuschreibungen erst in sozialen Konstruktionsprozessen hervor. Es stellt sich also nicht die Frage, ob die beiden Geschlechterpole ihre Bedeutungen richtigerweise essentialistisch oder über soziokulturelle Zuschreibungsprozesse erhalten. Nach Ansätzen der Dekonstruktion oder Aufhebung von Geschlecht sind Geschlechterdifferenzierungen selbst als erzeugt zu betrachten. Ansätze der Dekonstruktion oder Aufhebung von Geschlecht stellen somit die Ordnungskategorie Geschlecht und das Selbstverständnis der Zweigeschlechtlichkeit in Frage. Indem sie die Ordnungsgrundlagen selbst als konstruiert entlarven, schaffen sie die Möglichkeit, die scheinbar objektiven Bedingungen des Denkens und des Handelns als erweiterbar beziehungsweise hinterfragbar zu begreifen.

Der Ansatz der Dekonstruktion oder Aufhebung von Geschlecht zeigt sich in folgender Interviewaussage von FF. Er verdeutlicht, wie Brüche in den Denkstrukturen zu Erweiterungen führen:

> FF: das haben wir [partnerin und interviewperson, A.R.] da [längerer arbeitseinsatz bei einer tochtergesellschaft im ausland, A.R.][...] aus einer anderen perspektive gesehen und es wirkt dann anders [...] ich hab ein beispiel, was mir da immer noch da ist. ich hab mir ja während meines studiums in [ort] immer wieder gedacht, die gastarbeiter, die zu uns kommen, oder leute, die zu uns nach österreich kommen und deutsch lernen ... deutsch ist sicher nicht einfach, und, es wär vielleicht ...*aber den artikel könnten sie wenigstens lernen. *das ist das einzige, was ich in [sprache] nicht geschafft habe [kurzes lachen], also insofern sind das so einfache dinge, wo so dogmata gebrochen, wirklich gekillt werden und man deswegen das auch dann hin und wieder sagt, vielleicht sollt ich nicht gar zu laut reden, es könnte einfach alles falsch sein.

FF beschreibt in oben angeführter Passage, wie sich eigene Denkvoraussetzungen erweitern. So veranlasste ein längerer Arbeitseinsatz bei einer Tochtergesellschaft im Ausland ihn dazu, vormals unhinterfragte Sachverhalte aus „einer anderen perspektive" zu sehen und seine damalige Sichtweise als bedingt und begrenzt zu begreifen. Über „ein beispiel, was mir da immer noch da ist" legt er eine Situation exemplarisch dar. So misst FF die Integrationsbereitschaft der „gastarbeiter, die zu uns kommen" während seines Studiums anhand der Kompetenzen dieser Menschen, „den artikel" der deutschen Sprache grammatikalisch korrekt zu verwenden. Mit „deutsch ist sicher nicht einfach, [...] aber" steckt er die Bedingungen des „deutsch lernen[s]" als herausfordernd, aber mit einer angemessenen Bemühung gleichzeitig als machbar ab. Anschließend führt er mit „das ist das einzige, was ich in [sprache] nicht geschafft habe" an, wie er diesem Maßstab der angemessenen Integrationsbemühung während eines eigenen Auslandsaufenthalts in einer späteren Phase seines eigenen Lebens nicht gerecht werden konnte. Auf Basis dieser Erfahrungen überwindet er sein ursprüngliches Denkschema. Integrationsbereitschaft lässt sich seiner aktuellen Überzeugung nach nunmehr nicht über die grammatikalisch korrekte Artikelverwendung messen. Im Nachdenken über eigene Erfahrungen aus zwei Lebensphasen – seinem Auslandsaufenthalt und seiner Studienzeit – kommt FF zum Schluss, dass sich über „einfache dinge, wo so dogmata gebrochen, wirklich gekillt werden", Absolutheiten des eigenen Denkens und Handelns hinterfragen und aufbrechen lassen. Scheinbar objektive Maßstäbe des alltäglichen Zusammenlebens sind somit als unter bestimmten Bedingungen konstruiert und generell als erweiterbar anzuerkennen. Über die Aussage „vielleicht sollt ich nicht gar zu laut reden, es könnte einfach alles falsch sein" fasst er die Brüchigkeit von Alltagsstrukturen und kontingente Wirklichkeitsdeutungen abschließend in Worte.

Die Kontextbezogenheit und Begrenztheit von Sichtweisen erkennt auch Anton Trescher (AT). Am Beispiel einer Kündigungssituation legt er seine Beobachtungen folgendermaßen dar:

> AT: bei der letzten besprechung, wo die kündigung stattgefunden hat, war ich nicht mit dabei, aber ich hab eigentlich sowohl vom personaler, also auch vom [name] mitbekommen, dass ihm, also genau in dem punkt, wo er, oder zu dem zeitpunkt, wo man ihm gesagt hat, du wirst jetzt gekündigt, weil das so, oder entlassen eigentlich, weil das der fall, also weil das [das vergehen, A.R.] passiert ist, dass eigentlich ihm das erst in dem moment bewusst geworden ist.

AT beschreibt beispielhaft, wie in der Situation der Kündigung eine Wissenserweiterung des betroffenen Mitarbeiters stattfand. Dem Mitarbeiter wurde laut AT „genau in dem punkt" der Entlassung bewusst, dass der ihn betreffende, mit ihm im Vorfeld in mehreren „besprechung[en]" thematisierte „fall" aus der Perspektive des Unternehmens tatsächlich ein Vergehen seinerseits darstellt, das die Aufhebung seines Arbeitsverhältnisses seitens des Unternehmens begründet. Die Zusammenhänge objektiviert über eine unabhängige Wahrnehmung des „personalers" und „[name]" gleichermaßen, verschafft erst der verbale Akt der Aussprache der Kündigung dem Mitarbeitenden während des „letzten" Gesprächs einen Zugang zur ihn betreffenden Situation. Die Begrenztheit der eigenen Wahrnehmung wurde dem Betroffenen laut AT somit „erst in dem moment bewusst", in dem sich seine Deutungsmöglichkeiten über den Akt der Aussprache der Kündigung erweiterten und er über diesen Faktor einen Zugang zur seine Kündigung begründenden, betrieblichen Realität erhielt.

Auch Otto Herz (OH) bestätigt mit seinen Aussagen den Ansatz der Dekonstruktion oder Aufhebung von Geschlecht. In seinen Ausführungen weist er auf den konstruierten Charakter von Realitäten hin und hinterfragt Geschlecht als Ordnungskategorie. Seine Ansicht macht OH in folgendem Interviewabschnitt deutlich:

> AR: gibts unterschiede zwischen männer und frauen [...]?
> OH: ja.
> AR: können sie das beschreiben?
> OH: ja, weil das gibts auch zwischen männern und männern.

> AR: einfach mal beschreiben, bitte!
> OH: ich könnte das auch mit ‚nein' beantworten.[...] es gibt so viele unterschiede, dass ich frag, wieso fragt man genau nach dieser trennung?

Nach der Existenz geschlechtsspezifischer Unterschiede zwischen Männern und Frauen gefragt, gibt OH mit „ja" prompt und eindeutig eine bestätigende Antwort. Seines Erachtens lassen sich deutliche Unterschiede im Verhalten von Männern und Frauen feststellen. Gleichermaßen weist er über die darauffolgende Aussage „ich könnte das auch mit ‚nein' beantworten" darauf hin, dass er den Phänomenen der Männlichkeit und Weiblichkeit jede essentialistische Grundlage abspricht. Zwar sind das grundlegende Differenzierungsdenken und die Geschlechterunterschiede nicht zu hinterfragen. Deren Bedeutung sieht er jedoch über sprachliche Zeichen gestaltet. So ist die Geschlechterdichotomie für ihn nur eine von „so viele[n] unterschiede[n]" in einer von binären Strukturen durchzogenen Gesellschaftsordnung, die über die Frage nach der Bedeutung von Geschlechterunterschieden unangemessen viel Aufmerksamkeit erfährt. Mit „wieso fragt man genau nach dieser trennung?" zweifelt OH die Sinnhaftigkeit dieser Hervorhebung an und deutet an, die Anlage dieser Fragestellung als interessensgeleitet und unsachgemäß zu verstehen. Geschlecht und die Argumentationen zu Geschlechterungleichheit versteht OH somit als Instrumente, mit denen eigene Interessen machtvoll verfolgt werden können und so eine ungerechtfertigte Legitimierung erfahren.

In den genannten Interviewpassagen verweisen FF, AT und OH auf Geschlecht als Ordnungskategorie beziehungsweise darauf, wie sie Geschlechterverhältnisse und gesellschaftliche „Objektivitäten" als tiefenstrukturell geordnet erfahren. In ihren Argumentationen orientieren sie sich am Geschlechterkulturmuster des pragmatischen Utilitarismus, das Geschlechterkategoriendenken hinterfragt. Während FF die Brüchigkeit und Erweiterbarkeit individueller Ordnungsmuster anhand der Reflexion von lebensbiografischen Erfahrungen beschreibt, reflektiert AT darüber, wie sich Mitarbeitenden das Bewusstsein für relevante Deutungen über bestimmte Handlungskontexte erschließt. Schließlich wendet sich OH der Performativität der Sprache zu und hinterfragt generell, warum sich bestimmte Zusammenhänge über den Bezug zur Geschlechterdifferenz erstellen. Die zweigeschlechtliche Gesellschaftsordnung ist seines Erachtens insgesamt als unter sozial hergestellten Bedingungen hervorgebracht, hinterfragbar und erweiterbar zu betrachten.

7.2.2 Fähigkeiten/Verhalten

Nachdem in Kapitel 7.2.1 die Ausdeutungen von Geschlecht nach unterschiedlichen Grundlagen der Diskurse der Geschlechterdifferenz, der Geschlechtergleichheit und der Dekonstruktion oder Aufhebung von Geschlecht beleuchtet wurden, betrachtet Kapitel 7.2.2 nun, wie die einzelnen Diskurse ihre Argumentationen zum Themenfeld Fähigkeiten/Verhalten ausrichten.

7.2.2.1 Differenz: „… ich hab noch nie eine Frau laut werden hören!“

Nach Geschlechterdifferenzansätzen erklären sich Geschlechterverhältnisse über einen substanziellen Geschlechterunterschied zwischen Männern und Frauen. Demnach sind Männer und Frauen mit geschlechtsspezifischen Eigenschaften ausgestattet. Aus diesen Eigenschaften entwickeln sich weibliche und männliche Fähigkeiten und Verhaltensweisen. Im Verhältnis zueinander werden weibliche Eigenschaften jedoch ungleich schlechter bewertet.

Der Ansatz der Geschlechterdifferenz zeigt sich in der Argumentation von Veronika Wachter (VW) darüber, wie Menschen miteinander umgehen. In der Gestaltung alltäglicher Geschlechterbeziehungen ist die Relevanz von Geschlecht laut VW deutlich sichtbar:

> AR: spielt geschlecht [im umgang von frauen und männern miteinander, A.R.] eine rolle?
> VW: also, ich hab bisher noch nie eine frau laut werden hören. es gibt halt auch nicht so viele, ich weiß nicht, ob das statistisch relevant ist. und laut werden tun meiner meinung nach eher männer.

VWs Auffassung nach sorgt die männliche Mehrheit im Unternehmen dafür, dass die Art des Umgangs miteinander nach traditionell männlichen Mustern gestaltet wird. Zwar gibt sie an, „noch nie eine frau laut werden“ gehört zu haben. Gleichzeitig, so legt sie offen dar, „gibt [es] halt auch nicht so viele“. Über diese Aussage setzt sie nicht allein männlich zugeschriebene Verhaltensweisen als die normale Ausdrucksform voraus. Sie unterstützt zudem die Auffassung, dass natürliche Geschlechterunterschiede zwischen Männern und Frauen existieren. Über die Auffassung „laut werden tun […] eher männer“ typisiert sie das Verhalten der Männer und Frauen geschlechtsspezifisch bipolar. So beschreibt sie das Verhalten von Männern mit dem starken Verb „laut“ als kräftig, durchdringend und offensiv und setzt das darüber als leise gedeutete Verhalten von Frauen dementsprechend gegensätzlich in Bezug. Über die Bezugsetzung des weiblich leisen zum männlich lauten Auftreten bestätigt VW den männlichen Umgang miteinander als die im Betrieb übliche Interaktionsweise, während sich das weibliche Verhalten vor allem über eine fehlende Übereinstimmung mit der als normal erachteten Umgangsform auszeichnet. Männer und ihr scheinbar männliches Naturell geben im betrieblichen Umgang miteinander die Ordnung vor, während ihnen Frauen mit ihrem weiblichen Kommunikationsverhalten als Abweichungen hierarchisch untergeordnet werden. VWs Aussagen bekräftigen somit die Vorstellung einer nach geschlechtshomogen männlich gestalteten Mustern geordneten betrieblichen Zusammenarbeit.

Im weiteren Interviewverlauf bekräftigt VW die Vorstellung von geschlechtstypischen Unterschieden zwischen Männern und Frauen:

> VW: hm, *sagen wir es mal so, frauen sind die, die durch kommunikation und einfühlungsvermögen, gern hinter die menschlichen konflikte auch schauen, die es gibt, die manchmal zu tage treten. und männer sind halt welche, also gott sei dank sind es nicht alle [kurzes lachen], sind oftmals mehr in richtung cholerisch. also, das wäre jetzt, wenn ich die zwei extremalpunkte beschreiben würde. dann wäre das so das eine extrem und das andere extrem.

Nach VW verfügen Frauen und Männer geschlechtsbedingt über unterschiedliche Eigenschaften, die eine bestimmte Wertung erfahren. Während sich Frauen von ihrem Wesen her über die Fähigkeiten „kommunikation und einfühlungsvermögen“ auszeichnen, verfügen Männer nach VW eher über einen leicht erregbaren Gemütscharakter und verhalten sich häufig „mehr in richtung cholerisch“. Derweil Frauen ihre Fähigkeiten nach VW beispielsweise „gern“ zur Lösung von etwaigen „menschlichen konflikten“ einsetzen, tragen Choleriker über die ihrem Wesen eigentümliche aufbrausende Art vor allem zur Entstehung solcher menschlichen Konflikte bei. Mit der Beschreibung der Frau als besonnenen und empathischen Charakter und der des Mannes als unbeherrschten und ich-bezogenen Typen weist VW Männern und Frauen auf der Skala der menschlichen Eigenarten „die zwei extremalpunkte“ zu. Nach VW ist das Verhalten von Männern und Frauen zum einen also natürlich angelegt und einander entgegengesetzt ausgerichtet. Zum anderen aber weist VW in ihrer Beschreibung Frauen im Vergleich zu Männern aufgewertete Charaktereigenschaften zu. Ihres Erachtens tragen Frauen stark zur lösungs- und sachorientierten Arbeit im Unternehmen bei. Bestehende Geschlechterhierarchien im Betrieb sieht sie somit aufgrund einer nach männlichen Denk- und Handlungsmustern ausgerichteten Praxis gestaltet und stabilisiert.

Heinz Yapp (HY) bestätigt VWs Beobachtungen von geschlechtsspezifischen Ausdrucksweisen männlicher und weiblicher Eigenschaften und Fähigkeiten. Nach männlichen und weiblichen Verhaltensweisen gefragt, antwortet HY wie folgt:

> HY: **hm**, ich meine, ** wenn man sagt, so ganz geradelinig könnte man jetzt männlichem zuschreiben, dass man sagt: so, das ist ein faktum und dann entscheide ich so!
> [...]
> HY: und, ich meine, eher das integrierende, verbindende element eher eine weibliche eigenschaft, das könnte man so sehen. *nur da würde ich so sagen: nein, das kann ich nicht bestätigen. ich glaub, der charakter ist, der entscheidet da mehr.

Nach einer langen Nachdenkpause legt HY seine Beobachtungen von männlichen und weiblichen Verhaltensweisen dar. Dabei beschreibt er, „das könnte man so sehen", ein „so ganz geradelinig[es]", fakten- und entscheidungsorientiertes Verhalten als allgemein anerkannte männliche Art, während sich weiblichen Personen zugeschriebene Eigenschaften und Verhaltensweisen eher über „das integrierende, verbindende element" auszeichnen. Männer richten sich dieser Darlegung nach in ihrem Verhalten also nach einer objektiven Faktenlage aus. Im Mittelpunkt der weiblichen Verhaltensorientierung steht nach Meinung HYs indessen die Gestaltung der auf Harmonie ausgerichteten, menschlichen Beziehung. Mit der Verwendung des Begriffs „element" in Zusammenhang mit der Beschreibung von weiblichen Verhaltensmerkmalen verdeutlicht HY zudem, dass er die von ihm genannten Geschlechterkonnotationen als wesenhaft deutet. Gleichermaßen jedoch zeigt er, dass er an der geschlechtsbezogenen Thematisierung von Eigenarten durchaus Zweifel hegt. Seines Erachtens ist es eher „der charakter [...], der entscheidet da mehr", wenn es darum geht, Umgangsweisen im Betrieb auf den Grund zu gehen. Obschon geschlechtsbezogen Unterschiede im Verhalten der Mitarbeitenden zu beobachten sind, sieht er die vorgenommenen Zuschreibungen nicht allein in der Natur des weiblichen oder männlichen Geschlechts begründet. So nennt er stattdessen die Vielfalt der Menschen an sich als den relevanten Faktor dafür, dass sich im betrieblichen Umgang der Männer und Frauen viele unterschiedliche Eigenschaften zeigen. Geschlechterfragen werden somit zwar als gesellschaftlich relevant angenommen, für die Organisation des Zusammenlebens im Betrieb werden sie jedoch als unwichtig deklariert.

Oben genannte Beispiele belegen, dass Geschlechterdifferenzansätze Männer und Frauen mit weiblichen und männlichen Eigenschaften ausgestattet sehen, aus denen sich spezifisch weibliche und männliche Verhaltensweisen entwickeln. Während VW im ersten genannten Beispiel männliche Verhaltensmaßstäbe nach Geschlechterkulturmuster des männlichen Traditionalismus als betriebliches Ideal etabliert, orientiert sie sich im zweiten von ihr genannten Beispiel an der Geschlechterkultur des normativen Individualismus und sieht das weibliche Verhalten im Unternehmen aufgewertet. HY wiederum sieht Geschlechterunterschiede zwar als natürlich an. Nach Geschlechterkulturmuster des betrieblichen Kollektivismus betrachtet er die Geschlechterdifferenzierungen jedoch primär als ein Ausdruck der Vielfältigkeit der menschlichen Gattung und blendet die Geschlechterungleichheitsfrage aus. Innerhalb des Geschlechterdifferenzdiskurses zeigen sich beim Themenfeld Fähigkeiten/Verhalten somit unterschiedliche kulturelle Orientierungen in den Interviewpassagen.

7.2.2.2 Gleichheit: „… Eigenschaften sind unabhängig vom Geschlecht!“

Aus Blickwinkel der Geschlechtergleichheit gibt es keine körperlich angelegten Unterschiede zwischen Männern und Frauen. Männer und Frauen verfügen über gleiche Grundausstattungen und sind daher gleichermaßen zur Ausbildung bestimmter Fähigkeiten und Verhaltensweisen geeignet. Geschlechtergleichheitstheorien sehen die strukturellen Bedingungen zur Ausbildung und Einbringung von Fähigkeiten und Verhaltensweisen zum Nachteil von Frauen ausgerichtet.

Den Ansatz der Geschlechtergleichheit transportiert HW in folgenden Interviewpassagen. Hier beschreibt er das betriebliche Geschlechterverhältnis als geschlechterungleich gestaltet:

> HW: also ich hab, unter mir hab ich abteilungen und dann noch dienststellen, da gibts genau eine frau. das auch noch gar nicht so lange.

An anderer Stelle führt er aus:

> HW: natürlich gibts unterschiede zwischen den einzelnen personen, das hat aber überhaupt nichts mit geschlecht oder sonst irgendwas zu tun, sondern das hat was zu tun mit, wie halt, also, welche fähigkeiten oder welche, wie soll man sagen?, wie individuell … also, es gibt halt extrovertierte und introvertierte, also, es gibt halt ganz unterschiedliche charaktere.

In erster, oben angeführter Interviewaussage bestätigt HW Geschlechterungleichheiten im Betrieb. Die Geschlechterordnung sei jedoch nicht einseitig zu Lasten von Frauen gestaltet. Zwar gäbe es Unterschiede zwischen den betrieblichen Akteur_innen. Seines Erachtens bilden sich diese Unterschiede aber „natürlich" geschlechterunabhängig aus. So haben sie seiner Aussage nach „überhaupt nichts mit geschlecht oder sonst irgendwas zu tun", sondern lassen sich auf „fähigkeiten" zurückführen, welche „individuell" im Menschen angelegt sind. Aufgrund der natürlichen, „unterschiedlichen charaktere" bilden Menschen dann „extrovertierte und introvertierte" Persönlichkeitsstrukturen aus. Menschliches Verhalten, das HW hier als vielfältig beschreibt, ist laut HW also nicht geschlechtsbezogen, sondern individuell zu erfassen. Somit sieht er auch die strukturellen Ungleichheitsproblematiken im Betrieb als grundsätzlich nicht gegeben an. Vielmehr, so lässt sich schlussfolgern, sieht er es in der Souveränität der einzelnen Akteur_innen selbst, anhand individueller Leistungen für die eigenen Möglichkeiten und Chancen im Betrieb zu sorgen und einzustehen.

Auch HY betrachtet das Geschlecht einer Person bei der Ausprägung von Fähigkeiten und Verhalten als unwesentlich. In der Auseinandersetzung zum Einfluss von Geschlecht auf die Fähigkeiten und Verhaltensweisen eines Menschen kommt HY zu folgendem Schluss:

> HY: nein, ich hätte gesagt […] von den eigenschaften ist es […] unabhängig vom geschlecht. also, wenn jemand sehr straight ist, als frau, dann kann der straighter sein, als ein mann […]
> AR: das heißt was genau?
> HY: ich glaub, der charakter, den eine person hat, ist hier stärker zu erkennen […], als die differenzierung über das geschlecht, hätte ich gesagt, irgendwie.
> […]
> AR: charakter ist für sie das, wenn es nicht der zuschreibung entspricht, richtig?
> HY: nein, der charakter ist für mich eine eigenschaft der person, unabhängig vom geschlecht.

Nach Ansicht von HY sind Fähigkeiten und Verhalten von Menschen „unabhängig vom geschlecht" bestimmt. Darüber scheint er verdeutlichen zu wollen, dass sich geschlechtliche Zuschreibungen seiner Erfahrung nach als nicht haltbar erweisen. So sieht HY im Nachdenken über die bedingenden Umstände eher den „charakter, den eine person hat" als wichtig an, der seiner Ansicht nach bei Verhaltensausdrücken „stärker zu erkennen" sei. Während er der charakteristischen Persönlichkeit eines

Menschen somit einen größeren Stellenwert bei der Ausbildung von Fähigkeiten und Verhaltensweisen zuschreibt, spielt die „differenzierung über das geschlecht" seiner Ansicht nach eine weit weniger wichtige Rolle. In seiner Argumentation jedoch setzt er weibliche Verhaltenszuschreibungen den männlichen in einem hierarchischen Verhältnis gegenüber. So argumentiert er, dass eine Frau unter Umständen „straighter sein [kann], als ein mann". Darüber setzt er männlich konnotierte Verhaltensmaßstäbe als Idealbild ein und ordnet ihnen weiblich zugeschriebene Verhaltensweisen unter. Diese hierarchische Zuordnung jedoch enthebt sich im Laufe seiner Darlegung der Möglichkeit der Wahrnehmung. Denn am Ende dieser Interviewpassage argumentiert er in seiner Rückmeldung auf eine entsprechende Nachfrage von mir als Interviewerin einen absolut eindeutigen Standpunkt. Seines Erachtens bilden sich die Verhaltensweisen der Menschen im Betrieb ausschließlich auf Grundlage persönlicher Merkmale der Menschen selbst aus. Das Geschlecht der Person steht nach HY dabei nicht nur als unbedeutendes Kriterium im Hintergrund, sondern verliert bei der Ausrichtung betrieblicher Verhaltensweisen völlig an Relevanz. Seines Erachtens seien Männer und Frauen gleichermaßen dazu in der Lage, männlich konnotierte Verhaltensweisen auszubilden. Diese Ansicht verdeutlicht er, als er die mit Charakter bezeichnete Anlage zur Ausbildung von Fähigkeiten explizit als eine „eigenschaft der person, unabhängig vom geschlecht" definiert.

Zwischenmenschliches Beziehungsverhalten gestaltet sich auch nach Auffassung von IB unabhängig des Geschlechts von Personen. Nachfolgend macht er seine Ansicht pointiert deutlich:

> IB: es ist jetzt provokant gegenüber den frauen, zickenkrieg, das können männer auch, nur männer machen das außerhalb vom betrieb.

Nach IB zeigen Männer und Frauen in ihren sozialen Gruppen, „zickenkrieg, das können [auch] männer", grundsätzlich gleiches, öffentliches Streitverhalten (Duden 2019). In Verwendung einer Tiermetapher umschreibt IB also das Verhalten von Menschen, die in einer Konkurrenzsituation innerhalb ihrer sozialen Gruppe eigene Interessen mit bestimmten Mitteln und Strategien durchzusetzen versuchen. Ursprünglich vor allem im Zusammenhang mit kommunikativem Verhalten von Frauen verwendet, wird der Begriff „zickenkrieg" von IB in abwertender Art und Weise auf ein interaktives Streitverhalten von Männern und Frauen angewendet. In IBs Argument zeigt sich eine hegemonial männliche Wirklichkeitswahrnehmung. So offenbart die Referenz nicht allein IBs implizite Überzeugung, dass er Menschen im Allgemeinen eher als Einzelkämpfer_innen betrachtet und sie somit zur Ausbildung eines kooperativen Sozialverhaltens eher ungeeignet hält. Zudem sieht er die Ursachen für betriebliche Problemstellungen vor allem in einem grundsätzlich nicht nachvollziehbaren und weiblich zugeschriebenen Denken und Verhalten begründet. Die vor allem Frauen herabsetzende Referenz, das „ist jetzt provokant gegenüber den frauen", scheint IB damit durchaus bewusst einzusetzen. Zwar grundsätzlich zu gleichen Verhaltensausdrücken verleitet, zeigten Männer seiner Beobachtung nach „zickenkrieg" jedoch nur „außerhalb vom betrieb". Weiblichkeit grundsätzlich als Störfaktor betrieblicher Strukturen und Abläufe erkannt und benannt, schlussfolgert IB den Einschluss von Frauen im Unternehmen generell als schwierig.

Geschlechtergleichheitstheoretischer Auffassung nach, so belegen oben genannte Beispiele, sind Geschlechterungleichheiten im Betrieb nicht auf geschlechtliche Unterschiede zurückzuführen. Männer und Frauen verfügen über gleiche organische Grundausstattungen und werden körperlich zur Ausbildung von Fähigkeiten und Verhaltensweisen gleichermaßen als geeignet betrachtet. Während HW sich in seiner Argumentation an der Geschlechterkultur des normativen Individualismus orientiert und die sozialen Akteur_innen gänzlich unabhängig geschlechtlicher Zuschreibungen als Individuen selbst verantwortlich für ihre Karrierechancen zeichnet und darüber auch geschlechterungleichen Strukturen ihre Bedeutung abspricht, blendet HY Geschlechterhierarchisierungen aus, indem er Geschlechterungleichheiten nach dem Geschlechterkulturmuster des betrieblichen Kollektivismus dethematisiert. IB orientiert sich am Geschlechterkulturmuster des männlichen Traditionalismus und legt der betrieblichen Zusammenarbeit von körperlich gleich ausgestatteten Individuen männlich konnotierte Verhaltens- und Wertmaßstäbe zugrunde. Darüber rechtfertigt er die Argumentation, Frauen und weibliches Verhalten als Störfaktoren aus betrieblichen Ordnungen ausschließen zu wollen. Im Kontext von Geschlechtergleichheit zeigen sich in den Interviewpassagen beim Themenfeld Fähigkeiten/Verhalten somit unterschiedliche kulturelle Orientierungen.

7.2.2.3 Aufhebung: „... mehr Risiko ist per se nicht positiv!"

Nach Ansätzen der Dekonstruktion oder Aufhebung von Geschlecht ist die Ordnungskategorie Geschlecht gesellschaftlich konstituiert. So ist nicht allein die Geschlechterdifferenz als sozial hervorgebracht zu sehen. Auch die tieferliegenden Strukturen und Bedingungen, über die die Geschlechterkategorien des Männlichen und des Weiblichen ihre Bedeutungen ausrichten, sind gesellschaftlich angelegt. Nach Ansätzen der Dekonstruktion oder Aufhebung von Geschlecht konstituieren sich die Bedeutungen von Fähigkeiten oder Verhaltensweisen über soziale Muster, die die Bedeutungszuweisungen ausrichten. Demnach könnten die Zuschreibungen auch ganz anders sein.

In IBs Beschreibung, wie das Verhalten von betrieblichen Akteur_innen in einem geschlechtsbezogenen Rahmen ausgedeutet wird, wird der Ansatz der Dekonstruktion oder Aufhebung von Geschlecht deutlich. Der folgende Abschnitt zeigt dies beispielhaft auf:

> IB: wenn zwei damen wieder aneinandergeraten sind, wegen den männern, da gibts ja alle möglichen, ich sag immer daily soap dazu [...] hättest du mich das vor fünf jahren gefragt, dann hätte ich gesagt, das kann es ja nicht sein, aber mittlerweile sage ich immer daily soap, es gibt nichts, was es nicht gibt, oder die eine der anderen den mann ausspannt oder den freund undundund.

An einer Situation legt IB beispielhaft dar, wie komplex sich die soziale Praxis seines Erachtens organisiert. Dazu beschreibt er eine Alltagssituation, „wenn zwei damen wieder aneinandergeraten sind“. Den zentralen Konfliktpunkt, „wegen den männern“, zwar deutlich vor Augen, gibt es laut IB gleichwohl „alle möglichen“ Gründe für eine streitbare Auseinandersetzung unter Mitarbeiterinnen. So kann es sein, dass „die eine der anderen den mann ausspannt oder den freund undundund“. Laut IB sind diese – weiblichen – Begründungszusammenhänge mit einem – männlichen – Denken normalerweise nicht erfassbar, denn auch er sei trotz jahrelanger Erfahrung nicht dazu in der Lage, eine solche Konfliktsituation unter Frauen umfassend zu verstehen. Allerdings hätte sich sein diesbezüglicher Horizont über seine langjährig gesammelten Erfahrungen „mittlerweile“ von „das kann es ja nicht sein“ zu „es gibt nichts, was es nicht gibt“ erweitert. IBs Aussage nach gibt es in der betrieblichen Alltagswelt unzählige Varianten weiblicher Wirklichkeiten. Um diese zu ordnen, bedient sich IB seinen eigenen Angaben nach eines bestimmten Wirklichkeitsformats, „ich sag immer daily soap dazu“. Mit diesem Ordnungsformat „daily soap“ setzt IB die relevanten Wirklichkeitselemente in einen bestimmten Wirkungsrahmen und reduziert darüber gleichzeitig die komplexen Möglichkeiten der Ausdeutung. Denn in diesen Rahmen gesetzt, wird den Praktiken seiner Mitarbeiterinnen vor allem ein Unterhaltungszweck zugewiesen (Duden 2018b). Die Alltagssituation der Frauen über den Rahmen der daily soap abgegrenzt von den betrieblichen Verständniskontexten, die Männern zugänglich sind, kommt er zum Schluss, dass es außenstehenden Männern schlicht unmöglich sei, die Beweggründe von Frauen nachzuvollziehen. Die Welten von Frauen und Männern, so seine Auffassung, lassen sich weder interaktiv noch strukturell miteinander in Bezug setzen.

Franz Walter (FW) hingegen reflektiert darüber, wie Geschlechterstereotype alltägliche Handlungszusammenhänge beeinflussen. Am Beispiel seiner Mitarbeiter_innen veranschaulicht er seine Gedanken:

> FW: **ja, also ich glaube nicht, dass alle ausbilder oder, oder alle mitarbeiter, die ich habe, die rollenbilder total hinter sich lassen können oder lassen haben können. [...] und damit würde ich jetzt einfach den sprung wagen und sagen, logischerweise hat es dann auch irgendwie einen einfluss auf die entscheidungen. wenn ich mein verhalten anpasse und das unterbewusst passiert, dann passt das dann, dann passiert das auch unterbewusst mit den entscheidungen, die da sind *sichtbar nicht beobachtbar.

FWs Auffassung nach ist die soziale Alltagspraxis gesteuert über gesellschaftlich geprägte Geschlechterrollenbilder. So hält er es für unwahrscheinlich, dass sich subjektive Weltauffassungen oder Denkweisen seiner „ausbilder" oder „mitarbeiter" „total" unbeeinflusst von jenen Bildern ausgestalten, die immanent vorgeben, wie Männer und Frauen typischerweise sind oder sich verhalten. Diese Erkenntnisse vor Augen führend schlussfolgert FW, dass sich Geschlechterrollenbilder „logischerweise" nicht allein auf die individuellen Überzeugungen und Sichtweisen einer Person auswirken, sondern sich auch in den Prozessen und Strukturen des Unternehmens institutionalisieren. So richten immanent wirksame Geschlechterrollenbilder FWs Ansicht nach auch die Prämissen und Grundlagen organisationaler Entscheidungen in gewisser Art und Weise aus. Denn, davon ist FW überzeugt, wenn Entscheidungsträger_innen ihr „verhalten anpasse[n] und das unterbewusst passiert", dann „passiert das auch unterbewusst mit den entscheidungen", die von ihnen in ihrer Funktion getroffen werden. Wie gesellschaftliche Geschlechterrollenbilder organisationale Entscheidungen konkret prägen, ist nach FW „sichtbar nicht beobachtbar". Den Grad der Beeinflussung sieht FW weder von persönlichen Faktoren abstrahierbar noch organisational festlegbar. Eine nach objektiven Gesichtspunkten vorgenommene Entscheidung von Funktionsträger_innen ist nach FW somit generell nicht möglich.

HW setzt sich schließlich mit der Konstruktion von Geschlechterzuschreibungen auseinander. In folgender Interviewpassage reflektiert HW über die Praxis der Zuschreibung und Hervorbringung von geschlechtsbezogenen Eigenschaften:

> HW: ich glaube, dass männer mehr risiko*bereitschaft haben, *ich weiß es nicht, aber es ist irgendwie meine erfahrung, vielleicht auch aus, aus der eigenen familie her, also, mit meiner frau. ich weiß, die geht weniger risiko ein als ich, vielleicht überträgt man da zu viel, aber, also ich glaub schon, dass männer, sagen wir mal eher, ja, ein höheres risiko übernehmen als frauen, aber *ich weiß nicht, ob das, ob das sozusagen inhärent in den geschlechtern ist oder ob das antrainiert ist.
> [...]
> AR: was wäre der unterschied, ob antrainiert oder inhärent?
> HW: ja, wenn man, wenn man jetzt hergeht und sagt ... * das ist jetzt ja eine interessante frage, weil mehr risiko zu nehmen ist ja per se noch nicht positiv, man kann ja damit an die wand fahren, also, insofern gehe ich ja nicht her und sag, den frauen muss man mehr risikobereitschaft antrainieren. jeder weiß, dass sie zum beispiel, frauen im portfoliomanagement bessere ergebnisse erzielen, weil sie eher vorsichtiger dran gehen, also, auch das liest man. ich frag mich, warum sind da eigentlich nicht mehr? warum liest man immer nur von männern?

In oben angeführter Passage unterzieht HW soziale Zuschreibungspraktiken männlicher und weiblicher Eigenschaften einer umfassenden Reflexion. Dabei weist er auf die Verwobenheit verschiedener Gestaltungs- und Deutungsebenen hin. Als erste Ebene ist die Subjektebene zu nennen. So ist laut HWs Beobachtung die Bereitschaft, Risiken einzugehen, eher Männern zuzuschreiben. Denn subjektive Erfahrungen „mit meiner frau", ließen ihn darauf schließen, dass sich Frauen insgesamt eher vor riskanten Vorhaben scheuen. Mit „ich weiß, die geht weniger risiko ein als ich" verdeutlicht er seine Überzeugung, Risikobereitschaft als eine männliche Eigenschaft zu sehen. Als zweite Ebene ist die persönliche Ordnungsebene zu betrachten. So reflektiert HW über, „ich weiß es nicht, aber es ist irgendwie meine erfahrung", seinen persönlichen Rahmen, der seine Deutung aufrechterhält, Männer eher als Frauen als risikobereit zu erkennen. Mit „vielleicht überträgt man da zu viel" weist er auf eine Verknüpfung zwischen Subjekt- und Strukturebene hin, die zu Ausschlüssen aus subjektiven Wahrnehmungen und individuellen Ordnungszusammenhängen führen könnte. Zudem spricht HW eine Struktur zweiter Ordnung an. Mit „ich weiß nicht, [...] ob das sozusagen inhärent in den geschlechtern ist, oder ob das antrainiert ist“ hinterfragt er die tieferliegende Ordnungsstruktur. So wären seines Erachtens körperbiologische Begründungen für die Risikobereitschaft von Männern und die Risikoscheu von Frauen sinnhaft. Unabhängig von biologischen Vorgaben könnten nach HWs Meinung aber auch gesellschaftskulturelle Gestaltungsprozesse die geschlechterbezogenen Zuschreibungen generiert haben. Im weiteren Verlauf der oben angeführten Interviewpassage kommt HW dann auf die Wechselwirkungen auf Handlungs- oder Deutungsebene zu sprechen. So anerkennt er mit „mehr risiko zu nehmen ist ja per se noch nicht positiv“ die Bezogenheit dieser Aussage. So ist Risikobereitschaft bei Männern weder ausschließlich positiv zu deuten, schließlich „kann [man] ja damit an die wand fahren“, noch sind die begrifflichen Zuschreibungen in typisch weiblichen Zusammenhängen aufrecht erhaltbar. Eben weil Frauen „eher vorsichtiger dran gehen“ erzielen sie beispielsweise auch „im portfoliomanagment bessere ergebnisse“. Die Zuschreibungen von Eigenschaften sind nach HW also auch immer im Zusammenhang zu sehen und zu entwerfen. Schließlich spricht HW die Ebene der Sozialstrukturen an, die gesellschaftliche Bewertungen von Eigenschaften und Fähigkeiten geschlechtsbezogen zu Lasten von Frauen hervorbringen. So zeigt sich HW mit der Frage „warum sind da eigentlich nicht mehr?“ darüber irritiert, dass Frauen mit ihren positiv zugeschriebenen Eigenschaften keinen adäquaten gesellschaftlichen Stellenwert einnehmen, denn laut HW ist der Allgemeinheit die Relevanz der typisch weiblichen Eigenschaften wohl bewusst, schließlich „liest man [das]“. Umso fragwürdiger erscheint ihm daher, dass in der öffentlichen Wahrnehmung hauptsächlich Männer Beachtung erfahren. Mit der Frage „warum liest man immer nur von männern?“ verdeutlicht er, dass gesellschaftliche Geschlechterwirklichkeiten auch als ein Ergebnis herrschaftlich ausgerichteter Diskurse betrachtet werden können.

In den genannten Interviewpassagen beleuchten IB, FW und HW geschlechtsbezogene Zuschreibungen und Zuordnungen von Verhaltensweisen aus der Perspektive der Dekonstruktion oder Aufhebung von Geschlecht. Dabei orientieren sie sich am Geschlechterkulturmuster des pragmatischen Utilitarismus, der Konstruktionsprozesse von Zweigeschlechtlichkeit hinterfragt. Während IB beispielhaft über die Erweiterbarkeit „normaler“, männlicher Alltagsordnungen anhand weiblich zugeschriebenem Konfliktverhalten nachdenkt, reflektiert FW darüber, wie stereotypisierte Bilder zu geschlechtstypischen Verhaltensweisen die Interaktionen in der betrieblichen Praxis wechselwirkend beeinflussen. HW hinterfragt schließlich diskursiv gestaltete Formen von Geschlecht und fokussiert dabei, wie sich über sprachliche Mechanismen Geschlechterungleichheiten auf unterschiedlichen Ebenen ausgestalten.

7.2.3 Kompetenzen/Qualifikationen

Nachdem das Kapitel 7.2.1 und das Kapitel 7.2.2 gegensätzliche Argumentationen zu Geschlecht auf Person- und Handlungsebene fokussieren, beleuchtet Kapitel 7.2.3, wie sich die unterschiedlichen Geschlechterzuschreibungen in die gesellschaftlichen Vorstellungen zu Kompetenzen und Qualifikationen von Männern und Frauen einschreiben.

7.2.3.1 Differenz: „... Technik wird man nicht als Frau!"

Nach Ansätzen der Geschlechterdifferenztheorie verfügen Männer und Frauen über unterschiedliche Eigenschaften und geschlechtsspezifische Fähigkeiten. Diese unterschiedlichen Eigenschaften und Fähigkeiten von Männern und Frauen sind Grundlage für die Ausbildung geschlechtsspezifischer Interessen, die Aneignung geschlechtsbezogener Kompetenzen und die Ausgestaltung männlicher und weiblicher Qualifikationsprofile.

OH belegt in seinen Ausführungen den Ansatz von Geschlechterdifferenztheorien im Zusammenhang mit persönlichen Interessen, Kompetenzen und Qualifikationen. Über die Ausgestaltung seiner eigenen berufsbiografischen Laufbahn zieht er folgendes Resümee:

> OH: ich würd nie und nimmer geeignet sein als kindergärtner. das heißt, ich hab nichts gegen den beruf der kindergärtner, [...] aber hab ich mich [...] schon seit früher für technik interessiert. und das war nicht, weil ich erblich oder sonst was schon vorbelastet bin, sondern einfach, weil ich [...] das gemacht hab [...] was [...] interessiert. und ich hab mich nie eingemischt in das, was sich die kinder ausgesucht haben. und wir haben schon ein paar diskussionen gehabt, trotzdem ist meine tochter lehrerin und mein sohn hat ein technisches studium gemacht.

Nach OH sind berufliche Interessen und Qualifikationen spezifisch weiblich beziehungsweise männlich ausgerichtet. So hat OH sich seiner Aussage nach „nie und nimmer" über eine persönliche Eignung „als kindergärtner" ausgezeichnet. Denn OH habe sich „schon seit früher für technik interessiert". Laut OH „war [das] nicht, weil ich erblich oder sonst was schon vorbelastet bin". OHs Entscheidung für die Art seines Karrierewegs entwickelte sich seinen Worten nach also nicht geprägt von Familie oder Umfeld, sondern unabhängig externer Einflüsse aus eigenem, individuell angelegtem technischen Interesse heraus. Die Entscheidung für eine berufliche Laufbahn nach individuellen Eignungen und Interessen sieht OH auch bei seinen Kindern, denn „ich hab mich nie eingemischt in das, was sich die kinder ausgesucht haben". Und obschon „ein paar diskussionen" geführt wurden, blieb der typische Geschlechterbezug bei beiden erhalten. Laut OH sind die geschlechtsspezifische Ausbildung von weiblichen und männlichen Kompetenzen und die Ausprägung von geschlechtstypisch weiblichen beziehungsweise männlichen Karrierebiografien bei seinen Kindern erkennbar. Schließlich, so sagt er, „ist meine tochter lehrerin und mein sohn hat ein technisches studium gemacht". Gesellschaftliche Geschlechterungleichheiten, so lässt sich schließen, werden von OH durchaus als relevant anerkannt. Die frei getroffene Berufsentscheidung seiner Tochter – und auch die seines Sohnes – lassen gesellschaftliche Geschlechtergleichstellungsfragen jedoch zu individuellen Problemstellungen werden.

Richard Maier (RM) bestätigt die Beobachtungen von OH. Auch nach Aussage von RM finden geschlechtsspezifische Fähigkeiten von Männern und Frauen ihren gesellschaftlichen Ausdruck in typisch weiblichen und typisch männlichen Kompetenzen und entsprechenden Berufsbiografien:

> RM: wenn man so schaut, frauen neigen teilweise eher zu irgendwelchen sozialen berufen. und männer, sagen wir eher, wo stärker die analytischen fähigkeiten, ingenieur … also einfach, sag ich einmal, das technische interesse scheint tendenziell eher bei […] bei jungs höher zu sein als bei frauen.

Nach RMs eigener Beobachtung sind die beruflichen Ausrichtungen bei Frauen und Männern geschlechtsspezifisch unterschiedlich gelagert. Während Frauen „teilweise eher zu irgendwelchen sozialen berufen [neigen]", besetzen Männer per Geschlecht Berufsfelder, „wo stärker die analytischen fähigkeiten" gebraucht werden. Die Fähigkeit zur Ausbildung und Anwendung analytischer Kompetenzen ist nach RM ursächlich für ein Interesse am Bereich Technik. Mit der Aussage, hauptsächlich Männer als technisch interessiert zu beobachten, konnotiert er die von ihm erwähnten analytischen Kompetenzen als männliche Fähigkeit. Dieses geschlechtsspezifisch männlich angelegte analytische Potential ist seines Erachtens Grund für die Entwicklung einer geschlechtsspezifisch technischen Vorliebe bei Jungen, denn „das technische Interesse scheint […] bei jungs höher zu sein als bei frauen". Mit seiner Aussage spricht RM weiblichen Kompetenzen grundsätzlich die gleiche gesellschaftliche Relevanz zu, organisational blendet er darüber die Geschlechterfrage aus. Seines Erachtens möchten sich Frauen aufgrund ihres Geschlechts eine logisch-analytische Problembearbeitung einfach weniger zumuten. Darüber lassen sich, so lässt sich weiterführen, eine männlich dominierte Wirklichkeitsauffassung im Unternehmen und die betrieblichen Geschlechterhierarchien unabhängig von Geschlechterungleichheit verstehen.

Schließlich unterstreicht auch HW die genannten Beobachtungen von OH und RM. HWs Aussage nach zeichnen sich männliche und weibliche Berufsbiografien klar über geschlechtsspezifische Ausrichtungen aus:

> HW: frauen, was weiß ich?, werden friseurin oder werden psychologin, wenn sie eine höhere ausbildung haben, technik wird man [als frau, A.R.] üblicherweise nicht, und umgekehrt.

HWs Aussage nach entscheiden sich Frauen und Männer berufsbiografisch für Tätigkeiten in Bereichen, die sich mit ihrer geschlechtsspezifisch weiblichen beziehungsweise männlichen Natur decken. So werden Frauen abhängig vom Ausbildungsgrad entweder „friseurin" oder „psychologin". Den Wunsch nach einer Tätigkeit im technischen Feld entwickeln Frauen nach HW eher nicht. Demgegenüber zeigen Männer aufgrund ihrer geschlechtsspezifischen Affinität für Technik kein Interesse daran, sich in den oben weiblich bezeichneten Berufsbereichen aktiv zu betätigen. Für HW ist diese Tatsache in der Natur der Geschlechter angelegt, denn „technik wird man [als frau, A.R.] üblicherweise nicht, und umgekehrt". Für HW sind männliche und weibliche Kompetenzen geschlechtsspezifisch und bipolar in den Bereichen Technik und Dienstleistung angelegt. Somit ist auch der Ausschluss von Frauen aus technischen Unternehmen für HW als Konsequenz aus der in der Natur der Geschlechter angelegten Differenz zu sehen.

Nach Ansätzen der Geschlechterdifferenz sind, so machen die oben genannten Beispiele von OH, RM und HW deutlich, geschlechtsspezifische Fähigkeiten von Männern und Frauen Grundlage für die Ausbildung von männlichen und weiblichen Kompetenzen und die Ausgestaltung von männlichen und weiblichen Qualifikationsprofilen. Während OH sich am Geschlechterkulturmuster des normativen Individualismus orientiert und dabei die Konsequenzen gesellschaftlicher Diskriminierungen in die Selbstverantwortung der Menschen stellt, blendet RM die Problematik der Geschlechterungleichheit nach Geschlechterkulturmuster des betrieblichen Kollektivismus einfach aus. HW orientiert sich in seiner Argumentation an der Geschlechterkultur des männlichen Traditionalismus und sieht ein technisches Umfeld mit weiblichen Kompetenzen und Qualifikationen generell als nicht kompatibel an. Innerhalb des Geschlechterdifferenzdiskurses zeigen sich in den Auseinandersetzungen der Interviewpartner_innen beim Themenfeld Kompetenzen/Qualifikationen somit unterschiedliche kulturelle Orientierungen.

7.2.3.2 Gleichheit: „… für die Kompetenzen ist das Geschlecht egal!"

Nach Ansätzen der Geschlechtergleichheitstheorie verfügen Männer und Frauen über dieselbe Anlage von persönlichen Fähigkeiten. Sie sind somit gleichermaßen zur Aneignung von fachspezifischem Wissen ausgestattet oder zur Bewältigung konkreter Anforderungen befähigt. Männer und Frauen verfügen somit generell über gleiche Kompetenzen und gleiche Möglichkeiten zur Ausbildung fachlicher Qualifikationsprofile. Die organisationalen Bedingungen zur Ausbildung und Sichtbarmachung der Kompetenzen sind nach Geschlechtergleichheitsansatz zum Nachteil von Frauen ausgerichtet.

RM legt in nachfolgender Interviewpassage ein auf Annahme der Geschlechtergleichheit angelegtes Verständnis zu persönlichen Kompetenzen dar. Seines Erachtens sind Kompetenzen und deren Ausbildung unabhängig von Geschlecht in der Person verankert. Dies legt er mit folgender Systematisierung von Persönlichkeitstypen dar:

> RM: die roten, […] im berufsleben sind sie eher sehr dominant und, also reagieren teilweise etwas unwirsch, sage ich mal, wenn man mit persönlichen problemen oder solchen geschichten zu ihnen kommt. sondern die sind eher, sagen wir, kurz, knackig, sachlich […].
> AR: einen grünen typen bei ihnen im team?
> […]
> RM: ja, es ist jemand, *der […] persönlich einbezogen werden möchte […] derjenige, sag ich mal, der wenn es dann einen konflikt oder sowas gibt, der dann einfach dann eher, ja, versucht, das zu moderieren und ja, das thema dann konstruktiv und miteinander zu lösen.
> AR: der gelbe typ?
> RM:[…] für die ist wichtig, sag ich mal, dass ihnen die arbeit freude macht. […] wenn man die erreicht […] dann sind die wirklich aufopferungsvoll im job. also das heißt, die gehen dann sehr weit, um das letzte ziel oder aufgaben auch noch entsprechend zu erfüllen.
> […]
> AR: der blaue typ?

> RM: ja, der blaue typ sind eher [...] die technisch dann ganz, ganz tief in diskussionen gehen, [...] die blauen sind dann wirklich diejenigen, die dann auch wirklich eine thematik bis ins letzte detail [...] verstehen wollen [...] und auch meistens dadurch auch dann [...] eine sehr, sehr hohe technische kompetenz auch mitbringen.
> AR: sind das männer oder frauen?
> RM: das ist egal. das sind männer und frauen.

RM beschreibt im oben genannten Interviewabschnitt unterschiedliche Typen von Menschen anhand einer Farbensystematik. Das Insides Discovery – Modell wurde auf Grundlage von Carl Gustav Jungs Typologielehre zum Ausbau organisationaler Kompetenzen entwickelt (Insights® 2019). Nach dem Insights Discovery – System existieren nach RM vier unterschiedliche, farblich benannte Typen mit grundsätzlich unterschiedlichen Verhaltensanlagen. Diese Anlagen bestimmen die im beruflichen Kontext verwertbaren, persönlichen Kompetenzen. Diese Insights Discovery – Schematisierung findet sich laut RM in seiner organisationalen Praxis durchaus wieder. So gehen RMs Beobachtung nach die roten Typen Aufgaben „kurz" und „knackig" an, während die grünen Typen das organisationale Miteinander „konstruktiv" gestalten. Gelbe Typen gehen „im job" nach Erachten von RM „sehr weit, um das letzte ziel oder aufgaben auch noch entsprechend zu erfüllen", und blaue Typen gehen nach Auffassung von RM „technisch dann ganz, ganz tief in diskussionen". Nach Erachten von RM sind diese Kompetenzen je nach Typus in den einzelnen Menschen angelegt und in ihrer Vielfalt als gleichermaßen wichtig zu sehen. An entsprechenden Stellen eingesetzt, sind sie Garant für den betrieblichen Erfolg der Organisation an sich. Das Geschlecht einer Person ist laut RM für den organisationalen Einsatz der Kompetenzen „egal" und unerheblich. Somit wird auch die Zusammenarbeit der Geschlechter als hierarchiefrei und die Gestaltung der Organisation unabhängig von Geschlecht erlebt. Gleichermaßen jedoch beschreibt er die Verhaltensweisen nach geschlechterhierarchisierenden Zuweisungen. So entscheiden die „sehr dominanten" roten Typen beispielsweise „sachlich", während es den „aufopferungsvoll[en]" gelben Mitarbeitenden, „wenn man die erreicht", hauptsächlich um die „freude" an der „arbeit" geht. Blaue Mitarbeitende, die „verstehen wollen", bringen eine „sehr hohe technische kompetenz" mit, während der grüne Typ „dann eher, ja, versucht", die im betrieblichen Alltag entstandenen „konflikte" gemeinsam zu „lösen". Während die mit männlichen Verhaltensmerkmalen beschriebenen roten und blauen Typen hier eine positive Wertung erfahren, erhalten die mit weiblichen Zuschreibungen der Fürsorge und Empathie versehenen gelben und grünen Charaktertypen eine wesentlich schlechtere betriebliche Bewertung. Somit werden geschlechtsbezogen männliche Kategorisierungen den weiblichen übergeordnet.

Neben RM erfährt auch Xaver Polt (XP) die Aneignung von Kompetenzen als geschlechterunabhängig. In folgendem Interviewabschnitt legt er diese Ansicht beispielhaft dar:

> XP: dann war der erste blick so, ja, gut, frau, so schichtleiter [...] das ist jetzt schwierig, [...] aber dann aber am ende abgeschlossen als, jetzt sag ich mal, als klassenbeste, das muss man fast so sagen, und als die auffälligste oder, ja, als der auffälligste charakter aus der gesamten community raus [...] und eigentlich so die integrative dann, so noch die sachen organisiert und eigentlich sehr, sehr stark interaktiv tätig zwischen den ganzen kollegen. wo dann auch das feedback dann auch von der werkmeisterschule gekommen ist, das war das highlight in zwei jahren.

XP beschreibt hier seine Erfahrungen, die er im Zusammenhang mit einer jungen Mitarbeiterin gemacht hat, die sich zur Schichtleiterin ausbilden lässt. Mit „der erste blick so, ja, gut, frau, so schichtleiter [...] das ist jetzt schwierig" werden die Ambitionen der jungen Mitarbeiterin von XP zuerst mit Skepsis betrachtet. Denn in den Augen von XP stellt es sich als unwahrscheinlich dar, dass die Mitarbeiterin sich aufgrund ihres weiblichen Geschlechts in diesem Feld tatsächlich zu behaupten weiß. Im Prozess der Ausbildung aber stellt sich die Mitarbeiterin als „klassenbeste" und somit als Kompetenteste aller in diesem Qualifikationsprozess befindlichen Auszubildenden heraus. Die herausragenden Kompetenzen dieser weiblichen Auszubildenden werden auch extern von der „werkmeisterschule" als „das highlight in zwei jahren" bestätigt. So zeichnet sich die Mitarbeiterin laut XP neben ihrer fachlichen Eignung auch über ihre überfachliche „integrative" Kooperations- und ihre „interaktiv[e]" Kommunikationsfähigkeit aus. Augenscheinlich wird, dass, wenn Barrieren überwunden werden, nach XP alle Menschen gleichermaßen zur Ausbildung organisationaler Kompetenzen als geeignet zu betrachten sind. Bei entsprechender Eignung der Frau können strukturelle Hindernisse somit an Relevanz verlieren. Die Argumentation von XP näher betrachtet, wird deutlich, dass auch er Geschlechterbarrieren gestaltet. Indem er die fachlichen Kompetenzen der Mitarbeiterin geschlechtsbezogen mit herausragenden Fähigkeiten kategorisiert, stabilisiert er die geschlechterungleich gestaltete Ordnung. So werden nicht Frauen mit ihren Kompetenzen im Feld gleichermaßen anerkannt. Der Mitarbeiterin als „der auffälligste charakter aus der gesamten community“ wird im Gegenteil ein Sonderstatus in der männlichen Sphäre zugebilligt. Innerhalb dieses männlich konnotierten Bereichs sticht sie als auffällig hervor. Darüber wird sie nicht Teil einer Gruppe fachlich kompetenter Kolleg_innen. Im Gegenteil neutralisiert XP für diesen einen Fall die Differenz der Geschlechter, um sie ansonsten grundsätzlich zu stabilisieren und aufrecht zu erhalten.

Eine generelle Haltung der grundsätzlich gegebenen, geschlechtergleichen Qualifikation von Männern und Frauen sieht AT heute als gesellschaftlich etabliert an. Die Frage nach aktuell geschlechtsspezifisch besetzten Arbeitsfeldern in seinem Unternehmen beantwortet er wie folgt:

> AT: also, es kommen schon immer mehr und mehr frauen dazu bei uns, ja, es wird ... *ich glaub auch, dass die junge generation von frauen das mitbringt, die andere denke, dass eine frau genauso was leisten kann und dass eine frau genauso für gewisse, oder für jobs geeignet ist, ganz allgemein das zu machen, oder?, als wie ein mann, sag ich.

Auf die Frage nach dem Geschlechterstatus der betrieblichen Akteur_innen mit Leitungsverantwortung fügt er später im Interviewverlauf in kurzen Worten an:

> AT: überwiegend männlich.

Frauen sind nach Auffassung von AT heute gleichermaßen wie Männer dazu in der Lage, hohen beruflichen Anforderungen im Unternehmen gerecht zu werden. Seine Auffassung begründet er zum einen darüber, dass in seinem Betrieb „frauen dazu[kommen]“ und in verschiedenen Positionen und Verantwortungsbereichen eingesetzt werden. Zum anderen sieht er „die junge generation von frauen“ in einer Art und Weise sozialisiert, die sie dazu befähigt, Leistungsansprüche oder Qualifikationsanforderungen gleichermaßen erfolgreich wie Männer bedienen und abdecken zu können. Seines Erachtens könnten Frauen heute „ganz allgemein“ alles „machen“. In ATs Argumentation zeigt sich eine implizite hegemonial männliche Denkstruktur. So stellt er nicht „überwiegend männlich“ besetzte Ordnungsstrukturen oder männliche Deutungshoheiten an sich in Frage. Seines Erachtens stehen Frauen in der Verantwortung, sich eine „andere denke“ anzueignen, um „genauso“ leistungsfähig und „genauso“ geeignet für alle Berufe zu sein „wie ein mann“. Und dieser Verantwortung werden Frauen, so ist AT überzeugt, „immer mehr und mehr“ gerecht. AT sieht es somit nicht als Verantwortung der Organisation, dafür

Sorgen zu tragen, dass geschlechtergleiche Ordnungsstrukturen gestaltet werden.

Geschlechtergleichheitsansätze betrachten, so machen die oben genannten Beispiele von RM, XP und AT deutlich, die Ausbildung von Kompetenzen und die Aneignung von Qualifikationsprofilen als geschlechterunabhängig. Während sich RM in seiner Argumentation am Geschlechterkulturmuster des normativen Individualismus orientiert, die persönlichen Charaktere der Beschäftigten in den Mittelpunkt stellt und scheinbar gleichwertige Kompetenzen über immanente Geschlechterzuschreibungen hierarchisiert, stabilisiert XP männliche Ordnungsstrukturen nach Geschlechterkulturmuster des betrieblichen Kollektivismus, indem er einer außerordentlich kompetenten Mitarbeiterin eine Sonderstellung in einem männlichen Arbeitsfeld zuspricht. AT schließlich erachtet Frauen nach Geschlechterkulturmuster des männlichen Traditionalismus selbst dafür verantwortlich, Geschlechterungleichheiten im Betrieb über die Aneignung männlicher Strukturen und kompatibler Denk- und Handlungsweisen zu bewältigen. Im Zusammenhang mit Ansätzen der Geschlechtergleichheit zeigen sich in den Interviewausschnitten beim Themenfeld Kompetenzen/Qualifikationen somit unterschiedliche kulturelle Orientierungen.

7.2.3.3 Aufhebung: „… beim besten Willen ist das nicht vorstellbar!“

Nach Ansätzen der Dekonstruktion oder Aufhebung von Geschlecht wird die Ordnungskategorie Geschlecht gesellschaftlich erzeugt. So hinterfragen Ansätze der Dekonstruktion oder Aufhebung von Geschlecht essentialistische wie relationale Erklärungsansätze für Geschlechterkategorien ebenso wie die auf Grundlage dieser bipolaren Denklogik gestalteten Ordnungsstrukturen. Sich aus diesen Ordnungen begründende Vorstellungen geschlechtlicher Kompetenzen und Qualifikationen weisen sie als Ergebnis von sozialen Konstruktionsprozessen aus.

Der Ansatz der Dekonstruktion oder Aufhebung von Geschlecht wird in vielen Interviewpassagen zu Kompetenzen und Qualifikationen sichtbar. So antwortet KW auf meine Frage, welche Maßnahmen hilfreich wären, damit Mädchen Interesse an Technik entwickeln und sich technische Kompetenzen aneignen könnten, beispielsweise wie folgt:

> KW: also, ich verstehe es ja überhaupt nicht, eher die andere frage, warum tun es die mädchen nicht? weil ich finde, es gibt so viele mädchenjobs, die nicht so spannend sind, wie technik. ich finde, ich glaube, dass sie sich unterm wert verkaufen, mit irgendwelchen jobs,

die total langweilig sind [...] weil ich kann mir nicht vorstellen, dass billa verkäuferin oder friseurin interessanter ist, kann ich mir einfach nicht vorstellen, beim besten willen nicht.

Dazu von mir als Interviewerin aufgefordert, denkt KW in oben angeführter Passage darüber nach, unter welchen Bedingungen und auf welchen Grundlagen Mädchen berufliche Interessen entwickeln. Dabei stellt er die von mir gewählte Herangehensweise grundsätzlich in Frage. Warum ein Mädchen tatsächlich die Wahl für einen atypisch technischen Beruf trifft, scheint ihm als Frage falsch ausgerichtet. Er sieht die Frage „warum tun es die mädchen nicht?“ als adäquat an. Mit dieser Reformulierung fokussiert er eine „andere“, gegengerichtete Fragestellung und legt dar, was ihm hervorzuheben als relevant erscheint. So möchte er nicht die Gründe eines Vorhandenseins des Interesses für den Bereich Technik, sondern das Fehlen eines solchen Interesses eruiert wissen. Auf diesem diskursiv bereiteten Boden legt er dann das in seinen Augen gesellschaftliche Faktum dar, das er mit „es gibt so viele mädchenjobs, die nicht so spannend sind, wie technik“ verbalisiert. In der Darlegung des für ihn Selbstverständlichen unternimmt KW mehrere Verhältnissetzungen: Zum einen weist er Jungen generell ein geschlechtsspezifisches Interesse an „technik“ zu. Zudem setzt er die per Geschlecht zugewiesenen „mädchenjobs“ und die „technik“ in eine Bewertungshierarchie, in der die technischen Berufsfelder einen höheren Stellenwert erfahren als beispielsweise „verkäuferin oder friseurin“. Und schließlich interpretiert seine sprachliche Verwendung von „es gibt“ und „sie sind“ diese vorgenommenen Bewertungen und Verhältnissetzungen als objektiven Zustand, der die Möglichkeit anderer Deutungen ausschließt. Und so zieht er in seiner Auseinandersetzung das Fazit, dass sich Mädchen „unterm wert verkaufen, mit irgendwelchen jobs, die total langweilig sind“. Schließlich verbalisiert KW die Begrenztheit eigener Deutungsmöglichkeiten mit „ich kann mir nicht vorstellen, dass billa verkäuferin oder friseurin interessanter ist, kann ich mir einfach nicht vorstellen“ als Problem. Darüber verweist er auf Bruchstellen seiner eigenen Normalität und auf andere Alltagsordnungen, deren Grundstrukturen sich für ihn jedoch „beim besten willen“ nicht erschließen und somit für ihn nicht zugänglich sind.

Auch August Seiler (AS) argumentiert nach Ansätzen der Dekonstruktion oder Aufhebung von Geschlecht. So stellt er in folgendem Interviewabschnitt Qualifikationen in einen wechselseitigen Zusammenhang:

AS: wenn man so eine fertigungslinie hat, dass man so eine u-zelle hat, und die muss man halt sauber organisieren. also, wo kommt das

> material hin? wo kommt das material weg? was brauchen die für tools? was brauchen die für werkzeuge, schraubenzieher? und so weiter. und dann natürlich kann das sein da drinnen, und das ist schon so etwas, wo man eine gestandene person sein muss, egal, welches geschlecht, aber dass die natürlich, frag mich?, vielleicht 20 jahre in einem anderen system gearbeitet hat. und jetzt kommt da einer extern und sagt, du machst das jetzt aber falsch. der ist nicht unbedingt glücklich. der sagt jetzt nicht, he du, ei, bist frisch von der uni, ich mach das schon seit 20 jahren. willst du mir jetzt wirklich sagen, dass ich 20 jahre lang einen scheiß gemacht hab?

In angeführter Passage weist AS berufliche Kompetenzen und fachliche Qualifikationen als komplexe, kontextgebundene Größen aus. So müssen Verantwortliche einer „u-zelle" beispielsweise das Verfahren ihres Linienfertigungsschritts „sauber organisieren" können. Dabei sind sie laut AS gleichermaßen für die Beschaffung des dafür notwenigen „material[s]", für die Bereitstellung benötigter „tools" und für die Beschaffung konkreter „werkzeuge" zuständig, die für eine korrekte Materialverarbeitung benötigt werden. AS gemäß stellt diese Aufgabe hohe fachliche Anforderungen an die dafür Zuständigen, „man" müsse nach AS dafür schon „eine gestandene person sein". Für die Verantwortungsübernahme einer U-Zelle qualifizieren sich Mitarbeitende also darüber, dass sie zweckbezogenes Wissen pragmatisch anwenden können. Das von AS hier angeführte Qualifikationsverständnis umfasst somit eine Kombination vorhandener Fertigkeiten, gewonnener Kenntnisse und in Vergangenheit gemachter Erfahrungen von in Verantwortung stehenden Mitarbeitenden. Qualifikation wird in seinem Unternehmen nach AS jedoch nicht ausschließlich nach diesem Verständnis bemessen. So gibt es durchaus Zusammenhänge, wo die intern hoch bewerteten, effektiven Kenntnisse der letzten „20 jahre" in „einem anderen system" in Bezug gesetzt werden, das der Bewertung von Kenntnissen ein „externes" und damit anderes Qualifikationsverständnis, „du machst das jetzt aber falsch", zugrunde legt. Dieses andere Verständnis anerkennt vor allem „frisch von der uni" angeeignetes Wissen als fachliche Qualifizierung und stellt das in langjähriger Ausübung von Tätigkeiten gesammelte Erfahrungswissen in einen anderen Zusammenhang. In diesem Zusammenhang wird die Relevanz dieses Praxiswissens hinterfragt, „willst du mir jetzt wirklich sagen, dass ich 20 jahre lang einen scheiß gemacht hab?", und grundsätzlich in Frage gestellt. Die in der Praxisstruktur als wichtig erachteten Kenntnisse werden in einen anderen Strukturkontext gestellt und erhalten darüber eine andere Bedeutung. Dabei ist es laut AS prinzipiell „egal, welches geschlecht" der betreffenden Arbeitskraft im

Vorfeld zugewiesen war. Qualifikationen und Kompetenzen erhalten ihre unterschiedlichen Bedeutungen über soziale Praktiken, die in ihrem Vollzug verschiedene Muster und Elemente aus Struktur- und Handlungsebene wechselseitig aufeinander beziehen. Daher sind die Ausdeutungen nach Erfahrung von AS immer abhängig von den Situationen und Kontexten, in denen sich die Bewertung vollzieht. Die Ermittlung, Entwicklung und Bewertung von Qualifikationen und Kompetenzen sind als kontingent und als Ergebnisse sozialer Konstruktionen zu betrachten.

Auch FW bedient sich in seinen Ausführungen dem Ansatz der Dekonstruktion oder Aufhebung von Geschlecht. Im Nachdenken über spezifische Bedingungen zur Ausbildung von mathematischen Kenntnissen macht er deutlich:

> FW: ich glaub, dass mathematik eine bestimmte abstraktionsfähigkeit der gedanken notwendig, als notwendigkeit braucht, und das hat nichts mit geschlecht zu tun, das zu haben oder das nicht zu haben. [...] ich glaub, wenn man grundfähigkeiten dieses mathematischen verständnisses tatsächlich testen könnte, glaub ich nicht, dass unterschiede [zwischen mädchen und jungen, A.R.] feststellbar wären.

FWs Erachtens bilden sich mathematische Kompetenzen über logisch-rationales Denken heraus. Der „mathematik", so legt er dar, unterliegt nämlich die dafür „notwendig[e]" Fähigkeit, schlussfolgernd denken zu können. Diese „abstraktionsfähigkeit der gedanken" sieht FW im Individuum angelegt. Eine solche Fähigkeit „zu haben oder das nicht zu haben", so ist FW überzeugt, hat „nichts mit geschlecht zu tun". Für die Ausbildung mathematischer Grundkompetenzen erachtet FW geschlechtliche Faktoren somit faktisch als irrelevant. Die diskursive Bedingtheit der eigenen Überzeugungen scheint FW durchaus bewusst. So stellt er in Verwendung eines Konditionalsatzes zum einen fest, dass sich eventuelle Kompetenzunterschiede eben nur unter der Voraussetzung feststellen ließen, „wenn man grundfähigkeiten dieses mathematischen verständnisses tatsächlich testen könnte". FW stellt darüber nicht allein essentialistische Grundlagen von mathematischen Kompetenzen in Frage. Er verweist auch darauf, dass sich auch unsere Grundstruktur des Erkennens selbst auf Grenzziehungen bezieht, um Erkenntnisse hervorzubringen. Somit finden sich laut FW keine sprachlichen Begriffe, mit denen sich gesellschaftliche Phänomene ohne die sozial erzeugten Differenzlinien beschreiben ließen. Zum anderen weist die in diesem Konditionalsatz verwendete Konjunktivform darauf hin, dass FW neben der eigenen grundsätzlich auch andere Deutungen als denkbar erachtet. Und schließlich setzt das zweimal von ihm verwendete

Verb „glauben" seine Aussagen in einen persönlichen Bezug und relativiert den objektivierten Charakter. Insgesamt stellen sich die Strukturen und Möglichkeiten der Bedeutungszuweisung aller Wirklichkeit laut FW als bedingt und diskursiv gestaltet heraus.

In oben angeführten Passagen behandeln KW, AS und FW geschlechtsbezogene Kompetenzen und Qualifikationen aus der Perspektive der Dekonstruktion oder Aufhebung von Geschlecht. In ihrer Argumentation orientieren sie sich am Geschlechterkulturmuster des pragmatischen Utilitarismus. Während KWs Unverständnis über die von Mädchen bevorzugten Berufsausbildungen der Brüchigkeit von Alltagsnormalität Ausdruck verleiht, hebt AS die wechselseitige Beeinflussung von Struktur- und Handlungsebene in der Bewertung von Qualifikationen hervor. FW wiederum streicht die Grundordnungen des Denkens und Sprechens über und des Erkennens von Kompetenzen selbst als diskursiv hervorgebracht heraus.

7.2.4 Tätigkeiten/Zuständigkeiten

In Kapitel 7.2.3 wurde beleuchtet, wie die gegensätzlichen Diskurse im Zusammenhang mit Kompetenzen und Qualifikationen wirksam werden. Im Folgenden wird den Ausdeutungen und Ausgestaltungen zum Thema Tätigkeiten und Zuständigkeiten Aufmerksamkeit geschenkt.

7.2.4.1 Differenz: „... Haushalt, Kinder, Kochen!"

Nach Ansätzen der Geschlechterdifferenz sind geschlechtsspezifische Körperattribute oder Fähigkeiten von Männern und Frauen Grundlage für die Ausbildung geschlechtsspezifischer Kompetenzen und die Ausgestaltung männlicher und weiblicher Qualifikationsprofile. Gesellschaft und gesellschaftliche Organisationen ordnen sich nach Annahme der Geschlechterdifferenz über Männern und Frauen per Geschlecht zugeschriebene Tätigkeitsfelder und Zuständigkeitsbereiche.

Unten angeführte Interviewpassage bestätigt den Ansatz der Geschlechterdifferenz. Nach VW sind gesellschaftliche Tätigkeiten und Zuständigkeitsbereiche klar männlich und weiblich zugeordnet:

> VW: vom elternhaus her ist es so, ich hab noch [ein gegengeschlechtliches geschwister, A.R.] und wir sind also wirklich gleichberechtigt erzogen worden. also, [das männliche geschwister, A.R.] kann kochen

und [das weibliche geschwister A.R.] kann mit dem bohrer umgehen. wir beide haben beides gelernt, sowohl die typischen frauentätigkeiten als auch die typischen männertätigkeiten.
AR: was sind denn die typischen frauentätigkeiten?
VW: haushalt, kochen, kinder. männer, also, ist handwerken und sowas.

VW verdeutlicht hier eine Geschlechterordnung, die auf geschlechtsspezifische Zuschreibungen verweist. Während das männliche Geschwister „kochen“ gelernt hat, kann das weibliche Geschwister „mit dem Bohrer umgehen“. Beispielhaft erfassen diese Aussagen ihres Erachtens die bipolare Struktur der geschlechtstypischen Tätigkeiten. Gleichzeitig macht sie deutlich, dass es ihrem „elternhaus“ geschuldet ist, dass „beide [...] beides gelernt [haben]“. Über diese Aussage wird zudem sichtbar, dass die typisch weiblichen oder typisch männlichen Tätigkeitsfelder ihre Differenz im Bezug zueinander fassen. Die Beschaffenheit des Geschlechterunterschieds selbst ist nur über den Bezug der Geschlechter zueinander beleuchtbar. Mit der Interviewphrase „sowohl die typischen frauentätigkeiten als auch die typischen männertätigkeiten“ verdeutlicht VW diese Differenzsetzung, indem sie auf Gegensätze verweisende Konjunktionen verwendet. Auf Nachfrage von mir als Interviewerin werden als frauentypisch die reproduktiven Bereiche „haushalt, kochen, kinder“ und als männertypisch die produktiven Felder „handwerken und sowas“ genannt. Mittels der Begriffe Männertätigkeiten und Frauentätigkeiten zeichnet VW somit eine gesellschaftliche Geschlechterdifferenz. Diese determiniert sie weiter, indem sie unter „typischen frauentätigkeiten“ und „typischen männertätigkeiten“ bestimmte Aktivitäten fasst. Denn wechselseitig weist sie den als typisch weiblich oder männlich angeführten Tätigkeiten darüber einerseits eine geschlechtliche Prägung zu und befähigt andererseits die weiblichen oder männlichen Akteur_innen über ihre geschlechtliche Natur zur Ausübung vor allem dieser spezifischen Tätigkeiten. Dem natürlichen Wesen fremde Tätigkeiten hingegen sieht sie als in Lernprozessen anzueignen. Schließlich macht sie in der Passage mit Referenz auf die eigene Geschichte gleichzeitig deutlich, dass es vor allem den Individuen selbst beziehungsweise den individuellen Sozialisationsprozessen geschuldet ist, wenn im Zusammenleben eine Gleichstellung zwischen den Geschlechtern vorherrscht.

FF bestätigt die Beobachtungen von VW. Auch er sieht eine geschlechtliche Zuordnung der gesellschaftlichen Aufgaben in einen weiblichen Reproduktions- und männlichen Produktionsbereich als natürlich an:

FF: bei den frauen, das thema kinder, wenn die da sind, haben die schon immer noch deutlich das bedürfnis, dass es den kindern gut geht, dass sie schauen, dass auch, auch wenn der mann durchaus mithilft, auch wenn er dabei ist, fühlen sie sich schon noch verantwortlich, dass das irgendwie passt. und ich denke, dass sie immer noch im zweifelsfall karriere zurückstellen gegenüber familie und kinder, das wohlergehen gut ist und dass es passt.

In oben angeführtem Abschnitt sieht FF Haushalts- und Erziehungsaufgaben als geschlechtsspezifisch weiblich an. Aufgrund ihrer Weiblichkeit sieht er bei Frauen „schon immer noch deutlich das bedürfnis, dass es den kindern gut geht". Das Sorgetragen für die Kinder und das Kümmern um deren Anliegen sieht FF als genuin weibliche Aufgabe an, der sich Frauen wegen ihrer Sexualität verpflichtet fühlen. Auch wenn der Mann „dabei ist" und „mithilft" und die Frau bei der Erledigung ihrer weiblichen Aufgaben unterstützt, sehen sich Frauen über ihre weibliche Reproduktionsfähigkeit nach Erachten von FF in der Verantwortung für „familie und kinder" und dafür, dass „das wohlergehen gut ist und es passt". Soziale Beziehungs- und Fürsorgearbeit sind somit klar weiblich konnotiert. In seiner Argumentation macht er zudem eine bipolare Trennung der gesellschaftlichen Bereiche Familienarbeit und Erwerbsarbeit deutlich. Dabei weist er der Frau den innerfamiliären, häuslichen Bereich zu, während er den Mann über seine außerfamiliäre, erwerbstätige Zuständigkeit definiert. Sexualitätsbedingt spielt Erwerbstätigkeit im Leben der Frau dann auch nur eine sekundäre Rolle. FF ordnet somit nicht allein Arbeitsfelder und Machtbereiche entlang der sexuellen Differenz, sondern legitimiert darüber auch frauendiskriminierende Argumentationen und die Installierung von Mechanismen und Strategien, um Frauen aus verantwortlichen Funktionen in seinem und anderen Erwerbsarbeitsunternehmen auszuschließen. Schließlich geht er in seinem Denken davon aus, dass Frauen zur Erfüllung ihrer reproduktiven Aufgaben „im zweifelsfall" natürlich ihre „karriere zurückstellen" und somit den Unternehmen über ihren Ausfall einen immensen Schaden zufügen würden.

Auch nach AT ist das Unternehmen auf Grundlage geschlechtsspezifischer Eigenschaften gestaltet. Seine Auffassung legt er in folgendem Absatz dar:

AT: also, das ist jetzt meine persönliche meinung, weil frauen halt einfach besser geeignet sind für arbeiten, die immer wiederkehrend sind und weil die auch von der geschicklichkeit einfach besser sind. geschicklichkeit heißt, so drähte einstecken und so sachen, so irgendwas

> hineinfuzzeln und so, da sind sie einfach besser geeignet […] für mich sind sie (die männer, A.R.] halt einfach besser geeignet, wenn es um schwere, also, körperlich schwere arbeit geht. das ist für mich, da sind die männer, denke ich mir, besser geeignet, einfach halt auch vom körperbau her.

ATs Auffassung nach sind männliche und weibliche Attribute und Kompetenzen Grundlage für die Verteilung organisationaler Aufgaben, die Zuweisung von Verantwortungsbereichen und die Gestaltung der Unternehmensstrukturen insgesamt. Seiner „persönliche[n] meinung" nach eignen sich Frauen aufgrund ihrer natürlichen Fähigkeiten eher für monotone Tätigkeiten. Als Begründung führt er unter anderem die aus seiner Sicht typisch weibliche „geschicklichkeit" an. Denn die von ihm genannte Fertigkeit befähigt seine Mitarbeiterinnen seiner Meinung nach dazu, „drähte ein[zu]stecken" beziehungsweise „irgendwas hinein[zu]fuzzeln". Männer hingegen sieht AT als „besser geeignet" vor allem für „körperlich schwere arbeit" an. Für die Handhabung großer Lasten und Gewichte seien Männer „einfach halt vom körperbau her" besser in der Lage als Frauen. Ganz explizit bezieht er die Befähigung, hohe körperliche Anstrengungen aufzubringen, auf Männer und ihre männlichen Körperattribute. Geschlechtsspezifische Zuweisungen von betrieblichen Aufgaben erachtet AT daher als selbstverständlich. Für den Unternehmenserfolg argumentiert er die Fähigkeiten von Frauen und Männern als genauso wichtig und gleichermaßen anerkannt. Nach AT sind weibliche und männliche Aufgaben und Tätigkeitsfelder absolut gleichwertig. Jedoch impliziert beispielsweise seine Auffassung, Frauen hauptsächlich „für arbeiten, die immer wiederkehrend sind" als geeignet zu betrachten, seine implizite Orientierung an hegemonial männlichen Denk- und Deutungsmustern. Darüber werden Frauen marginalisierte Positionen zugewiesen.

Eigenschaften, Fähigkeiten, Kompetenzen und Qualifikationsprofile, so zeigen oben angeführte Passagen, sind nach Geschlechterdifferenzansätzen auf die geschlechtliche Natur von Menschen zurückzuführen. Auch die Ordnung der Gesellschaft oder ihrer Organisationen gestalten sich nach Annahme der Geschlechterdifferenztheorien in geschlechtlich zugeschriebenen Tätigkeitsfeldern und Zuständigkeitsbereichen. Während sich VW in ihrer Argumentation am Geschlechterkulturmuster des normativen Individualismus orientiert und Herausforderungen in der Geschlechtergleichstellung vor allem zu einer Frage der persönlichen Biografie macht, sieht FF die Geschlechterfrage nach Geschlechterkulturmuster des betrieblichen Kollektivismus aufgrund der natürlich vorgesehenen Aufgabentrennung, die die Erledigung der Familienarbeiten den Frauen zuweist, als nicht relevant an. AT schließlich argumentiert nach Geschlechterkulturmuster des männlichen Traditionalismus und stellt technische Tätigkeiten und Unternehmen als einen eindeutig männlichen Zuständigkeitsbereich dar. Innerhalb von Geschlechterdifferenzdebatten zeigen sich beim Themenfeld Tätigkeiten/Zuständigkeiten somit unterschiedliche geschlechterkulturelle Orientierungen in den Interviewausschnitten.

7.2.4.2 Gleichheit: „... es geht um das größere Ganze!"

Nach Ansätzen der Geschlechtergleichheit sind Männer und Frauen gleichermaßen befähigt, unterschiedliche Kompetenzen auszubilden und sich Qualifikationen anzueignen. Gesellschaftliche und organisationale Tätigkeiten und Zuständigkeitsbereiche können daher von Personen unabhängig ihres Geschlechts ausgeführt werden. Die Zugänge zu diesen Tätigkeitsfeldern und Zuständigkeitsbereichen sind nach Geschlechtergleichheitsansatz zum Nachteil von Frauen ausgerichtet.

FF bestätigt mit seiner Aussage die Annahme des Zugangs der Geschlechtergleichheit, der Geschlecht als Faktor in der Gestaltung der Organisation keine grundlegende Bedeutung zumisst. Am Beispiel organisationaler Zuständigkeiten legt er seine Ansicht wie folgt dar:

> FF: und die frage ist, wie kann ich ziele erreichen? wie kann ich irgendwas umsetzen? [...] du musst über den tellerrand blicken und auch etwas das größere ganze im auge haben. da gibts männer und da gibts frauen, die das können und die machen das dann auch, es sind welche da, die werden das wirklich nie so beherrschen.

FF spricht oben stehend über die Ausrichtung organisationaler Gestaltungsprozesse, um gesetzte zukünftige „ziele erreichen" zu können. Dabei erachtet er die zwei Fähigkeiten „über den tellerrand blicken" und „das größere ganze im auge haben" als wichtig an. Um erfolgreich zu gestalten, braucht es nach FF also vor allem Mut, neue und unbekannte Perspektiven einzunehmen, um sie mit strategischem Weitblick mit dem „größere[n] ganzen" zu verknüpfen. Laut FF „gibts [da] männer und [...] frauen, die das können und die machen das dann auch". Diese Kompetenzen und Leistungen sind nach FF somit geschlechterunabhängig bei Frauen und Männern gleichermaßen auszumachen. Laut FF gibt es neben den oben genannten jene anderen Menschen, die „das wirklich nie so beherrschen" werden. Das heißt, auch das Fehlen von Fertigkeiten ist als ein individuelles und nicht an eine männliche oder weibliche Geschlechtszuschreibung gebundenes Phänomen zu betrachten. Geschlechterungleiche Ordnungsstrukturen sind seiner Argumentation nach somit nicht als organisationales, sondern primär als individuelles Problem der betroffenen Akteur_innen zu sehen. Bei entsprechender Kompetenz und Leistung ist es Frauen und Männern gleichermaßen möglich, einen verantwortungsvollen Posten im Unternehmen zugewiesen zu bekommen.

XP bestätigt FFs Beobachtung. In folgender Interviewpassage erachtet auch er Geschlecht als unwesentlich für die Besetzung von Positionen. Dabei legt er seine Einschätzung zum Stellenwert von Geschlecht bei Tätigkeiten und Zuständigkeiten dar:

> XP: vom geschlechtermodell, sag ich jetzt einmal, in dem ganzen, da sind wir, glaub ich, auch schon sehr weit [...] auch von den tätigkeiten, frauen in führungspositionen, das gibts schon in dem technischen bereich und [...] in jeder ebene, sag ich jetzt, gibt es jetzt frauen in führungspositionen.

XP legt hier seine Auffassung zur organisationalen Gestaltung in Hinblick auf die Einbindung von Männern und Frauen unabhängig ihres Geschlechterstatus dar. Dabei beschreibt er das „geschlechtermodell" als „über die jahre" „sehr weit" und sieht organisationale Strukturen als weitgehend geschlechtergleich ausgerichtet. Seine Auffassung sieht XP belegt über die Präsenz von „frauen in führungspositionen" im technischen Bereich. So ist es für ihn gewährleistet, dass Frauen gleichermaßen in „jeder ebene" verankert sein können und durchaus auch „schon" sind. Geschlechterhierarchisch gestaltete Barrieren, die Frauen in der Geschichte aus Führungspositionen fernhielten, so XPs Argumentation, sind in der heutigen Zeit aufgebrochen und abgebaut. Gleichermaßen weist er den wenigen Frauen im „technischen bereich" oder in Führungspositionen einen Sonderstatus zu und enthebt Geschlechterungleichheiten ihrer organisationalen Relevanz. Seiner Aussage „frauen in führungspositionen, das gibts schon in dem technischen bereich und [...] in jeder ebene, sag ich jetzt" ist zu entnehmen, dass er sowohl Technik als auch Führung im Vergleich zwar als männlich besetzte Bereiche betrachtet. Da er in seiner Organisation jedoch in allen männlichen Arbeitsfeldern und Hierarchiepositionen Frauen verankert sieht, gerät ihm das Ungleichgewicht außer Acht. Seiner Ansicht nach können Geschlechterhierarchien somit als ein Phänomen gefasst werden, das in seinem Betrieb kaum mehr Relevanz besitzt.

Geschlechterungleiche Ordnungsstrukturen im Unternehmen gestalten sich nach AT unabhängig vom Geschlecht der einzelnen Mitarbeitenden. Seine Ansicht wird in folgenden Passagen beispielhaft deutlich:

> AT: in der fertigung ist ein frauenüberhang, sagen wir jetzt mal so von, von den männern, das sind eher die, ja, die leiter, das sind meistens männer.

Im weiteren Interviewverlauf erläutert er:

> AT: die weiterentwicklung kann man, soll man nicht aufhalten, oder? [...] ich hab aber das gefühl, dass das [frauen in führungspositionen, A.R.] heute eigentlich gleich ist. früher wars vielleicht ein bisschen weniger, dass frauen das gemacht haben, aber heutzutage ist das, glaube ich, gleich. also, ich würde jetzt da nicht irgendwie einen unterschied sehen, einen großen.

Nach AT sind Unternehmensstrukturen geschlechterungleich gestaltet. So gibt es bei den ausführenden Tätigkeiten „in der fertigung [...] ein[en] frauenüberhang", während auf Leitungspositionen „meistens männer" zu finden sind. Generell hält er organisationale Entwicklungen jedoch ohnehin für nicht gestaltbar. So „kann man" seiner Auffassung nach „die weiterentwicklung [...] nicht aufhalten". Zwar, so fügt er an, „soll man" das auch nicht. Seine Aussage aber lässt auf eine eher abwehrende Haltung schließen und darauf, dass er eine Weiterentwicklung mit dem Ziel, Frauen und Männer gleichermaßen als Führungspersönlichkeiten anzuerkennen und Posten paritätisch zu besetzen, durchaus mit Argwohn betrachtet. Denn seinen Worten ist zu entnehmen, dass er es persönlich für richtig erachtet, verantwortungsvolle Posten mit Männern zu besetzen. Zwar ist er sich dessen bewusst, dass in der modernen Zeit Geschlechtergleichheit im Unternehmen auch in Führungspositionen gewährleistet werden muss. Jedoch hat er persönlich schon „das gefühl, dass das [frauen in führungspositionen, A.R.] heute eigentlich gleich ist". Aus dem Bezug auf sein persönliches Gefühl, das dem von ihm zuerst bestätigten Ungleichheitsverhältnis im Unternehmen entgegensteht, lässt sich schließen, dass er den Prozess der Verweiblichung von Führung zum einen schon als (zu) weit fortgeschritten und zum anderen sein Unternehmen als zu ohnmächtig erachtet, um sich einem weiteren Verlauf entgegenzustellen. So fügt er an, dass die Frauen in seinem Unternehmen „früher [...] vielleicht ein bisschen weniger" Führungskompetenzen entwickeln konnten beziehungsweise Führungsverantwortung übertragen bekommen hätten. Doch „heutzutage" seien die Chancen auf eine Führungsposition zwischen Männern und Frauen ausgeglichen. Eigenen Angaben nach würde er schließlich „da nicht irgendwie einen unterschied sehen". Für AT sind das Karrierestreben der männlichen und weiblichen Fachkräfte im Unternehmen und die Möglichkeiten dieser Männer und Frauen, tatsächlich auch Karriere im Unternehmen zu machen, demnach gleich ausgerichtet.

Nach Ansätzen der Geschlechtergleichheit sind die Ausrichtung und Besetzung von Zuständigkeiten und Tätigkeitsfeldern, das bestätigen die oben genannten Beispiele von FF, XP und AT, als geschlechterunabhängig zu betrachten. Während FF nach Geschlechterkulturmuster des normativen Individualismus Führungskompetenzen als individuelle Fertigkeiten und Leistungen ausmacht und darüber die negativen Konsequenzen geschlechterungleicher Strukturen auch als individuelles Problem deklariert, orientiert sich XP in seiner Argumentation an der Geschlechterkultur des betrieblichen Kollektivismus. Er klammert die Problematik der Geschlechterungleichheit insgesamt aus dem Betrieb aus, da er im Unternehmen in männlichen Bereichen durchaus schon Frauen verankert sieht. AT schließlich orientiert sich in seiner Darlegung am Geschlechterkulturmuster des männlichen Traditionalismus und fürchtet verantwortungsvolle Positionen im Unternehmen heute schon zu sehr mit weiblichen Akteurinnen besetzt. Unabhängig von seiner eigenen Aussage, in der er Frauen in Leistungspositionen als Minderheit deklariert, scheint für ihn das Geschlechterverhältnis zu Lasten von Männern in Unordnung zu geraten. Im Kontext von Geschlechtergleichheitsdebatten zeigen sich nach den einzelnen Interviewpassagen beim Themenfeld Tätigkeiten/Zuständigkeiten somit unterschiedliche kulturelle Orientierungen.

7.2.4.3 Aufhebung: „... die 50:50 dort möchte ich am meisten verstehen!"

Ansätze der Dekonstruktion oder Aufhebung von Geschlecht erachten Geschlechterkategorien, Zweigeschlechtlichkeit und bipolare Gesellschaftsordnungen als gesellschaftlich konstituiert. Der Diskurs der Dekonstruktion oder Aufhebung von Geschlecht hinterfragt Mechanismen, Merkmale und Prozesse dieser gesellschaftlichen Zuweisung und weist die Grundstrukturen der Alltagsordnungen als bedingt und begrenzt aus.

Der Diskurs der Dekonstruktion oder Aufhebung von Geschlecht zeigt sich in der Debatte um die Grundlagen gesellschaftlicher Geschlechterstrukturen in zahlreichen Interviewpassagen. In Bezug auf die Brüchigkeit eigener Lebensmodelle macht FW diesen Ansatz deutlich:

> FW: ich kann mir vorstellen, sollte ich einmal vater werden, dass so *jetzt vielleicht nicht gerade so 10 monate oder so, aber dass ich durchaus einen teil in karenz gehe, wobei*, wobei ich absurderweise eine freundin da habe, die *sehr klassisch diese frauenrolle vertritt, die brutal am buckeln ist, die echt erfolgreich in ihrem job ist, aber für sie ist eher klar: wenn ich einmal kinder habe, dann will ich die ersten *16 jahre daheim bleiben, so auf die art [lachen].

Für FW sind Geschlechterordnungen der heutigen Zeit durchlässig beschaffen. So könne er sich als Mann im Falle einer eigenen Vaterschaft beispielsweise absolut „vorstellen“, selbst in „karenz“ zu gehen. Zwar bevorzuge er, dafür „nicht gerade so 10 monate oder so“ aufbringen zu müssen, aber einen gewissen „teil“ dieser „klassisch“ Frauen zugewiesenen Betreuungsaufgabe könne er „durchaus“ übernehmen. In seinem Falle seien die Bedingungen einer solchen Umverteilung jedoch voraussetzungsvoller. Denn obschon seine „freundin“ laut FW „brutal am buckeln ist“ und „erfolgreich in ihrem job“ arbeitet, sei sie es, die traditionelle Arbeitsaufteilungen der Geschlechter, die der Frau die Verantwortung der Kindererziehung zuschreiben, aufrecht erhielte. FWs Worten nach sei das diesbezügliche Idealmodell seiner Partnerin, im Falle einer Mutterschaft „die ersten *16 jahre daheim bleiben“ zu können, daher „eher“ nicht verhandelbar. Über die Verwendung des Adverbs „absurderweise“ beschreibt FW die vorliegende Situation als rational für ihn nicht erschließbar. Denn trotz seiner eigenen Offenheit und Bereitschaft, seiner Freundin die Möglichkeit eines erfüllten Erwerbsarbeitslebens auch mit Kind und Familie zu ermöglichen, scheint sie seinen eigenen Beobachtungen nach berufliche Nachteile bewusst in Kauf nehmen zu wollen. Der Entschluss seiner Partnerin, die Hausfrauenrolle auch als selbstbewusst im Erwerbsarbeitsleben stehende Frau einnehmen zu wollen, stellt die Selbstverständlichkeit der Bewertungsgrundlagen und FWs Weltanschauung insgesamt in Frage.

Beispielhaft nähert sich auch HY über den Zugang der Dekonstruktion oder Aufhebung von Geschlecht wahrgenommenen Brüchen der gesellschaftlichen Ordnungsstrukturen an, indem er wechselseitige Beeinflussungen in ihrer Dynamik fokussiert. So stellt er nachfolgend verwundert fest, dass sich im Gegensatz zu Österreicherinnen Frauen aus anderen Ländern wie selbstverständlich für den Bereich Technik zu interessieren scheinen:

> HY: **also für mich ist [land] wirklich das, das wo ich am meisten verstehen möchte, dort ist auch der uni[…], an der universität der anteil sehr hoch, ist es selbstverständlich, dass circa 50:50 auf der universität

> technik studieren und das spiegelt sich auch bei [firma] und bei anderen unternehmen wider, und das spiegelt sich am ende aber auch in der hierarchie wider. die haben da wesentlich mehr führungskräfte [...] ob das statistisch relevant ist, weiß ich nicht, aber da ist einfach die selbstverständlichkeit, *hm, zur technik vielleicht auch größer, ich weiß es nicht.

Im systematischen Ländervergleich von Geschlechterordnungen sind laut HY Widersprüchlichkeiten beobachtbar, die in herkömmlicher Art und Weise nicht nachvollziehbar erscheinen und bekannte Geschlechterzuschreibungen und -strukturordnungen in Frage stellt. Dazu bezieht er sich auf seine Beobachtungen von „[land]", wo Männer und Frauen „circa 50:50 auf der universität technik studieren". Das dort als „selbstverständlich" gleich Erachtete impliziert seiner Auffassung nach, dass weder davon ausgegangen werden kann, dass sich Frauen dem Bereich Technik aufgrund eines nicht technikaffinen weiblichen Wesens verschließen, noch kann über gesellschaftliche Hierarchieordnungen erklärt werden, warum sich der Bereich Technik für Frauen zu verschließen scheint, denn „das spiegelt sich am ende [...] auch in der hierarchie wider". Mit seinen Überlegungen stellt HY nicht allein die Grundannahmen der Geschlechterdifferenz- und der Geschlechtergleichheitsansätze in Frage. Zudem werden auch aktuelle Normalitätsmuster mit ihren strukturellen, „ob das statistisch relevant ist, weiß ich nicht", und kulturellen, „[vielleicht] ist einfach die selbstverständlichkeit, *hm, zur technik [...] auch größer, ich weiß es nicht", wechselseitigen Beeinflussungen hinterfragt. Mit Aussagen wie „weiß ich nicht" und „ich weiß es nicht" zeigt er ein Bewusstsein darüber auf, dass ihm nur unzureichendes Wissen zur Verfügung steht, um diese sozialen Phänomene mit dem ihm zugänglichen Wissen umfassend begreifen oder bearbeiten zu können. HY zeigt somit eindrücklich, wie sich die Grundstrukturen der gesellschaftlichen Ordnung über die wechselseitige Beeinflussung von Struktur- und Handlungsebene dynamisch ausgestalten.

Grundstrukturen der alltäglichen Ordnung sehen Interviewpartner_innen auf vielfältige Art und Weise über die Ordnungskategorie Geschlecht erzeugt. VWs Antwort auf die Frage der eigenen Geschlechtszugehörigkeit zeigt dies beispielhaft auf:

> AR: welchem geschlecht fühlen sie sich zugehörig?
> VW: [geschlechtskategorie x] [kurzes lachen] nicht nur... *im deutschen unterscheidet man ja nicht, zwischen biologischem und gesellschaftlichem geschlecht, im englischen hat man ja die unterscheidung,

also gender:[geschlechtskategorie x], nicht nur sex:[geschlechtskategorie x].

Auf die Frage nach ihrer eigenen Geschlechtsidentität gibt VW eine ausdifferenzierte Antwort. Sie nennt zwei Einflussgrößen, anhand derer sie ihre eigene Geschlechtszugehörigkeit definiert. Diese beiden Größen „sex" und „gender" legt sie als zentral für eine angemessene geschlechtliche Zuordnung von Menschen dar. Denn sie ermöglichen, „biologische[...]" und „gesellschaftliche[...]" Geschlechtsfaktoren von Personen getrennt voneinander zu erfassen. Diese Trennung erscheint VW aus mehreren Gründen wichtig. Zum einen wird VWs Erachtens darüber deutlich, dass sich Unterscheidungen zwischen Männern und Frauen „nicht nur" körperlich, sondern auch über soziale Prozesse begründen. Zum anderen macht die begriffliche Unterscheidung VW bewusst, dass sich Geschlechtsidentitäten ihres Erachtens nach über das Zusammenwirken zweier Dimensionen bestimmen, die im Zusammenspiel unterschiedliche Ausprägungen haben können. Diesem Sachverhalt zur präzisen Bestimmung der eigenen Geschlechtszugehörigkeit sprachlich Ausdruck verleihen zu können, schreibt sie einen wichtigen Stellenwert zu. Dazu verwendet VW für sie passend erscheinende Begrifflichkeiten „im englischen", weil „im deutschen unterscheidet man ja nicht". Geschlecht vermittelt sich VW gemäß also vor allem im sprachlichen Diskurs. Während VW die deutsche Sprache für diesen Zweck nicht ausreichend differenzierbar erachtet, stellt die englische Sprache ihres Erachtens jene Voraussetzungen, die ihr für eine adäquate Vermittlung vorhandener, geschlechtlicher Realitäten angemessen erscheinen. Über diesen Verweis betont VW nicht allein die Begrenztheit deutscher Begriffe und Ausdrucksweisen, sondern weist Sprache als Ort und Modus aus, über die Geschlecht Gestalt annimmt und zur gesellschaftlichen Ordnungskategorie wird.

In oben angeführten Passagen hinterfragen FW, HY und VW Widersprüche in gesellschaftlichen Ordnungsstrukturen aus dem Blickwinkel der Dekonstruktion oder Aufhebung von Geschlecht. Dabei orientieren sie sich in ihren Ausdeutungen am Geschlechterkulturmuster des pragmatischen Utilitarismus. Während FWs Erstaunen über die wertkonservative Haltung seiner voll erwerbstätigen Partnerin der Brüchigkeit seines Denkmusters Ausdruck verleiht, veranschaulicht HY beispielhaft, wie die aus einer wechselseitigen Einflussdynamik entstandenen Widersprüchlichkeiten Grundordnungen des Verstehens in Frage stellen. VW wiederum verweist darauf, wie sich Geschlecht als Ordnungskategorie in diskursiven Prozessen hervorbringt.

7.3 Die Organisation von Geschlechter(un)gerechtigkeit in der betrieblichen Praxis

Theoretisch generierten Forschungserkenntnissen nach organisieren Akteur_innen im Unternehmen Geschlechtergerechtigkeit in vier organisationalen Ordnungskontexten nach vier organisationalen Prinzipien. Interviewergebnisse zeigen, dass in diesen formalen Zusammenhängen und in Anwendung dieser Prinzipien nach Wahrnehmung der Interviewpartner_innen jedoch nicht allein Geschlechtergerechtigkeit im Unternehmen geordnet wird. Innerhalb derselben Formen und in Anwendung derselben Prinzipien werden widersprüchliche Phänomene hervorgebracht. Grundsätzlich sorgen dieselben organisationalen Voraussetzungen nach Auffassung der Interviewpartner_innen demnach gleichermaßen für Geschlechtergerechtigkeit und Geschlechterungerechtigkeit im Betrieb. Wie und unter welchen Voraussetzungsbedingungen Geschlechtergerechtigkeit und Geschlechterungerechtigkeit im Unternehmen konkret hervorgebracht werden, wird im Folgenden anhand empirischer Interviewbeispiele betrachtet. Dabei werden Beispiele der Organisation von Geschlechtergerechtigkeit in einem ersten Schritt (Kapitel 7.3.1) und der Geschlechterungerechtigkeit in einem zweiten Schritt (Kapitel 7.3.2) näher beleuchtet.

7.3.1 Die Organisation von Geschlechtergerechtigkeit

Die Organisation von Geschlechtergerechtigkeit wird von Interviewpartner_innen als eine wichtige Aufgabe in der unternehmerischen Praxis gedeutet. Dabei bewerten sich empirischen Erkenntnissen nach Phänomene dann als geschlechtergerecht, wenn sie unter bestimmten Kontextbedingungen und nach bestimmten Regeln gestaltet werden. Im vorhandenen Datenmaterial zeigen sich Zusammenhänge, innerhalb derer organisationale Akteur_innen in Gleichzeitigkeit Gerechtigkeit und Ungerechtigkeit im Unternehmen entwerfen und gestalten. Nachfolgend wird die Gestaltung von Geschlechtergerechtigkeit nachvollziehbar gemacht. Zuerst werden Ordnungsformen der Tauschgerechtigkeit (Kapitel 7.3.1.1), der Verteilungsgerechtigkeit (Kapitel 7.3.1.2), der Verfahrensgerechtigkeit (Kapitel 7.3.1.3) und der Interaktionsgerechtigkeit (Kapitel 7.3.1.4) beispielhaft in Zusammenhang gebracht mit den Grundlagen, die die gerechtigkeitsnormative und die geschlechterkulturelle Ausrichtung bestimmen. Dabei werden auch die Prinzipien beleuchtet, die diese Handlungen als geschlechtergerecht legitimieren. Dann werden vorgenommene Zuweisungen nach

Gleichheitsprinzip (Kapitel 7.3.1.5), Leistungsprinzip (Kapitel 7.3.1.6), Bedarfsprinzip (Kapitel 7.3.1.7) und Anrechtsprinzip (Kapitel 7.3.1.8) in Bezug zu diesen normativen und kulturellen Begründungen und den Ordnungsformen gestellt, nach denen sich Geschlechtergerechtigkeit anordnet.

7.3.1.1 Tauschgerechtigkeit: „... ich bekomme das ganz sicher zurück!“

Tauschgerechtigkeit nimmt den Ausgleich wechselseitig eingebrachter Leistungen in den Fokus des Interesses. Dieses Verhältnis wird dann als gerecht bezeichnet, wenn eine Gleichwertigkeit der in Austausch gebrachten Leistungen und Gegenleistungen vorliegt. Die Grundlage für einen geschlechtergerechten Austausch sind gleiche Tauschbedingungen für die freiwillig am Ausgleich beteiligten Männer und Frauen. Tauschgerechtigkeit fokussiert hier die Beschaffenheit des Tauschverhältnisses, in dem Männer und Frauen ihre Leistungen zum Austausch bringen können.

Nach Interviewaussagen ist die Form der Tauschgerechtigkeit im Unternehmen erfolgreich implementiert. So sieht XP beispielsweise die Elternkarenzzeit eines Mitarbeiters überwiegend in Form von Tauschverhältnissen überbrückt. In folgender Passage belegt er seine Auffassung wie folgt:

> XP: die [das elternpaar, A.R.] haben es [die elternkarenz, A.R.] sich dann, ja, voll geteilt nicht, da gibts ja die modelle, die verschiedenen, ich glaub, das war so das zweier, 18 zu 4, oder ist das, oder 20 zu 4, das ist dann das modell, so haben sie das geteilt. und das war bei uns dann, so relativ stark, weil das war sehr lustig, das team dann selbst organisiert auch, die leute haben gesagt, so und das planen wir dann mal. und der [mitarbeiter, A.R.] hat dann wirklich mit seinen mitarbeitern, mit den stellvertretern das dann organisiert und hat gesagt, ja, ok, du gehst mal nach [ort] runter, weil du hast ja ein austauschprogramm und da sind wir eh, zwei monate ist jemand weg, aber wenn ich dann, ich würd gern [zeitpunkt] rausgehen für drei monate oder vier monate, dann seid ihr dann da. und die kollegin, die nach [ort] gegangen ist, hat gesagt, nein, da bin ich da, obwohl der private schwerpunkt jetzt eher in [ort] liegt, weil der, jetzt sag ich, weil der freund in [ort] jetzt grad zur zeit arbeitet, dann gesagt hat, nein, da bin ich da, aber dafür flieg ich die zwei monate raus und am ende des tages haben wir trotzdem gleich viel und ich kompensiere dir das. und das zeigt schon

> sehr viel an selbstorganisation und an, schon an dem thema, wir sind schon gleich, wie wir tun miteinander. (IF1a)[64]

Nach XP wird Gerechtigkeit erfolgreich in gleichartigen Tauschverhältnissen nach dem Anrechtsprinzip gestaltet. Beispielhaft legt XP dar, wie die Zuständigkeiten und Verantwortungen eines führenden Mitarbeiters während seiner Elternkarenzzeit in einem gerechten Tauschverhältnis von Teammitgliedern übernommen werden. Dabei sieht er die Anrechte von den sich austauschenden Akteur_innen freiwillig, „das planen wir dann mal", und in beiderseitigem Interesse, „nein, da bin ich da, aber dafür flieg ich die zwei monate raus", organisiert und abgedeckt. Ausgerichtet nach der Handlungsmaxime des Kategorischen Imperativs von Kant wird XPs Beobachtung nach im Prozess der Arbeitsaufteilung von grundsätzlich eigenverantwortlich handelnden Personen ein Schwerpunkt darauf gelegt, Interessen in Ausgleich zu bringen, damit im Sinne Kants die einzelnen Anrechte der am Austausch Beteiligten eine gleichwertige Beachtung finden. Nach XPs Auffassung zeigt sich die anrechtsgemäße Gerechtigkeit hier erfolgreich über die Form der Tauschgerechtigkeit etabliert. Seiner Beobachtung nach sind die Beziehungsverhältnisse zwischen autonomen Akteur_innen „schon gleich" gestaltet. Über die Art und Weise, „wie wir tun miteinander", offenbart sich XPs Erachtens schließlich eine Gleichheit der hier aufeinander bezogenen Personen. Gleichermaßen zeigt sich hier deutlich, wie XP ungleiche Ausgangsbedingungen von Männern und Frauen grundlegend ausblendet. So werden hier nicht die „modelle, die verschiedenen" hinterfragt, deren geschlechterungleiche Grundstruktur von „18 zu 4" oder „20 zu 4" Frauen den herausragenden Teil der Kinderbetreuungsaufgaben zuordnet. Auf Basis der Geschlechterkultur des männlichen Traditionalismus, die Reproduktions- und Produktionsarbeiten von-

---

64 Dieses und die folgenden, den Aussagen in Kapitel 7.3.1 und Kapitel 7.3.2 angeführten Symbolemachen die Positionierungen der Aussagen auf der Landkarte der empirischen Ergebnisse in Kapitel 8 nachvollziehbar. „I" macht den Zusammenhang mit der Organisation von Geschlechtergerechtigkeit deutlich, „II" den mit der Organisation von Geschlechterungerechtigkeit. „F" stellt die Aussage in den Kontext von Form, „P" in den des Prinzips. Die dem Buchstaben „F" angefügten Ziffern kennzeichnen die Formen der „1" Tausch(un)gerechtigkeit, „2" Verteilungs(un)gerechtigkeit, „3" Verfahrens(un)gerechtigkeit und „4" Interaktions(un)gerechtigkeit. Die dem Buchstaben „P" angefügten Ziffern kennzeichnen die Prinzipien der „1" (Un)Gleichheit", „2" (Un)Leistung, „3" (Un)Bedarf und „4" (Un)Anrecht. Und die Buchstaben „a", „b" und „c" verweisen auf die angeführte Reihung der einzelnen Aussagen in den oben angeführten Kontexten. Alle nachfolgenden Aussagen werden nach dieser Logik gekennzeichnet.

einander trennt und geschlechtlich zuweist, wird dieser Aufgabenbereich selbstverständlich der betrieblichen, weil männlich zugeschriebenen, Verantwortung enthoben und in den Bereich des Privaten gestellt. Im Zusammenhang mit der Herstellung von Geschlechtergerechtigkeit im Betrieb finden diese ungleichen Voraussetzungsbedingungen in der Argumentation von XP somit keine Berücksichtigung.

Auch RM sieht die Form der Tauschgerechtigkeit im Unternehmen implementiert. Am Beispiel unterschiedlicher Arbeitsverträge argumentiert er, wie in seinem Unternehmen gerecht gestaltete Austauschverhältnisse zwischen Arbeitnehmer_innen und Unternehmen nach dem Leistungsprinzip gestaltet werden:

> RM: all in pay, also, wie gesagt, man hat formal einen 40 stunden vertrag, es steht aber dann eben drin, wenn mehraufwände sind, dann sind die da mit abgegolten [...] wenn sie in teilzeit gehen, da muss man natürlich die stunden einhalten, weil ansonsten macht das natürlich keinen sinn zu sagen, man arbeitet zum beispiel 20 oder 25 stunden, macht dann einen all in pay, und die leute sind dann trotzdem 30 oder 35 stunden da. das führt das system dann von daher ad absurdum. dann kann ich ja gleich einen 35 stunden vertrag abschließen, ja. [...] es gibt hier verträge, die sind eben 40 stunden. da gibts ne zeiterfassung und man kann die, wenn man überstunden macht, dann feiert man die auch wieder ab, außer das heißt man hat sicher genau die 40 stunden.
> [...]
> AR: wie viele männer und frauen arbeiten in dem einen und dem anderen modell?
> RM: naja, das ... es gibt normalerweise ab einem gewissen ingenieurslevel [...] da wird einem ein all in pay angeboten. und der rest ist in einem festen arbeitszeitmodell [...] im ingenieursbereich sind leider relativ wenig frauen. *da sinds vielleicht, im ingenieursbereich sinds vielleicht insgesamt, ist der anteil vielleicht bei 15 prozent. (IF1b)

Im ersten Absatz beschreibt RM wie Gerechtigkeit über einen Leistungsausgleich von Arbeitnehmer_innen und Unternehmen geregelt ist. Laut RM sind dabei unterschiedliche, vertragliche Regelungen üblich, die einen gerechten und fairen Austausch der beiden involvierten Leistungsgeber_innen belegen. So gibt es nach RM zum einen einen „all in pay" Vertrag, der „formal" einen Arbeitsaufwand von „40 stunden" unterlegt und „mehraufwände" über eine pauschale Bezahlung abdeckt. In einem Verhältnis auf „teilzeit" hingegen, so RM, müsse „man natürlich die stunden einhalten“, um Leistung und Gegenleistung miteinander zu verknüpfen, „weil ansonsten macht das natürlich keinen sinn“. All in Pay und Teilzeitverträge gestalten sich RM gemäß somit nach unterschiedlichen Bedingungen. Schließlich gibt es nach RM auch „40 stunden[-verträge]“ mit „zeiterfassung“, bei dem „genau die 40h gearbeitet“ und „überstunden“ über Freizeit ausgeglichen werden. RM nennt hier somit beispielhaft drei Möglichkeiten von gerechtem Leistungsaustausch zwischen Arbeitnehmer_innen und dem Unternehmen als Arbeitgeberin. Es zeigt sich, dass sich RM hier normativ in Bezug zu Kant setzt. Sein Denken nach Vernunft ausgerichtet, kommt er zum logischen Schluss, dass bei einer Vereinbarung über „zum beispiel 20 oder 25 stunden“ Arbeitszeit „das system dann von daher ad absurdum“ geführt wäre, wenn Mitarbeitende „trotzdem 30 oder 35 stunden“ arbeiten würden. In seiner Argumentation hängt Leistung an den Rahmenbedingungen, die wiederum grundsätzlich mit ihren Voraussetzungen vorgegeben sind. Somit grenzt er hier aus, dass die unterlegten Bedingungen interessensspezifisch unterlegt oder bei Bedarf auch umgestaltet werden könnten. Darüber deutet sich eine schwache Orientierung auch an von Aquin an, der die Ordnung des Zusammenlebens als außerhalb menschlicher Beeinflussungsmöglichkeiten gesetzt betrachtet. Gefragt nach dem Anteil von nach den einzelnen Modellen tätigen Frauen und Männern legt RM im zweiten Absatz dar, nach welchen Kriterien die unterschiedlichen Vertragsangebote „normalerweise“ gesetzt werden. So wird ein All in Pay Vertrag „ab einem gewissen ingenieurslevel“ angeboten. Laut RM ist es nicht auf das Geschlecht der Arbeitnehmer_innen zurückzuführen, über welches Modell sie im Unternehmen eingebunden werden. Nach RM wird dies über deren Leistung bestimmt. Und auf diesem Leistungslevel gibt es „leider relativ wenig frauen“. Laut RM liegt „der anteil“ von Frauen im Ingenieursbereich „vielleicht bei 15 prozent“. Darüber zeigt sich schließlich auch seine Orientierung an der Geschlechterkultur des männlichen Traditionalismus. Denn was als objektive Leistung mit einem All in Pay Vertrag anzuerkennen ist, ist männlich zugeschrieben und somit hegemonial männlich bestimmt.

Auch FF bestätigt die Form der Tauschgerechtigkeit im Unternehmen. Nachfolgend legt er dar, welche Umgangsformen er im Zusammenhang mit privaten Anforderungen von Mitarbeitenden als Führungskraft als angemessen und erfolgreich implementiert betrachtet:

> FF: in meinem berufsleben, ob das jetzt hier ist oder ob das früher war, wenn ich irgendwo sehe, da hat jemand wirklich ein thema, es geht ihm schlecht, ein schicksalsschlag oder was immer, dann würde ich mich [...] einfach vor die person hinstellen und sicherheit irgend-

wie versuchen zu geben. [...] und ich bekomme auch da wieder die rückmeldung, dass es für die mitarbeiter total wichtig ist, dass ich das irgendwie verstehe. also, es ist ... diese vielleicht archaisch geprägte beschützerrolle hat ja durchaus auch etwas mit empathie zu tun und so. und so empfinde ich sie aber auch.
AR: wie würden sie das mit empathie verknüpfen?
FF: mit empathie, weil mir in diesem moment der mensch wichtig ist, und nicht irgendwie das umfeld oder mein, ich sag meine, die, ja, vielleicht zu messenden ziele, wie wir sie einfach in unserer leistungsorientierten gesellschaft haben, dass ich das sag, nein, ich bin der festen überzeugung, ich bekomme das von den mitarbeitern zurück, wenn mir das nicht egal ist, sondern, wenn ich das wichtig und ernst nehme. (IF1c)

FF sieht Gerechtigkeit im Unternehmen über Tauschgerechtigkeit gestaltet. Dies belegt er am Beispiel von in Vorleistung erbrachten, persönlichen Unterstützungsleistungen und Hilfestellungen an Mitarbeitende mit privaten Herausforderungen. Im Versuch „sicherheit zu geben" stünde er als Führungskraft, „ob das jetzt hier ist oder ob das früher war", bei einem „schicksalsschlag oder was immer" einfach „vor die person". Ausgerichtet nach der normativen Vorstellung von Aquins, legt FF seinem Handeln eine übergeordnete, sittliche Verpflichtung zugrunde, die sich ihm in den Situationen der Zusammenarbeit mit den Mitarbeiter_innem zeigt. Der Bezug auf das von von Aquin sittlich bezeichnete Wissen, hier um einen richtigen Umgang mit Mitarbeitenden bei außergewöhnlichen Belastungen, sei FFs Erfahrung nach für die Betroffenen auch „total wichtig". FF ist daher der „festen überzeugung", dass es gerade in diesen besonderen Situationen „wichtig" ist, vor allem den Menschen und nicht „das umfeld oder [...] die ja vielleicht zu messenden ziele" der Organisation und der „leistungsorientierten gesellschaft" im Blick zu haben. So sieht er es als quasi von einer außerweltlichen Instanz geregelt an, dass Mitarbeitende, die sich und ihre privaten Belange jetzt von ihm als Führung „wichtig und ernst" genommen und unterstützt sehen, zukünftig einen entsprechenden Ausgleich schaffen werden. Auf seine im Voraus erbrachten Unterstützungsleistungen wird, darüber ist sich FF gewiss, zu gegebener Zeit eine nach Maßstäben der Tauschgerechtigkeit als gleichwertig zu betrachtende Abgeltung folgen. So weiß FF genau, „ich bekomme das von den mitarbeitern zurück". Seiner normativ von Aquin folgenden Argumentation legt FF offensichtlich keine (Geschlechter-)Kategorien zugrunde. Somit werden von ihm hier beispielsweise keine weiblich zugeschriebenen Fürsorgepflichten als Beispiel angeführt. Vielmehr erscheint es, dass Tauschgerechtigkeit nach FF gerade mit Fokus auf die unterschiedlichen Voraussetzungen und Bedürfnisse der einzelnen im Betrieb Beschäftigten ganz unabhängig von Geschlecht Bedeutung erhält. Warum er selbst diese bedürfnisorientierte Tauschgerechtigkeit als wichtige Form betrachtet, erklärt er sich auf Basis des Konzepts der hegemonialen Männlichkeit und über die „archaisch geprägte beschützerrolle", die ihm als Mann eine gesamtgesellschaftliche Verantwortung übertragen. Darüber stellt er schließlich den Bezug zum Geschlechterkulturmuster des männlichen Traditionalismus her.

Oben angeführte Interviewpassagen zeigen, wie sich nach Ansicht der Interviewpartner_innen Geschlechtergerechtigkeit in Form von Tauschgerechtigkeit gestaltet. Dabei orientiert sich XP in der ersten Passage an den Normen Kants und verdeutlicht unter Anwendung des Anrechtsprinzips, wie anerkannte Ansprüche einzelner Mitarbeiter_innen im Austausch gleichwertige Beachtung finden. In der zweiten Passage positioniert sich RM normativ zwischen Kant und von Aquin. Unter Anwendung des Leistungsprinzips schlussfolgert er einen gerechten Leistungsaustausch prinzipiell als unabhängig von Personen nach neutralen Kriterien gestaltet. Schließlich zeigt FF, angelehnt an die Normen von Aquins', beispielhaft auf, wie eine seinem Handeln übergeordnete Sittlichkeit gerechte Tauschbedingungen begründen. Alle drei Passagen machen jedoch gleichermaßen deutlich, wie sich Vorstellungen von Tauschgerechtigkeit mit Bezug auf Merkmale der Geschlechterkultur des männlichen Traditionalismus hervorbringen. Während XP die Trennung von Produktion und Reproduktion unhinterfragt lässt und die Aufgaben traditionell zuschreibt, blendet RM die ungleiche Anerkennung männlich und weiblich zugeschriebener Berufsbilder aus. Den Reflexionsbemühungen von FF sind schließlich grundsätzlich eine paternalistische Haltung und eine asymmetrische Geschlechterbeziehung zugrunde gelegt.

7.3.1.2 Verteilungsgerechtigkeit: „... der Anteil ist für alle gleich!"

Die Form der Verteilungsgerechtigkeit ist Ausdruck dafür, dass bei der Herstellung von Gerechtigkeit gesellschaftliche Güter und Lasten nach Anteil gerecht verteilt werden. Dabei sind Inputs, die Personen gesellschaftlich einbringen, mit den Outputs, die dabei in Austausch gebracht werden, gegenzustellen. Der Maßstab, an dem sich eine geschlechtergerechte Verteilung misst, wird über geschlechtsbezogene Vergleiche etabliert. Verteilungsgerechtigkeit fokussiert hier die Beschaffenheit von Verteilungsergebnissen zwischen Männern und Frauen innerhalb einer Gruppe, Organisation oder Gesellschaft.

Verteilungsgerechtigkeit wird in vielen Interviewpassagen als eine im Unternehmen erfolgreich institutionalisierte Ordnungsform betrachtet. Im folgenden Abschnitt des Gesprächs mit KW kommt dies am Beispiel des geschlechtsbezogenen Nutzungsverhaltens von Sozialräumen im Unternehmen zum Ausdruck:

> AR: gibt es hier räume oder plätze, die eher frauen oder eher männer besuchen?
> KW: nö, ich glaub nicht, nein.
> AR: kantine?
> KW: nee, kantine ist auch gleichmäßig besucht, glaub ich.
> AR: die parks?
> KW: ähm, die, nein, glaub ich nicht. ist auch gleich
> AR: irgendwelche räumlichkeiten?
> KW: wüsste ich jetzt nicht, nein. kann ich jetzt nicht sagen. ist auch gleich. (IF2a)

Nach KW werden die für die Mitarbeitenden vom Unternehmen zur Verfügung gestellten Räume aktuell gleichermaßen von allen genutzt. Selbstredend hält KW die Möglichkeiten der Raumnutzung für alle Menschen im Unternehmen unabhängig von Geschlecht gegeben. Weder generell noch bezogen auf die „kantine“ oder die „parks“, sind für KW geschlechtsspezifische Unterschiede im Nutzungsverhalten der Mitarbeitenden feststellbar. Auch scheint KW die Relevanz der von mir an ihn gestellten Frage überhaupt in Zweifel zu ziehen. Denn in seinen Augen scheint ein ungleicher Zugang von Männern und Frauen zu Räumen betrieblich absolut kein Thema zu sein. Ganz nach der Gerechtigkeitsnorm von Platon, nimmt er eine gerechte Verteilungsordnung grundlegend als gegeben an. Zwar weisen das Füllwort „ähm“ und die häufige Verwendung des Verbs „glauben“ mit „ich glaub nicht“, „glaub ich“ und „glaub ich nicht“ auf ein spontanes Nachdenken seiner bisher unhinterfragten Annahmen hin. Seine klaren und unmissverständlichen Antworten – „ist auch gleichmäßig“, „ist auch gleich“, „ist auch gleich“ – lassen jedoch erkennen, dass KW auch nach seinem Nachdenken zweifellos davon überzeugt ist, dass in seinem Unternehmen keinerlei Bedarf besteht, korrigierend eingreifen zu müssen. Darüber zeigt sich wieder eine Argumentation nach Platon, der die Ordnungen von Gemeinschaften als von Natur bestimmt betrachtet. Gleichermaßen unterstreicht KW mit der Verwendung des Verbs „wissen“ in „wüsste ich jetzt nicht, nein“ seine subjektive Perspektive als objektiv gerechtfertigt. So grenzt er nicht allein die Geschlechterfrage aus. Er reproduziert auch die männlich geprägte Ordnung als geschlechtergerecht. Denn KWs Auffassung nach ist die strukturelle Ressource Raum selbstverständlich für Männer und Frauen im Unternehmen gleichermaßen nutzbar. Und gleichermaßen selbstverständlich, so lässt sich anschließen, nutzen Männer und Frauen diese Räume auch im gleichen Ausmaß. Darüber zeigt sich deutlich seine Orientierung an der Geschlechterkultur des betrieblichen Kollektivismus.

Neben Verteilungsgerechtigkeit als strukturell implementierte Form, nimmt Verteilungsgerechtigkeit auch bei strategischen Entscheidungen zur Beseitigung von Ungerechtigkeiten zwischen den Geschlechtern Relevanz an. Am Beispiel von Gehaltserhöhungen kommt KW im späteren Interviewverlauf auf einen solchen Fall zu sprechen:

> KW: der normale kollektivvertrag ist eh logisch, finanziell die gemeinsame verteilung, wenn individuelle erhöhungen anstehen, wo wir ja die ganzen leute durchgehen und finanziell auch eben den einen oder anderen eine gehaltserhöhung zukommen lassen, und eben nicht alle kriegen was. weil eben das budget meistens nicht ausreicht für alle, dass man auch darauf achtet, dass eben der anteil der an geld ausgegeben wird, also auch für die frauen ausreichend bedacht wird, also, dass man schon ein bisschen eine gerechtigkeit zwischen … (IF2b)

Gerechte Gehaltszahlungen werden KW gemäß auf Basis des „normale[n]“, im Verbund der Sozialpartnerschaft ausgehandelten, „kollektivvertrag[s]“ umgesetzt. Die dort festgelegten Regelungen dienen dem Interessensausgleich beteiligter Arbeitnehmer_innen und Arbeitgeber_innen und sind, „ist eh logisch“, laut KW von den Vertragspartner_innen selbstverständlich als Maßstab für die gerechte Verteilung des Guts Geld anerkannt. Über den Kollektivvertrag geregelt, nimmt die auf die „gemeinsame“, monetäre „verteilung“ bezogene Verteilungsgerechtigkeit somit grundsätzlich Gestalt an. Zusätzlich dazu werden nach KW „erhöhungen“ auch „individuell[…]“ vorgenommen. Indem er Gerechtigkeit vor allem als bedingte Größe argumentiert, zeigt sich deutlich, wie sich KW hier normativ an Aristoteles orientiert. Denn bei diesen Verteilungen sind, „weil eben das budget meistens nicht ausreicht für alle“, Entscheidungen vorzunehmen. Um in diesem Rahmen auch explizit die Gruppe der Frauen den Maßstäben einer gerechten Verteilung nach einzubinden, wird das Verteilungsergebnis dann anhand des der Gruppe der Frauen zugeteilten „anteil[s] […] an geld“ ausdrücklich „bedacht“ und festgelegt. Was als „ausreichend“ für die Gruppe der Frauen zu deuten ist, wird jedoch im Management und somit von der männlichen Mehrheit entschieden. Aus der Perspektive von KW wird das Unternehmen darüber dem Anrecht der Gruppe der Frauen gerecht, ihren tatsächlich erbrachten Leistungen gemäß bezahlt zu werden. Daher ist für ihn „schon ein bisschen eine gerechtigkeit" zwischen den Geschlechtern etabliert. Zwar lässt KWs Aussage darauf schließen, dass die Gehälter von Frauen im Vergleich zu den von Männern faktisch nach wie vor in einem Ungleichheitsverhältnis stehen. Weil aber Ungleichheiten bedacht werden, sind weitere Differenzen nach KW ausklammerbar. So zeigt sich auch hier KWs Orientierung an der Geschlechterkultur des betrieblichen Kollektivismus. Denn die angedeuteten Privilegierungen von Männern prinzipiell akzeptierend, sieht er Geschlechtergerechtigkeit in seinem Unternehmen als erfolgreich gestaltet an.

Auch XP betrachtet Verteilungsgerechtigkeit als eine erfolgreich im Unternehmen installierte Geschlechtergerechtigkeitsform. Beispielhaft erläutert er seine Einschätzung anhand Tätigkeitsprofilen und Positionsbesetzungen:

> XP: jetzt bin ich doch schon [zeitdauer] in dem unternehmen drinnen, man einfach merkt, dass sich das schon stark gewandelt hat, die struktur [...] und ich sag, in teams muss man auf augenhöhe sitzen können. andererseits unabhängig auch von der ausbildung, andererseits auch unabhängig vom geschlecht, von der herkunft oder was auch immer. weil am ende des tages ist dem unternehmen natürlich die sache wichtig, und es sollte ein rundes bild rauskommen.

Etwas später im Interviewverlauf kommt er kurz auf geschlechtliche Ausprägungen bei Karrieregesprächen zu sprechen:

> XP: da sind die männer eher lautstarker, so ja, bum, das!, das!, das!, das!, ist der vorstandsposten grad frei, dann bewerbe ich mich. [...] wenn man dann aber potentialträgerinnen hat, wo man sagt, eigentlich, da geht was, das braucht dann doch nochmal etwas mehr aktivierungsenergie, sagen wir es mal so. (IF2c)

Grundsätzlich sieht XP Gerechtigkeit als prozesshaft ausgestaltet an. Seit Beginn seiner Tätigkeit haben sich die Unternehmensstrukturen laut XP „stark gewandelt". Strukturbarrieren früherer Zeiten sieht XP aufgebrochen und die Bedingungen der Gesamtorganisation auf Vielfalt und Diversität ausgerichtet. So gibt es zwar Bedingungen wie Ausbildung, soziale Herkunft oder Geschlecht, die einen Einfluss auf Zusammenarbeit haben. Man müsse aber „unabhängig auch von der ausbildung, [...] vom geschlecht, von der herkunft oder was auch immer" „[in teams] auf augenhöhe sitzen können“. In seiner Darstellung deuten sich sehr schwache Orientierungen normativ an Platon und Aristoteles gleichermaßen an. Denn die Ausblendung nach wie vor bestehender Ungleichheiten weist darauf hin, dass er trotz hergestellter und herstellbarer Gerechtigkeit im Unternehmen von einer natürlich gegebenen Hierarchie ausgeht. So beschreibt er, wie „männer eher lautstarker“ für sich und ihre eigenen Karrieren eintreten, auch wenn die Voraussetzungen nicht wirklich gegeben sind, während Frauen, die sich, „eigentlich, da geht was“, als geeignet für einen hohen hierarchischen Posten auszeichnen, sich in eigenen Karriereangelegenheiten eher zurückhalten. Für die strukturelle Einbindung weiblicher „potentialträgerinnen“ braucht es seines Erachtens „dann doch nochmal etwas mehr aktivierungsenergie“. So zeigt sich hier eine Orientierung an der Geschlechterkultur des betrieblichen Kollektivismus.

Oben wird angeführt, wie nach Auffassung von Interviewpartner_innen Geschlechtergerechtigkeit in Form von Verteilungsgerechtigkeit im Unternehmen organisiert wird. So wird im ersten Beispiel der Zusammenhang mit Verteilungsgerechtigkeit über das Bedarfsprinzip argumentiert. Sich dabei normativ an Platon orientierend, sieht KW räumliche Bedarfe von Männern und Frauen gleichermaßen gedeckt und verneint somit auch einen möglichen Bedarf an Andersverteilung. Im darauffolgenden Abschnitt orientiert sich KW dann an den Normen von Aristoteles und führt ein Beispiel von Verteilungsgerechtigkeit nach dem Anrechtsprinzip an. Er legt dar, wie die männliche Führungsriege auf Grundlage eines von ihnen anerkannten Anrechts Sorge dafür trägt, dass die Gruppe der Frauen einen ihrem Status angemessenen monetären Anteil zugewiesen bekommt. Im dritten Beispiel hingegen positioniert sich XP normativ schwach zwischen Platon und Aristoteles. Er führt beispielhaft an, wie er in Dethematisierung von Hierarchien Verteilungsgerechtigkeit über das prozesshafte Überdenken von sozialen Kategorien hergestellt sieht. In allen drei angeführten Passagen wird jedoch auch deutlich, wie sich Vorstellungen von Verteilungsgerechtigkeit mit Bezug auf Merkmale der Geschlechterkultur des betrieblichen Kollektivismus hervorbringen. Während die beiden von KW angeführten Beispiele verdeutlichen, wie sich Verteilungsgerechtigkeit mit Blick auf die Lage von Frauen vor allem auf einer hegemonial männlichen Deutungsgrundlage argumentiert, hinterfragt XP im dritten Beispiel die Voraussetzungsbedingungen dieser Denkmuster. XP sieht Verteilungsgerechtigkeit darüber herstellbar, dass geschlechterkategorial hervorgebrachte Ungleichheiten mit Blick auf einen für das Unternehmen entstehenden Nutzen in reflexiven Prozessen überwunden werden. Gleichermaßen werden hier auch von XP geschlechterungleiche Zugangsvoraussetzungen ausgeblendet.

7.3.1.3 Verfahrensgerechtigkeit: „… und im Prozess wird das dann egal!"

Verfahrensgerechtigkeit fokussiert die Art und Weise, wie gesellschaftliche Güter und Lasten gerecht verteilt werden. Die Form der Verfahrensgerechtigkeit stellt somit in den Fokus von Geschlechtergerechtigkeit, wie Verteilungsverfahren geschlechtsbezogen umgesetzt werden. Wie Geschlechterungleichheiten bei der Anwendung und Gewichtung von Regeln Beachtung finden, wird über den Grad der Geschlechtergerechtigkeit im entsprechenden Verfahren bestimmt.

Verfahrensgerechtigkeit spielt nach Aussagen der Interviewpartner_innen im Unternehmensalltag eine wichtige Rolle. Anhand angemessener Verfahren, so stellt KW es in nachfolgender Passage dar, können vakante Positionen an die am besten geeigneten Personen unabhängig von diskriminierenden Geschlechterzuschreibungen verteilt werden:

> KW: wir haben zwei wesentliche teile, oder eigentlich drei teile, kann man sagen. zwei teile werden von uns [abteilung x] abgedeckt, ein teil wird von [abteilung y] abgedeckt. und der erste teil ist natürlich eine technische kompetenz erproben […] man fragt halt fragen […] angepasst an die ausbildung und an die erfahrung, die er hat. […] dann als führungskraft schauen wir uns natürlich sehr stark an, wie verhält sich der mitarbeiter in dem interview. sprich, wie reagiert er auf gewisse fragen über seine art und weise, wie er zum beispiel in einem team gearbeitet hat oder wie er zum beispiel auf probleme reagiert, konflikte auch. und wir beobachten natürlich auch sein verhalten, also, ist er eher selbstbewusst oder eher zurückgezogen und so weiter […] und dann macht [abteilung y] eben auch nochmal ein interview und die prüfen auch auf ihre art ab, natürlich sehr stark aufs verhalten auch […] die geben dann auch so eine art feedback. und das geschieht halt durch fragetechniken, und das was wir, einfach, einfach erfahrungsmäßig, was wir so gelernt haben über die jahre, wie wir die mitarbeiter halt befragen […] und in diesem ganzen prozess, zumindest kann ich das für mich sagen, wenn ich dabei bin, ist das geschlecht einmal komplett egal. (IF3a)

KW gemäß wird die Auswahl der besten Kandidat_innen für die Besetzung von offenen Stellen in „drei teile" geteilt. In diesem Verfahren wird nach KW streng nach dem Leistungsprinzip vorgegangen. Der „erste teil" wird von der von KW geleiteten „[abteilung x]" selbst umgesetzt. Anhand der im Vorfeld nachweislich erbrachten Leistungen der einzelnen Bewerbenden wird die für die Stelle benötigte „technische kompetenz" überprüft. Im zweiten Teil werden ebenfalls von „[abteilung x]" die Einzelnen über Selbstauskünfte und Fremdbeobachtungen auf Selbstkompetenzen geprüft. Der dritte Teil des Stellenbesetzungsverfahrens wird von „[abteilung y]" umgesetzt und beleuchtet „sehr stark" das passgenaue „verhalten" der Interessent_innen für die vakante Stelle. Diese Ergebnisse werden von „[abteilung y]" dann an „[abteilung x]" per „feedback" übergeben. Zur Umsetzung dieser drei Teile greifen die involvierten Abteilungen laut KW zurück auf geeignete „fragetechniken", die die Erfassbarkeit und die Messbarkeit der individuellen Leistungen der Bewerbenden ermöglichen. Wesentlich für eine optimale Leistungsbewertung sind nach KW die systematisch „über die jahre" professionalisierten Befragungsfaktoren. Diese gewährleisten, dass die individuellen Kompetenzen der Bewerbenden bestmöglich erfasst und in Verhältnis gesetzt werden können. Laut KW wird über die Umsetzung des „ganzen prozess[es]" auch gewährleistet, dass Geschlechterzuschreibungen „komplett egal" werden. Dies zeigt zum einen eine deutliche Orientierung von KWs Argumentation am Gerechtigkeitskonzept von Rawls. Ausgerichtet nach dem Freiheitsprinzip, das allen Menschen grundsätzlich ein freies und gleiches Recht zuspricht, legt KW in der Vorstellung des Verfahrens gleichermaßen Wert darauf, dass dem Differenzprinzip gemäß Zugänge so gestaltet werden, dass die betrieblichen Strukturen allen Menschen unabhängig von individuellen Eigenschaften oder Begrenzungen offen stehen. Darüber zeigt sich auch die Anlehnung an die Geschlechterkultur des normativen Individualismus. Denn eine klare Orientierung an Verfahrenskonzepten und Zielsetzungen, dessen scheint KW überzeugt, schafft optimale Voraussetzungen für die betriebliche Gleichstellung von Frauen und Männern. Geschlechterungleichheiten und -asymmetrien können seines Erachtens so keinerlei Rolle mehr spielen. Über die Anwendung dieses Verfahrens wird sichergestellt, dass der oder die am besten geeignete Kandidat_in vom Unternehmen für diesen Posten ausgewählt wird.

Stimmen von Mitarbeitenden bei der Umsetzung organisationaler Verfahren im Unternehmen einzubinden, erachtet unter anderem XP für wichtig. Anhand seiner Erfahrungen als Führungskraft legt er erfolgreich implementierte Meinungsäußerungsverfahren seines Unternehmens dar:

> XP: man muss auch über die hierarchieebenen versuchen, das so vorzuleben, dass man jeden halt hören kann. also, man muss in meetings

> versuchen, jedem das wort zu geben und zu sagen, sagts bitte!. was wir aber, glaub ich, schon sehr gut können, weil wir doch eher wenig, wenig meetings haben, wo ich jetzt sage, dass führungskräfte von mitarbeitern, die so in der zwischenebene sitzen, wo ich [als chef, A.R.] dabei sitze dann irgendwie mit den mitarbeitern, dann zu intervenieren anfangen, weil sie sich irgendwie jetzt sagen, also, das sollte jetzt alles nicht zum chef, ich muss da mal abblocken. das passiert nicht, weil wir ja extrem offen kommunizieren [...] also, von den feedbacks her aus den führungsgesprächen, die wir auch laufend machen bei uns, es ist einfach wichtig, dass man sich offen gegenüber sitzen kann, und einfach reden muss über themen, weil das schlimmste ist dann, wenn man gar nichts sagt. und, aus dem aspekt heraus, wie gesagt, muss man grad aufpassen, dass die mitarbeiter halt alle zu wort kommen, grad bei denen, die nicht so gut ausgebildet sind, dann muss man dann halt direkt fragen, ihre meinung.
> AR: nehmen sie unterschiede wahr, wie sich männer und frauen hörbar machen?
> XP: [...] ich habe auch frauen, [...] wo dann die männer teilweise mit dem, sehr stark in die defensive kommen [...] wo man dann halt auch stark merkt, ok, die dominanz wird dann groß. (IF3b)

Nach XP ist es dem Unternehmen ein großes Anliegen, Mitarbeitende aktiv in die Gestaltung der Unternehmensagenden einzubinden. Über „die hierarchieebenen“ hinweg „versuchen“ Führungskräfte laut XP ihre Vorbildfunktion „so vorzuleben“, dass allen Mitarbeitenden „das Wort“ und die Möglichkeit zur Äußerung der eigenen Meinungen und Ansichten gegeben werden. Seine Argumentation orientiert sich dabei an normativen Grundlagen von Hobbes. Denn ausgehend davon, dass die Zusammenarbeit zwischen den Menschen über Misstrauen, Konkurrenz und Konflikt geprägt ist, gestaltet das Unternehmen eine auf Vertrauen ausgerichtete Zusammenarbeit. So „passiert [das] nicht“, dass „führungskräfte von mitarbeitern, die so in der zwischenebene sitzen“, Gesprächsverläufe „abblocken“, selbst wenn XP „[als chef, A.R.]“ selbst dabei sitzt. XPs Erachtens ist dies auf einen „extrem offen[en]“ Kommunikationsstil zurückzuführen. Laut XP lädt dieser Mitarbeitende aller Hierarchieebenen dazu ein, Meinungen und Ansichten in den zwischenmenschlichen Interaktionen der „meetings“ angstfrei einzubringen. Feedbacks aus „führungsgesprächen“ machten zum einen deutlich, wie wichtig es sei, „sich offen gegenüber sitzen“ und „einfach reden“ zu können. Zum anderen zeigten sie auch „das schlimmste“ auf, das laut XP dann eintritt, „wenn man gar nichts sagt“. Geschlechtsbezogen zeigt sich in diesen Gesprächen bei Männern und Frauen nach XP gleichermaßen die Fähigkeit, sich offen und deutlich hörbar zu machen. Manchmal könne die „dominanz" bei Frauen in der Zusammenarbeit sogar sehr groß werden. Denn es gäbe Situationen, „wo dann die männer […] sehr stark in die defensive kommen". So sieht er machtmissbräuchliche Eigenheiten bei Männern und Frauen gleichermaßen veranlagt. Auch hätten beide die Möglichkeit, die eigenen Interessen in betrieblichen Verfahren zu vertreten. XP sieht die gleichwertige Einbindung von Frauen und Männern im betrieblichen Alltag zudem wichtig für den Unternehmenserfolg an. Jedoch legt er auch offen, dass er die betriebliche Zusammenarbeit von Männern und Frauen vor allem darüber negativ beeinflusst sieht, dass Frauen sich männlich zugeschriebene Verhaltensmuster aneignen. Das zeigt eine Orientierung an der Geschlechterkultur des normativen Individualismus, in der weibliches Denken und Handeln als eine optimale Ergänzung für eine männliche Grundordnung argumentiert wird.

FF sieht die betriebliche Alltagspraxis stark von Verfahren geprägt. Im Nachdenken darüber, warum es sich als schwierig erweist, Führungskräfte zu lukrieren, kommt er auf Verfahren im Bereich der Personalführung zum Umgang mit inadäquaten Leistungen von Mitarbeitenden zu sprechen:

> FF: wenn ich heute mit der leistung oder so von jemandem nicht zufrieden bin, dann haben wir jede menge instrumentarien, auch über die [abteilung y], wie wir damit umgehen. aber wenn ich dann irgendwann zu der entscheidung komme, also, mit diesem mitarbeiter, denke ich, werde ich nicht glücklich, ich möchte auch nicht es in einer anderen abteilung noch probieren … meistens machen wir schon in zwei bereichen, dass man einfach ein bisschen eine neutralität hat … aber dann, wenn ich mich von so jemanden trennen will, ich weiß heute, das dauert ungefähr ein jahr. ich muss zielvereinbarungen machen, die nicht erreicht werden, das muss alles dokumentiert, stichhaltig sein, ich muss rede und antwort vor dem betriebsrat stehen, warum ich das mache. und daher, warum soll ich mir das eigentlich antun? ich könnte ja ein schönes technisches projekt machen, hab auch meine anerkennung, weil es der firma hilft und weiter hilft. (IF3c)

Nach FF stehen ihm betrieblich „jede menge instrumentarien" zur Verfügung, die ihn im Umgang mit Mitarbeitenden unterstützen, die unangemessene Leistungen erbringen. Denn über die einzelnen Abteilungen hinweg sieht er einen verankerten Komplex von aufeinander abgestimmten Mitteln und Möglichkeiten bereitgestellt, um Leistung und Verantwortung personenunabhängig zu betrachten. Anhand zweier unabhängiger Stimmen im Unternehmen kann die Leistung dann kontextübergreifend bewertet werden. Dabei lehnt sich seine Darstellung einerseits an Rawls' Urzustand an. Denn um alle subjektiven Bewertungskriterien auszuschließen, soll die Überprüfung „in zwei bereichen" stattfinden. Darüber soll einerseits die Zusammenarbeit gewahrt bleiben und andererseits „ein bisschen eine neutralität" gewährleistet werden. Rawls' Freiheitsprinzip wird darüber erfolgreich Folge geleistet. Sollten nach FF jedoch die Leistungserwartungen in einem angemessenen Zeitrahmen nicht erfüllt werden, schlössen sich Verfahren an, um sich „von so jemanden trennen" zu können. Das Verfahren zur Freistellung beschreibt FF als langwierig und in seinen Schritten präzise vorgegeben. So ist im Vorfeld festgelegt, wie innerhalb einer bestimmten Gesamtzeitdauer einzelne Instrumente zu bestimmten Zeitpunkten mit bestimmten Ergebnissen zur Anwendung kommen müssen, um die ungewollte Kraft freistellen zu können. So müssen FF gemäß in der Zeit von „ungefähr ein[em] jahr" beispielsweise erst „zielvereinbarungen" getroffen werden, deren Nichteinhaltung dann per „stichhaltig[er]" Dokumentation nachgewiesen und per „rede und antwort vor dem betriebsrat" begründet werden müssen. Über die Beschreibung dieses Verfahrens wird nicht allein sichtbar, dass er Rawls' Differenzprinzip als nachteilig angewendet sieht. Die Deutung dieses Verfahrens macht auch eine Orientierung an den Normen von Hobbes deutlich. Um die Zusammenarbeit in einer generell auf Konflikt und der Verfolgung von Eigeninteressen angelegten Ordnung zu ermöglichen, brauche es entsprechende Regeln, die das betriebliche Zusammenleben gestalten und vor allem das Unternehmen vor Schaden bewahren. Nachdem er die betrieblichen Herausforderungen einer derart regulierten Zusammenarbeit dargestellt hat, rückt FF mit der Frage „warum soll ich mir das eigentlich antun?" dann die Subjektperspektive in der Vordergrund. Ein „schönes technisches projekt" brächte schließlich auch „anerkennung, weil es der firma hilft". Darüber macht er deutlich, dass in Entscheidungssituationen seines Erachtens der Fokus auf eigene Interessen sowohl seitens des Betriebs als auch der Arbeitnehmer_innen einen immer zentraler werdenden Stellenwert einnimmt. Darüber zeigt sich seine Orientierung an der Geschlechterkultur des normativen Individualismus, die über den Fokus auf die Souveränität der Einzelnen auch Erfolg und Karriere individualistisch betrachtet.

Die oben angeführten Interviewpassagen machen deutlich, wie sich nach Auffassung der Interviewpartner_innen Geschlechtergerechtigkeit nach dem Ordnungsmuster der Verfahrensgerechtigkeit strukturiert. Dabei lehnt sich KW im ersten Absatz an den Normen von Rawls an und argumentiert nach dem Leistungsprinzip, wie der oder die am besten für eine Position geeignete Kandidat_in absolut neutral über betrieblich implementierte Verfahren eruiert werden kann. Im zweiten Absatz orientiert sich XP normativ an Hobbes und unterlegt seiner Argumentation das Prinzip der Gleichheit. Er legt dar, wie sich Männer und Frauen in einem auf Konkurrenz und Misstrauen ausgelegten betrieblichen Alltag über entsprechende Verfahren hörbar machen. Im dritten Beispiel unterstützt FFs Hinterfragen implementierter Verfahrensordnungen Argumentationen der Individualisierung. Dabei argumentiert FF nach Normen von Rawls und Hobbes gleichermaßen und verankert sich zwischen beiden Positionen. Die drei Passagen machen zudem einen Bezug zur Geschlechterkultur des normativen Individualismus deutlich. Denn während KW männliche Normen stabilisierende Verfahren als neutral argumentiert, sieht XP Weiblichkeit als optimale Ergänzung zur männlichen „Normalität". In FFs marktökonomischer Argumentation bleiben frauenausschließende Voraussetzungsbedingungen schließlich gänzlich unerwähnt.

7.3.1.4 Interaktionsgerechtigkeit: „... da sind jetzt alle gut integriert!"

Interaktionsgerechtigkeit untersucht, wie sich die Anwendung von Regeln auf im Verfahren involvierte Personen auswirkt. Die Form der Interaktionsgerechtigkeit nimmt somit die interaktiven Handlungen der am Verfahren beteiligten Personen in den Blick und stellt die Regelanwendung ins Zentrum ihres Interesses. Interaktionsgerechtigkeit misst Geschlechtergerechtigkeit demnach an den Auswirkungen der Umsetzung von Verfahrensregeln auf Männer und Frauen.

Geschlechtsbezogene Interaktionsgerechtigkeit ist nach vielzähligen Rückmeldungen der Interviewpartner_innen im Unternehmensalltag erfolgreich implementiert. HY belegt diese Ansicht am Beispiel vom Umgang von Männern und Frauen im Unternehmen miteinander:

> HY: **wir haben zum beispiel eine projektleiterbesprechung, wo heute morgen zum beispiel, ich glaub, elf, zwölf leute gesessen sind, zwei davon frauen. und ich glaube, das ist ganz ... **ich persönlich habe überhaupt keinen, gefühl, dass hier ein unterschied der geschlechter spürbar ist, **ich glaube gerade in der projektleitung die frauen da drin jetzt gut integriert sind und dass es *da offensichtlich keine unterschiede gibt, in dieser runde. (IF4a)

Die Geschlechterbeziehungen in relevanten Unternehmenskontexten sind laut HY durchaus geschlechtergerecht ausgerichtet. So gibt er das Beispiel einer „projektleiterbesprechung" an, wo er im kommunikativen Handeln von Männern und Frauen „keinen […] unterschied der geschlechter" wahrnehmen kann. Seines Erachtens seien Frauen „da drin jetzt gut integriert", woraus sich „in dieser runde" für ihn ein geschlechtergleicher Umgang miteinander „offensichtlich" ableitet. Dabei lässt die unkommentierte Verwendung der rein männlichen Sprache Barrieren zu Lasten von Frauen unter der Oberfläche des für ihn Wahrnehmbaren vermuten. Indem er Gerechtigkeit vor allem auch als einen Wert betrachtet, der sich an den Menschen in ihren sozialen Bezügen orientiert, verknüpft er seine Argumentation hier jedoch auch deutlich an der normativen Auffassung von Nussbaum. Zwar sieht er durchaus strukturelle Missverhältnisse als nach wie vor gegeben an, denn bei „elf, zwölf" Projektleitenden sind nur „zwei davon" Frauen. Vor allem die drei Phasen des langen Nachdenkens, „***", weisen darauf hin, dass HY unterschiedliche Kontextbedingungen von Männern und Frauen einer kritischen Reflexion unterzieht. Er kommt „persönlich" jedoch zum Schluss, allen Beteiligten gleichermaßen die Möglichkeit zuzusprechen, sich in dieser Projektleitersitzung von „heute morgen" hörbar zu machen und mitzuarbeiten. Die Grundlage für seine Entscheidung, alle Beteiligten gleichermaßen integriert zu sehen, stellt sein „gefühl" dar. Sich orientierend an den Normen von Nussbaum, anerkennt HY somit die Relevanz von Gefühlen, um dem Kontext und der Situation der Projektleiterbesprechung eine angemessene Bedeutung zuschreiben zu können. Auf Grundlage der Geschlechterkultur des pragmatischen Utilitarismus entscheidet er sich dafür, die beteiligten Männer und Frauen nicht allein als gleichermaßen relevant für den Erfolg oder den reibungslosen Ablauf der am Morgen angesetzten Besprechung zu betrachten. Auf diese eine Sitzung bezogen sieht er auch die Teilhabemöglichkeiten von Männern und Frauen gleichermaßen ausgestaltet an. In Anbetracht des bestmöglichen Nutzens erachtet er auch Geschlechtergerechtigkeit als hergestellt.

Während HY in oben genanntem Beispiel die Form der Interaktionsgerechtigkeit auf interpersonaler Ebene und den Grad der Geschlechtergerechtigkeit von persönlichen Austauschhandlungen fokussiert, nimmt XP in folgendem Absatz die Dimension der informationalen Interaktionsgerechtigkeit im Unternehmen in den Blick:

> XP: dann merkt man dort auch schon, wo dann, wo man dann im interview hört, frauen die teilweise schon zehn jahre da sind, wo sagen, ja, eigentlich hab ich das gar nicht gewusst, warum ist das

> so? bei männern ist das anders, viele die, die dann karriere machen wollen oder so, die haben die infos meistens schon so [...] und frauen ist doch dann eher so: ach so? das könnte auch gehen? und geht das überhaupt? aha! sowas kann man machen?, das heißt, das zu nutzen und die chance zu geben, dass man präsenz zeigt, auch in, oder präsenz hat im topmanagment, bringt dann diesen potentialträgerinnen auch ein bild. und auch die möglichkeit, dass halt dann einmal ein fertigungsleiter sagt: also, eigentlich, sehr, sehr interaktiver charakter, sehr gut gefallen, haben wir nicht irgendwo eine tätigkeit, wo wir da jemanden reinbringen können? wo wir auch diese dame reinbringen? (IF4b)

Nach XP bietet sein Unternehmen pragmatische Möglichkeiten an, Frauen mit wichtigen Informationen und Kontakten zur Gestaltung eigener Karrierewege zu versorgen. Er begründet die Implementierung solcher Verfahren damit, dass dem Unternehmen jahrelang gediente Frauen im Vergleich zu gleichermaßen tätigen Männern weniger nutzbringende Informationen darüber zu besitzen scheinen, wie sie in der Organisation „karriere machen" können. Denn während Männer „die infos meistens schon so" hatten, meldeten Frauen in diesbezüglichen „interviews" über "ja, eigentlich hab ich das gar nicht gewusst" zurück, dass Mittel und Möglichkeiten der Karriereplanung weiblichen Mitarbeiterinnen nicht vollumfänglich bekannt waren. Um diesem Bedarf gerecht zu werden und Frauen „ein bild" zu geben, wie sie ihr Potential bestmöglich entfalten und einbringen können, werden zweckmäßig Wege gestaltet, um Frauen die karriererelevanten Informationen zu übermitteln. Dies zeigt XPs Orientierung an den Normen von Mill. Denn auf pragmatische Weise wird Frauen ermöglicht, „präsenz [...] im topmanagement" zu zeigen. Über ein Gespräch mit strategisch verantwortlichen Führungskräften eröffnet sich „die chance", Zugangsbarrieren über genau diesen persönlichen Kontakt zu überwinden. Denn ein guter, erster Eindruck bei den Entscheidungstragenden, „also, eigentlich, sehr, sehr interaktiver charakter, sehr gut gefallen", könnte nach XP nicht allein strukturelle Zugänge für Frauen eröffnen. Zudem ergäbe sich darüber auch für die Entscheidungstragenden der größtmögliche Nutzen. Somit werden auch hier die Normgrundlagen von Mill sichtbar. XPs Argumentation orientiert sich zudem deutlich am Geschlechterkulturmuster des pragmatischen Utilitarismus. Denn über den Fokus darauf, spezifische Informationsbedarfe von Frauen adäquat zu decken, so XPs Auffassung, gelingt es dem Unternehmen nicht allein, geschlechtsspezifisch weibliche Strukturbarrieren schrittweise abzubauen.

Dieses Engagement nütze gleichzeitig auch dem Erfolg des Unternehmens und der Herstellung von Geschlechtergerechtigkeit.

Auch HW gibt an, dass die Interaktionsmuster von Männern und Frauen im Unternehmen grundlegend geschlechtergerecht gestaltet seien. Auf die Frage nach eigenen Erfahrungswerten mit geschlechtsbezogenen Vorurteilen antwortet HW, „einem echten, konkreten, personalisierten vorurteil" im Unternehmen noch nie wirklich begegnet zu sein. Dies verdeutlicht er in angeführter Passage:

> AR: was ist das [echtes, konkretes, personalisiertes vorurteil, A.R.]?
> HW: ja, dass, sozusagen, ein vorurteil, das man wirklich auf eine konkrete person projiziert. das meine ich jetzt.
> AR: zum beispiel?
> HW: was weiß ich?, die kannst du jetzt nicht nehmen, weil die hat zwar technik studiert, aber die wird es nicht können oder sowas. also, sowas hab ich nie erlebt. dass man sozusagen einer frau dann weniger, wirklich konkret weniger vertrauen entgegen bringt, obwohl sie eine vergleichbare ausbildung hätte, zum beispiel. sowas hab ich nie festgestellt. also, mir fällt jetzt kein beispiel auf ihre frage ein, so wie ich sie verstehe. (IF4c)

Unter einem geschlechtsbezogenen Vorurteil ist HWs Auffassung nach eine „wirklich auf ein konkrete person projiziert[e]" Vorstellung von Menschen zu verstehen, die die individuellen Gestaltungsmöglichkeiten einer anderen Person in ungerechtfertigter Art und Weise einschränkt. Sich der Existenz und der Einschränkungen solcher Geschlechterstereotype durchaus bewusst, „die kannst du jetzt nicht nehmen, weil die hat zwar technik studiert, aber die wird es nicht können", schreibt er diesen Diskriminierungsmustern in der alltäglichen Zusammenarbeit keine Relevanz zu. Dies zeigt zum einen die Orientierung an den Normen Mills, der den pragmatischen Nutzen aller Beteiligten bei der konkreten Herstellung von Gerechtigkeit im Vordergrund sieht. So erinnert HW auch nicht, je von einer weiblichen Stellenbewerberin rein aus geschlechtlichen Gründen abgeraten oder dem Fachwissen von Frauen, eine „vergleichbare ausbildung" vorausgesetzt, „konkret weniger vertrauen entgegen" gebracht zu haben. Laut eigener Aussage hat HW Ungleichbehandlungen aufgrund von Vorurteilen selbst „nie erlebt". Somit macht er auch eine Orientierung an Nussbaum deutlich, die Gerechtigkeit in der Reflexion der emotionalen Wahrnehmung angelegt sieht. Geschlechtsbezogene Ungleichbehandlungen in betrieblichen Kontexten könnten daher weder über persönliche Erfahrungswerte noch über objektive Sachbegründungen bestätigt werden.

In HWs Auseinandersetzung mit der Frage um die Relevanz von Vorurteilen zeigt sich auch die Geschlechterkultur des pragmatischen Utilitarismus. Zum einen argumentiert er mit der Kontextualität von Objektivität, indem er auf Einschränkungen über den Einsatz von stereotypisiertem Geschlechterwissen verweist. Zum zweiten weist HW dem eigenen Erleben im Prozess der Auseinandersetzung mit und des Erkennens von sozial Relevantem einen besonderen Stellenwert zu. Schließlich kommt er auch auf die Angelegtheit des eigenen Denkens zu sprechen. Mit „mir fällt jetzt kein beispiel auf ihre frage ein, so wie ich sie verstehe" macht er deutlich, dass er auch eigene Orientierungen als voraussetzungsvoll erachtet.

In den oben angeführten Passagen wird deutlich, wie sich nach Ansicht der Interviewpartner_innen Geschlechtergerechtigkeit in Form von Interaktionsgerechtigkeit ordnet. Während sich HY im ersten Absatz an den Normen Nussbaums orientiert und mit Bezug auf sein eigenes Gefühl aufzeigt, wie Männer und Frauen in bestimmten Situationen über das Prinzip der Gleichheit geschlechtergerecht und erfolgreich im Unternehmen zusammenarbeiten können, legt XP beispielhaft dar, wie es sich für das Unternehmen und die Mitarbeiter_innen gleichermaßen als nützlich erweist, strukturbedingte Benachteiligungen von Frauen über das Bedarfsprinzip auszugleichen. Dabei zeigt er eine Orientierung an den Normen von Mill. Schließlich wirft HW am Beispiel vom Umgang mit Geschlechterstereotypen einen Blick auf die Bedingtheit aller Wahrnehmungs-, Deutungs- und Gestaltungsvoraussetzungen auch von geschlechtergerechten Interaktionen. In seiner grundlegenden Reflexion macht er eine Orientierung an den Normkonzepten von Nussbaum und Mill gleichermaßen deutlich. Alle drei Passagen zeigen beispielhaft auf, dass und wie sie sich mit der Geschlechterkultur des pragmatischen Utilitarismus verknüpfen. So reflektiert HY über die Komplexität von Geschlechtergerechtigkeit, indem er, sich geschlechterungleiche Voraussetzungsbedingungen vor Augen führend, Geschlechtergerechtigkeit ausdrücklich nur auf die tatsächliche Gleichbehandlung, der in dieser Situation persönlich beteiligten Frauen und Männer, bezieht. XP wiederum weist in seinem Beispiel darauf hin, dass Geschlechtergerechtigkeit nur bezogen auf Situation und Kontext gedeutet werden kann. Und schließlich stellt HW die Bedingtheit aller Wahrnehmungen in den Vordergrund und macht deutlich, dass sich als geschlechtergerecht gedeutete Verhältnisse unter konkreten, männlich ausgerichteten Voraussetzungsbedingungen entwerfen.

7.3.1.5 Gleichheitsprinzip: „... wir machen keine Unterschiede!"

Nach Interviewaussagen ist die Verteilung von Gütern und Lasten im Praxisalltag des Unternehmens nach dem Prinzip der Gleichheit geregelt. Nach dem Gleichheitsprinzip gilt eine Verteilung als gerecht, wenn Akteur_innen vergleichbarer Anspruchsgruppen gleiche gesellschaftliche Anteile geltend machen können. So sieht beispielsweise VW das Gleichheitsprinzip bei der Parkplatzvergabe erfolgreich angewendet. Auf eine entsprechende Interviewfrage antwortet sie wie folgt:

> VW: es gibt keine frauenparkplätze [lachen]. da würde ich mich auch dagegen verwehren.[...] wer zuerst kommt, mahlt zuerst. es gibt ganz wenig zugewiesene parkplätze [...] ab [lohnstufe x] darf man auf das werksgelände parken. [...] diese [ihre eigene, A.R.] modulmanagerposition ist [lohnstufe x-1, A.R].

Im späteren Verlauf des Interviews legt ihre Rückmeldung auf die Frage nach der Anzahl von Frauen in ihrem Team offen, dass in der oben angeführten Lohnstufe ausschließlich männliche Führungskräfte vertreten sind:

> VW: ich, puh, müsste jetzt mal kurz zählen, wie viele [frauen] sinds denn insgesamt?, [zählt] [anzahl] gibts, von diesen, also das ist dann [lohnstufe x-2, A.R], zwei frauen gibts. (IP1a)

Im ersten Absatz macht VW deutlich, dass sie die dem Unternehmen zur Verfügung stehenden Parkplätze ausschließlich nach dem Prinzip der Gleichheit an Mitarbeitende vergeben sieht. Ihres Erachtens ist die Vergabe der Parkplätze klar und einfach geregelt. So „mahlt zuerst, [wer zuerst kommt]". Die Vergabe ist VWs Worten nach somit zum einen auf Konkurrenz ausgelegt. Zum anderen werden über das Verfahren Übervorteilungssituationen grundlegend ausgeschlossen. Dies zeigt eine deutliche Orientierung an den Normen von Hobbes, der Gerechtigkeit vor allem als zweckmäßig für das Zusammenleben gleichermaßen egoistisch veranlagter Menschen in Gemeinschaft betrachtet. Auch das Geschlecht der Mitarbeitenden spielt laut VW bei der Parkplatzverteilung keine Rolle. Denn vom Unternehmen werden explizit „keine frauenparkplätze" vergeben. Eine andere, nicht auf die Umsetzung ausschließlich eigener Interessen und einer absoluten Gleichheit ausgerichteten Vorgehensweise unabhängig von geschlechtlichen Aspekten, „da würde ich mich auch dagegen verwehren", entspräche grundsätzlich auch nicht VWs Vorstellung von Gerechtigkeit. VW macht deutlich, dass sie die Herstellung von Geschlechtergerechtigkeit über das Gleichheitsprinzip in den Kontext von Hobbes und Verfahrensgerechtigkeit stellt. Denn in gerechten Verfahren werden die einzelnen Akteur_innen und die hierarchiefreien Ordnungsstrukturen in den Vordergrund gerückt. So dürfen alle „ab [lohnstufe x]" auf dem „werksgelände parken". Dass nach der oben im zweiten Absatz angeführten Argumentation keine der weiblichen Mitarbeiterinnen im Unternehmen das Recht auf einen solchen Parkplatz besitzt, weil alle Frauen mindestens eine Lohnstufe darunter kategorisiert sind, sieht VW somit auch nicht im Zusammenhang mit Geschlechterungleichheit. Die individualistische Ausrichtung der Geschlechterkultur des normativen Individualismus ermöglicht es VW, die „ganz wenig[en] zugewiesene[n] parkplätze" nicht als Widerspruch zur Gleichheitsorientierung zu betrachten.

Auch RM sieht Verteilungsfragen im Unternehmen über die Anwendung des Gleichheitsprinzips geschlechtergerecht geregelt. Am Beispiel von Gehaltszahlungen wird diese Auffassung deutlich:

> RM: meines wissens nach gibt es keine unterschiede hinsichtlich bezahlung bei identischen aufgaben. dann wird also, das heißt, wenn wir eine frau einstellen oder einen mann einstellen, den vertrag, den wir anbieten, und gleiche fachliche qualifikation vorliegt, das identisch sein, also dem mann wird da sozusagen, also, da machen wir keine unterschiede [...] ich sag jetzt, wenn wir jemanden anstellen hier zum beispiel im ingenieursbereich, dann erwartet man halt einen fh abschluss, uni abschluss oder auch einen doktortitel. und wenn das da ist, wird das vertragsangebot mehr oder weniger identisch sein. (IP1b)

RM sieht Entgeltzahlungen für alle im Unternehmen eingebundenen, weiblichen und männlichen Akteur_innen nach dem Prinzip der Gleichheit ausgerichtet. So werden „hinsichtlich bezahlung", seinem Kenntnisstand nach, im Unternehmen „keine unterschiede" gemacht. Seines Erachtens wird die Höhe des Gehalts personenunabhängig und ausschließlich sachbezogen über die „aufgaben" geregelt, die der jeweiligen Gehaltszahlung unterlegt sind. So spielen seiner Ansicht nach auch Geschlechtsmerkmale bei der Verteilung von Lohn oder Gehalt keine Rolle. Bei „identischen aufgaben" werden allen Mitarbeiter_innen unabhängig ihres Geschlechts einfach die gleichen vertraglichen Bedingungen zugesichert. Begründet wird dieses „identisch[e]" Vertragsangebot des Unternehmens mit einer nachweislich „gleiche[n] fachliche[n] qualifikation" der einzelnen Mitarbeitenden. Dazu sind die beispielsweise „im ingenieursbereich" benötigten Qualifikationen anhand bestimmter, formaler Bildungsabschlüsse nachzuweisen. Ein „fh abschluss, uni abschluss oder auch ein[...] doktortitel“ stellt nach RM die Vergleichbarkeit des fachlichen Know hows her. Denn bei einer formalen Gleichheit dieses Fachwissens, so ist sich RM sicher, „wird das vertragsangebot mehr oder weniger identisch sein“. RM stellt das Gleichheitsprinzip in seinen Argumentionen in den Kontext von Interaktionsgerechtigkeit und der utilitaristischen Gerechtigkeitsvorstellung von Mill. Seines Erachtens schafft dieser Handlungszugang die Grundlage dafür, dass Verträge zum Nutzen von allen und gänzlich unabhängig von diskriminierenden Geschlechterzuschreibungen verfasst werden können. Dabei steht, das lässt sich über die Darstellung von RM erkennen, die Geschlechtergleichheit unter Ingenieur_innen im Zentrum. Denn unbeachtet bleiben die geschlechterungleichen Zugangsvoraussetzungen von Männern und Frauen zum Ingenieurswesen. Grundlegend für die Herangehensweise scheint die Orientierung am Geschlechterkulturmuster des pragmatischen Utilitarismus, in geschlechtergerechten Handlungen auf pragmatische Art und Weise vor allem auch den Nutzen für das Unternehmen sicherstellen zu wollen.

OH beschreibt, wie die Anwendung des Gleichheitsprinzips zum Zweck der Herstellung von Gerechtigkeit gesellschaftliche Ordnungsbedingungen grundsätzlich beeinflusst. Am Beispiel der Inanspruchnahme einer „väterkarenz“ als befristete Dienstfreistellung belegt er seine Sichtweise:

> OH: Ich sehe keinen unterschied zwischen den österreichern und den nicht-österreichern, das [die väterkarenz, A.R.] ist eine sozialleistung, die angeboten wird. sobald die angenommen wird, wird sie auch international angenommen. also, bei uns gehen auch leute in väterkarenz, die in ihrem heimatland sicherlich ganz weit davon entfernt wären, so etwas angeboten zu bekommen. (IP1c)

Nach OH sind die Grundlagen des Arbeitsrechts nach dem Gleichheitsprinzip gestaltet und beziehen sich auf alle Mitarbeitenden des Unternehmens gleichermaßen. Somit wird auch die über arbeitsrechtliche Bestimmungen abgesicherte Möglichkeit, eine unbezahlte Auszeit in einem aufrecht zu erhaltenden Arbeitsverhältnis im Unternehmen von „österreichern“ und „nicht-österreichern“ in derselben Weise in Anspruch genommen. Seinem Kenntnisstand nach ist „kein[..] unterschied“ im entsprechenden Nutzungsverhalten von gleichermaßen auf Grundlage des Arbeitsrechts berechtigten, inländischen oder ausländischen Beschäftigten feststellbar. Für OH ist dieses von ihm beobachtete Faktum Ausdruck einer nach dem Prinzip der Gleichheit gestalteten Verteilung organisationaler Güter. Denn dieses gleich ausgerichtete Nutzungsverhalten der unterschiedlichen organisationalen Akteur_innen erachtet OH als von Personen unabhängig gestaltet. OH führt sie vor allem darauf zurück, dass sich über die Anwendung des Gleichheitsprinzips die Ansprüche aller Mitarbeitenden legitimieren. So finden bei OH explizit auch jene Akteure Erwähnung, die die Möglichkeit der „väterkarenz" nutzten, obschon die Bedingungen des eigenen „heimatland[s]" die Inanspruchnahme einer solchen sozialen Leistung „sicherlich" nicht ermöglichten. Über die Gleichheitsorientierung im Zugang zu dieser Sozialleistung erheben auch sie Anspruch auf Nutzung. Somit wird über die Anwendung des Gleichheitsprinzips prozesshaft eine Ordnung geschaffen, die Normen und Strukturen hinterfragt, indem sie die erst Ausgeschlossenen einbindet und somit neue Normalitäten schafft.

Die oben angeführten Interviewpassagen machen deutlich, wie sich nach Auffassung der Interviewpartner_innen (Geschlechter-)Gerechtigkeit über die Anwendung des Gleichheitsprinzips formiert. So setzt VW das Gleichheitsprinzip in Zusammenhang mit den Gerechtigkeitsnormen von Hobbes und Verfahrensgerechtigkeit. Darüber rückt sie in einem konflikthaften Miteinander formale Zugangsvoraussetzungen in den Vordergrund von Geschlechtergerechtigkeit. Im zweiten Absatz stellt RM das Gleichheitsprinzip in den Kontext der Gerechtigkeitsvorstellung von Mill und Interaktionsgerechtigkeit. Darüber argumentiert er die Herstellung von Geschlechtergerechtigkeit auf den Nutzen der beteiligten Männer und Frauen ausgerichtet. Schließlich wirft OH einen Blick darauf, wie über das Prinzip der Gleichheit einschränkende Ordnungsbedingungen auf normativer und struktureller Ebene hinterfragt und neu gestaltet werden. In allen drei Passagen wird jedoch auch deutlich, dass Geschlechtergerechtigkeit über das Gleichheitsprinzip nur bedingt gestaltet wird. So blendet VW in ihrer Darstellung der Parkplatzzuweisung über den Bezug zur Geschlechterkultur des normativen Individualismus strukturelle Ausschlussmechanismen zu Lasten von Frauen aus. Bei der Lohnzahlungsargumentation von RM nach der Geschlechterkultur des pragmatischen Utilitarismus bleiben die gesellschaftlich ungleichen Voraussetzungsbedingungen weiblicher und männlicher Ingenieur_innen unerwähnt. Und bei OH wird deutlich, dass der Reflexion der Ordnungskategorie Geschlecht in seinen Überlegungen insgesamt nur unangemessen Bedeutung zuteilwird. Über diese Dethematisierung sind seine Überlegungen dem Geschlechterkulturmuster des betrieblichen Kollektivismus zuzuordnen.

7.3.1.6 Leistungsprinzip: „… es geht bei uns um Leistung!“

Nach den Grundlagen des Leistungsprinzips werden gesellschaftliche Anteile nach dem Maß der Anstrengung oder dem Grad der Leistungsbeiträge verteilt. Nach dem Leistungsprinzip gilt eine Verteilung dann als geschlechtergerecht, wenn weibliche und männliche Akteur_innen, die größere Anstrengung zeigen oder mehr Leistungen erbringen, entsprechend größere Anteile der zu verteilenden Güter unabhängig ihres Geschlechterstatus erhalten.

Das Leistungsprinzip sehen die interviewten Führungskräfte allgemein als ein wirksames Ordnungsprinzip in Unternehmen an. Diese grundlegende Ansicht verdeutlicht IB in kurzen Worten:

> IB: wir sind ein industriebetrieb, wo wir klare regeln haben, in einer heißen halle und, und klare arbeitszeiten haben, und jeder kann das nicht, das ist im, das ist halt leistung,*das ist halt leistungsorientiert. und das, da kann er dann ja oder nein sagen und dann wird er eingestellt.

Auf meine Frage, auf was er als Führungskraft konkret achtet, um die Leistungsbereitschaft bei weiblichen Bewerberinnen zu erkennen, gibt er kurz darauf folgende Antwort:

> IB: ehrlich?
> AR: ja, ehrlich.
> IB: **dass sie nicht zu alt ist. weil das ab, wir wissen, dass wir da [für die arbeit am band, A.R.] probleme mit den handgelenken haben. (IP2a)

Nach IB ist ein „industriebetrieb“ generell über das Leistungsprinzip ausgerichtet. Die Leistungsmaßstäbe zeigen sich über „klare regeln“, „einer heißen halle“ und „klare arbeitszeiten“. Um diesen hohen Anforderungen gerecht zu werden, bedarf es seines Erachtens einer herausragenden Arbeitsanstrengung. Und, davon ist IB überzeugt, „jeder kann das nicht“. Die gewöhnliche Arbeitsleistung in seinem Unternehmen sieht er somit anhand außerordentlich hoher Maßstäbe bewertet, „das ist halt leistung“. Und „eingestellt“ wird, wer dieser Leistungsaufforderung tatsächlich auch gerecht werden möchte. Das Verhältnis von Bewerbenden und Unternehmen sieht er als gänzlich gleichwertig und freiwillig an. Denn, so kommt er zum Schluss, es könnten ja alle zu einer Anstellung und zu dieser Leistungsorientiertheit auch „nein sagen“. Kurz darauf signalisiert seine Rückmeldung auf meine Frage nach den Merkmalen der Leistungsbereitschaft von weiblichen Arbeitsuchenden eine normative Bezugsetzung zu von Aquins Konzept des sittlichen Wissens. Denn IB verdeutlicht ein klares Bewusstsein darüber, sich hier tatsächlich nicht sozial gerecht zu verhalten. So legt er nach einem einleitenden „ehrlich?" dann auch erst nach langem Zögern, „**", offen, was Leistungsbereitschaft in diesem Zusammenhang für ihn bedeutet. So schaut er darauf, „dass sie nicht zu alt ist", weil seiner Abteilung und dem Unternehmen sonst über „probleme mit den handgelenken" Nachteile drohen. IBs Vorstellung einer betrieblichen Gerechtigkeit nach von Aquin steht im Kontext von Tauschgerechtigkeit und der Geschlechterkultur des männlichen Traditionalismus. Die hegemoniale Ordnung als unhinterfragbar und universal angenommen, sieht er Gerechtigkeit in Form eines unbedingten Austauschs von Leistungen der Arbeitenden und des Betriebs gestaltet. Indem er auf eine gute körperliche Konstitution und streng vorgegebene Einsatzzeiten im Betrieb fokussiert, beschreibt er den männlichen Status quo als Grundlage dafür, Leistung überhaupt erbringen zu können. Darüber legitimiert sich seine oben angeführte Perspektive, die Beiträge von Frauen, die sich vor allem aufgrund ihrer geschlechtlich zugeschriebenen Zuständigkeit für Haushalt und Kinder nicht an diesen traditionellen Männlichkeitsbildern orientieren können, als nicht gleichwertig auszuschließen.

Auch HW sieht das Leistungsprinzip erfolgreich im eigenen Unternehmen angewendet. Diese Auffassung macht er im folgenden Interviewabschnitt beispielhaft deutlich:

> HW: wir haben auch, wir haben ein [spezifischer name-]model bei [firma]. es gibt sozusagen acht [spezifischer name-]kriterien, nach denen wir die leute dann auch im, im jährlichen [spezifischer name-]gespräch, also das ist einmal im jahr durchsprache, ziele und leistung, die wir dort sozusagen als die, als die guideline auch verwenden. und da ist auch teamfähigkeit, innovation und freude am geschäftlichen erfolg, teambuildung, vertrauen und die themen sind da dabei. (IP2b)

Nach HW wird die Zusammenarbeit im Unternehmen über das Prinzip der Leistung ausgerichtet. Diese Leistung ist über ein implementiertes Verfahren überprüfbar gemacht. So gibt es zum Ausbau und der Optimierung der Leistungen von Mitarbeitenden im Unternehmen laut HW ein „model" mit „acht [...]kriterien" als „guideline", nach dem Besprechungen zu „ziele[n] und leistung" zwischen Führung und Mitarbeitenden „einmal im jahr" durchgeführt werden. Seine Argumentation mit Fokus vor allem auf die Gestaltung gerechter Rahmenbedingungen deutet auf eine Orientierung nach Rawls hin, dessen Gerechtigkeitsbegriff das Zusammenleben grundsätzlich freier und gleicher Menschen vor allem formal regelt. Der Leistungsbegriff selbst ist nach HW umfassend definiert. So legt er dar, dass neben dem fachlichen Wissen „auch" soziale Kompetenzen oder Selbstkompetenzen in dieser guideline verankert sind. Neben der körperlich oder geistig geleisteten Arbeit sind nach HW beispielsweise auch „teambuildung, vertrauen und die themen" umfasst. HW macht deutlich, dass er die Herstellung von Gerechtigkeit nach Rawls über die Anwendung des Leistungsprinzips in den Kontext von Verfahrensgerechtigkeit und der Geschlechterkultur des normativen Individualismus stellt. Gerechte Verfahren zeichnen sich über klare formale Verfahrenskriterien und -schritte aus, die eine Vergleichbarkeit und eine Nachvollziehbarkeit von individuellen Leistungszuwendungen gewährleisten. Danach sind über den Fokus auf die Art und Weise, wie verteilt wird, auch ungleiche Verteilungen zwischen Männern und Frauen als geschlechtergerecht zu betrachten. Unklar wird über HWs Orientierung an der Geschlechterkultur des normativen Individualismus jedoch, wie die von ihm als wertvoll anerkannten, überfachlichen und eher weiblich zugeschriebenen Qualifikationen tatsächlich in Vergleich gesetzt werden. Zum anderen scheinen auch die Leistungen der Mitarbeitenden voraussetzungslos bemessen, denn strukturelle Ungleichverhältnisse bleiben unerwähnt. Strukturelle Beschränkungen oder ungleich zugewiesene Fürsorgeaufgaben an Frauen werden in diesem Zusammenhang individualisiert und als Frage des persönlichen Leistungswillens interpretiert.

RM legt im folgenden Abschnitt dar, wie Anwendungen des Leistungsprinzips mit Ordnungsstrukturen wechselwirken. Beispielhaft macht er diese Zusammenhänge hier deutlich:

> RM: ein sehr großes thema ist, sagen wir mal, generell in der [bereich x], man muss einfach selber jedes jahr 5 prozent produktivität bringen, wie es so schön heißt. und es geht in alle richtungen, personaleffizienz, materialeffizienz und so weiter. (IP2c)

RM sieht die „generell[e]" Entwicklung des betreffenden Bereichs über die Richtlinien des Leistungsprinzips gesteuert. So ist seinen Angaben nach alljährlich eine Leistungssteigerung mit einem neuen und höheren Maß an organisationalen Zielvorgaben zu erfüllen. Die Verbesserung der Leistungsfähigkeit ist dabei besonders bedeutsam. Nach RM sind „5 prozent produktivität" zu erbringen. Die Optimierungsansprüche gehen laut RM „in alle richtungen". Sie betreffen somit sämtliche Produktionsfaktoren, die zur Herstellung der Produkte verwendet werden. Über den Weg der „personaleffizienz" oder der „materialeffizienz" soll die Art der

Verwendung dieser Faktoren optimiert und über diese Optimierung verhältnismäßig mehr Produkte hervorgebracht werden. RM gemäß ist diese Optimierungsarbeit ohne den Einsatz zusätzlicher Mittel „einfach selber" zu leisten. Das angegebene Maß an Mehrleistung muss somit „jedes jahr", ausgehend von der im letzten Jahr gestalteten Norm, neu erzielt werden. RM beschreibt hier, wie über die Leistungsorientierung prozesshaft neue und gesteigerte Erfolgsmaßstäbe entworfen werden, indem ursprünglich gesetzte Ziele übertroffen und sich darüber neue normative und strukturelle Ordnungsverhältnisse entwerfen. Gänzlich unerwähnt bleibt jedoch, wie im Begriff der Effizienz die von HW im vorangegangenen Absatz erwähnten, weichen und weiblich zugeschriebenen Leistungen Anerkennung finden.

Oben angeführte Passagen zeigen, wie sich nach Auffassung der Interviewpartner_innen (Geschlechter-)Gerechtigkeit über die Anwendung des Leistungsprinzips hervorbringt. So setzt IB das Leistungsprinzip in Zusammenhang mit den Gerechtigkeitsnormen von Aquins und der Form der Tauschgerechtigkeit. Grundsätzlich mit einem sittlichen Wissen ausgestattet, fokussiert er Leistung in einem unbedingten Austauschverhältnis vor allem in Bezug auf Körperkraft. In der zweiten Passage stellt HW das Leistungsprinzip in den Kontext des Gerechtigkeitskonzepts von Rawls und Verfahrensgerechtigkeit. Darüber hebt er mit dem Blick hauptsächlich auf formale Abläufe eine breite Palette von weiblich und männlich zugeschriebenen Leistungen hervor. Schließlich wirft RM einen Blick darauf, wie über das Prinzip der Leistung fortlaufend Normen und Strukturen überwunden und neu gesetzt werden. In allen drei Interviewabschnitten wird jedoch auch sichtbar, dass Geschlechtergerechtigkeit über das Leistungsprinzip nur bedingt hergestellt wird. So orientiert sich IB in seiner Darstellung an der Geschlechterkultur des männlichen Traditionalismus und schließt weibliche Wirklichkeiten darüber aus. Und während HWs Orientierung an der Geschlechterkultur des normativen Individualismus eine ausschließlich formale Aufwertung der weiblich zugeschriebenen Qualifikationen vermuten lässt, blendet die von RM dargelegte Wachstumsorientierung des Unternehmens weiche und weiblich zugeschriebene Faktoren als Einflussgröße für den Unternehmenserfolg gänzlich aus.

7.3.1.7 Bedarfsprinzip: „... das kompensieren wir dann auch!"

Dem Bedarfsprinzip gemäß werden gesellschaftliche Anteile nach einem anerkannten Status der Bedürftigkeit verteilt. Nach dem Bedarfsprinzip gilt eine Verteilung dann als gerecht, wenn Akteur_innen mit besonderen, gesellschaftlichen Bedarfen entsprechende Mittel, Ressourcen oder Güter zugeteilt bekommen. Geschlechtergerecht ist eine Verteilung dann, wenn Leistungszuweisungen geltenden Bedürfnissen von Männern und Frauen gerecht werden.

Nach Aussagen der Interviewpartner_innen gestalten Unternehmen über das Bedarfsprinzip zahlreiche, dem eigentlichen Unternehmenszweck übergeordnete Agenden. Nach IB werden beispielsweise Mitarbeiterinnen von seinem Unternehmen bei der Bearbeitung auch außerbetrieblicher Probleme unterstützt:

> IB: wenn sie [die mitarbeiterinnen, A.R.] geldsorgen haben, familienprobleme, das kind und das kind [...] und wir haben im hause auch einen, erstmalig, einen betriebspsychologen, nicht den arbeitspsychologen, sondern betriebspsychologen, der ist fix bei uns. gewisse stunden im monat können wir ihnen anbieten, dass sie dort gespräche und beratung bekommen, weil meistens ist ja das eine, wenn sie probleme haben, kommen psychische probleme dann auch, wenn man halt sorgen, sorgen, sorgen, und irgendwann wird einem das halt zu viel und führt zu einer erkrankung. weil dann kommt dann wieder der zweck der firma, sag ich immer, ich schau, dass ich keinen krankenstand zahlen muss. (IP3a)

Nach IB sind Regelungen des Bedarfsprinzips weit gefasst. So wird in seinem Unternehmen über das Bedarfsprinzip auch auf private Probleme von Mitarbeiterinnen eingegangen, wenn sie zum Beispiel „geldsorgen haben, familienprobleme, das kind und das kind". Dazu bietet sein Unternehmen neben den Diensten der „arbeitspsychologen" für Mitarbeitende „erstmalig" auch die „fix[e]" Unterstützung über einen „betriebspsychologen" an. Als ein strukturell „im hause" verankertes Angebot wird im Unternehmen seinen Angaben nach ein Kontingent an „gewisse[n] stunden im monat" zur Verfügung gestellt, in denen vor allem weibliche Beschäftigte „dort" bei Bedarf „gespräche und beratung" in Anspruch nehmen können. So ist es für ihn grundlegend, Menschen in ihren komplexen Lebensbezügen wahrzunehmen und sie in zentralen Aufgabenstellungen zu unterstützen. IB stellt somit Nussbaums Gerechtigkeitsdenken und die Befähigung von Menschen in den Mittelpunkt des betrieblichen Handelns. Sich orientierend an der Geschlechterkultur des pragmatischen Utilitarismus und der Form der Interaktionsgerechtigkeit, steht für IB bei diesem Angebot jedoch die Pragmatik im Vordergrund. Denn wenn die Mitarbeiterinnen „probleme haben", dann kommen „psychische probleme auch". Denn „sorgen, sorgen, sorgen" werden irgendwann einfach „zu viel". Dem „zweck der firma" ist eine solche Situation nicht dienlich. Um „keinen krankenstand zahlen" zu müssen, hat es sich das Unternehmen seines Erachtens daher zur Aufgabe gemacht, seine Mitarbeiterinnen über passende Angebote zu befähigen.

Auch HY sieht das Bedarfsprinzip in der betrieblichen Zusammenarbeit angewendet. HY beispielsweise sieht Fürsorgebedarfe von Mitarbeitenden über das Bedarfsprinzip geregelt:

> HY: es ist eindeutig auch so, dass wir auch jetzt gesagt haben, mit einem teilzeitmodell und so das [familienarbeit, A.R.] jetzt unterstützen, wo es, glaub ich, [firma] sehr toll [macht], dass es die optionen alle gibt. [...] ich glaub, das ist ein großes thema [...] dass man eben nach zwei jahren auszeit wieder dort aufsetzt, wo sie [die mitarbeiterin, A.R.] ausgestiegen ist [...] also, ich glaub, das ist ganz wichtig. und auf der anderen seite, wenn sich aber eine frau für eine familie entscheidet, auch den rahmen bietet, das zu überbrücken und teilzeit anzubieten und so. dass man sagt, ok, es gibt eine überbrückungszeit und dann kann, gibts wieder die plattform von ... (IP3b)

Mitarbeiterinnen mit familiären Aufgaben werden laut HY über Regelungen des Bedarfsprinzips „sehr toll[e]" Möglichkeiten geboten, um Privates mit Beruflichem in Einklang zu bringen. In seiner Argumentation wird eine Orientierung am Gerechtigkeitskonzept von Aristoteles deutlich, der Gerechtigkeit kontextbedingt und in Verhältnis gesetzt zu gestalten sieht. HY weist auf zahlreiche „optionen" hin, um die Vereinbarkeitsfrage zu klären. So gibt es die Möglichkeit, „mit einem teilzeitmodell" mehr für die Familie da sein zu können. In diesem Rahmen gibt es Regelangebote, die Mitarbeitende begleiten, damit sie nach Ablauf der Elternkarenzzeit von „zwei jahren" sofort wieder auf ihre ursprünglichen Positionen zurückkehren können. Andererseits hält er es jedoch für genauso wichtig, weiblichen Mitarbeitenden, die sich „für eine familie" entscheiden, einen individuellen „rahmen" zu geben, indem ihnen beispielsweise eine auf ihren Bedarf zugeschnittene „überbrückungszeit" in „teilzeit" angeboten wird, bis sie wieder zum ursprünglichen Arbeitsverhältnis zurückkehren können. In HYs Argumentation wird zudem deutlich, dass er Geschlechtergerechtigkeit, hier nach Aristoteles, in Zusammenhang mit Verteilungsgerechtigkeit und der Geschlechterkultur des betrieblichen Kollektivismus stellt. Eine gerechte Verteilung gilt dann als gegeben, wenn kontextbezogen und nach Bedarf dafür gesorgt wird, dass Männer und Frauen tatsächlich die gleichen Anteile an Ressourcen erhalten. Die Interpretation davon, was als normal oder bedarfsgerecht zu gelten hat, orientiert sich dabei jedoch an männlichen Deutungsmustern. Dass die Vereinbarkeitsproblematik von Beruf und Familie ausschließlich Frauen zugeschrieben wird, sieht HY hier somit nicht als geschlechtergerechtigkeitsrelevant an. Vielmehr ist es nach HY hervorzuheben, dass der Betrieb benachteiligende Bedingungen für Frauen aufzuheben und Missverhältnisse auszugleichen weiß. So ist für HY auch keine Geschlechterungleichheitsproblematik im Betrieb erkennbar.

XP legt nachfolgend dar, wie die Anwendung des Bedarfsprinzips auch auf betriebliche Ordnungsmodelle wirkt. Nachfolgend beschreibt er, wie sich über die Auseinandersetzung um Vereinbarkeitsfragen neue Verständnisse hervorbringen:

> XP: vereinbarkeit familie beruf ist ja auch so ein schlagwort, das aber sehr wichtig ist. wenn man so sagt, wir, wenn ein mitarbeiter kommt und sagt, ich hab jetzt einen persönlichen schwerpunkt, weil ich hab jetzt grad jemanden, der krank ist daheim, oder, ich brauch jetzt was, dass das unternehmen auch sagt, ich kann auch manager, die viele leute führen, einmal kompensieren für ein paar monate. [...] und es ist bei uns nicht so, so dass man dann sagt, so, jetzt, gut, das sind halt ... das was ich gesagt hab früher, nicht? ... zwei jahre vorbei, die zeit ist weiter gegangen, da sitzt jetzt jemand anderer und das wird halt jetzt nichts. das ist es auch nicht. (IP3c)

Nach Ansicht von XP ist die „vereinbarkeit" von „familie" und „beruf" ein vom Unternehmen auf allen Ebenen aktiv verhandeltes Thema. So führt das Unternehmen Debatten darüber, wie es vor allem auch für „manager, die viele leute führen" zu ermöglichen ist, Arbeit und Privates miteinander in Einklang zu bringen. Wenn also beispielsweise eine Führungskraft „kommt und sagt", „ich hab jetzt grad jemanden, der krank ist daheim", wird es nun als wertvoll erachtet, sie zu unterstützen, „einmal" einen „schwerpunkt" auf die privaten Bedürfnisse legen zu können. Dies ermöglicht es der einzelnen Führungskraft, die Unternehmensinteressen „für ein paar monate" in Hintergrund treten zu lassen. Denn laut XP ist es in einem solchen Fall explizit „nicht so, so dass man dann sagt, [...] die zeit ist weiter gegangen, da sitzt jetzt jemand anderer und das wird halt jetzt nichts". In von Führungskräften gemeldeten Bedarfslagen, „ich brauch jetzt was", ist es dem Unternehmen laut XP nunmehr wichtig, Verhältnisse zu schaffen, die private Bedürfnisse und funktionale Anforderungen ohne negative Auswirkungen auf die Karrieren der Führungskräfte über einen bestimmten Zeitraum hinweg zu „kompensieren" und strukturell in Ausgleich zu bringen vermögen. XP legt hier dar, wie über die Bedarfsorientierung prozesshaft neue normative und strukturelle Ordnungsverhältnisse im Betrieb gestaltet werden. Gleichermaßen wird hier deutlich, dass sich XP in seiner Argumentation an einer traditionell männlichen Managerriege orientiert, die eine hundertprozentige Präsenz über die Zuweisung der Reproduktionsaufgaben an Frauen im Betrieb gewährleisten kann.

Die hier angeführten Interviewpassagen verdeutlichen, wie sich nach Verständnis der Interviewpartner_innen (Geschlechter-)Gerechtigkeit über die Anwendung des Bedarfsprinzips organisiert. So stellt IB das Bedarfsprinzip in den Zusammenhang des Gerechtigkeitskonzepts von Nussbaum und Interaktionsgerechtigkeit. Vor dem Hintergrund von Gerechtigkeit als Befähigung stellt er die Verbesserung der Vereinbarkeit von Familie und Beruf in den Kontext betrieblicher Anforderungen. HY indessen setzt das Bedarfsprinzip in Zusammenhang mit dem Gerechtigkeitszugang von Aristoteles und Verteilungsgerechtigkeit. Er bringt das Verständnis hervor, dass Gerechtigkeitsfragestellungen im Betrieb je nach Bedarf und Situation mit passenden Maßnahmen und Formen zu begegnen sind. Schließlich beschreibt XP, wie sich über die Bedarfsorientierung neue normative und strukturelle Ordnungsverhältnisse entwerfen. In allen drei Passagen wird letztlich auch deutlich, dass Geschlechtergerechtigkeit über das Bedarfsprinzip nur bedingt gestaltet wird. So orientiert sich IB in seiner Darstellung der Beratungsangebote zur Vereinbarkeit von Familie und Beruf an der Geschlechterkultur des pragmatischen Utilitarismus und stellt die Aufhebung von Diskriminierungen für Frauen ausschließlich in den Kontext einer betrieblichen Leistungsmaximierung. Bei HY werden auf Grundlage der Geschlechterkultur des betrieblichen Kollektivismus Teilzeitmodelle ausschließlich im Zusammenhang mit weiblichen Lebenswelten wichtig. Und XP argumentiert die Frage der Vereinbarkeit von Familie und Beruf nach einer männlich geprägten Ordnung.

7.3.1.8 Anrechtsprinzip: „… da bin ich tatsächlich privilegiert!“

Nach den Grundlagen des Anrechtsprinzips werden gesellschaftliche Anteile nach Positions- oder Statusmerkmalen zugeschrieben. Nach dem Anrechtsprinzip gilt eine Verteilung dann als geschlechtergerecht, wenn männliche und weibliche Akteur_innen bestimmte Verteilungsansprüche über ihre in der Vergangenheit erworbenen Positionen geltend machen können und darüber Anteile zugewiesen bekommen.

Nach Aussagen der Interviewpartner_innen kommt das Anrechtsprinzip in der eigenen Organisation zur Anwendung. In folgender Interviewpassage zur Handhabung der Parkplatzvergabe im Unternehmen legt HW das angewendete Anrechtsprinzip anschaulich dar:

> AR: darf ich sie fragen, wo Ihr parkplatz ist?
> HW: der ist da unten im hof hier drinnen, also, ich hab das privileg, herein zu fahren. ich hab keine parkplatzprobleme [...] das hat nichts mit geschlecht zu tun, hat eindeutig etwas mit hierarchie zu tun und ich genieße dieses privileg sehr. (IP4a)

Laut HWs Aussage ist seinem Auto ein eigener Parkplatz „unten im hof hier drinnen" zugewiesen. Eigenen Angaben nach hat HW somit das Anrecht, sein Fahrzeug innerhalb des Unternehmensgeländes an einem zugewiesenen Ort abzustellen. Das Recht auf einen solchen Parkplatz zu besitzen, sieht er gemessen an den Verhältnissen des Unternehmens zwar als ungewöhnlich an. So bezeichnet HW es auch als „privileg, herein zu fahren" und „keine parkplatzprobleme" zu haben. Denn im Allgemeinen stehen Unternehmensmitarbeitenden HWs Angaben nach Parkplätze für ihre Fahrzeuge nur außerhalb des Unternehmensgebiets in unzureichender Anzahl zur Verfügung. Jedoch gibt ihm die Orientierung an dem Gerechtigkeitsbegriff von Platon, der eine auf Ungleichheit ausgerichtete Gesellschaftsordnung als gerecht legitimiert, diese Zuordnung als gerecht zu erachten. Die Zuweisung dieses Parkplatzes geschieht seiner Auffassung nach nicht aufgrund von Geschlecht. Seine Berechtigung ergibt sich seines Erachtens ausschließlich über eine von ihm im Vorfeld erworbene, hierarchische Position. HW verdeutlicht, dass er hier eine Herstellung von Geschlechtergerechtigkeit nach Platon in den Kontext von Verteilungsgerechtigkeit und der Geschlechterkultur des betrieblichen Kollektivismus stellt. Die diesen Zusammenhang gestaltenden männlichen Deutungsmuster legitimieren HWs Darstellung, die Vergabe nicht „mit geschlecht", sondern „eindeutig [...] mit hierarchie" zu verknüpfen. So ist sein Parkplatzprivileg über die Praxis der Grenzziehung nicht als Widerspruch zu Geschlechtergerechtigkeit deutbar. Zudem ermöglicht die Ausgrenzung der Geschlechterungleichheitsproblematik aus der betrieblichen Wahrnehmung, Geschlechterhierarchien als geschlechtergerechtigkeitskonform zu bewerten.

Auch KW sieht Ressourcenverteilungen im Unternehmen über das Anrechtsprinzip geregelt. Am Beispiel der Zuweisung von Büroräumlichkeiten belegt er diese Ansicht:

> KW: ja, die meisten kolleginnen, die sitzen ja nicht in so einem büro. weil ich bin ja abteilungsleiter, ich hab ja ein eigenes büro, so. also die meisten kolleginnen sitzen ja mit dem team zusammen, also auch die führungskräfte, die also jetzt da dienststellenleitung sind, die sitzen ja immer mit dem team zusammen. (IP4b)

KW sieht die Vergabe von Büroräumlichkeiten in seinem Unternehmen nach dem Anrechtsprinzip geregelt. So verfüge er im Gegensatz zu den „meisten kolleginnen" natürlich über eigene Büroräumlichkeiten. Diese Ordnung sieht er jedoch nicht geschlechtsspezifisch begründet. Die Grundlage für diese organisationale Regelung führt KW kausal auf seine Funktion als „abteilungsleiter" zurück. Seinen Angaben zufolge hat KW logischerweise ein Anrecht auf „ein eigenes büro", „weil" ihm als der – männliche – Leiter einer Abteilung im Gegensatz zu seinen – weiblichen – Kolleginnen eigene räumliche Ressourcen zustehen. Die dieser Vergabe unterlegten Kriterien sieht KW als fraglos anerkannt an. Untergeordnete „führungskräfte" wie „dienststellenleitungen" beispielsweise hätten seiner Auffassung nach selbstredend keinen Anspruch auf die Zuweisung eigener Räumlichkeiten. Sie sitzen laut KWs Aussage natürlich „immer mit dem team" in einem Raum. In seiner auf inhaltlicher Selbstverständlichkeit ausgelegten Argumentation zeigt sich, wie sich KW am Gerechtigkeitsbegriff von Kant orientiert, dem ein vernünftiges Wesen grundlegend vorausgesetzt ist. Zudem wird hier auch deutlich, dass er die Herstellung von Geschlechtergerechtigkeit in den Zusammenhang von Tauschgerechtigkeit und der Geschlechterkultur des männlichen Traditionalismus stellt. Nach der Form der Tauschgerechtigkeit sind gleiche Austauschbedingungen zwischen Akteur_innen grundlegend für eine geschlechtergerechte Leistungszuweisung. Was als Leistung anerkannt wird, ist jedoch ausschließlich männlich konnotiert. Somit steht auch die Auffassung, dass eine leitende Position im technischen Feld zum einen männlich besetzt zu sein hat und der männliche Leiter unbedingt eigene Raumressourcen zugewiesen bekommen muss, nicht im Widerspruch zu einer etablierten Geschlechtergerechtigkeit im Betrieb.

Bezogen auf die Zuweisung von Lohn und Gehalt macht RM schließlich Wechselwirkungen in der Anwendung des Anrechtsprinzips und der Ordnungsverhältnisse zum Thema:

> RM: es [der all in pay vertrag, A.R.] ist halt deutlich besser dotiert […] also ich weiß es jetzt nicht, wie viele bei mir, in summe werden es vielleicht *20 mitarbeiter [der insgesamt 400 mitarbeitenden, A.R.] sein, in meinem bereich, die so einen all in pay haben […] es gibt

> dann *keine zeiterfassung mehr, es wird zwar noch die zeit erfasst, um irgendwelche themen, arbeitszeitgesetz natürlich abzufangen, aber es wird, auch ich als vorgesetzter habe keinen zugriff auf die erfassten daten. das heißt, ich kann nicht überprüfen, wie lange der kollege da ist oder nicht. (IP4c)

RM gemäß werden auch Gehaltsfragen über das Anrechtsprinzip geregelt. So legt er dar, auf welcher Grundlage das Unternehmen den Beschäftigten Lohn und Gehalt zuweist. Während der Großteil „[der insgesamt 400 mitarbeitenden, A.R.]“ unter nicht verhandelbaren Bedingungen tätig ist, sind es in RMs Abteilung „vielleicht 20 mitarbeiter“, die „einen all in pay haben“. Die Möglichkeit, einen „all in pay“ mit bessergestellten Bedingungen vereinbaren zu können, ist somit abhängig von einer bestimmten Qualifikationsstufe. Nach RM werden nur wenige Mitarbeitende in dieser Stufe eingeteilt. Somit wird auch nur wenigen Akteur_innen das Anrecht auf eine höhere Bezahlung zugewiesen. Gleichermaßen macht RM deutlich, wie ein vertraglich abgesichertes Anrecht auch Strukturverhältnisse hinterfragt. So „wird zwar noch die zeit erfasst, um irgendwelche themen, arbeitszeitgesetz natürlich abzufangen“, grundsätzlich gäbe es aber „keine zeiterfassung mehr“. Zudem schwinde auch sein Einfluss als Vorgesetzter, denn schließlich habe er „keinen zugriff auf die erfassten daten“. Ordnungshierarchien und Führungsverständnisse werden laut RM über das Anrechtsprinzip in Frage gestellt. Schließlich könne er somit auch nicht mehr „überprüfen, wie lange der kollege da ist oder nicht“. RM macht hier deutlich, wie über die Anwendung des Anrechtsprinzips strukturelle Ordnungsverhältnisse aufgeweicht und normative Verständnisse hinterfragt werden.

Die hier angeführten Interviewabschnitte machen sichtbar, wie sich nach Auffassung der Interviewpartner_innen (Geschlechter-)Gerechtigkeit in Anwendung des Anrechtsprinzips organisiert. So verknüpft HW das Anrechtsprinzip mit dem Gerechtigkeitskonzept Platons und Verteilungsgerechtigkeit. Darüber legitimiert er geschlechterhierarchische Ordnungen und Zuweisungsbevorteilungen von Männern über Statuspositionen als gerecht. KW setzt das Anrechtsprinzip in Zusammenhang mit dem Gerechtigkeitsmodell von Kant und Tauschgerechtigkeit. In Rückgriff auf Rationalität und Vernunft normalisiert er einen männlich ausgedeuteten Leistungsbegriff. Schließlich beschreibt RM, wie über die Anrechtsorientierung prozesshaft neue normative und strukturelle Ordnungen entstehen. In den drei angeführten Abschnitten wird jedoch auch sichtbar, wie sich Geschlechtergerechtigkeit über das Bedarfsprinzip nur bedingt ausgestaltet. So macht HW bei seiner an der Geschlechterkultur des betrieblichen Kollektivismus orientierten Erläuterung zur Parkplatzzuweisung den Zusammenhang von Geschlecht und Hierarchie unsichtbar. Über seine Orientierung an der Geschlechterkultur des männlichen Traditionalismus verselbstverständlicht KWs Legitimierung der Raumzuweisung das Bild der herkömmlichen und frauendiskriminierenden Arbeits- und Machtverteilung. In RMs Argumentation zeigen sich in der Darstellung des betrieblichen Lohn- und Gehaltsschemas insgesamt hegemonial männliche Ordnungsstrukturmerkmale.

7.3.2 Die Organisation von Geschlechterungerechtigkeit

Bisher wurde aufzuzeigen versucht, wie sich empirischen Erkenntnissen nach Geschlechtergerechtigkeit im Unternehmen in bestimmten Ordnungskontexten nach bestimmten Prinzipien organisiert. Die Organisation von Geschlechtergerechtigkeit in diesen Zusammenhängen wurde anhand praktischer Beispiele belegt. Nachfolgend wird die Organisation von Geschlechterungerechtigkeit beleuchtet. Hervorgehoben wird, wie sich in der Alltagspraxis von Unternehmen über das Verhältnis von Ordnungsformen und Ordnungsprinzipien auch Geschlechterungerechtigkeiten organisieren. Von den betrieblichen Akteur_innen legitimierte Geschlechterungleichheiten der Unternehmenspraxis werden zu diesem Zweck nach gleichem Vorgehen systematisiert. Um dies zu verdeutlichen, werden die unter Kapitel 7.3.1 ursprünglich angeführten Kapitelbezeichnungen der relevanten Formen und Prinzipien mit der Vorsilbe Un- negativiert. Darüber wird der Fokus darauf gelegt, dass sich unter gleichen Voraussetzungsbedingungen sowohl Phänomene der Geschlechtergerechtigkeit als auch der Geschlechterungerechtigkeit hervorbringen. Gleichzeitig verdeutlicht sich, wie Geschlechtergerechtigkeit nur in Abgrenzung zu Geschlechterungerechtigkeit ausgedeutet werden kann.

Zuerst werden Ordnungsformen der Tauschungerechtigkeit (Kapitel 7.3.2.1), der Verteilungsungerechtigkeit (Kapitel 7.3.2.2), der Verfahrensungerechtigkeit (Kapitel 7.3.2.3) und der Interaktionsungerechtigkeit (Kapitel 7.3.2.4) beispielhaft in Zusammenhang mit den strukturellen Prinzipien beleuchtet, die in diesem Muster geordnete Phänomene als geschlechterungerecht auszeichnen. Dann werden Zuweisungen nach dem Ungleichheitsprinzip (Kapitel 7.3.2.5), dem Unleistungsprinzip (Kapitel 7.3.2.6), dem Unbedarfsprinzip (Kapitel 7.3.2.7) und dem Unanrechtsprinzip (Kapitel 7.3.2.8) in Bezug zu jenen normativ und kulturell begründeten Ordnungsformen gestellt, in denen sich die Anwendungen als geschlechterungerecht auszeichnen.

7.3.2.1 Tauschungerechtigkeit: „... und trotzdem sind sie dann gegangen!“

Während Tauschgerechtigkeit zur Gestaltung von Geschlechtergerechtigkeit gleiche Tauschbedingungen für die freiwillig am Leistungsausgleich beteiligten Männer und Frauen voraussetzt, fokussiert geschlechtsbezogene Tauschungerechtigkeit die geschlechterungleiche Beschaffenheit des gegenseitigen Beziehungsverhältnisses.

Formen von Tauschungerechtigkeit finden sich nach Interviewergebnissen in der Alltagspraxis von Unternehmen vielfach wieder. Am Beispiel eines Kalenders mit erotischen Frauenfiguren macht Renate Füller (RF) das Phänomen der geschlechtsbezogenen Tauschungerechtigkeit beispielhaft deutlich:

> RF: es ist ja so, dass bei [firma] viele frauenkalender [kalender mit erotikbildern von frauen, A.R.] rumhängen und so, oder?, und die [weibliche mitabeiterin, A.R.] hat sich [lachen] den männerkalender dann ins büro gehängt, was ich auch furchtbar finde. echt furchtbar! also, ich mein, das brauch ich nicht bei der arbeit, oder?, irgendwie so. ich meine, ich verstehe den frauenkalender auch nicht. aber ich mein, ich hab jetzt, ich hab kein problem damit, es soll jeder aufhängen, was er will, aber ich find es ein bisschen krass, wenn die frau dann einen männerkalender auch noch aufhängt. (IIF1a)

Nach RF finden sich in den Räumlichkeiten des Unternehmens „viele frauenkalender“ mit Erotikbildern von Frauen. Diese „hängen“ gewöhnlich in den Büro- und Arbeitsräumen „rum“. Als Reaktion auf die Vielzahl dieser Kalender in den von männlichen und weiblichen Mitarbeiter_innen gleichermaßen genutzten Räumen des Unternehmens wurde nach RF von einer Kollegin dann der „männerkalender [...] ins büro gehängt“. RF selbst erachtet diesen „männerkalender“ mit erotischen Bildern von Männern als „echt furchtbar!“. Zwar empfinde sie beide Kalenderarten „bei der arbeit“ als störend, aber grundsätzlich habe sie „kein problem“ mit den Frauenkalendern, denn „es soll jeder aufhängen, was er will“. Das Verhalten der Kollegin jedoch hält sie für absolut nicht nachvollziehbar. So findet sie es „krass, wenn die frau dann einen männerkalender auch noch aufhängt“. Ihre Empörung lässt sich nicht allein im Sinne von Aquins deuten, der Gerechtigkeit in einem generellen Wissen um eine Sittlichkeit im Menschen verankert sieht, das in Bezug auf Körper und Sexualität von Frauen mehr abverlangt. Hier zeigt sich auch RFs Orientierung an der Geschlechterkultur des männlichen Traditionalismus, die sich über die Sexualisierung des Geschlechterverhältnisses begründet. Während es für RF darüber legitim erscheint, Frauenkörper in für alle gleichermaßen zugänglichen Betriebsräumlichkeiten über Wandkalender als erotische Objekte zu präsentieren, erscheint es RF unmöglich, eine solche Objektivierung auch bei Männern vorzunehmen. Nach dem Gleichheitsprinzip werden gleiche Handlungsbedingungen von Männern und Frauen als grundlegend gegeben vorausgesetzt. RF sieht den Versuch der Kollegin, über den Aushang des Männerkalenders vergleichbare, wenn auch sexistische Anerkennungsbedingungen für Männer und Frauen im Unternehmen schaffen zu wollen, als der Situation unangemessen an. So wird deutlich, dass RF eine an von Aquin angelehnte Tauschungerechtigkeit dann als eine angemessene Form betrachtet, wenn die Zusammenarbeit nach der Geschlechterkultur des männlichen Traditionalismus über das Gleichheitsprinzip geregelt wird.

Auch im Interview von OH wird geschlechtsbezogene Tauschungerechtigkeit angeführt. So kommt er auf Frauen und ihre Karriereentscheidungen zu sprechen:

> OH: und ich hab dort auch genauso eine kollegin, die mich dann in anführungszeichen verlassen hat, [...], wir hatten dann auch eine zweite kollegin [...] weil die war dann genauso aufgebaut [...] ihr mann hat einen anderen job gekriegt, dann ist sie halt mitgegangen [...] das heißt, wir haben zweimal *frauen befördert, jetzt will ich nicht sagen, kommt in keiner statistik bei uns vor, weil sie gut waren. und trotzdem sind sie jedes mal weggegangen. (IIF1b)

Nach OH werden Frauen den ihnen gegenüber erbrachten Vorleistungen nicht gerecht. Nach OHs eigener Erfahrung sind es die Frauen selbst, die trotz bester Gleichstellungsbemühungen des Unternehmens eigenen beruflichen Karrieren keine gesonderte Bedeutung zuschreiben. So berichtet er davon „zweimal *frauen befördert“ zu haben, die „halt mitgegangen“ sind, als ihre Männer „einen anderen job gekriegt“ haben. Dabei macht er deutlich, dass er seine protegierenden Leistungen nicht als Teil einer Frauenförderungsstrategie verstanden wissen will, sondern er sich, „weil sie gut waren“, einzig und allein auf deren persönliche und fachliche Kompetenzen bezieht. Seine Worte machen nicht allein eine Orientierung am Denken Kants deutlich, der Vernunft und Rationalität im Menschen verankert und der Gerechtigkeit vorgelagert sieht. Als Maßstab von Rationalität und Vernunft legt er seine persönliche Auffassung dar, über die er Frauenfördermaßnahmen auch aufgrund der unvernünftigen Handlungen der Frauen selbst als illegitim argumentiert. In seiner Darlegung zeigt sich auch seine Orientierung an der Geschlechterkultur des männlichen Traditionalismus. Gleichzeitig wird sichtbar, dass er die Geschlechterbeziehungen hegemonial männlich entlang der sexuellen Differenz ordnet. So deutet die Darlegung seiner eigenen Erfahrungen darauf hin, dass die von ihm „aufgebaut[en]“ Frauen seinen patriarchalen Erwartungen nicht Genüge leisteten. Denn obschon er umfassend Sorge für ihr berufliches Weiterkommen trägt, haben „die mich dann [...] verlassen“. Die von ihm geförderten Frauen wurden so der Form der Tauschgerechtigkeit gemäßen, wechselseitigen Verantwortung nicht gerecht. Zudem legitimiert der Umstand, Bedarfe unhinterfragt an männlichen Standards zu messen, dazu, Haltungen und Handlungen von weiblichen Mitarbeitenden, die diesen Erwartungshaltungen nicht gerecht werden, als nicht dem Leistungsstandard gemäß zu betrachten. OH macht deutlich, dass eine hier nach Kant ausgerichtete Tauschungerechtigkeit dann als legitime Form betrachtet werden kann, wenn die Zusammenarbeit in einer Geschlechterkultur des männlichen Traditionalismus über das Bedarfsprinzip geregelt wird.

Auch (BB) kommt in ihrem Interview auf geschlechtsbezogene Tauschungerechtigkeit zu sprechen. Im Gegensatz zu OH argumentiert sie im Zusammenhang mit Gehaltsfragen mit den zu Lasten von Frauen ungleich gestalteten Tauschbedingungen:

> BB: da es da jetzt umstellungen und alles mögliche gegeben hat, hat man ihnen [weibliche leasingmitarbeiterinnen, A.R.] wieder lohn abgezogen, einmal kriegen sie mehr, einmal kriegen sie viel zu wenig. *und ich verstehe sie da vollkommen, dass sie da auf die barrikaden gehen, weil das ist einfach, eigentlich etwas, was du einfach brauchst, du gehst für die firma acht stunden arbeiten und dann solltest du das eigentlich auch kriegen, was du unterschrieben hast und so, und [...] *irgendwie hat man auch das gefühl, dass man [geschäftsführung, A.R.] was tut, aber irgendwie denkst du dir auch, ja, *denen ist es irgendwie wurst, oder halt egal. (IIF1c)

Nach BB kommt es immer wieder einmal vor, dass weiblichen Leasing-Mitarbeiterinnen das ihnen im Ausgleich für ihre Unternehmensleistungen gebührende Entgelt nicht ordnungsgemäß zugewiesen wird. So „kriegen sie [einmal] mehr, einmal kriegen sie viel zu wenig“. Für BB ist völlig nachvollziehbar, dass die Mitarbeiterinnen „da auf die barrikaden gehen“.

Denn, so erläutert sie ihren Standpunkt, „du gehst für die firma acht stunden arbeiten und dann solltest du das eigentlich auch kriegen, was du unterschrieben hast“. Das weist hier einerseits auf eine Orientierung am Vernunftdenken von Kant hin. Das Wissen darum, dass den MItarbeiterinnen immer wieder einmal ungerechtfertigt „lohn abgezogen“ wird, ist laut BB bis in die Geschäftsführungsebene bekannt. Und „irgendwie hat man auch das gefühl“, so BB, dass die Führungskräfte sich einsetzten, um gleiche Austauschbedingungen für die im Unternehmen tätigen Frauen bei der zuständigen Leasingfirma zu erwirken. Gleichermaßen bleibt bei BB der Eindruck, „denen ist es irgendwie wurst, oder halt egal“. Enttäuscht nimmt sie zu Kenntnis, dass die Machtlosigkeit und Einflusslosigkeit der Frauen nur einen marginalen Problemcharakter für die Geschäftsführung zu besitzen scheint. Denn „irgendwie denkst du dir ja auch“, dass diese Ungleichheit für das Unternehmen einen gerechtigkeitsrelevanten Faktor darstellt, der zum Handeln zwingen muss. Somit lehnt sie sich in ihrer Darstellung auch an von Aquin an, der in seiner Auseinandersetzung um Gerechtigkeit ein Wissen um Sittlichkeit im Menschen verankert sieht. An BBs Beispiel zeigt sich, wie sich betriebliche Strategien gestalten, die weiblichen Wirklichkeiten und Perspektiven wenig Aufmerksamkeit zuschreiben und sie unsichtbar machen. Darüber erscheint eine gerechte, betriebliche Ordnung zum einen unzureichend verwirklicht. Zum anderen zeigt sich, wie die Unsichtbarmachung weiblicher Wirklichkeiten die Umsetzung herrschaftlicher Interessen unterstützt.

Die angeführten Interviewpassagen legen dar, wie sich nach Auffassung der Interviewpartner_innen Tauschungerechtigkeiten in der betrieblichen Zusammenarbeit legitimieren. So weist RF, sich orientierend an den Normen der Sittlichkeit von von Aquin, den Einsatz von Männerkalendern über den Verweis auf das Gleichheitsprinzip und gleiche Ausgangbedingungen von Männern und Frauen als illegitim zurück. OH orientiert sich an Kant und stellt Geschlechtergleichstellung in Zusammenhang mit dem Bedarfsprinzip. Auf Grundlage von einer im Menschen veranlagten Rationalität und Vernunft argumentiert er, Frauen das Recht auf Förderung eher generell abzusprechen, weil sie den an diese Förderung geknüpften Erwartungen nicht gerecht werden. Und schließlich verdeutlicht BB angelehnt an von Aqin und Kant, wie Herrschaftsdiskurse weibliche Wirklichkeiten unabhängig aller Sittlichkeit und Vernunft strategisch ausschließen. Die drei angeführten Abschnitte verdeutlichen zudem, wie sich Tauschungerechtigkeit über die Geschlechterkultur des männlichen Traditionalismus legitimiert. Während RF das Muster der sexualisierten Geschlechterbeziehungen zur Grundlage ihrer Argumentation nimmt, zeigt sich in OHs Darstellung, wie sich auf der sexuellen Differenz hegemonial männliche Ordnungsverhältnisse begründen. Schließlich zeigt BB auf, wie in sozialen Aushandlungsprozessen Ungleichgewichte und Machtgefälle zwischen den Geschlechtern reproduziert und weiter ausgestaltet werden.

7.3.2.2 Verteilungsungerechtigkeit: „... Frauen verdienen nun mal weniger!"

Während die Form der Verteilungsgerechtigkeit darauf verweist, dass Geschlechtergerechtigkeit über eine anteilsgleiche Verteilung von Lasten und Gütern auf Männer und Frauen organisiert wird, wirft der Begriff Verteilungsungerechtigkeit den Fokus auf die Zusammenhänge, in denen sich geschlechterungleiche Verteilungen als übliche Form hervorbringen.

Eine geschlechterungleiche Verteilung wird in Interviewaussagen vielfach als angemessene Form argumentiert. So legt AT im Nachdenken über geschlechtlich zugewiesene Zuständigkeiten von Familie und Beruf seine Meinung wie folgt dar:

> AT: **wie soll ich sagen? für mich ist es auch, hängt es auch mit dem zusammen, dass die frau heute auch immer noch weniger verdient als ein mann. und wenn dann halt beide arbeiten gehen [...] wenn ich ein haus bauen will oder so was, dann schau ich halt dann schon meistens, wer verdient jetzt mehr, wer geht dann arbeiten. und wer bleibt wirklich zuhause bei den kindern. (IIF2a)

Im Zusammenhang mit dem unterschiedlichen Einkommen von Frauen und Männern erklärt sich nach AT die geschlechtsbezogene Zuweisung der Arbeitsbereiche. Zwar anerkennt er eine Ungleichheit in der Verteilung. Jedoch wird diese Ungleichverteilung von AT im Zusammenhang mit dem Leistungsprinzip legitimiert. Denn nach dem Leistungsprinzip verdienen Männer viel, weil sie auch viel leisten. Darüber ist es als gerechtfertigt zu betrachten, dem Mann „heute auch immer noch" mehr Ressourcen zuzuweisen als der Frau. Somit ist es für AT nicht allein normal, dass „die frau heute auch immer noch weniger verdient als ein mann". Bei wichtigen familiären Belangen, „wenn ich ein haus bauen will oder so was", machen die Antworten auf „wer verdient jetzt mehr, wer geht dann arbeiten" seines Erachtens auch plausibel, dass sich Frauen aus der Erwerbsarbeit zurückziehen. Sie könnten so den reproduktiven Part der Familienarbeit übernehmen, während Männer im Berufskontext verankert blieben, um die Rolle des Familienerhalters auszuüben. Über diese

Argumentation zeigt sich zum einen ATs Orientierung an den Normen Aristoteles', der Gerechtigkeit grundsätzlich als bedingt und auch Hierarchiebildungen als gerecht einschließt. So ist der Frau nicht allein, weil sie eben weniger verdient, die Zuständigkeit für die Familie zuzusprechen. Auch weil sie scheinbar weniger zu leisten im Stande ist, ist ihr der Bereich der Reproduktionsarbeit zuzuweisen. Im Zirkelschluss reproduzieren und erhalten sich somit kulturelle Deutungsmuster, die reproduktive Leistungen abwerten, Geschlechterhierarchien plausibel machen und Geschlechterungleichheitsproblematiken ausgrenzen. AT macht über seine Aussage deutlich, dass eine normativ nach Aristoteles ausgerichtete Verteilungsungerechtigkeit dann als angemessene Form erscheint, wenn sich die Zusammenarbeit nach Geschlechterkultur des betrieblichen Kollektivismus über das Leistungsprinzip regelt.

Auch HW sieht die Form der Verteilungsungerechtigkeit im Unternehmen organisiert. Am ungleichen Anteil von Frauen auf Managementposten kommt er darauf zu sprechen:

> HW: wir haben, wir haben eine quote, dass wir 15 prozent [frauenanteil, A.R.] im management haben sollen. wir haben, seit fünf jahren haben wir, glaub ich, sieben oder acht prozent. ich sag immer, wisst ihr was?, die quote ist ein ziel, von dem wir alle wissen, wir werden es nicht erreichen. wir müssen eigentlich was tun. wir tun aber nicht so viel [lachen]. (IIF2b)

Nach HW ist im Unternehmen eine Verteilungsungerechtigkeit bei Führungspositionen erkennbar. Dort ist die Männerdominanz in Leitungs- und Entscheidungspositionen als ungerecht anerkannt. Die Anerkennung offenbart eine Orientierung an Aristoteles' Vorstellung von Gerechtigkeit als bedingte Größe. Seiner Auffassung nach kann das Wissen, was als gerecht zu bezeichnen ist, nur über die Abgrenzung zum Ungerechten geschehen. Doch obschon „15 prozent" Frauenanteil „im management" als das in diesem Zusammenhang operativ zu erreichende Ziel verhandelt und definiert ist, „haben [wir] seit fünf jahren [...] sieben oder acht prozent". Dieses strukturelle Beharrungsvermögen erklärt sich HW darüber, dass sich seiner Ansicht nach das Bekenntnis des Unternehmens zur Behebung dieser Geschlechterungleichheiten nur passiv äußert. Dies weist auf eine Orientierung auf Platon hin, der exponierte Zugänge für privilegierte Menschen über die Zuweisung spezieller Gerechtigkeitsbegabungen legitimiert. Somit erklärt er auch die Quotenregelung im Managementbereich als „ein ziel, von dem wir alle wissen, wir werden es nicht erreichen. wir müssen eigentlich was tun", um dann gleich anschließend zu übermitteln

„wir tun aber nicht so viel". HW offenbart hier einerseits eine normative Orientierung an Platon und Aristoteles. Strukturell verdeutlicht HW zudem, dass er den Erhalt von Strukturbarrieren dann als legitim betrachtet, wenn Geschlechterungleichheiten in Zusammenhang mit dem Gleichheitsprinzip gestellt werden. Das Gleichheitsprinzip sieht Männer und Frauen grundsätzlich als gleichermaßen befähigt, die eigenen Anteile einzulösen. Zudem setzt es die Vergleichbarkeit der Ausgangslagen von Männern und Frauen voraus. In diesem Zusammenhang ist der Widerstand gegen die Quotenregelung als ein Phänomen zu sehen, das Geschlechterungleichbehandlungen zu verhindern sucht. In Deutungsmustern, die bestehende Geschlechterhierarchien und eine geschlechtshomogenisierende Praxis ausblenden, kann das männliche Management daher aktiv Sorge dafür tragen, dass Frauen aus dem Management weiter ausgeschlossen bleiben. HW macht somit deutlich, dass sich eine an Platon und Aristoteles orientierende Verteilungsungerechtigkeit dann als angemessene Form erweist, wenn sich die Zusammenarbeit nach der Geschlechterkultur des betrieblichen Kollektivismus über das Gleichheitsprinzip regelt.

Auch RF kommt im Laufe ihres Interviews auf Verteilungsungerechtigkeit zu sprechen. Bei der Frage nach typisch männlich beziehungsweise weiblich besetzten Funktionen und Positionen denkt sie darüber nach, wie sich ungleiche Verteilungsmuster hervorbringen:

> RF: **also, es gibt keinen einzigen sekretär [lachen]. also, keiner, der mir einfällt [...] also, wenn ein mann die funktion ausüben würde, dann würde das wahrscheinlich assistent heißen. [...] die frauen, die sekretärinnen sind, die sind aber auch meistens irgendwie voll die puppies, oder? ich meine, wie willst du denn da nicht ein bild im kopf kriegen [lachen]. ich weiß nicht, frisch von der maniküre und vom frisör. äh, ich weiß nicht, das ist ein bild, das, *ja, die frauen regelmäßig irgendwie selber bestätigen. (IIF2c)

Nach RFs Wissen sind die Zugänge zu bestimmten Positionen ungleich gestaltet. So gäbe es „keinen einzigen sekretär" im Unternehmen. Organisatorische oder administrative Unterstützungen werden nach RF ausschließlich von Frauen geleistet. Auch, so wirft sie ein, würde ein männlicher „sekretär" ihres Erachtens als „assistent" bezeichnet werden. Während der Begriff Sekretär, so macht RF deutlich, die diese Funktion beinhaltenden Aufgaben eher mit abgewerteten, weiblichen Tätigkeiten verknüpft, werden die Verantwortungen über den Begriff Assistent aufgewertet. Darüber hinterfragt sie nicht allein ein Bild, das sich normativ über Platon lesen lässt. Gerechtigkeit wird nach Platon dann hergestellt, wenn die natürliche Ordnung gewahrt bleibt. Das bedeutet, dass alle Menschen in hierarchischen Gesellschaftsverhältnissen die ihnen zugewiesenen Funktionen zu erfüllen haben. So weist sie darauf hin, wie sich diese natürliche Ordnung auch über Sprache erhält, indem in Verwendung sprachlicher Begriffe eine Differenz zwischen Männern und Frauen auch bezogen auf die gleiche Position hergestellt wird. Gleichermaßen zeigt sie, wie Sprache unsere Wertvorstellungen im sozialen Alltag prägt. Sie macht sichtbar, wie sich die Bedeutungen von Männlichkeit und Weiblichkeit über Diskurse produzieren und wie sich über diese Diskurse machtvoll ein hierarchisiertes Geschlechterverhältnis hervorbringt. So wird die Sekretärin in ihrer Identität erschaffen, weil sie so benannt wird. Gleichzeitig, so legt RF ihre Beobachtung offen, tragen „die frauen, die sekretärinnen sind", jedoch auch stark dazu bei, dass der Beruf Sekretärin eine Abwertung erfährt, denn „die sind aber auch meistens irgendwie voll die puppies". Über das Auftreten der Sekretärinnen werden negative Zuschreibungen „regelmäßig irgendwie selber bestätig[t]". Die Bedeutung der Sekretärin selbst begründet sich somit über die Wiederholung von Zuschreibungen. Und als zwingender Effekt aus diesen Wiederholungen, „wie willst du denn da nicht ein bild im kopf kriegen?", setzt sich fest, wie eine Sekretärin tatsächlich ist und was sie auszeichnet.

Die hier angeführten Interviewpassagen verdeutlichen, wie sich nach Verständnis der Interviewpartner_innen Geschlechterungleichverhältnisse über die Form der Verteilungsungerechtigkeit legitimieren. So orientiert sich AT in seiner Argumentation an den Normen von Aristoteles, setzt Reproduktions- und Produktionsaufgaben gleichzeitig mit dem Leistungsprinzip in Verhältnis und argumentiert die Ungleichverteilung über die geringere persönliche Leistung von Frauen. HW orientiert sich normativ an Aristoteles und Platon gleichermaßen, stellt einen paradoxen Bezug vom Beharrungsvermögen männlicher Dominanzstrukturen zum Gleichheitsprinzip her und versteht die Quotenregelung dann als Instrument der Ungleichbehandlung von Männern. Schließlich hinterfragt RF normative Gerechtigkeitsmuster nach Platon und beschreibt, wie sich in diskursiven Prozessen als natürlich begriffene Geschlechterhierarchisierungen und Geschlechterzuschreibungen erzeugen. Alle drei Passagen machen so deutlich, wie sich Verteilungsungerechtigkeit über die Orientierung an Geschlechterkulturmustern des betrieblichen Kollektivismus rechtfertigt. Während AT die diskriminierende Praxis geschlechtlicher Arbeitsteilungen ausblendet, schließt HW eine mögliche Argumentation zur Behebung von Strukturungleichheiten zum Nachteil von Frauen aus. Schließlich macht RF deutlich, wie über das Instrument der Sprache machtvoll Diskriminierungen hervorgebracht werden.

7.3.2.3 Verfahrensungerechtigkeit: „... das weiß nur die Personalabteilung!"

Während Verfahrensgerechtigkeit Geschlechtergerechtigkeit nach der Art und Weise bewertet, wie gesellschaftliche Güter und Lasten zwischen Männern und Frauen verteilt werden, öffnet der Begriff Verfahrensungerechtigkeit den Blick darauf, dass die Ausrichtung und Umsetzung geschlechterneutraler Verfahren neben geschlechtergerechten Verteilungsergebnissen auch Geschlechterungleichheiten oder Geschlechterungerechtigkeiten bedingen und reproduzieren.

Geschlechterungleichverhältnisse werden nach Aussagen der Interviewpartner_innen im Betrieb vielfach über neutrale Verfahren erzeugt. Nach AT werden Verfahrensungerechtigkeiten beispielsweise bei der Bearbeitung von Lohnfragen deutlich:

> AT: bei uns gibt es ja so ein sogenanntes graving, das heißt wo jetzt geschlechterneutral die einordnung passiert, wer welchen lohn für welche arbeit bekommen soll. da gibt es so eine bandbreite und da schauen wir, dass dann die mitarbeiter in diese bandbreite hineinkommen. das ist immer noch ein bisschen eine inoffizielle geschichte, [...] weil das wird nicht irgendwo veröffentlicht, sondern das weiß nur die personalabteilung und so. (IIF3a)

ATs Angaben nach werden Entscheidungen zu geschlechtergleichen Lohnzuweisungen im Unternehmen in eigens dafür installierten Verfahrensabläufen geregelt. So gibt es ein „sogenanntes graving", das auf die Frage, „wer welchen lohn für welche arbeit bekommen soll", für alle klar nachvollziehbare Antworten liefern soll. Die Anwendung dieses „graving" – Verfahrens stellt nach AT auch sicher, dass „die einordnung" der individuellen Arbeitsleistung nach „geschlechterneutral[en]" Gesichtspunkten vorgenommen werden kann. Über das Graving – Verfahren stehen dem Unternehmen eine festgelegte „bandbreite" von Möglichkeiten zur Verfügung, eine der Qualifikation der einzelnen Mitarbeiter_innen entsprechende Bezahlung gewährleisten zu können. Und von Entscheidungsträger_innen der Organisation kann dann Sorge dafür getragen werden, dass „die mitarbeiter in diese bandbreite hineinkommen". Über die betriebliche Installierung des Graving – Verfahrens dürften sich die einzelnen Frauen und Männer nach AT demnach sicher sein, dass Geschlechterstereotype bei der monetären Bewertung ihrer Qualifikation und Arbeitsleistung keine Rolle spielen. In seiner Argumentation wird deutlich, dass sich AT normativ am Gerechtigkeitskonzept von Rawls orientiert. Nach Auffassung von Rawls sorgen festgelegte Gerechtigkeitsprinzipien dafür, dass Gerechtigkeit kontextbedingt hergestellt wird. So kann das Verhältnis von Lohn und Arbeit gerecht gedeutet werden. Jedoch sei, so AT weiter, bisher „nirgendwo veröffentlicht“, wie welche Bewertungskriterien im Verfahrensprozess des Gravings gewichtet werden. Der Zugang zu diesem Wissen, so AT, sei ausschließlich der „personalabteilung“ vorbehalten. Dies deutet auf eine Zuweisung nach dem Anrechtsprinzip hin. Nach dem Anrechtsprinzip werden zur Verfügung stehende Ressourcen über zugeschriebene Berechtigungen an einzelne Akteur_innen verteilt. Zudem zeigt sich, wie sich seine Argumentation am Geschlechterkulturmuster des normativen Individualismus orientiert. In diesem Deutungsmuster kommt der Verantwortlichkeit der einzelnen Personen ein hoher Stellenwert zu, während Kontextvoraussetzungen in den Hintergrund rücken. In oben genanntem Beispiel entscheidet die Personalabteilung an subjektbezogenen Kriterien, ob und wie die von einzelnen Akteur_innen im Vorfeld erbrachten Leistungen jeweils anerkannt und vergütet werden, während betriebliche Bedingungen keine Bedeutung erfahren. AT verdeutlicht somit, dass sich Verfahrensungerechtigkeit, hier nach Rawls, dann als angemessene Form erweist, wenn sich das Geschlechterverhältnis nach der Geschlechterkultur des normativen Individualismus über das Anrechtsprinzip regelt.

Auch VW sieht Geschlechterungleichheiten über Verteilungsverfahren gestaltet. Beispielhaft kommt sie im Bereich der Produktion darauf zu sprechen:

> VW: in der produktion ist man mehr getrieben durch die ereignisse, die so passieren, als jetzt in anderen bereichen, die so ein bisschen weiter weg sind von der produktion. und, ja, es hat zum teil einen militärischen touch. und irgendwo haben da die männer einen anderen zugang als frauen [lachen]. (IIF3b)

VW sieht die Arbeitsabläufe im Bereich der Produktion auf bestimmte Art und Weise ausgerichtet. Ihres Erachtens seien dort tätige Akteur_innen „mehr getrieben durch die ereignisse, die so passieren“. Die Alltagssituationen in der Produktion sieht VW somit als nicht beeinflussbar an. Über diese Unbeeinflussbarkeit erhielten diese betrieblichen Prozessabläufe „zum teil einen militärischen touch“. Generell, so VW, hätten „männer“ zu diesen Situationen „einen anderen zugang als frauen“. Mit der Militär – Metapher beschreibt VW die Produktion als eine Kriegsarena, in der die Akteur_innen in der Alltagszusammenarbeit mit und gegeneinander kämpfend für die Erledigung der anstehenden Aufgaben sorgen müssen. Dies weist auf normative Grundlagen nach Hobbes hin, der die Gestaltung von Gerechtigkeit als zweckmäßig für das Zusammenleben und die Zusammenarbeit von einander an sich feindlich gesinnten Menschen betrachtet. Darüber bringt sie ein traditionelles Verständnis nach der Geschlechterkultur des normativen Individualismus hervor, das vor allem männliches Denken und Handeln als geeignet für eine erfolgreiche Zusammenarbeit in der Produktion betrachtet. Frauen mit ihrem weiblichen Denken und Handeln erscheinen darüber in diesem Arbeitsfeld als nicht einsetzbar. So erkennt sie Geschlechterdifferenzen und Geschlechterungleichheiten bewusst an. In Bezug auf das Bedarfsprinzip erscheint dies gerechtfertigt, weil Ressourcen und Zugänge aufgrund eines gesellschaftlich anerkannten Bedarfs verteilt werden. Wenn sich aber die betriebliche Situation derart zeigt, dass weibliches Handeln darin nicht als produktiv betrachtet werden kann, legitimieren sich Geschlechterungleichheitsverhältnisse. Eine Verfahrensungerechtigkeit, hier nach Hobbes, erscheint dann als angemessene Form, wenn bei der Zusammenarbeit nach Geschlechterkulturmuster des normativen Individualismus das Bedarfsprinzip angewendet wird.

Auch OH denkt über Verfahrensungerechtigkeiten in betrieblichen Entscheidungsfindungsprozessen nach. Auf die Frage des Umgangs von Frauen und Männern in Entscheidungsgremien legt er die Verfahrensabläufe wie folgt dar:

> OH: das war so ein typisches gespräch, so wie wir es untereinander haben. meinungsaustausch, meinungsaustausch, wo die meinungen aufeinander geprallt sind, gemeinsamer beschluss, man muss auch ein bisschen streiten, damit man vielleicht eine bessere dritte lösung dann noch einmal findet [...] und da gabs natürlich unterschiedliche meinungen und auch wie direkt und indirekt man das kommuniziert. und die klare aufforderung zum beispiel: dann sag einmal klar am anfang, was du willst. und wenn man dann die diskussion, dann wird sich dann daraus ergeben, also direkt, sehr straight, was eine klassische diskussionsrunde in meiner umgebung oder sowas ist. [...] auch heute war keine frau dabei. es ist selten, dass bei uns frauen dabei sind, es spielt eine untergeordnete rolle. (IIF3c)

Nach OH sind Entscheidungsfindungsverfahren in seinem Unternehmensbereich klar strukturiert. So wird über einen „meinungsaustausch, wo die meinungen aufeinander [...]prall[en]“ prozesshaft ein „gemeinsamer beschluss“ erarbeitet. Dabei geht OH generell davon aus, dass sich in der schrittweisen Umsetzung des Verfahrens über „ein bisschen streiten [...] vielleicht eine bessere dritte lösung dann noch einmal findet“. OH deutet hier eine normative Orientierung nach Rawls und Hobbes gleichermaßen an. Denn in einer gesellschaftlichen Normalität, die sich fraglos durch Streit und Konkurrenz auszeichnet, wird über die strukturierte Anwendung von Rawls‘ Gerechtigkeitsprinzipien für Gerechtigkeit unter gleichermaßen Freien und Gleichen gesorgt. So steht am Anfang „die klare aufforderung“, zu bestimmen, „was du willst“. Darüber werden dem Freiheitsprinzip gemäß alle Wünsche präsent gemacht und ein freier Austausch ermöglicht. Dann ergibt sich ein Gesprächsverlauf, die „klassische diskussionsrunde in meiner umgebung“, der alle einzubinden vermag. In der Überzeugung, darüber das Differenzprinzip beachtet und aktiv gerechte Strukturen gestaltet zu haben, spielt auch die vergleichsweise seltene Einbindung von Frauen nach OH nur „eine untergeordnete rolle“ bei der Frage nach Gerechtigkeit. In OHs Argumentation wird zudem sichtbar, wie das Gemeinsame im Unternehmen diskursiv hervorgebracht wird. So spricht er an, wie „unterschiedliche meinungen“ und unterschiedliche Arten, „wie direkt und indirekt man das kommuniziert“ sich beeinflussen. Gleichzeitig wird von OH auch deutlich gemacht, wie sich das Gemeinsame herrschaftlich erzeugt. Somit wird nicht allein die auf Konfrontation und Wettbewerb ausgerichtete Art, den gemeinsamen Nenner „direkt“ und „sehr straight“ zu erstreiten, als normale Umgangsform bezeichnet. Auch der Fakt, dass „auch heute keine frau dabei [war]“ erklärt sich darüber als irrelevant. Somit macht OH oben nicht allein sichtbar, wie sich das Gemeinsame in diskursiven Prozessen hervorbringt. Er verdeutlicht auch, wie sich frauenausschließende Diskurskomponenten machtvoll hervorheben, während andere im Prozess ausgeblendet werden. Asymmetrien und Hierarchien werden somit unbesprechbar, unsichtbar und unwirklich gemacht.

Die hier angeführten Interviewpassagen verdeutlichen, wie sich nach Auffassung von Interviewpartner_innen Verfahrensungerechtigkeiten in der Zusammenarbeit legitimieren. So orientiert sich AT in seiner Argumentation an Rawls, setzt eine über festgelegte Verfahrensabläufe zur Lohnverteilung hergestellte Gerechtigkeit mit dem Anrechtsprinzip in Verhältnis und argumentiert die Personalabteilung als die verantwortliche Instanz, über entsprechende Anrechtskriterien zu entscheiden. VW hingegen orientiert sich an Hobbes‘ Verständnis von Gesellschaft und stellt ein darüber legitimiertes, männliches Ordnungsmuster in Verhältnis zum Bedarfsprinzip. Darüber entzieht sie der Anerkennung eines weiblichen

Bedarfs die Berechtigung. Schließlich legt OH sich zwischen Rawls und Hobbes positionierend dar, wie sich in diskursiven Aushandlungsprozessen machtvoll gerichtete Normalitäten zu Lasten von Frauen erzeugen. Die drei Passagen machen zudem deutlich, wie sich Verfahrensungerechtigkeit über die Geschlechterkultur des normativen Individualismus rechtfertigt. Während AT die Intransparenz über die formalen Verfahrensvoraussetzungen ausblendet, macht VW die hegemonial männliche Ausrichtung betrieblicher Abläufe unsichtbar. Schließlich zeigt OH auf, wie androzentristische Sichtweisen zur Normalität werden.

7.3.2.4 Interaktionsungerechtigkeit: „... für die Männer ist das nicht so super!"

Während Interaktionsgerechtigkeit die Art und Weise untersucht, wie die Anwendung bestimmter Arbeitsverfahren die involvierten Personen tatsächlich beeinflusst und Geschlechtergerechtigkeit an den Auswirkungen der Umsetzung dieser Verfahren auf Männer und Frauen misst, nimmt die Form der Interaktionsungerechtigkeit geschlechterungerechte oder -ungleiche Auswirkungen von auf Gleichstellung ausgerichteten Arbeitsabhandlungen im Betrieb in den Blick.

In Interviewaussagen werden Interaktionsungerechtigkeiten vielfach sichtbar. Am Beispiel von Stellennachbesetzungen erläutert KW wie folgt:

> KW: wenn wir zum beispiel jemand, jemanden im leitungskreis [...] reinwählen, dann nehmen wir, wenn es zwei kandidaten gibt, die geeignet sind, eher die frau. ja, also das ist schon, wir nehmen, also, das fällt auch auf, für die frauen positiv jetzt, für die männer eher nicht super, also, es gibt auch feedback von den männern, dass sie durchaus das als negativ empfinden.
> AR: und die argumentation der männer ist dann wie?
> KW: da gibts nicht wirklich eine argumentation. wir entscheiden ja ... aber ich versteh wahrscheinlich, was sie, das was sie sehen. sie sehen halt eine gewisse bevorzugung. wir machen es aber bewusst, weil wir wollen ja frauen fördern. also, wir machen das ja bewusst, damit wir einfach mehr frauen in gewisse funktionen bringen, damit wir eben den frauenanteil auch erhöhen können. und das ist natürlich auch sehr stark getrieben von der führung, das ist klar. (IIF4a)

Männern und Frauen gleiche Chancen zu eröffnen, ist KWs Ansicht nach eine wichtige Zielsetzung für sein Unternehmen. Wenn es beispielsweise darum geht, eine Stelle im „leitungskreis“ zu besetzen, wird laut KW, „wenn es zwei kandidaten gibt, die geeignet sind, eher die frau“ genommen. Dies geschieht, um „frauen [zu] fördern“ und sie „in gewisse funktionen [zu] bringen“. Die Frauenförderung ist nach Aussage von KW „sehr stark getrieben von der führung“ und somit nach strategischen Zielsetzungen angelegt. Gleichermaßen wird KWs Ausdeutung nach hier durchaus eine Ungleichheitssituation für Männer geschaffen, die „für die männer eher nicht super“ ist. Diese Auffassung wird auch durch das „feedback von den männern, dass sie durchaus das als negativ empfinden“ bestätigt. Den Unmut der Männer über diese Situation kann KW, „ich versteh wahrscheinlich, [...] was sie sehen“, auch gut nachempfinden. Aber um „den frauenanteil auch [zu] erhöhen“, wird vom Instrument der Frauenförderung Gebrauch gemacht. An KWs Argumentation wird eine Orientierung am Gerechtigkeitsverständnis von Nussbaum sichtbar. So argumentiert er nicht allein, dass Frauen vom Unternehmen in die Lage zu versetzen sind, um gleiche Gestaltungsmöglichkeiten zu haben. Auch sein Nachdenken über die sich benachteiligt fühlenden Männer macht sichtbar, dass er der emotionalen Wahrnehmung einen Stellenwert zuspricht, wenn es um die Gestaltung von Gerechtigkeit geht. So verknüpft er die Gefühle der Männer einerseits mit seinem Mitgefühl, abstrahiert sie über seinen Blick als Führungskraft und macht sie so für das Unternehmen nutzbar. KW zeigt in seinem Nachdenken auch auf, dass sich Interaktionsungerechtigkeit dann offenbart, wenn Arbeitsverfahren mit dem Anrechtsprinzip in Verhältnis gesetzt werden. Nach dem Anrechtsprinzip werden Güter und Lasten aufgrund eines zugewiesenen Anrechts verteilt. So fokussieren KW und seine männlichen Kollegen mit der Argumentation der „gewisse[n] bevorzugung“ von Frauen nicht die betrieblichen Gleichstellungsziele, aber das am Statusmerkmal Mann gebundene Anrecht, die Stelle üblicherweise zugewiesen zu bekommen. Ihres Erachtens wird ihnen genau dieses Anrecht über die Frauenfördermaßnahmen genommen. Über strukturelle Gleichstellungsmaßnahmen werden somit Männerdiskriminierungen geschaffen. In KWs Argumentation zeigt sich hier auch ein pragmatischer Zugang. Weil dem Unternehmen ein strategischer Nutzen über Geschlechtergleichstellung gesichert erscheint, werden entsprechende Maßnahmen von Entscheidungsträger_innen bewusst verantwortet. Die Form der Interaktionsungerechtigkeit, hier nach Nussbaum, zeigt sich im betrieblichen Alltag somit dann, wenn das Anrechtsprinzip in einer Zusammenarbeit nach Geschlechterkulturmustern des pragmatischen Utilitarismus angewendet wird.

Im Zusammenhang mit eigenen Führungsaufgaben beschreibt auch RF eine Situation der geschlechtsbezogenen Interaktionsungerechtigkeit. Ganz grundsätzlich schickt sie voraus, sei sie umgänglich in der Zusammenarbeit mit Kolleg_innen:

> RF: ich kann gut mit leuten, *was das arbeiten dann viel einfacher macht [lachen] [...] *ja, wenn man gut mit leuten kann und gut mit lieferanten oder gut mit mitarbeitern kann, dann kriegt man mal was, wenn der hut brennt, innerhalb von der nächsten stunde oder so.

Gleich darauf kommt sie auf eine konflikthafte Situation zwischen ihr und einem ihrer männlichen Untergebenen zu sprechen. Diese wurde in Anwesenheit einer Vertretung des Betriebsrats und einer Vertretung der Personalabteilung zum Thema gemacht:

> RF: Ich hab dann irgendwann ein paar fakten gehabt, wo einfach nicht, also, ein paar sachen gehabt, wo nicht gehen [...] und dann habe ich alle zu einem gespräch gebeten und habe gesagt: können wir uns bitte zusammen setzen. [...] *und dann haben die sich das alle so angehört, betriebsrat und personalabteilung, also die [name], das war eine frau, *die haben da, ja, gesagt **ich hab kein vorwissen, oder ich hab keine vorinformationen gehabt und *[lachen] denen ist der mund offen stehen geblieben, ja, wirklich. und irgendwann sagt dann die [name]: ja, du [ansprache männlicher untergebener, A.R.], so wie jetzt da, die [RM] das erzählt und *und du bestreitest das ja auch gar nicht, da macht das so den eindruck, als wenn du sie nicht ganz ernst nehmen würdest. und ihr kommt das ja auch so vor, offensichtlich. stimmt das dann? ist das so? und er: naja, also, äääähm [lachen].... also, weißt du, das war mir schon klar, aber das dann noch bestätigt zu bekommen [...] das ist dann schon nochmal ein bisschen ein anderes kaliber. (IIF4b)

Im ersten Absatz beschreibt sich RF selbst als sozial kompetent. Als eine ihrer Fähigkeiten gibt sie an, „gut mit leuten" zu können und Zusammenarbeiten flexibel und pragmatisch zu gestalten. Ihres Erachtens wird „das arbeiten dann viel einfacher". Denn wenn „man gut mit mitarbeitern kann, dann kriegt man mal was, wenn der hut brennt". Diese Argumentation weist auf die Orientierung nach Mill hin, dessen Gerechtigkeitskonzept auf der Vorstellung völlig hierarchiefreier und integrierter sozialer Beziehungen aufbaut und einen gleichen Umgang darüber voraussetzt. Gleich darauf verdeutlicht sich die Form der Interaktionsungerechtigkeit. Denn im zweiten Absatz beschreibt RF ein von Betriebsrat und Personalabteilung begleitetes Gespräch, das sie in ihrer Funktion als Führungskraft zur Klärung eines Konflikts mit einem ihrer Mitarbeitenden einberufen hat. Die Teilnehmenden werden mit „ein paar fakten" in die Situation der Zusammenarbeit eingeführt. Nachdem „die sich das alle so angehört" hatten, ist ihnen nach RF vor Verwunderung über das Gehörte „der mund offen stehen geblieben". Auf die direkte Nachfrage von einer der Gesprächsteilnehmenden, ob denn der „eindruck" stimme, dass der Mitarbeiter RF als zuständige Führungskraft „nicht ganz ernst nehmen" würde, antwortet der Betreffende ohne Zögern mit Zustimmung. RF macht deutlich, dass der Gefragte die Auffassung vertritt, RF als Frau sei ihm ungerechtfertigterweise vorgesetzt. Seine Verweigerungshaltung, ihre Position und Funktion in der Alltagszusammenarbeit anzuerkennen, legt einen Zusammenhang mit dem Leistungsprinzip offen. Denn das Leistungsprinzip berechtigt, jenen viel zuzuweisen, die auch viel leisten. Führungspositionen werden in diesem Sinne an Leistungsträger_innen vergeben. Die männlich traditionelle Haltung, weibliche Leistungsfähigkeit und -bereitschaft generell als zu begrenzt für die Besetzung einer Führungsposition zu betrachten, berechtigt den betreffenden Mitarbeitenden in seinen Augen scheinbar dazu, die diskriminierende Haltung gegenüber RF in dieser Runde „offensichtlich" äußern zu dürfen. Es wird deutlich, dass sich Interaktionsungerechtigkeit, hier nach Mill, dann als Form zeigt, wenn sich die Zusammenarbeit nach Geschlechterkulturmuster des pragmatischen Utilitarismus über das Leistungsprinzip regelt.

Auch OH kommt auf Interaktionsungerechtigkeit zu sprechen. Auf die Frage, ob ihm Fälle von Geschlechterdiskriminierung im Betrieb bekannt seien, antwortet OH wie folgt:

> OH: also, natürlich. ob sie alle stimmen, weiß ich nicht, was so erzählt wird. also, damit wird man immer wieder konfrontiert, dass das so ist. ich hab nur eins festgestellt, die frage ist immer so, wie viel noch übrig bleibt, wenn man dann mal, *wenn man kratzt. (IIF4c)

Nach OH sind Vorwürfe von Geschlechterdiskriminierungen „natürlich" im Unternehmen präsent. Seiner Erfahrung nach „wird man immer wieder konfrontiert, dass das so ist". Jedoch, so gibt OH zu bedenken, wisse er nicht, „ob sie alle stimmen". Denn das „ein[e]" hat er im Praxisalltag „festgestellt", „*wenn man kratzt", stellt sich „die frage, […] wie viel noch übrig bleibt" vom tatsächlichen Gehalt dieser Anschuldigungen. Denn, so argumentiert er, wird der konkrete Sachverhalt, auf dem sich die Diskriminierungsvorwürfe begründen, näher betrachtet – dieses Wissen hat „man" sich laut OH in Vergangenheit aneignen dürfen – verlieren diese Anschuldigungen gewöhnlich ihre Berechtigungsgrundlage. Diese Aussage scheint nicht allein nach Pragmatik und somit im Ansatz nach Mill ausgerichtet. Er scheint hier darauf hinweisen zu wollen, dass im Falle des Publikmachens von entsprechenden Vorwürfen mit einer mächtigen Gegenwehr zu rechnen sei. Darüber orientiert er sich deutlich nach Nussbaum, die Gefühlen eine große Gestaltungsmacht zuschreibt, die hier auch der Verunsicherung zu dienen scheinen[65]. Die Argumentation von OH legt nahe, dass er die Antwort auf die Frage, ob eine Behandlung als diskriminierend anzuerkennen ist, herrschaftlich ausgedeutet sieht. So sieht er Wirklichkeit, „was so erzählt wird", über diskursive Merkmale in einem Prozess der Auseinandersetzung unterschiedlicher Positionen und Perspektiven bestimmt. Was als normale Form der Zusammenarbeit der Geschlechter zu gelten hat, wird als diskursives Ergebnis einer bestimmten Formation von Macht und Herrschaft erkennbar. In diesen Machtzusammenhängen wird bestimmt, was unter normalen Gesichtspunkten als eine diskriminierende Erfahrung geltend gemacht werden kann und was aus diesen Zusammenhängen als illegitim ausgeschlossen werden muss.

Die oben angeführten Interviewausschnitte zeigen, wie sich nach Auffassung der Interviewpartner_innen Interaktionsungerechtigkeiten in der Zusammenarbeit organisieren. So setzt KW die aktive strukturelle Befähigung von Frauen mit dem Anrechtsprinzip in Verhältnis, das Männern traditionell Führungspositionen zuweist. Normativ nach Nussbaum orientiert, reflektiert er dabei Kontextbedingungen und Wirkfaktoren, die männliche Abwehrhaltungen begründen. Das Beispiel von RF eröffnet einen traditionell gerichteten Zusammenhang mit dem Leistungsprinzip und entzieht der beruflichen Integration von Frauen die Rechtfertigungsgrundlage. Zur normativen Grundlage wird hier Mill, der soziale Verhältnisse als hierarchiefrei und integriert annimmt. Schließlich macht OH in Rekurs auf die Normen Mills und Nussbaums sichtbar, wie in Diskursen machtvoll Geschlechterrealitäten hergestellt werden. Die drei Passagen machen zudem deutlich, wie sich Interaktionsungerechtigkeit über die Geschlechterkultur des pragmatischen Utilitarismus rechtfertigt. Während KW über Kontextbedingungen und Wechselseitigkeiten im Umsetzungsprozess reflektiert, offenbart sich in RFs Interaktionsverhalten eine Ausrichtung auf den betrieblichen Nutzen und die Gemeinschaft gleichermaßen. Schließlich zeigt

---

65 Die Strategie der Verunsicherung funktioniert auch bei mir als Interviewerin. So habe ich im Postskript des Gesprächs Folgendes verfasst: „Ich lasse mich durch diese Art, durch seine Position recht verunsichern. Und das beschäftigt mich auch während des Interviews."

OH auf, wie die Form der Zusammenarbeit im Betrieb machtvoll organisiert wird.

7.3.2.5 Ungleichheitsprinzip: „... beim Mann ist das sowieso geregelt!"

Bei der Anwendung des Gleichheitsprinzips werden Güter und Lasten unabhängig persönlicher Merkmale an alle sozial eingebundenen Menschen gleich verteilt. Das Ungleichheitsprinzip regelt Zusammenhänge so, dass Männer und Frauen als Gruppen aufgrund zugeschriebener Geschlechtsmerkmale ungleiche Anteile zugewiesen bekommen.

Nach Interviewpassagen kommt das Prinzip der Ungleichheit bei der strategischen Gestaltung des Unternehmens zur Anwendung. So kommt AT in mehreren Passagen auf die Gestaltung von Lohnungleichheit nicht nur zwischen Männern und Frauen zu sprechen:

> AT: ich glaub, dass immer noch *ungleichheit[...], ein missverhältnis (zu lasten von frauen, A.R.] da ist.
> [...]
> AT: das verhältnis frau, also das gehalt von den frauen zu dem gehalt von den männern oder lohn frauen, lohn männer, das hab ich jetzt noch nie so im detail angeschaut.
> [...]
> AR: warum?
> AT: weil die leute nicht in den richtigen verwendungsgruppen sind, meistens. die sind halt früher einfach eingestellt worden in der verwendungsgruppe, alle in der gleichen, sozusagen. da hat man so ein bisschen unterschieden, halt produktion und verwaltung, aber dass man das richtig auch nach den aufgaben, nach der verantwortung, was man hat und so gemacht hat, das ist nicht passiert.
> AR: kann man das heute besser?
> AT: ja, eben drum gibts ja das [programmname]. und dann müsste man aber heute viele, von der verwendungsgruppe speziell her, umtun und dann hätten sie auch wieder anspruch auf ... das ist dann eine finanzielle geschichte auch für das unternehmen, weil sie haben anspruch eben auf die, was heißt das schnell?, auf die, nach zwei, vier, sieben und zehn jahren, auf die vorrückung, so heißt das, ja. (IIP1a)

Nach AT sind Lohnzahlungen von Mitarbeitenden im Unternehmen ungleich geregelt. Das betrifft auch das Lohnverhältnis zwischen Männern und Frauen. AT ist davon überzeugt, dass „das gehalt von den frauen zu dem gehalt von den männern oder lohn frauen, lohn männer“ nach wie vor in „ungleichheit“ zueinander stehen. So lässt sich in ATs Sicht bezogen auf den Anteil, den Frauen erhalten, feststellen, dass „immer noch [...] ein missverhältnis [zu lasten von frauen, A.R.] da ist“. Insgesamt aber habe er sich die entsprechenden Daten „noch nie so im detail angeschaut“. Später im Verlauf kommt er auf die Regelungen der ungleichen Gehaltszahlungen zu sprechen. So sind bezogen auf ihre Aufgaben und Funktionen „die leute nicht in den richtigen verwendungsgruppen“. Um die korrekten Verwendungsgruppen zu ermitteln, gäbe es zwar das entsprechende Programm. Würde die Einteilung der Mitarbeitenden jedoch neu ausgerichtet, dann würde ihnen auch der „anspruch auf [...] die vorrückung“ zustehen. Und das wäre dann „eine finanzielle geschichte“, die natürlich „auch für das unternehmen“ eine Herausforderung darstellt. In ATs Argumentation wird die Orientierung an Aristoteles‘ Gerechtigkeitskonzept deutlich. So rechtfertigt er eine programmatisch zu gestaltende Gerechtigkeit in einer Kombination von arithmetisch und proportional und sieht vor allem geschlechtsbezogene Missverhältnisse bestehen. AT verdeutlicht, dass sich die Anwendung des Ungleichheitsprinzips dann rechtfertigt, wenn sich die Verhältnisse nach dem Gerechtigkeitskonzept von Aristoteles im Muster der Verteilungsgerechtigkeit ausrichten. Nach der Form der Verteilungsgerechtigkeit gilt die Zuweisung von Gütern und Lasten dann als gerecht, wenn alle zu einer Gruppe gehörenden Akteur_innen den gleichen Anteil zugewiesen bekommen. Die Ordnungsmerkmale und -maßstäbe, anhand derer Lohngruppen eruiert und bestimmt werden können, sind nach AT hier jedoch insgesamt nicht definiert. Zum anderen scheinen die erhöhten Lohnansprüche der Beschäftigten, die sich aus einer nach Form der Verteilungsgerechtigkeit geordneten Lohnanpassung ergeben würden, aus Sicht des Unternehmens ein Problem darzustellen. Über die Orientierung an der Geschlechterkultur des betrieblichen Kollektivismus eröffnet sich für das Unternehmen ein adäquater Umgang mit dieser Problemstellung. Die Strategie der Dethematisierung dieser Problemstellung lässt den Eindruck entstehen, dass auch Lohnungleichheiten kein Thema seien. Auf dem Hintergrund, dass Kriterien der Berechtigung weder in Bezug auf die Gruppe noch auf generelle Ansprüche als geklärt gelten können, erfahren auch die Lohnungleichverhältnisse zwischen Männern und Frauen eine Relativierung.

Auch nach HW findet das Ungleichheitsprinzip im Unternehmen Anwendung. Im Zusammenhang mit der Besetzung einer Projektleitung kommt er darauf zu sprechen:

> HW: eine verantwortungsvolle projektleitung in einem wirklich wichtigen projekt, wo, was weiß ich?, liefertermine bei einem großen kunden vielleicht sogar mit strafzahlungen, wenn du die deadline nicht erreichst, die mit einer frau zu machen, begebe ich mich auf schwieriges gelände, die möglicherweise sechs monate später in karenz geht, ist, muss man sich gut überlegen. so. [...] also ich hör das schon immer wieder von meinen leuten: naja, die frau da jetzt zum projektleiter zu machen, was machen wir, wenn uns die ausfällt? (IIP1b)

Eine „verantwortungsvolle projektleitung in einem wirklich wichtigen projekt“ wird aus betriebsstrategischen Gründen eher nicht mit einer Frau besetzt. Denn, so erläutert HW, bei Problemen mit „liefertermine[n] bei einem großen kunden“, sind die Nachteile, „vielleicht sogar mit strafzahlungen“, die sich für das Unternehmen ergeben können, gravierend. Eine solche Position „mit einer frau“ zu besetzen, ist für HW mit einem großen Risiko verbunden. Er ist sich sicher, damit „begebe ich mich auf schwieriges gelände“. So ist die Gefahr, „die deadline nicht [zu] erreich[en]“, laut HW mit einer weiblichen Projektleitung ungleich größer, weil im Gegensatz zu einem männlichen Mitarbeiter eine Frau „möglicherweise sechs monate später in karenz geht“. Und, so HW weiter, eine solche Entscheidung „muss man sich gut überlegen“, wenn man das Unternehmen langfristig nicht gefährden möchte. Im Unternehmen ist der Einsatz von Frauen durchaus als ein Risikofaktor bekannt. Wenn zum Beispiel die Möglichkeit erörtert wird, „die frau da jetzt zum projektleiter zu machen“, höre er „schon immer wieder“, dass die Wahrscheinlichkeit von Negativkonsequenzen für das Unternehmen in einem solchen Fall ansteige. So kommt dann auch immer wieder die für ihn berechtigte Frage, „was machen wir, wenn uns die ausfällt?“. Deutlich wird hier eine Orientierung am Gerechtigkeitsdenken von Kant. Nach Kant wird es Menschen über eine veranlagte Vernunft ermöglicht, Gerechtigkeit zum Wohle aller Beteiligten zu gestalten. HWs Argumentation nach kann die Besetzung einer Projektleiterfunktion durch eine Frau zum Nachteil des Unternehmens gereichen. Daher sind Ablehnungen von Frauen auf diesem Posten vernünftigerweise auch nicht als ungerecht zu werten. In den Worten von HW zeigt sich die Orientierung am Geschlechterkulturmuster des männlichen Traditionalismus. In diesem Muster wird Ordnung grundsätzlich über die sexuelle Differenz hergestellt. Während der Frau die Zuständigkeit für Familie zugeschrieben wird, verantwortet der Mann Gesellschaft und Familienerhalt. In einer in Produktion und Reproduktion hierarchisierten Gesellschaft ist, so die Argumentation von HW, seitens der Frau ein unbedingtes Tauschverhältnis grundsätzlich nicht aufrechtzuerhalten.

IB kommt auf das Ungleichheitsprinzip zu sprechen. Am Beispiel der Durchführung eines Probearbeitstags macht er deutlich, wie darüber frauenausschließende Zusammenhänge entstehen:

> IB: frauen sind eher die aufgeregteren, der mann ist eher zurückhaltend. da gibt es auch wieder unterschiede. frauen stellen beim rundgang eher fragen [...] ich sage immer, tun auf interessiert, interessieren sich, und dann meistens noch, wie sind die arbeitszeiten und ... weil wir stellen auch klar noch die frage, ist die kinderbetreuung geregelt, und gewisse sachen, die man abklopft, und da ist der mann eher der ruhigere. kinderbetreuung, den mann fragt man nicht nach der kinderbetreuung, das ist eh geregelt [...] ein mann muss doch nicht auf die kinderbetreuung achten, und wenn er geschieden ist, hat eh die frau die kinderbetreuung, so alleinerziehend. oder, ja, nein, das stellt man nicht. (IIP1c)

Nach IB wird bei probeweisen Arbeitstagen im Unternehmen unterschiedlich mit Frauen und Männern umgegangen. Die Unterschiede sind mit typischen Weiblichkeits- und Männlichkeitsfaktoren zu erklären. So sind „frauen [...] eher die aufgeregteren, der mann ist eher zurückhaltend". Und während Frauen „beim rundgang eher fragen" stellen und offen interessiert daran sind, „wie die arbeitszeiten [sind]", bleibt der Mann auch im Auftreten „eher der ruhigere". IB erklärt sich das offensive Verhalten der Frauen über ihre Zuständigkeit für Familie und Haushalt. So müssen Frauen eher „auf interessiert [tun]", „weil wir" neben anderen „gewisse[n] sachen, die man abklopft" auch „noch die frage, ist die kinderbetreuung geregelt", klären. Darüber wird sicherzustellen versucht, dass die Frauen tatsächlich auch einsatzbereit sind. Eine solche Frage an den Mann wiederum, „nein, das stellt man nicht". Nach IB erübrigt sich das einfach, denn das sieht er „eh geregelt". Auch wenn der Mann „geschieden ist", davon ist IB überzeugt, ist die Frau seiner Auffassung nach „so alleinerziehend" für die Kinderbetreuung zuständig. Somit muss „ein mann" generell „nicht auf die kinderbetreuung achten". In seinem Umgang mit an einer Zusammenarbeit interessierten Männern und Frauen zeigt sich die Wechselseitigkeit von Ungleichheitsprinzip und Strukturbenachteiligungen. So werden männliche und weibliche Verhaltensmerkmale auf vorstrukturiertem Wissen ausgedeutet, das sich nach hegemonialen Denkmustern gestaltet. Und während IB alle Bewerbenden vermeintlich neutralen Kriterien unterwirft, die faktisch jedoch an männliche Normalbiografien gebunden sind, konfrontiert er die Frauen zusätzlich mit Erwartungen an ein spezifisch Weibliches. Die an einer Arbeit im Unternehmen interessierten Frauen sind somit mit einer doppelten Hindernisstruktur konfrontiert. Zum einen können die Frauen den von IB als normal erachteten, weil männlich zugeschriebenen, Leistungsmaßstäben generell nur schwer gerecht werden. Zum anderen werden Auswirkungen der doppelten Zuständigkeit von Frauen für Familie und Erwerb zudem auf das Individuum übertragen. Während sich eine, Männern scheinbar von Natur aus gegebene, hohe Leistungsbereitschaft dieser Auffassung nach im Allgemeinen im betrieblichen Alltag bestätigen lässt, geben Frauen an Probearbeitstagen nach IB meist nur vor, wirklich leistungsgewillt zu sein. Nach IBs männlich hegemonialem Denkmuster stellen sich die Angaben der Bewerberinnen im Alltag dann mehrheitlich als falsch heraus. Die Faktoren werden somit so aufeinander bezogen, dass im Diskurs normative Bilder und strukturelle Mechanismen entstehen, die den Ausschluss von Frauen aus den Betrieben rechtfertigen und unterstützen.

Die hier angeführten Interviewabschnitte zeigen, wie sich nach Auffassung von Interviewpartner_innen die betriebliche Zusammenarbeit legitimerweise über die Anwendung des Ungleichheitsprinzips regelt. AT verknüpft die Auswirkungen des Ungleichheitsprinzips mit dem Gerechtigkeitskonzept von Aristoteles und Verteilungsgerechtigkeit. Darüber relativiert er Lohnungleichheitsfragen zwischen Männern und Frauen. HW hingegen bringt eine ungleich geregelte Leitungsbesetzung mit den Normen von Kant und Tauschgerechtigkeit in Verbindung. Über die Begründung einer grundsätzlich im Menschen veranlagten Eigenschaft der Vernunft individualisiert er geschlechtsbezogene Effekte ungleicher Strukturverhältnisse. IB verdeutlicht schließlich, wie über die wechselwirkende Ausgestaltung von Diskursen normative Leerstellen und strukturelle Ausschlüsse produziert werden. In allen drei Passagen wird deutlich, dass sich die Anwendung des Ungleichheitsprinzips auf Grundlage geschlechterkultureller Ungleichverhältnisse legitimieren. Während AT seine Darstellung auf der Dethematisierungsstrategie der Geschlechterkultur des betrieblichen Kollektivismus stützt, argumentiert HW auf Grundlage von sexueller Differenz und dem Geschlechterkulturmuster des männlichen Traditionalismus. In IBs Darlegungen werden wechselseitige Prozesse zwischen Geschlechterkulturmustern und Ordnungsstrukturen sichtbar, die Betriebspraktiken auf Grundlage einseitiger Ausdeutungen zum Nachteil von Frauen ausgestalten.

7.3.2.6 Unleistungsprinzip: „… selbst wenn die Frau leicht besser ist!"

Nach den Grundlagen des Leistungsprinzips werden gesellschaftliche Anteile nach der individuellen Anstrengung oder den Leistungsbeiträgen einzelner Beschäftigter verteilt. Das Unleistungsprinzip zeigt sich dann, wenn die Zuweisung der zu verteilenden Güter unabhängig individueller Leistungen über den Geschlechterstatus der Akteur_innen geregelt wird.

Die Interviewpartner_innen kommen in unterschiedlichen Passagen auf die Anwendung des Unleistungsprinzps zu sprechen. AT führt Regelungen über das Unleistungsprinzip im Zusammenhang mit dem Vorgehen bei Personaleinstellungen an:

> AT: ich hab schon manchmal das gefühl, dass bei der einstellung und so, weil es halt auch, speziell im technischen bereich, dass es schon für die männer, die vorne dran sind, schwierig ist, auch eine frau einzustellen und das zuzulassen […] ich kann mir sicher auch vorstellen, dass es manche gibt, die, wenn sie einen mann haben und eine frau, auch wenn die frau leicht besser wäre, rein von der qualifikation her oder so, dass sie eher den mann nehmen, also wenn sie da die auswahl haben. (IIP2a)

AT gemäß werden Stellenbesetzungen im Unternehmen auch leistungsunabhängig nach dem Geschlechterstatus der bewerbenden Person verteilt. So hat AT „schon manchmal das gefühl", dass es für die Männer, „die vorne dran sind", „speziell im technischen bereich" schwierig sein könnte, „auch eine frau einzustellen und das zuzulassen". So kann AT sich „sicher auch vorstellen", dass Entscheidungen zu Gunsten von Männern ausfallen, auch wenn Frauen vergleichbare Leistungen erbringen und entsprechende Leistungsnachweise „rein von der qualifikation her" faktisch auch vorweisen könnten. Seines Erachtens gibt es „manche", die „eher den mann nehmen, […] wenn sie da die auswahl haben". Deutlich wird hier, wie AT ob seiner Argumentation Gerechtigkeitsnormen von Platon unterlegt. Dieser verbindet exponierte Stellungen mit einer speziellen Gerechtigkeitsbegabung. Nach diesem Verständnis sind die Entscheidungen der männlichen Führungskräfte, eher Männer einstellen zu wollen, als Ausdruck davon zu sehen, die natürliche Hierarchie bewahren zu wollen. AT macht deutlich, dass sich die Anwendung des Ungleichheitsprinzips aus Perspektive des Unternehmens dann legitimiert, wenn sich Geschlechterbeziehungen nach Verteilungsgerechtigkeit anordnen. Die Form der Verteilungsgerechtigkeit verteilt Ressourcenanteile an berechtigte Personen. Die Bedingungen und Kriterien, die über eine Berechtigung entscheiden, sind von den Akteur_innen zu bestimmen. Nach Geschlechterkulturmuster des betrieblichen Kollektivismus wird unter dem Zeichen von Heterogenität eine männlich ausgedeutete Wirklichkeit auch von weiblichen Akteur_innen mitgestaltet. Darüber werden Geschlechterfragen ausgegrenzt und Geschlechterhierarchien stabilisiert. Die Strategie der Dethematisierung von Geschlechterungleichheit ermöglicht den männlichen Akteuren Entscheidungen zu Gunsten von Männern zu treffen, obschon Frauen eigentlich qualifizierter für die Erbringung der Leistung erscheinen.

Auch VW sieht das Unleistungsprinzip im Betriebsalltag angewendet. In ihrer Einschätzung zur fachlichen Qualifikation der aktuell tätigen, hauptsächlich männlichen Führungsriege gibt sie in zwei Interviewpassagen ihre Ansicht beispielhaft wieder:

> VW: viele manager [männlichen geschlechts, A.R.], die jetzt in höheren führungspositionen sind, sind aufgrund ihres, ihres verhaltens als choleriker dort hingekommen. und das sind oftmals die unbelehrbaren. die sich halt wirklich mit ellbogen bis dorthin durchgesetzt haben. (IIP2b)

Nach VW ist die Vergabe von Führungspostionen in ihrem Unternehmen als ein Ergebnis von Interaktionen zu betrachten. Ihre Erfahrung sei im Gegenteil, dass sich „viele manager" gegenüber anderen Interessent_innen „aufgrund [...] ihres verhaltens als choleriker" bis in die Führungsebene durchgesetzt hätten. Darüber wird eine Verbindung zu Nussbaum deutlich, die der Wirkung von Gefühlen und Emotionen eine große Gestaltungsmacht zuschreibt. Denn nach VW zeigen Choleriker Verhaltensweisen, die Andere verängstigen. So sieht sie die Besetzung von Führungspositionen in diesem Zusammenhang als ein Ergebnis, das unter Vorzeichen der Angst und Einschüchterung zustande kam. Männliche Kollegen erkämpfen sich die Stelle, so die Überzeugung von VW, weil sie sich ohne Rücksicht auf andere Bedürfnisse und Interessen „wirklich mit ellbogen" durchsetzen. Somit, haben sich die „oftmals [...] unbelehrbaren" Männer ihre „jetz[igen]" Positionen über männliches Macht- und Dominanzverhalten erobern können. Die Form der Interaktionsgerechtigkeit sieht die Gestaltung der betrieblichen Ordnung gleichermaßen unbeeinflusst von abstrakten Ordnungsstrukturen. Stattdessen setzt sie Interaktion und Verhalten einzelner Akteur_innen als zentralen Gestaltungs- und Einflussfaktor von betrieblichen Ordnungen in den Vordergrund. Sich orientierend am Geschlechterkulturmuster des pragmatischen Utilitarismus, ist es für VW nachvollziehbar, die geschlechterungleiche Besetzung von Führungspositionen schwerpunktmäßig auf ein gesellschaftshistorisch hervorgebrachtes männliches Macht- und Dominanzverhalten zurückzuführen.

Auch FF sieht das Prinzip der Unleistung im betrieblichen Alltag angewendet. Im Zusammenhang mit der Rekrutierung weiblicher Führungskräfte erörtert er seinen Standpunkt:

> FF: ich habe seit *einem monat die erste weibliche führungskraft auch. das ist noch einmal eine andere dimension, dann frauen auch zu finden, die wirklich führungskräfte sein wollen. es ist nicht so, dass alle führungskraft sein wollen. weil da vielleicht auch aus den männlich, *ja, gegebenen situationen, wie die arbeiten, wie männer da für, als führungskraft, dass man da einfach, ja, als chef sagt, ich geh als letzter heim und komm als erster, sagt die frau, das krieg ich alles nicht hin, das will ich alles nicht. da gibts viele. das ist jetzt nicht notwendigerweise, dass man so denken muss, man ist immer am meisten vor ort und da sein, aber trotzdem sehen schon viele, dass es nicht so einfach ist. (IIP2c)

Nach FF kommt das Prinzip der Unleistung in der Zusammenarbeit im Betrieb unter anderem dann zur Anwendung, wenn sich die Gruppe der Frauen gegen die Erwartungshaltung zu wehren versucht, Führungsverantwortung im Unternehmen zu übernehmen. Denn seiner Erfahrung nach ist es generell schwierig „frauen […] zu finden, die wirklich führungskräfte sein wollen". Seinen Worten nach ist objektiv betrachtet auch der Anspruch an Frauen überhöht. Denn, so beschreibt er, werden in den „gegebenen situationen" des Unternehmensalltags prinzipiell klar ‚männlich' ausgerichtete Arbeitsweisen und -verfahren angewendet, die der Frau schlicht zu viel abverlangen. So ist es nach FF in der Organisation Usus, „dass man da einfach, ja, als chef sagt, ich geh als letzter heim und komm als erster". Das Jobprofil gehobener Positionen verlangt FF gemäß also eine prinzipielle Verfügbarkeit und Leistungsbereitschaft. Nach Aussage von FF könnten Frauen den Erwartungen an eine Führungsposition somit aus zweierlei Gründen nicht gerecht werden. Zum einen nähmen sie schon aus Gründen persönlicher Überforderung Abstand davon, ein Interesse überhaupt zu deklarieren. Zum anderen zeigten sich Frauen nach FF nicht dazu bereit, die nötige Leistung für die Berufsposition erbringen zu wollen. Für FF ist es somit der logische Schluss, wenn die Frau dann sagt, „das krieg ich alles nicht hin, das will ich alles nicht". Während FF in seinen Ausführungen die Schwierigkeiten darzulegen versucht, Frauen zu Führungsleistungen zu bewegen, zeigen sich in ihnen Diskriminierungsstrategien. Denn um als Führungskraft in FFs dargestellter Alltagswirklichkeit bestehen zu können, sind Frauen gezwungen, ihre Handlungsweisen derart reflektiert zu gestalten, dass sie sich weder über ein Zuviel noch ein Zuwenig Weiblichkeit disqualifizieren. Denn wird die Bewerberin dem erwarteten Jobprofil gerecht, indem sie beispielsweise Durchhaltevermögen und Verantwortungsbewusstsein vermittelt, irritiert sie über ein scheinbar mangelndes Frausein. Verweist sie aber auf einen Ausgleich von Beruflichem und Außerberuflichem, führt dies dazu, ihr eine Befähigung zum Management aberkennen zu wollen. FFs Strategie des doppelten Ausschlusses trägt Sorge dafür, dass sich Frauen der Zugang zu Führungstätigkeiten kulturell und strukturell verschließt. Gleichermaßen bestätigt der Effekt, dass Führungspositionen dominant männlich besetzt sind, FF in seinem Verständnis der „andere[n] dimension“, mit der er hier die große Herausforderung bezeichnet, Frauen für Führungsaufgaben überhaupt erst begeistern zu können.

Die angeführten Interviewpassagen machen deutlich, wie sich nach Verständnis der Interviewpartner_innen die Anwendung des Unleistungsprinzip in der betrieblichen Zusammenarbeit als angemessen erweist. AT verbindet Effekte des Unleistungsprinzips mit dem Konzept Platons und Verteilungsgerechtigkeit. Über den Bezug zu natürlichen Hierarchien legitimiert er hegemonial männliche Voraussetzungsbedingungen. VW hingegen verknüpft das Unleistungsprinzip mit Normen von Nussbaum und Interaktionsgerechtigkeit und beschreibt Geschlechterungleichheitsstrukturen als eine Angstreaktion auf männlich dominantes Verhalten. Das Beispiel von FF macht schließlich deutlich, dass der Mangel an Frauen in Führungspositionen als Produkt und Ergebnis diskursiver Ausschlussstrategien betrachtet werden kann. In allen drei Passagen zeigt sich, dass sich Anwendungen des Unleistungsprinzips auf Grundlage geschlechterkulturell gesetzter Ungleichverhältnisse erklären. Während AT seine Darstellung auf das männliche Deutungs- und Gestaltungsmonopol des Geschlechterkulturmusters des betrieblichen Kollektivismus stützt, schließt VW über ihre Orientierung am Geschlechterkulturmuster des pragmatischen Utilitarismus das Sichtbarmachen struktureller Barrieren aus. In FFs Darlegungen werden doppelte Ausschlussstrategien von Frauen ausgestaltet.

7.3.2.7 Unbedarfsprinzip: „… private Sorgen gehören in die Firma nicht hin!“

Nach dem Bedarfsprinzip gilt eine Verteilung dann als gerecht, wenn die Akteur_innen unter Anerkennung eines bestimmten Bedarfsniveaus entsprechende Mittel oder Ressourcen zur Unterstützung und Absicherung zugeteilt bekommen. Das Unbedarfsprinzip zeigt sich dann, wenn Geschlechterdifferenzstrukturen bei der Zuweisung von Ressourcen und Gütern ungenügend Anerkennung finden.

Das Unbedarfsprinzip findet nach Interviewaussagen in vielen unterschiedlichen Alltagssituationen im Unternehmen seine Anwendung. AT beispielsweise kommt am Beispiel von Vereinbarkeitsaufgaben darauf zu sprechen:

> AT: grundsätzlich ist es sicherlich nicht so, wie soll ich sagen?, dass man das irgendwie jeden tag machen kann oder so. aber das ist sicherlich, also das, das regeln sie, soviel ich mitbekommen habe, im team dann. wenn dann einmal eine frau sagt, ich muss heute mit dem kind zum arzt oder sonst irgendwas machen, dass dann jemand anders für sie das übernimmt. (IIP3a)

Grundsätzlich, davon ist AT überzeugt, werden Familienanforderungen von Mitarbeiter_innen vom Unternehmen mitgetragen. So könne eine Mitarbeiterin davon ausgehen, unterstützt zu werden, wenn sie sagt, „ich muss heute mit dem kind zum arzt". Das sei grundsätzlich „kein problem", solange es in „einem gewissen rahmen ist". Denn, „wie soll ich sagen?", nach AT scheint ein anderes Verhalten den Konventionen nicht gerecht zu werden. Das deutet auf eine normative Orientierung nach von Aquin hin. Er legt dann jedoch offen, dass es Mitarbeiterinnen „sicherlich" nicht „jeden tag" möglich sei, der Arbeit fern zu bleiben. Die Verknüpfung der Unterstützungsleistung an die übergeordnete Norm der Sittlichkeit trägt zur Willkürlichkeit ihrer Zuweisung bei. So scheint das Unternehmen nicht dazu veranlasst, festzulegen, unter welchen Bedingungen welche konkreten Bedarfe als legitim betrachtet werden oder wie oft eine Mitarbeiterin Unterstützung erwarten kann. Nach AT dürfe es „zwei, dreimal" schon vorkommen, um noch „ok" zu sein. An ATs Beispiel wird deutlich, dass sich die Anwendung des Unbedarfsprinzips dann legitimiert, wenn sich das Verhältnis nach Tauschgerechtigkeit ausformt. Tauschgerechtigkeit sieht ein freiwilliges und unbedingtes Tauschverhältnis als Grundlage. Sowohl die unterstützungsbedürftige Frau als auch das Unternehmen selbst werden von ihm hier prinzipiell als gleichwertige Partner_innen in Verhältnis gesetzt. Nach dem Geschlechterkulturmuster des männlichen Traditionalismus wird die betriebliche Geschlechterordnung über eine sexuelle Differenzziehung gestaltet. In dieser Ordnung wird der Frau zum einen die Zuständigkeit für Familie zugewiesen. Zum anderen werden Vereinbarkeitsfragen außerhalb der betrieblichen Verantwortung in den Bereich des Privaten gelegt. Über die Trennung von Produktion und Reproduktion sind keine allgemeinen Bedarfskriterien definierbar. Dies führt bei AT zur Auffassung, dass betriebliche Unterstützungen bei Familienaufgaben je nach Lage und Auffassung angeboten oder abgelehnt werden können.

Auch FF sieht das Unbedarfsprinzip in der Alltagspraxis des Unternehmens in Anwendung. Im Zusammenhang mit Förderverfahren für zukünftige Führungskräfte kommt er darauf zu sprechen:

> FF: Aber wir versuchen, wenn wir jetzt so ein [förderprogramm], was wir haben, und jetzt machen wir 50:50, auch ich hab das letzte mal wieder zwei damen aus dem programm mitgenommen und es ist immer wieder toll, wie sich die entwickeln. natürlich weiß ich, da kommt irgendwann die phase, wo sie dann familie gründen und das. und die frage ist, wie sie persönlich das einschätzen, wie sie ihr leben managen und handeln. ich würde einmal sagen, 50 prozent kommen zurück und sagen, sie möchten jetzt teilzeit arbeiten. hm. das seh ich dann immer noch schwierig, dass man dann standardförderoptionen im gleichen ausmaß anbieten kann. (IIP3b)

Die Rekrutierung und Unterstützung zukünftiger Führungskräfte über entsprechende Förderverfahren ist im Betriebsalltag geläufig. Nach FF ist dieses Verfahren bei jungen Männern und Frauen jedoch nicht in gleicher Weise sinnhaft anwendbar. Zwar gibt er an, dass seine Organisation das unternehmenspolitische Ziel des gleichen Anteils von Frauen und Männern, „jetzt machen wir 50:50“, in solchen Programmen tatsächlich auch verfolgt. Zudem anerkennt er auch das große Potential, das sich über weibliche Nachwuchskräfte für das Unternehmen eröffnet. Somit findet er es auch „immer wieder toll, wie sich die entwickeln“. Jedoch kommt, und das weiß FF „natürlich“, immer die Zeit, „wo sie dann familie gründen“ werden. Genau aus diesem Grund erachtet FF es jedoch als „schwierig“, den Frauen „standardförderoptionen im gleichen ausmaß anbieten“ zu können. FF macht zum einen seine normative Orientierung an Rawls deutlich. Gerechtigkeit sieht er darüber gestaltet, dass eine faire Verteilung von Ressourcen die Freiheit und Gleichheit aller Menschen fördert und alle Positionen allen offen stehen. Gleichermaßen macht er deutlich, dass die Sicherung der Freiheit des oder der Einzelnen – hier des Unternehmens – über dem Gemeinschaftlichen – hier der zu gründenden Familie der Mitarbeiterin – steht und das betriebliche Interesse nicht beeinträchtigen darf. Zudem zeigt FF hier auf, dass sich die Anwendung des Unbedarfsprinzips dann legitimiert, wenn sich das Geschlechterverhältnis im Rahmen der Verfahrensgerechtigkeit ausformt. Verfahrensgerechtigkeit stellt die Eigenverantwortung des Individuums in den Mittelpunkt des Handelns und erachtet somit auch Karrierenachteile als selbst verschuldet. Sich am Geschlechterkulturmuster des normativen Individualismus orientierend, kommt es nach FF vor allem darauf an, wie die Frauen „ihr leben managen und handeln" wollen. Um diese Frage dem Interesse des Unternehmens entsprechend beantworten zu können, müsse er vor allem wissen, „wie sie persönlich das einschätzen". Erfahrungsgemäß kämen „50 prozent" der betroffenen Frauen nach der Elternzeit mit der Vorstellung zurück, zukünftig nunmehr „teilzeit" arbeiten zu wollen. Darüber ließen sich die anfallenden Familienaufgaben aus Sicht der Frauen zwar gut mit den Berufsanforderungen vereinbaren. Gleichermaßen zeigt sich für FF darüber auch, dass die Frauen kein Interesse daran haben, den Leistungsanforderungen des Betriebs gerecht werden zu wollen. Somit ist es seiner Argumentation nach als angemessen zu betrachten, die Anerkennung von weiblichem Förderbedarf eher abzulehnen beziehungsweise Frauen den Zugang zu Fördermaßnahmen zu verwehren.

Auch in den Aussagen von IB zeigt sich das Unbedarfsprinzip in der betrieblichen Zusammenarbeit. So zeigt er im folgenden Absatz auf, unter welchen komplexen Bedingungen Bedarfslagen in seiner Abteilung und in seinem Unternehmen gewöhnlich verhandelt werden:

> IB: kann ich auf mitarbeiter eingehen, wenn er probleme oder sorgen hat, kann ich auf die eingehen? finde ich lösungen? und, und, und. es gibt sowohl als auch, es gibt auch knallharte frauen.
> AR: also gemeinsam lösungen finden?
> IB: und da kommen sie auch mit privaten sorgen, das will, das will ich jetzt nicht ... als unternehmen will ich jetzt nicht die privaten sorgen in meinem unternehmen haben.
> [...]
> IB: wenn sie geldsorgen, familienprobleme, das kind und das kind. es ist interessant, aber, *für das unternehmen ist es auch ein thema, dass ich es lösen muss, aber im operativen geschäft wie bei uns hat das nix verloren. (IIP3c)

Nach IB wird die Bedarfsfrage in seinem Unternehmen und seiner Abteilung über unterschiedliche Faktoren beeinflusst. So spielt eine wichtige Rolle, ob die betrieblichen Ansprechpartner_innen individuell in der Lage sind, auf „mitarbeiter ein[zu]gehen, wenn er probleme oder sorgen hat". Seine Aussage möchte er außerhalb geschlechterkategorialen Zuschreibungen verstanden wissen, denn seines Erachtens gibt es „auch knallharte frauen“, die Bedarfslagen von Mitarbeiter_innen besonders streng und unnachgiebig beurteilten. Insgesamt jedoch, so gibt er an, sieht er die Bearbeitung von außerbetrieblichen Herausforderungen von Mitarbeitenden, „geldsorgen, familienprobleme, das kind und das kind“, durchaus im Sinne des Unternehmens. Schließlich sei er auch vom Unternehmen beauftragt, „dass ich es lösen muss“. Und somit sind die „privaten sorgen“ auch immer ein aktuelles „thema“ im betrieblichen Alltag. Jedoch, das wird gleichermaßen deutlich, findet die Auseinandersetzung mit diesen Problemstellungen nicht auf einem sozialen Leitgedanken statt. Für das Unternehmen sieht IB zwar einen strategischen Nutzen. Denn es scheint die Maxime zu gelten, dass über die Bearbeitung von Privatproblemen die Leistungsfähigkeit von Mitarbeiterinnen gesteigert werden kann. Er selbst jedoch setzt sich der Auffassung entgegen und zieht eine klare Grenze der Verantwortlichkeit. IB gibt an, dass im „operativen geschäft“ die Auseinandersetzung mit einem privaten Anliegen wie diesem „nix verloren“ hat. Die Anführungen von IB verdeutlichen hier ein grundlegendes Dilemma. Denn zum einen, so macht IB deutlich, lösen sich in betrieblichen Diskursen Differenzkategorien und Grenzziehungen auf. Normative und strukturelle Ordnungen verflüssigen sich darüber. Über diese Auflösung wird jedoch auch die Frage nach legitimen Bedarfen unbeantwortbar. Denn die Grundvoraussetzung dafür, Bedarfe anerkennen zu können, ist, bedürftige Gruppen zu bezeichnen und voneinander abgrenzen zu können.

Die hier angeführten Beispiele verdeutlichen, wie sich nach Auffassung der Interviewpartner_innen die Anwendung des Unbedarfsprinzip als angemessen erweist. So sieht AT das Unbedarfsprinzip mit Aquins Norm der Sittlichkeit und der Form der Tauschgerechtigkeit verknüpft. Unter Bedingungen der Willkürlichkeit sieht er familienverantwortliche Frauen zu einem unbedingten Austausch verpflichtet. FF verbindet das Unbedarfsprinzip mit den individualistischen Gerechtigkeitsnormen von Rawls und der Form der Verfahrensgerechtigkeit. Den Ausschluss von Frauen aus Förderprogrammen erachtet er daher als prinzipiell legitimiert und von den Frauen selbstverschuldet. Schließlich wird am Beispiel von IB deutlich, dass die Auflösung von Gegensätzen einem Denken in Bedarfen die Argumentationsgrundlage entzieht. In den drei Passagen zeigt sich zudem, dass sich Anwendungen des Unbedarfsprinzips auf Grundlage geschlechterkulturell gesetzter Ungleichheitsverhältnisse deuten lassen. Während ATs Orientierung an der Geschlechterkultur des männlichen Traditionalismus eine männlich hegemoniale Bedarfslegitimierung aufzeigt, deutet FF den Familienwunsch von Mitarbeiterinnen über seine Orientierung am Geschlechterkulturmuster des normativen Individualismus um zu einer

Frage des persönlichen Leistungswillens. In IBs Darstellungen zeigt sich, dass über die Auflösung von Ordnungsstrukturen auch das Wissen um Differenzverhältnisse unzugänglich gemacht wird.

7.3.2.8 Unanrechtsprinzip: „… da sitzt sie nur, weil sie eine Frau ist!"

Nach dem Anrechtsprinzip gilt eine Verteilung dann als gerecht, wenn Akteur_innen bestimmte Verteilungsansprüche über einen bestimmten, von ihnen erreichten Status geltend machen können. Das Unanrechtsprinzip kommt dann zur Anwendung, wenn Menschen bestimmte Anrechte aufgrund eines anerkannten Geschlechterstatus entweder verwehrt bleiben oder zugesprochen bekommen.

Nach Interviewaussagen wird das Unanrechtsprinzip im Unternehmen angewendet. Die Frage, ob sie Geschlechterdiskriminierung jemals selbst erlebt hat, beantwortet VW folgendermaßen:

> VW: ja, insofern, dass ich meine erste führungsposition so spät erst bekommen habe. weil ich weiß, dass ich viel früher schon immer in der diskussion war, aber *dass sie dann, also die entscheider, sich nicht getraut haben, mir das zu geben, das, gott sei dank, waren sie zum teil auch so ehrlich mir das zu sagen, weil sie mich nicht überfordern wollten. aber letztendlich sage ich, das ist eine entscheidung, die ich fällen muss. nicht umgekehrt. (IIP4a)

Eigenen Angaben nach sieht VW den eigenen Karriereweg durchaus über ihre Weiblichkeit beeinflusst. Obschon sie ihres Wissens beispielsweise „viel früher schon immer in der diskussion war", eine Führungsverantwortung im Unternehmen tatsächlich auch zu erhalten, habe sie ihre „erste führungsposition so spät erst bekommen". Die relativ späte Verantwortungsübertragung wird VW darüber erläutert, dass sich die entscheidungsverantwortlichen Personen in der Organisation aufgrund eines Schutzgedankens „nicht getraut haben, mir das zu geben". So deutet sie hier eine normative Begründung nach Hobbes an. Hobbes sieht das gesellschaftliche Zusammenleben nach Konkurrenz und Kampf ausgerichtet. In einer solchen Gesellschaftsordnung gilt die Macht des vor allem körperlich Stärkeren. Diese Begründung, sie schützen zu wollen, wurde ihr „zum teil auch so ehrlich" rückgemeldet. VW weiß es, „gott sei dank", durchaus anzuerkennen, nicht unwissend über die Gründe gehalten worden zu sein. Gleichermaßen macht sie jedoch deutlich, dass sie das Verhalten als einen Akt der paternalistischen Fürsorge sieht, über den sie sich mit ihren persönlichen und fachlichen Qualifikationen und Kompetenzen nicht anerkannt fühlt. VWs Beispiel verdeutlicht, dass die Anwendung des Unanrechtsprinzips dann nachvollziehbar wird, wenn sich die Zusammenarbeit nach Muster der Verfahrensgerechtigkeit formt. Verfahrensgerechtigkeit nimmt den Prozess der Entscheidungsfindung in den Blick. Dabei ist ausschlaggebend, dass Verfahrensregeln eingehalten, Entscheidung mit Bezug auf unterlegte Kriterien und Entscheidungsgrundlagen mit Blick auf eingebundene Interessen transparent und offen veräußert werden. In der Geschlechterkultur des normativen Individualismus werden die Kompetenzen von Frauen positiv gewertet und als denen der Männer gleichgestellt anerkannt. Gleichermaßen besteht die Auffassung, dass diese Arbeitsverhältnisse im Außen auf Ablehnung und Widerstand treffen. Somit scheint es für die „entscheider" entscheidungsleitend zu sein, neben der weiblichen Anwärterin auch den Betrieb vor Schaden bewahren zu wollen. Sich diesen Kontext vor Augen führend, wird es für VW möglich, die Entscheidung der Verantwortlichen nachzuvollziehen und zu tolerieren. Allerdings wird hier auch offensichtlich, dass aus diesen Wirklichkeitsdeutungen Geschlechterzuschreibungen resultieren, die Benachteiligungserfahrungen bei weiblichen Beschäftigten erzeugen.

Auch KW sieht das Unanrechtsprinzip im Unternehmen angewendet. Im Zusammenhang mit der Umsetzung von Frauenförderungsmaßnahmen kommt er darauf zu sprechen:

> KW: also wir fördern frauen schon stark, also, ja, ich glaub schon, dass wir durchaus heute frauen in gewissen situationen sogar bevorzugen gegenüber männern. (IIP4b)

Nach KW kommen Prinzipien des Unanrechts im Unternehmen zur Anwendung. So sieht er Geschlechtergleichstellung als ein wichtiges Thema an, das im Zentrum des betrieblichen Handelns steht. Maßnahmen, mit denen Frauen als Gruppe gefördert oder Strukturen, in denen Frauen sich entwickeln können, werden seinen Worten nach im Alltag „schon stark" gestaltet und umgesetzt. Seines Erachtens wirken sich die Umgangsweisen heute schon schlagseitig zuungunsten von Männern aus. So macht er die Beobachtung, dass „frauen in gewissen situationen" heute sogar faktisch bevorzugt werden. Nach Auffassung von KW ist es also durchaus üblich, dass Männer in der Umsetzung von Frauenfördermaßnahmen Diskriminierungen erfahren. Hier deutet sich die pragmatische Ausrichtung des Gerechtigkeitskonzepts von Mill an. In einer grundsätzlich hierarchiefreien und integrierten Ordnung wird Gerechtigkeit über die positiven oder negativen Konsequenzen von Handlungen auf alle in der Gemeinschaft lebenden Menschen gewertet. Das utilitaristische Ziel, Frauen zu fördern, um ihnen darüber zu ihrem Anrecht auf Gleichstellung und Gleichbehandlung in einem männlichen Umfeld zu verhelfen, hat seines Erachten dazu geführt, dass Männer darüber Nachteile erfahren. KW macht mit diesem Beispiel deutlich, dass sich die Anwendung des Unanrechtsprinzips dann legitimiert, wenn sich die Zusammenarbeit in der Form der Interaktionsgerechtigkeit organisiert. So stellt Interaktionsgerechtigkeit die Situation der einzelnen Beschäftigten selbst in den Mittelpunkt und fokussiert auf die wahrgenommene Gerechtigkeit im persönlichen Austausch. Nach dem Geschlechterkulturmuster des pragmatischen Utilitarismus wird das Denken in Geschlechterkategorien als überwunden betrachtet, weil die betriebliche Integration von Frauen grundsätzlich als eine Selbstverständlichkeit und als eine Grundbedingung für ein erfolgreiches Unternehmen angenommen wird. Die unterschiedlichen gesellschaftlichen Voraussetzungsbedingungen und betrieblichen Konsequenzen für Männer und Frauen jedoch nur unzureichend in Betracht gezogen, kommt KW zum Schluss, Frauen das Anrecht auf Förderung abzusprechen und entsprechende Maßnahmen als Männerdiskriminierung zu betrachten.

Auch BB berichtet von Situationen, wo sich die Anwendung des Prinzips des Unanrechts in ihrer Organisation bestätigt. So erinnert sie sich an die Anfangszeiten ihrer Beschäftigung im Unternehmen:

> BB: ich habe dreieinhalb jahre eigentlich nur mit jungs zu tun gehabt. ausbildner waren auch männlich, und *da hats eigentlich nie wirklich probleme gegeben. du musst dir halt mal blöde sprüche anhören […] *ab und zu wie männer reden: die hat wieder große möpse oder blablabla. dann musst du halt einfach … und nur wenn vielleicht doch eine, die fester ist, dabei ist und sie reden so. dann nimmt sie es vielleicht als mobbing auf, dass es nachher in solchen richtungen, in solche probleme geht. (IIP4c)

BBs Worten nach waren die sozialen Beziehungen, die sie am Anfang ihrer Beschäftigung innerhalb der Organisation unterhielt, hauptsächlich männlich geprägt. So gibt sie an, „dreieinhalb jahre eigentlich nur mit jungs zu tun gehabt“ zu haben. Neben ihrer rein männlichen Kollegenschaft waren ihren Angaben nach auch alle „ausbildner“ männlich. Eine kurze Denkpause später gibt sie an, dass es in diesen Beziehungen auch „eigentlich nie wirklich probleme gegeben“ habe. Sicherlich müsse frau sich im Alltag „halt mal blöde sprüche anhören“. Doch erachte sie den vorherrschenden Kommunikationsstil und die Sprachverwendung in diesem von Männern dominierten Beziehungsnetzwerk als angemessen. Die Verwendung einer sexualisierten Ansprache oder sexuell aufgeladene Kommentare wie „die hat wieder große möpse" sind nach BB somit nicht als klarer und unangemessener Übergriff zu betrachten, sondern lediglich Beispiel dafür, „wie männer [ab und zu] reden". Und BBs Auffassung nach müsse frau sich im tätigen Zusammensein mit den Kollegen nur die Strategie des Nicht-Zuhörens aneignen, um im Alltag zurechtzukommen. Problematisch werden die nach BB eher als kantig einzuordnenden Sprüche der männlichen Kollegen ihres Erachtens nach nur in Situationen, wenn „vielleicht doch eine, die [...] fester ist, dabei ist". Die betroffene Kollegin könnte den Witz dann vielleicht als ein Akt von „mobbing" verstehen. Und nach BB würde die Zusammenarbeit unnötigerweise verkompliziert, wenn „es nachher in solche richtungen, in solche probleme" ginge. BBs Erachten sind es also nicht die sexistischen Übergriffe, die ein Problem in der betrieblichen Zusammenarbeit darstellen. Ihrer Meinung nach sind es die Reaktionen der Frauen, die sie als unangemessen und problematisch für die Zusammenarbeit im Unternehmen beschreibt. Nunmehr wird die Strategie, Diskriminierungserfahrungen aufgrund weiblicher Geschlechtszugehörigkeit zu thematisieren und zu veröffentlichen, als das eigentliche, individualisierte Problem dargestellt. In Konsequenz wird den Frauen unterstellt, mit den gegebenen Rahmenbedingungen des betrieblichen Alltags und den normalen Arbeitsanforderungen nicht zurechtkommen. In diesem Zusammenhang ist auch BBs Auffassung, Sexismus im Betrieb als unproblematisch zu betrachten, als Reaktion darauf zu werten. Es wird nicht allein zum Ausdruck gebracht, wie sich sprachliche Abwertungen verinnerlichen. BBs Verhalten verweist zudem auch darauf, wie über die aktive Teilhabe von Frauen das Anrecht von Frauen auf Gleichstellung systematisch abgebaut und unterlaufen wird.

Die oben angeführten Interviewpassagen legen offen, wie sich nach Auffassung der Interviewpartner_innen die Anwendung des Unanrechtsprinzips als angemessen darstellt. VW verknüpft das Unanrechtsprinzip mit der normativen Vorstellung von Hobbes und der Form der Verfahrensgerechtigkeit. Er macht darüber deutlich, wie die Grundauffassung einer Gesellschaft aus Konkurrenz und Konflikt die Nachvollziehbarkeit der Verfahrensschritte begründet und den Ausschluss von Frauen legitimiert. KW verbindet das Unanrechtsprinzip mit den Normen von Mill und der Form der Interaktionsgerechtigkeit. Indem er auf der Grundannahme von Hierarchiefreiheit Gerechtigkeit in persönlichen Austauschhandlungen gestaltet sieht, blendet er die Konsequenzen struktureller Ungleichheiten aus. Und schließlich macht das Beispiel von BB die Mitverantwortung von Frauen an der normativen und strukturellen Ausgestaltung von betrieblichen Geschlechterungleichheitsbeziehungen deutlich. In oben genannten Interviewausschnitten zeigt sich zudem, dass sich Anwendungen des Unanrechtsprinzips auf Grundlage geschlechterkulturell gesetzter Ungleichverhältnisse deuten lassen. Während in VWs Beispiel über die Orientierung an der Geschlechterkultur des normativen Individualismus eine der Geschlechtergleichheit aufgeschlossene, betriebliche Ordnung in Gegensatz zu einem traditionellen Umfeld gestellt wird, sieht KW die Gleichstellung von Frauen nach der Geschlechterkultur des pragmatischen Utilitarismus schon als selbstverständlich gegeben an. BBs Beispiel schließlich gibt einen Einblick in die Vieldimensionalität geschlechtsbezogener Diskriminierungen im betrieblichen Alltag.

8. Diskussion der Ergebnisse

Die Basis für die hier vorliegende Forschungsarbeit stellen Erfahrungen und Beobachtungen in meiner Funktion als Geschäftsführerin des Vereins Amazone im Zusammenhang mit Projektarbeiten dar, die zum Ausbau gleichmäßiger Zugänge für Mädchen und Jungen in und von technischen Betrieben beauftragt und umgesetzt wurden[66]. Trotz klaren Bekenntnissen von strategisch verantwortlichen Entscheidungsträger_innen zum Ausbau von barrierefreien Unternehmensstrukturen und der aktiven Förderung von betrieblichen Potentialträger_innen unabhängig ihres Geschlechts, brachte die Umsetzung der als geschlechtergerechtigkeitsfördernd definierten Maßnahmen in diesen Projekten auch Phänomene hervor, die im Hinblick auf das Ziel der Herstellung von Geschlechtergerechtigkeit in diesen Unternehmen als gegenläufig zu betrachten waren. Beispielsweise wurden nachweisbare Erfolge in diesen Praxisprojekten von Auftraggeber_innen klein geredet oder verschwiegen, professionelle Kompetenzen und Aufwendungen von weiblichen Beschäftigten nicht anerkannt oder die Weiterführung von unternehmenspolitisch durchaus erfolgreich angesehenen Projekten gänzlich verwehrt. In der Alltagszusammenarbeit zur Förderung von Geschlechtergerechtigkeit im Betrieb, so die Beobachtung im Vorfeld dieser Studie, wurden also Phänomene der Geschlechtergerechtigkeit und der Geschlechterungerechtigkeit gleichermaßen hervorgebracht. Dies wies auf vielfältige Ausdeutungs- und Aushandlungsmöglichkeiten des Begriffs der Geschlechtergerechtigkeit in und von technischen Unternehmen hin, deren Analyse zum Anliegen der hier vorliegenden Studie wurde.

Insgesamt zeigen die Ergebnisse aus der Analyse von Geschlecht und Gerechtigkeit, theoretischer Literatur und empirischer Praxis, dass und wie sich Geschlechtergerechtigkeit im gesellschaftlichen Zusammenleben und in technischen Organisationen vielfältig ausdeutet und aushandelt.

---

66 Der Verein Amazone in Bregenz versteht sich als Angebot der geschlechtssensiblen Jugendarbeit und der Bildungsarbeit. Seit 1998 setzt sich der Verein Amazone für die Anliegen von Mädchen und jungen Frauen und somit für eine geschlechtergerechte Welt ein. Die Umsetzung der Arbeitsschwerpunkte Arbeit, Ausbildung, Gesundheit, Gewalt, Kultur, Multimedia, Politik und Sexualität erfolgt über die Zugänge Bildung und Förderung in den drei Handlungssäulen Mädchenzentrum, Mädchenberatung und Fachstelle Gender. (Verein Amazone 2020)

In Gleichzeitigkeit bringen sich in der Organisation des Zusammenlebens und der Zusammenarbeit der Akteur_innen nach Darstellung der interviewten Führungskräfte in der Alltagspraxis von Unternehmen gleichermaßen relevante und widersprüchliche Ausdeutungen von Geschlechtergerechtigkeit beziehungsweise Geschlechterungerechtigkeit hervor. Wie sich scheinbar unverknüpfbare Grundwidersprüche nachvollziehbar in Vergleich setzen lassen, wird als das zentrale Ergebnis dieser Studie betrachtet.

Der Zugang der Zirkularität erwies sich dabei als integraler Bestandteil der vorliegenden Forschung. Der Komplexität von Geschlechtergerechtigkeit in technischen Organisationen war nach den im Rahmen dieser Forschungsarbeit hervorgebrachten Erkenntnissen nur im interpretativen Tun und Schritt für Schritt zu begegnen. Denn sowohl Geschlecht als auch Gerechtigkeit zeigten sich nach Interview- und Literaturdaten als derart vielschichtige Phänomene, dass Geschlechtergerechtigkeit in der Praxis der Unternehmen vielfältig argumentierbar wurde. Auch die in der gängigen Literatur angeführten und die in der Praxis analysierten Geschlechtergerechtigkeitsverständnisse konnten als perspektivisch beleuchtet erkannt werden. So pointierten die ersten Versuche, die Vielfältigkeit des Phänomens der Geschlechtergerechtigkeit auf der Oberfläche von in der Praxis erhobenen Daten zu rekonstruieren, einseitig und lenkten den Blick auf Ausgelassenes. Im Bemühen um die umfassende Bearbeitung von Geschlechtergerechtigkeit und die Hervorhebung der Konstruktionsbedingungen verdeutlichten sich systemische Grundparadoxien: Die relevanten Elemente sowohl einzelner Geschlechterdiskurse als auch bedeutender Gerechtigkeitstheorien zeigten sich systemisch so aufeinander bezogen, dass sie Sinneinheiten hervorbrachten, die sich gegenüber anderen abgrenzten und darüber Ausschlüsse bewirkten. Weil diese Mechanismen auch im Forschungsprozess selbst als wirksam erkannt werden konnten, erschloss sich das Forschungsvorgehen, die unterschiedlichen Bedeutungsschichten von Geschlecht und Gerechtigkeit und die schlussendlich als bedeutend betrachteten Erkenntnisse aufbauend auf erarbeitete Zwischenergebnisse in einem sich weiterführenden Zyklus von ineinander übergreifenden Phasen der Induktion und Deduktion zu generieren. Darüber verdeutlichte sich auch die wesentliche Ausschlusssystematik, die in der Konstruktion der Widersprüchlichkeit von Geschlechtergerechtigkeit in allen Themen und Ebenen in unterschiedlichen Ausprägungen grundlegende Bedeutung annahm: Das Denken in Einheiten, das Bedeutungen von Kategorien isoliert und unabhängig voneinander betrachtet versus das Denken in Zusammenhängen, das Wechselwirkungen der Bedeutungszuschreibungen zwischen Kategorien fokussiert. Während sich unter den Bedingungen der jeweiligen Perspektive nur der anschlussfähige Teilbereich der Wirklichkeit einblendet, wird der andere Teil ausgeblendet. Denn im Hin- und Herwechseln zwischen Induktion und Deduktion leuchten sich jeweils perspektivisch entworfene Fragen aus. In diesem Sinne sind die inhaltlichen Ausführungen und Schwerpunktsetzungen der einzelnen Kapitel und Unterkapitel der hier vorliegenden Studie, ihre Anordnungen und Strukturierungen, die angeführten Forschungsfragen und die Annahmen, auf deren Grundlagen sich die Fragen entwarfen, als zirkulär hervorgebracht zu begreifen. Im ständigen, reflektierenden Wechsel zwischen Theorie und Empirie erkannt und präzisiert, sind sie in der Situation des Entstehens als neues Wissen in den Prozess der Forschung eingeflossen (siehe Kapitel 6.6).

Die Gesamtheit dieses zirkulären Prozessvorgehens brachte schließlich paradoxe Erkenntnisse hervor. Zum einen konnte folgender Zusammenhang zwischen den Themen hergestellt werden: Geschlechtsbezogene Ungleichheiten in Organisationen weisen auf Gerechtigkeitsprobleme hin, die sich prozesshaft ausgestalten. Während sich Geschlecht in der Alltagspraxis von Akteur_innen im Unternehmen auf sozialer oder kultureller Ebene vermittelt, stellt Gerechtigkeit abstrakte Normen sowie Rahmen und Regeln der Zuordnung dieser geschlechtsbezogenen Praktiken zur Verfügung. Hier vorliegenden Erkenntnissen nach zeigen sich Geschlecht und Gerechtigkeit strukturell so aufeinander bezogen, dass die der Zusammenarbeit in den Organisationen unterlegte Art der Geschlechterbeziehung auf eine bestimmte Form von Gerechtigkeit verweist. In den einzelnen Gerechtigkeitsformen heben sich bestimmte Normen als kulturell relevant hervor. Die Entscheidung der Akteur_innen, welches Prinzip sie in einer nach einer bestimmten Form geordneten Alltagspraxis handlungsleitend zur Anwendung kommen lassen wollen, entscheidet, ob eine Ausrichtung der Beziehungen auf Geschlechtergleichheit in der Zusammenarbeit als konform und geschlechtergerecht oder als nicht konform und somit als geschlechterungerecht gedeutet wird. Zum anderen, auch das wird deutlich, stellt Geschlechtergerechtigkeit in der Alltagspraxis von Unternehmen ein Phänomen dar, das sich gleichzeitig in vielfältige Richtungen ausdeuten und in vielfältigen Formen ausgestalten lässt.

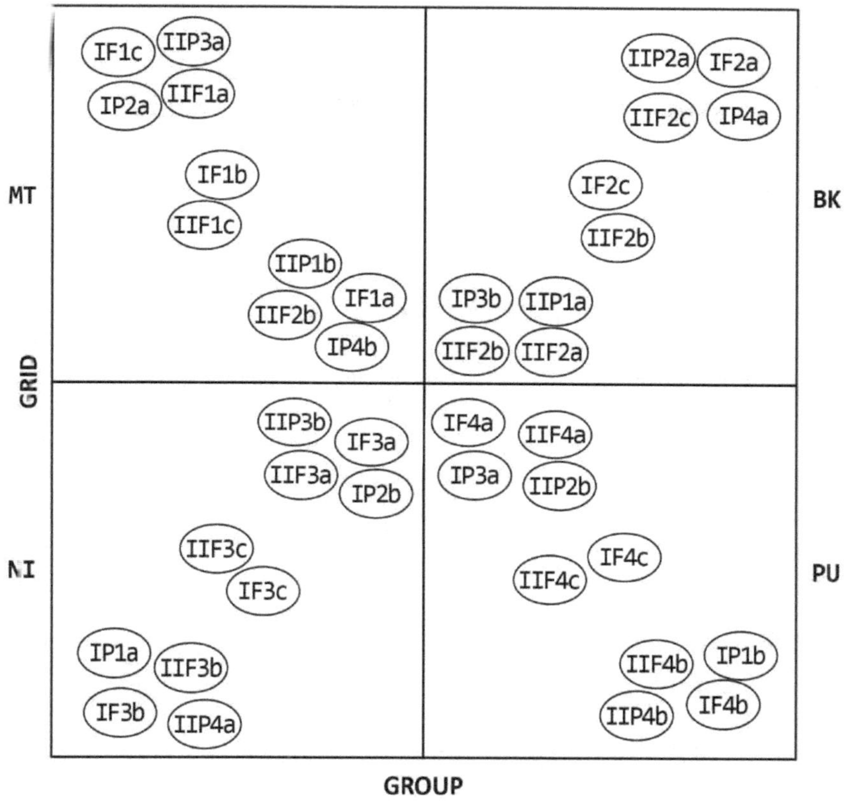

MT = Feld männlicher Traditionalismus
NI = Feld normativer Individualismus
BK = Feld betrieblicher Kollektivisums
PU = Feld pragmatischer Utilitarismus

Abbildung 13: Die Landkarte der Interviewergebnisse

Die Landkarte der Interviewergebnisse macht die Gleichzeitigkeit von Ungleichzeitigkeiten und die Ambivalenzen und Widersprüchlichkeiten im Zusammenhang mit der Organisation von Geschlechtergerechtigkeit als zentrale Erkenntnisse der empirischen Studie deutlich. Sie stellt dabei jene Aussagen zentral, die in Kapitel 7.3 „Die Organisation von Geschlechter(un)gerechtigkeit in der betrieblichen Praxis“ angeführt werden.[67]

Im Zusammenhang mit der Ausdeutung und Aushandlung von Geschlechter(un)gerechtigkeit in technischen Organisationen ist nach vorliegenden Erkenntnissen eine komplexe Vielfältigkeit von möglichen Verbindungen und Verknüpfungen unterschiedlicher Gerechtigkeitsformen, Gerechtigkeitsnormen, Gerechtigkeitsprinzipien und Geschlechterkulturmuster zu identifizieren. Zwar in hohem Maße kontingent, kann dennoch nicht von einer Beliebigkeit der Verknüpfungen von Geschlecht und Gerechtigkeit gesprochen werden. Denn je nach Ausgangssituation und Perspektive, so konnte nachgewiesen werden, wird Geschlecht auf systemischer Handlungsebene in drei unterschiedlichen Diskursen in Bezug auf Gerechtigkeit bedeutend: Dem Diskurs der Geschlechterdifferenz, dem Diskurs der Geschlechtergleichheit und dem Diskurs der Dekonstruktion oder Aufhebung von Geschlecht. Die drei Diskurse, auf theoretischer Ebene einerseits vor allem aufgrund ihrer unhinterfragten Vorannahmen unabhängig voneinander gestellt, begründen und erhalten sich andererseits über wechselseitig wirksame Abgrenzungsmechanismen. Auch die vier empirisch als relevant erkannten Formen von Gerechtigkeit – Tauschgerechtigkeit, Verteilungsgerechtigkeit, Verfahrensgerechtigkeit und Interaktionsgerechtigkeit – grenzen sich als Einheiten einerseits voneinander ab, während sie sich andererseits aufeinander beziehen. Sie setzen Elemente der drei Diskurse auf systemischer Strukturebene nach vier relevanten Prinzipien – Gleichheitsprinzip, Leistungsprinzip, Bedarfsprinzip und Anrechtsprinzip – wechselseitig in Bezug und organisieren darüber je spezifische Verständnisse von Geschlechtergerechtigkeit beziehungsweise Geschlechterungerechtigkeit. Nach hier erarbeiteten Erkenntnissen werden

67 Die in dieser Landkarte der empirischen Ergebnisse angeführten Symbole stellen jeweils eine der im Rahmen dieser Arbeit interpretierten Aussagen zum Thema Geschlechter(un)gerechtigkeit in technischen Organisationen dar. In Kapitel 7.3.1 und Kapitel 7.3.2 beziehungsweise dessen Unterkapiteln (7.3.1.1 bis 7.3.1.8 und 7.3.2.1 bis 7.3.2.8) werden die Zeichen den einzelnen Aussagen zugeordnet. Dabei verweist Position 1 auf den Kontext von „I“ Geschlechtergerechtigkeit beziehungsweise „II“ Geschlechterungerechtigkeit. Position 2 stellt den Zusammenhang der dort angeführten „F“ Formen oder Unformen beziehungsweise „P“ den der Prinzipien oder Unprinzipien her, Position 3 verweist darauf, welche der vier „1“, „2“, „3“, „4“ Formen oder Unformen beziehungsweise „1“, „2“, „3“, „4“ Prinzipien oder Unprinzipien der Aussage unterlegt ist. Dabei orientiert sich die Listung an der Reihung nach Kapitel 3.4.2 und Kapitel 3.4.3. Und Position 4 „a“, „b“, „c“ gibt einen Hinweis auf die Reihenfolge der angeführten Aussagen in Kapitel 7.3.1 und Kapitel 7.3.2.

zudem normative Elemente aus acht traditionellen bis modernen Theoriekonzepten wirksam. Es handelt sich dabei um die Konzepte von Platon, Aristoteles, von Aquin, Hobbes, Kant, Mill, Rawls und Nussbaum. Vier betriebliche Geschlechterkulturmuster – männlicher Traditionalismus, betrieblicher Kollektivismus, normativer Individualismus und pragmatischer Utilitarismus – legen dabei die geschlechterkulturellen Grundlagenfolien in der Praxis. Auf dem Hintergrund der scheinbar gemeinsamen Erfahrungszusammenhänge bringen sich über die Alltagspraxis in den technischen Organisationen in diesen Mustern (asymmetrische) Geschlechterverhältnisse und Geschlechter(un)gleichheiten hervor, die je nach Blickwinkel und Ausgangslage als geschlechtergerecht oder geschlechterungerecht interpretiert werden. Spezifische Bedingungen und Mechanismen richten gleichzeitig die wesentlichen Handlungsstrategien der Akteur_innen in der organisationalen Praxis aus. Im Überkreuzzusammenhang von Form und Prinzip lassen sich somit ungerechtigkeitserhaltende und -stabilisierende Formzusammenhänge beziehungsweise ungerechtigkeitserzeugende und -bewirkende Handlungsausrichtungen unter sonst gleichen systemischen Bedingungen identifizieren. Geschlechterungerechtigkeiten sind daher als ein Ergebnis von Überkreuzwirkungen nachgewiesener Gerechtigkeitsformen und Gerechtigkeitsprinzipien zu diagnostizieren. Neben des Belegs der identen Voraussetzungsbedingungen, die je nach Ausrichtung in bestimmter Weise wechsel- und überkreuzwirken, wird hier zudem deutlich, wie sich Geschlechterungerechtigkeiten in der Alltagspraxis von technischen Organisationen nur in Abgrenzung zu Geschlechtergerechtigkeiten organisieren und deuten lassen.

Die Systematisierung der Interviewaussagen nach den Geschlechterkulturmustern männlicher Traditionalismus, betrieblicher Kollektivismus, normativer Individualismus und pragmatischer Utilitarismus ermöglicht auch einen Rückschluss auf den im Alltag der technischen Unternehmen auf tieferer Ebene zentral gesetzten Geschlechterdiskurs. Über die den Mustern unterlegten Handlungsstrategien wird deutlich, wie sich die Argumentationen der Akteur_innen vor allem auf Grundlage des Diskurses der Geschlechterdifferenz konstruieren. Denn nach hier erarbeiteten empirischen Erkenntnissen sind die Handlungsstrategien der Sexualisierung der Geschlechterverhältnisse (beispielsweise Aussage IIF1a), die dem Geschlechterkulturmuster des männlichen Traditionalismus zugeordnet werden können, die Mechanismen der Grenzziehung zwischen den Geschlechtern (beispielsweise Aussage IP4a), die auf das Geschlechterkulturmuster des betrieblichen Kollektivismus verweisen und die Handlungsmechanismen der Aufwertung weiblicher Zuschreibungen (beispielsweise Aussage IP2b), die dem Geschlechterkulturmuster des normativen Individualismus unterliegen, als prozesshaft aufeinanderfolgende Schritte auf dem Diskurskontinuum der Geschlechterdifferenz zu betrachten. So wird in Kapitel 2.2.1.1 „Zum Verhältnis von Naturwissenschaft und Geschlecht“ dargelegt, wie sich Ansätze der Geschlechterdifferenz in Abgrenzung zum Ein-Geschlecht-Modell der frühen Moderne diskursiv über die Sexualisierung vor allem von Weiblichkeit hervorbringen. Im Diskursprozess wird dann verdeutlicht, wie sich Männer und Frauen scheinbar grundlegend voneinander unterscheiden. Geschlechterdifferenzierungen zu Lasten von Frauen bleiben hier noch ausgeblendet. Das zeigt vor allem Kapitel 2.2.1.2 „Biologistische Substanzen moderner Männlichkeit und Weiblichkeit“. Nachdem sich im Rahmen des Diskurses der Geschlechterdifferenz dann ein Bewusstsein für geschlechtsbezogene Ungleichheiten prozesshaft hervorbringt, knüpft sich in einem nächsten Schritt die Forderung der Geschlechterdifferenzansätze, Frauen in ihrer Andersheit anzuerkennen beziehungsweise Weiblichkeit aufzuwerten, an. Dies macht vor allem Kapitel 4.1 „Diskurskontexte von Geschlechtergerechtigkeit“ deutlich. Nach hier vorliegenden Erkenntnissen zeigen sich die Geschlechterkulturmuster des männlichen Traditionalismus, des betrieblichen Kollektivismus, des normativen Individualismus und des pragmatischen Utilitarismus also vor allem über den Diskurs der Geschlechterdifferenz geprägt. Weil sich das Handeln der Akteur_innen in der Alltagspraxis der untersuchten Betriebe nachweislich diesen Geschlechterkulturmustern zuordnen lässt, sind – Thomas Krobaths Auffassung von Organisationsstrukturen als in Form gegossene Diskurse zugrunde gelegt (Krobath 2010, 549; siehe auch *II. [Zwischenspann]*) – die Organisationsstrukturen der betrieblichen Praxis als aus Diskursen der Geschlechterdifferenz hervorgebrachte Strukturen zu deuten. Zwar zeigen die diskursiven Praktiken der Akteur_innen, die sich zugeordnet im schematischen Zentrum auf systemische Bedingungen des Denkens in Zusammenhängen begründen, dass sich die Auseinandersetzungen zu Geschlechtergerechtigkeit und die individuellen Verständnisse der Akteur_innen im Unternehmen tendenziell auch in den Kontext von Geschlechtergleichheitsdiskursen stellen. Die konstruktivistische Annahme, dass sich Muster und Formen erst ausdeuten und aushandeln, bevor sie sich objektivieren (Berger/Luckmann (1969/2013), lässt jedoch vermuten, dass geschlechterkulturelle Deutungsmuster nach Diskursen der Geschlechtergleichheit, die eine Auseinandersetzung zu den Konsequenzen sozialer Zuschreibungen und einen konstruktiven Umgang mit strukturellen Ausschließungen nicht nur ermöglichen, sondern auch die Reformbedürftigkeit von technischen Organisationen im Sinne des feministischen Anspruchs von Geschlechtergleichheitsdiskursen als gerechtfertigt anerkennen (Kapitel 4.1), zukünftig erst noch hervorgebracht und institutionalisiert werden müssen.

III. [Nachspann]

die generierten erkenntnisse führen es uns deutlich vor augen: in der gegenwärtigen alltagspraxis technischer organisationen bringen sich vielfältige verständnisse und haltungen zu geschlechtergerechtigkeit hervor. je nach perspektive und kontext wird geschlechtergerechtigkeit im tun oft gegensätzlich ausgedeutet. denn die analyse zeigt, dass abhängig davon, wie sich die beziehungen der involvierten akteur_innen zueinander in der jeweiligen handlungssituation ausrichten, sich dieselben entscheidungen oder zuweisungen als geschlechtergerecht oder geschlechterungerecht lesen lassen. die vielfältigkeit der gleichzeitig aufscheinenden deutungs- und handlungsmuster, die sich im zusammenhang mit der herstellung von geschlechtergerechtigkeit in technischen organisationen nach hier vorliegenden erkenntnissen theoretisch und empirisch als relevant erweisen, rückt zum einen die organisation als dynamisches system in den vordergrund. relevant wird, wie unternehmen ihre grundwidersprüche, die sich aus den systemischen wechselbeziehungen zwischen struktur- und handlungsebene in der alltagszusammenarbeit der akteur_innen in zusammenhang mit geschlechtergerechtigkeit ergeben, so zu bearbeiten wissen, dass sie im prozess eine art ausbalancierung erfahren. zum anderen zeigt sich das phänomen der macht als ein phänomen der zweiten ordnung. wie hier vorliegende erkenntnisse nahelegen, erweisen sich in konkreten handlungssituationen der betrieblichen praxis unterschiedliche (geschlechter-)kulturen als wichtige bezugsdimensionen. auf der einen seite können die einzelnen muster als sinnhaft gebundene kultureinheiten in klarer abgrenzung zu den anderen kulturellen einheiten angesehen werden. darüber wirken sie komplexitätsreduzierend und stellen den akteur_innen orientierung im alltagspraktischen deuten und handeln zur verfügung (kuhlmann/kutzner/riegraf/wilz 2013, 497). auf der anderen seite sind die unterschiedlichen muster über wechselseitig in bezug gesetzte merkmale auf normativer, formaler und prinzipieller ebene strukturübergreifend miteinander verknüpft. dieses übergeordnete zusammenspiel der merkmale wirkt komplexitätserweiternd, weil sich darüber in der alltagspraxis der organisationalen akteur_innen vielfältige ausdeutungsmöglichkeiten eröffnen.

diese vielseitigkeit offenbart den betrieblichen akteur_innen nicht allein anschluss an eine vielzahl gleichermaßen rechtfertigbarer geschlechtergerechtigkeitsverständnisse. eine solche vielfalt im verborgenen birgt auch die gefahr, den begriff der geschlechtergerechtigkeit missbräuchlich für die verfolgung persönlicher interessen und den ausbau geschlechterungleicher machtstrukturen in der organisation zu instrumentalisieren. denn derart widersprüchlich angelegt, lassen sich normative, formale und prinzipielle merkmale von geschlecht und gerechtigkeit so verknüpfen, dass sich die darüber hervorgebrachten verständnisse von geschlechtergerechtigkeit mit jenen individuellen und organisationalen zwecken decken, die, wie die hier generierten erkenntnisse zeigen, das phänomen der strukturellen diskriminierung in technischen organisationen ihrerseits erst begründen. sie sind ausgangspunkt und motivation der hier vorliegenden studie. und sie sind grundlage der in kapitel 1.2 „forschungsfragen, zielsetzungen und aufbau der arbeit" angeführten forschungsfragen der organisation von geschlechtergerechtigkeit in der alltagspraxis von unternehmen. allen implementierten gendermainstreaming prozessen, genderbudgeting debatten und gendercontrolling kennzahlen in organisationen zum trotz, so scheint es, droht der normative wert der geschlechtergerechtigkeit dort zu einer inhaltsleeren form zu werden (weick 1995; siehe auch *II. [zwischenspann]*). wenn wir uns und den imperativ der geschlechtergerechtigkeit ernst nehmen wollen, tun wir also gut daran, diese erkenntnisse in unser denken einzubinden. in den organisationen selbst müssen wir strukturen, prozesse und haltungen entwickeln, die ein gemeinschaftliches nachdenken darüber ermöglichen, wie wir unser miteinander in und über die organisationen hinweg organisieren wollen, so dass alle beteiligten unabhängig von geschlecht dazu befähigt sind, gut zu leben und zu arbeiten (krobath 2010, 575). arbeiten wir daran, dass es uns gelingt.

9. Verzeichnis

9.1 Literatur

Abraham, Martin (1996): Betriebliche Sozialleistungen und die Regulierung individueller Arbeitsverhältnisse. Endogene Kooperation durch private Institutionen. Frankfurt am Main: Peter Lang.

Abraham, Martin (2007): Wann werden Löhne als gerecht eingeschätzt? Eine tauschtheoretische Betrachtung der Lohngerechtigkeit auf dem Arbeitsmarkt. In: Zeitschrift für Arbeitsmarkforschung 40(1), 9–22.

Acker, Joan (1991/2013)[68]: Hierarchies, Jobs, Bodies: A Theory of Gendered Organization. In: Müller, Ursula; Riegraf, Birgit; Wilz, Sylvia (Hg.): Geschlecht und Organisation. Wiesbaden: Springer. 86–102.

Adams, John Stacey (1965): Inequity in social exchange. In: Berkowitz, Leonard (Hg.): Advances in experimental social psychology 2. New York: Academic. 267–299.

Adolphy, Erika (1982): Einige Gedanken zu der Frage: Was ist eigentlich eine normale Frauenbiographie? In: Beiträge zur feministischen Theorie und Praxis 5(7), 8–9.

Aertsen, Jan; Speer, Andreas (1996) (Hg.): Individuum und Individualität im Mittelalter. Berlin: de Gruyter.

Akerlof, George (1982): Labor Contracts as Partial Gift Exchange. In: Quarterly Journal of Economics 97(4), 543–569.

Albertus-Magnus-Akademie Walberberg (2004) (Hg.): Summa Theologica. Wien: Verlagsgruppe Styria GmbH & Co KG.

Alchian, Armen; Demsetz, Harold (1972): Production, Information Costs, and Economic Organization. In: American Economic Review 62(5), 777–798.

Anan, Deniz (2017): Parteiprogramm im Wandel. Ein Vergleich von FDP und Grünen zwischen 1971 und 2013. Wiesbaden: Springer.

Andermahr, Sonya; Lovell, Terry; Wolkowitz, Carol (2000): A Glossary of Feminist Theory. London: Arnold.

Angermüller, Johannes; Nonhoff, Martin; Herschinger, Eva; Macgilchrist, Felicitas; Reisigl, Martin; Wedl, Juliette; Wrana, Daniel; Ziem, Alexander (2014) (Hg.): Diskursforschung. Ein interdisziplinäres Handbuch. Bielefeld: transcript.

68 Die zuerst genannte Jahreszahl verweist auf das Erscheinungsjahr der Originalausgabe. Sie wird dann angeführt, wenn es der historische Kontext verlangt.

Arnold, Arthur (2007): Biologische Grundlagen von Geschlechtsunterschieden. In: Lautenbacher, Stefan; Güntürkün, Onur; Hausmann, Markus (Hg.): Gehirn und Geschlecht. Neurowissenschaft des kleinen Unterschieds zwischen Mann und Frau. Heidelberg: Springer. 19–39.

Arrow, Kenneth (1973): The Theory of Discrimination. In: Ashenfelter, Orley; Albert, Rees (Hg.): Discrimination in Labor Markets. Princeton: Princeton University. 3–33.

Arzberger, Klaus (1988): Über die Ursprünge und Entwicklungsbedingungen der Leistungsgesellschaft. In: Hondrich, Karl Otto; Schumacher, Jürgen; Arzberger, Klaus; Schlie, Frank; Stegbauer, Christian (Hg.): Krise der Leistungsgesellschaft? Empirische Analysen zum Engagement in Arbeit, Familie und Politik. Opladen. Westdeutscher Verlag. 23–49.

Ashenfelter, Orley; Albert, Rees (1973) (Hg.): Discrimination in Labor Markets. Princeton: Princeton University.

Assmann, Aleida; Friese, Heidrun (1998) (Hg.): Identitäten. Erinnerung, Geschichte, Identität 3. Frankfurt am Main: Suhrkamp.

Aulenbacher, Brigitte; Dammayr, Maria; Dörre, Klaus; Menz, Wolfgang; Riegraf, Birgit; Wolf, Harald (2017) (Hg.): Leistung und Gerechtigkeit: Das umstrittene Versprechen des Kapitalismus. Weinheim: Beltz.

Aulenbacher, Brigitte; Riegraf, Birgit (2012) (Hg.): Erkenntnis und Methode. Geschlechterforschung in Zeiten des Umbruchs. 2. Auflage. Wiesbaden: Springer.

Baatz, Dagmar; Rudolph, Clarissa; Satilmis, Ayla (2004) (Hg.): Hauptsache Arbeit? Feministische Perspektiven auf den Wandel von Arbeit. Münster: Westfälisches Dampfboot.

Baier, Andrea (2010): Subsistenzansatz: Von der Hausarbeitsdebatte zur „Bielefelder Subsistenzperspektive“. In: Becker, Ruth; Kortendiek, Beate (Hg.): Handbuch Frauen- und Geschlechterforschung. Theorie, Methoden, Empirie. 3. erweiterte und durchgesehene Auflage. Wiesbaden: Springer. 75–80.

Baron-Cohen, Simon (2004): Vom ersten Tag an anders. Das weibliche und das männliche Gehirn. Düsseldorf: Patmos.

Becker, Fred (2003): Grundlagen betrieblicher Leistungsbeurteilungen. 4. aktualisierte Auflage. Stuttgart: Schäffer-Poeschel.

Becker, Irene; Hauser, Richard (2009): Soziale Gerechtigkeit – ein magisches Viereck: Zieldimensionen, Politikanalysen und empirische Befunde. Berlin: Edition Sigma.

Becker, Ruth; Kortendiek, Beate (2010) (Hg.): Handbuch Frauen- und Geschlechterforschung. Theorie, Methoden, Empirie. 3. erweiterte und durchgesehene Auflage. Wiesbaden. Springer.

Becker-Schmidt, Regina (1980): Widersprüchliche Realität und Ambivalenz. Arbeitserfahrungen in Fabrik und Familie. In: Kölner Zeitschrift für Soziologie und Sozialpsychologie 32(4), 80–102.

Becker-Schmidt, Regina (1983): Entfremdete Aneignung, gestörte Anerkennung, Lernprozesse: Über die Bedeutung von Erwerbsarbeit für Frauen. In: Matthes, Joachim (Hg.): Krise der Arbeitsgesellschaft? Verhandlungen des 21. Deutschen Soziologentages in Bamberg 1982. Frankfurt am Main: Campus. 412–426.

Becker-Schmidt, Regina (1987): Die doppelte Vergesellschaftung – die doppelte Unterdrückung. In: Unterkirchner, Lilo; Wagner, Ina (Hg.): Die andere Hälfte der Gesellschaft. Österreichischer Soziologentag 1985. Soziologische Befunde zu geschlechtsspezifischen Formen der Lebensbewältigung. Wien: Verlag des Österreichischen Gewerkschaftsbundes. 10–25.

Becker-Schmidt, Regina (1991): Individuum, Klasse und Geschlecht aus der Perspektive der Kritischen Theorie. In: Zapf, Wolfgang (Hg.): Die Modernisierung moderner Gesellschaften. Verhandlungen des 25. Deutschen Soziologentages in Frankfurt am Main 1990. Frankfurt am Main: Campus. 383–394.

Becker-Schmidt, Regina (1993): Geschlechterdifferenz – Geschlechterverhältnis: soziale Dimensionen des Begriffs „Geschlecht“. In: Zeitschrift für Frauenforschung 11(1/2), 37–46.

Becker-Schmidt, Regina (1996): Transformationen, soziale Ungleichheit und Geschlecht. In: Metz-Göckel, Sigrid; Wetterer, Angelika (Hg.): Vorausdenken, Querdenken, Nachdenken. Texte für Ayla Neusel. Frankfurt am Main: Campus. 183–197.

Becker-Schmidt, Regina (2006): Radikale Kritik als Basis feministischer Visionen. In: Hawel, Marcus; Kritidis, Georg (Hg.): Aufschrei der Utopie. Möglichkeiten einer anderen Welt. Hannover: Offizin. 67–84.

Becker-Schmidt, Regina (2010): Doppelte Vergesellschaftung von Frauen: Divergenzen und Brückenschläge zwischen Privat- und Erwerbsleben. In: Becker, Ruth; Kortendiek, Beate (Hg.): Handbuch Frauen- und Geschlechterforschung. Theorie, Methoden, Empirie. 3. erweiterte und durchgesehene Auflage. Wiesbaden: Springer. 65–74.

Becker-Schmidt, Regina (2012): Erkenntnis, Forschungsgegenstand, Kritik – Notizen zu epistemologischen Kontroversen in der Geschlechterforschung. In: Aulenbacher, Brigitte; Riegraf, Birgit (Hg.): Erkenntnis und Methode. Geschlechterforschung in Zeiten des Umbruchs. 2. Auflage. Wiesbaden: Springer. 273–308.

Becker-Schmidt, Regina; Knapp, Gudrun-Axeli (1995) (Hg.): Das Geschlechterverhältnis als Gegenstand der Sozialwissenschaften. Frankfurt am Main: Campus.

Becker-Schmidt, Regina; Knapp, Gudrun-Axeli (2007): Feministische Theorien zur Einführung. 4. vollständig überarbeitete Auflage. Hamburg: Junius.

Beer, Ursula (1984): Theorien geschlechtlicher Arbeitsteilung. Frankfurt am Main: Campus.

Beer, Ursula (1990): Geschlecht, Struktur, Geschichte. Soziale Konstituierung des Geschlechterverhältnisses. Frankfurt am Main: Campus.

Beer, Ursula (2010): Sekundärpatriarchalismus: Patriarchat in Industriegesellschaften. In: Becker, Ruth; Kortendiek, Beate (Hg.): Handbuch Frauen- und Geschlechterforschung. Theorie, Methoden, Empirie. 3. erweiterte und durchgesehene Auflage. Wiesbaden: Springer. 59–64.

Behnke, Cornelia; Lengersdorf, Diana; Scholz, Sylka (1994) (Hg.): Wissen – Methode – Geschlecht: Erfassen des fraglos Gegebenen. Wiesbaden: Springer.

Benhabib, Seyla; Butler, Judith; Cornell, Drucilla; Fraser, Nancy (1993) (Hg.): Der Streit um Differenz. Feminismus und Postmoderne in der Gegenwart. Frankfurt am Main: Fischer.

Bennholdt-Thomsen, Veronika (1994) (Hg.): Juchitán – Stadt der Frauen. Reinbek: Rowohlt.

Bentham, Jeremy (1789/2013): Eine Einführung in die Prinzipien der Moral und Gesetzgebung. Saldenburg: Senging.

Berger, Peter; Luckmann, Thomas (1969/2013): Die gesellschaftliche Konstruktion der Wirklichkeit. 25. Auflage. Frankfurt am Main: Fischer.

Berkowitz, Leonard (1965) (Hg.): Advances in experimental social psychology 2. New York: Academic.

Beweley, Truman (1999): Why Wages Don't Fall During a Recession. Cambridge: Harvard University.

Bies, Robert (2001): Interactional (In)Justice: The Sacred and the Profane. In: Greenberg, Jerald; Cropanzano, Russel (Hg.): Advances in Organizational Justice. Stanford: Stanford University. 89–118.

Bies, Robert (2015): Interactional Justice: Looking Backward, Looking forward. In: Cropanzano, Russel; Ambrose, Maureen (Hg.): Oxford Handbook of Justice in the Workplace. Oxford: Oxford University. 89–107.

Bies, Robert; Moag, Joseph (1986): Interactional justice: Communication criteria of fairness. In: Lewicki, Roy; Sheppard, Blair; Bazerman, Max (Hg.): Research on Negotiations in Organizations (Vol. 1). Greenwich: JAI. 43–55.

Birnbacher, Dieter (2002): Utilitarismus. In: Düwell, Marcus; Hübenthal, Christoph; Werner, Micha (Hg.): Handbuch Ethik. Stuttgart: J.B. Metzler. 95–107.

Birnbacher, Dieter (2006) (Hg.): Mill, John Stuart. Utilitarianism/Der Utilitarismus. Stuttgart: Reclam (Originaltext 1861).

Bischof, Norbert; Preuschoft, Holger (1980) (Hg.): Geschlechtsunterschiede. Entstehung und Entwicklung. Mann und Frau in biologischer Sicht. München: Beck.

Bischof-Köhler, Doris (2011): Von Natur aus anders. Die Psychologie der Geschlechtsunterschiede. 4. überarbeitete und erweiterte Auflage. Stuttgart: Kohlhammer.

Blau, Peter (1963): The Dynamics of Bureaucrazy. Chicago: Chicago University.

Blau, Peter (1964): Exchange and Power in Social Life. New York: Wiley.

Bock, Gisela (1983): Historisches Fragen nach Frauen. Historische Frauenforschung. Fragestellungen und Perspektiven. In: Hausen, Karin (Hg.): Frauen suchen ihre Geschichte. München: Beck. 22–60.

Bos, Kees van den; Wilke, Henk; Lind, Allan; Vermunt, Riël (1997): How do I judge my outcome when I do not know the outcome of others? The psychology of the fair process effect. In: Journal of Personality and Social Psychology 72(5), 1034–1046.

Bos, Kees van den; Wilke, Henk; Lind, Allan; Vermunt, Riël (1998): Evaluating outcomes by means of the fair process effect: Evidence for different processes in fairness and satisfaction judgments. In: Journal of Personality and Social Psychology 74(6), 1493–1503.

Breuer, Franz; Muckel, Petra; Dieris, Barbara (2018): Reflexive Grounded Theory. Eine Einführung in die Forschungspraxis. 4. Auflage. Wiesbaden: Springer.

Brink, Bert van den; Reijen, Willem van (1995) (Hg.): Bürgergesellschaft, Recht und Demokratie. Frankfurt am Main: Suhrkamp.

Bublitz, Hannelore (1992): Feministische Wissenschaft: Patriarchatskritik oder Geschlechterforschung. In: Stahr, Ingeborg (Hg.): Wenn Frauenwissen Wissen schafft. 10 Jahre Frauenstudium und Frauenforschung an der Universität – GH – Essen. Essen: Hochschuldidaktisches Zentrum Bereich Frauenstudien Frauenforschung. 23–36.

Bublitz, Hannelore (1998a) (Hg.): Das Geschlecht der Moderne. Frankfurt am Main: Campus.

Bublitz, Hannelore (1998b): Geschlecht. In: Korte, Hermann; Schäfers, Bernhard (Hg.): Einführung in die Hauptbegriffe der Soziologie. Opladen: Leske + Budrich. 59–79.

Buchheim, Thomas (2007): Aristoteles. Gerechtigkeit als Tugend. In: Spaemann, Robert; Schweidler, Walter (Hg.): Ethik Lehr- und Lesebuch. Texte – Fragen – Antworten. Zweite Auflage. Stuttgart: Klett-Cotta. 244–261.

Buck, Inge; Grubitzsch, Helga; Pelz, Annegret; Reineke, Sabine (1982): Frauenleben: Lebensmöglichkeiten und -schwierigkeiten von Frauen in der bürgerlichen Gesellschaft. In: Beiträge zur feministischen Theorie und Praxis 5(7), 23–36.

Bundeskanzleramt der Republik Österreich (2018): Gesamte Rechtsvorschrift für Gleichbehandlungsgesetz. https://www.ris.bka.gv.at/GeltendeFassung.wxe?Abfrage=Bundesnormen&Gesetzesnummer=20003395 (Zugriff am 12.12.2018)

Bundeskanzleramt der Republik Österreich (2019): Bundes-Verfassungsgesetz Art. 7. https://www.ris.bka.gv.at/NormDokument.wxe?Abfrage=Bundesnormen&Gesetzesnummer=10000138&Artikel=7&Paragraf=&Anlage=&Uebergangsrecht (Zugriff am 28.08.2019)

Butler, Judith (1991): Das Unbehagen der Geschlechter. Frankfurt am Main: Suhrkamp.

Butler, Judith (1993): Kontingente Grundlagen: Der Feminismus und die Frage der „Postmoderne“. In: Benhabib, Seyla; Butler, Judith; Cornell, Drucilla; Fraser, Nancy (Hg.): Der Streit um Differenz. Feminismus und Postmoderne in der Gegenwart. Frankfurt am Main: Fischer. 31–58.

Butler, Judith (1997): Körper von Gewicht. Die diskursiven Grenzen des Geschlechts. Frankfurt am Main: Suhrkamp.

Butler, Judith (2006): Gender Trouble. 3rd Edition. Abingdon: Routledge.

Butler, Judith (2009): Die Macht der Geschlechternormen und die Grenzen des Menschlichen. Frankfurt am Main: Suhrkamp.

Casale, Rita; Rendtorff, Barbara; Andresen, Sabine; Moser, Vera; Prengel, Annedore (2005) (Hg.): Geschlechterforschung in der Kritik. Jahrbuch Frauen- und Geschlechterforschung in der Erziehungswissenschaft 1. Opladen: Barbara Budrich.

Charmaz, Kathy (2006): Constructing Grounded Theory. A Practical Guide through Qualitative data analysis. London: Sage.

Chodorow, Nancy (1985): Das Erbe der Mütter. Psychoanalyse und Soziologie der Geschlechter. München: Frauenoffensive.

Cockburn, Cynthia (1991/2013): Das Material männlicher Macht. In: Müller, Ursula; Riegraf, Birgit; Wilz, Sylvia (Hg.): Geschlecht und Organisation. Wiesbaden: Springer. 422–468.

Cohen-Carash, Yochi; Spector, Paul (2001): The role of justice in organizations: A meta-analysis. In: Organizational Behaviour and Human Decision Processes 86(2), 278–321.

Colquitt, Jason (2001): On the Dimensionality of Organizational Justice: A construct Validation of a Measure. In: Journal of Applied Psychology 86(3), 386–400.

Connell, Robert (1987): Gender and Power. Society, the Person and Sexual Politics. Cambridge: Polity.

Conze, Werner (1976) (Hg.): Sozialgeschichte der Familie in der Neuzeit Europas. Neue Forschungen. Stuttgart: Klett-Cotta.

Cooper, Cary; Robertson, Ivan (Hg.): International Review of Industrial and Organizational Psychology. New York: Wiley.

Cordes, Mechthild (2010): Gleichstellungspolitiken: Von der Frauenförderung zum Gender Mainstreaming. In: Becker, Ruth; Kortendiek, Beate (Hg.): Handbuch Frauen- und Geschlechterforschung. Theorie, Methoden, Empirie. 3. erweiterte und durchgesehene Auflage. Wiesbaden: Springer. 924–932.

Coss, John Jacob (1924) (Hg.): Autobiography of John Stuart Mill. New York: o.A.

Cropanzano, Russel; Ambrose, Maureen (2015) (Hg.): Oxford Handbook of Justice in the Workplace. Oxford: Oxford University.

Cropanzano, Russel; Greenberg, Jerald (1997): Progress in organizational justice: Tunneling through the maze. In: Cooper, Cary; Robertson, Ivan (Hg.): International Review of Industrial and Organizational Psychology. New York: Wiley. 317–372.

Cropanzano, Russell; Rupp, Deborah; Thornton, Meghan; Shao, Ruodan (2016): Organizational Justice and Organizational Citizenship. In: Podsakoff, Philip; Mackenzie, Scott; Podsakoff, Nathan (Hg.): The Oxford Handbook of Organizational Citizenship Behavior. https://www.researchgate.net/publication/303937457_Organizational_Justice_and_Organizational_Citizenship (Zugriff am 01.06.2018)

Cyba, Eva (2010): Patriarchat: Wandel und Aktualität. In: Becker, Ruth; Kortendiek, Beate (Hg.): Handbuch Frauen- und Geschlechterforschung. Theorie, Methoden, Empirie. 3. erweiterte und durchgesehene Auflage. Wiesbaden: Springer. 17–22.

Dausien, Bettina (1994): Biographieforschung als „Königinnenweg“. Überlegungen zur Relevanz biographischer Ansätze in der Frauenforschung. In: Diezinger, Angelika; Kitzer, Hedwig; Anker, Ingrid; Bingel, Irma; Haas, Erika; Odierna, Simone (Hg.): Erfahrung mit Methode. Wege sozialwissenschaftlicher Frauenforschung. Freiburg im Breisgau: Kore. 129–153.

Dausien, Bettina (1996): Biographie und Geschlecht: zur biographischen Konstruktion sozialer Wirklichkeit in Frauenlebensgeschichten. Bremen: Donat.

Dausien, Bettina (2000): „Biographie“ als rekonstruktiver Zugang zu „Geschlecht“. Perspektiven der Biographieforschung. In: Lemmermöhle, Doris; Fischer, Dietlind; Klika, Dorle; Schlüter, Anne (Hg.): Lesarten des Geschlechts. Zur De-Konstruktionsdebatte in der erziehungswissenschaftlichen Geschlechterforschung. Opladen: Leske + Budrich. 96–115.

Dausien, Bettina (2012): Biografieforschung: Theoretische Perspektiven und methodologische Konzepte für eine re-konstruktive Geschlechterforschung. In: Becker, Ruth; Kortendiek, Beate (Hg.): Handbuch Frauen- und Geschlechterforschung. Theorie, Methoden, Empirie. 3. erweiterte und durchgesehene Auflage. Wiesbaden: Springer. 362–375.

Der Standard (2018): Frauenquote in Aufsichtsräten beginnt zu greifen. https://derstandard.at/2000086771577/Frauenquote-in-Aufsichtsraeten-beginnt-zu-greifen (Zugriff am 18.06.2019)

Deutsch, Morton (1975): Equity, equality, and need: What determines which value will be used as the basis of distributive justice? In: Journal of Social Issues 31(3), 137–149.

Deutsch, Morton (1985): Distributive justice. New Haven: Yale University.

Diezinger, Angelika; Kitzer, Hedwig; Anker, Ingrid; Bingel, Irma; Haas, Erika; Odierna, Simone (1994) (Hg.): Erfahrung mit Methode. Wege sozialwissenschaftlicher Frauenforschung. Freiburg im Breisgau: Kore.

Douglas, Mary (1970): Natural Symbols. Explorations in Cosmology. London: Barrie & Rockliff.

Douglas, Mary (1982) (Hg.): Essays in the Sociology of Perception. London: Routledge.

Douglas, Mary (1986): How Institutions think. Syracuse: Syracuse University.

Douglas, Mary (1996): Thought Styles. London: Sage.

Douglas, Mary; Wildavsky, Aaron (1982): Risk and Culture. An Essay on the Selection of Technological and Environmental Dangers. Los Angeles: California University.

Dresing, Thorsten; Pehl, Thorsten (2011): Vereinfachtes Transkriptionssystem. https://www.audiotranskription.de/audiotranskription/upload/VereinfachteTranskription30-09-11.pdf (Zugriff am 10.11.2019)

Dressel, Kathrin; Wanger, Susanne (2013): Erwerbsarbeit. Zur Situation von Frauen auf dem Arbeitsmarkt. In: Becker, Ruth; Kortendiek, Beate (Hg.): Handbuch Frauen- und Geschlechterforschung. Theorie, Methoden, Empirie. 3. erweiterte und durchgesehene Auflage. Wiesbaden: Springer. 489–498.

Duden (2017a): Metapher. https://www.duden.de/rechtschreibung/Metapher (Zugriff am 06.12.2017)

Duden (2017b): Platzhirsch. https://www.duden.de/rechtschreibung/Platzhirsch (Zugriff am 22.12.2017)

Duden (2018a): Prinzip. https://www.duden.de/rechtschreibung/Prinzip (Zugriff am 11.02.2018)

Duden (2018b) Seifenoper. https://www.duden.de/rechtschreibung/Seifenoper (Zugriff am 17.09.2018)

Duden (2019): Zickenkrieg. https://www.duden.de/rechtschreibung/Zickenkrieg (Zugriff am 09.10.2019)

Düwell, Marcus; Hübenthal, Christoph; Werner, Micha (2002) (Hg.): Handbuch Ethik. Stuttgart: J.B. Metzler.

Eberherr, Helga; Bendl, Regine (2017): Organisationen unter Druck? Zum Chancengleichheitsversprechen des Leistungsprinzips. In: Aulenbacher, Brigitte; Dammayr, Maria; Dörre, Klaus; Menz, Wolfgang; Riegraf, Birgit; Wolf, Harald (Hg.): Leistung und Gerechtigkeit: Das umstrittene Versprechen des Kapitalismus. Weinheim: Beltz. 265–281.

Ebert, Thomas (2015): Soziale Gerechtigkeit. Ideen, Geschichten, Kontroversen. 2. erweiterte und überarbeitete Auflage. Frankfurt am Main: Zarbock. http://www.was-ist-soziale-gerechtigkeit.de/download/Soziale_Gerechtigkeit--Ideen-Geschichte-Kontroversen_2015.pdf (Zugriff am 05.03.2018)

Eickelpasch, Rolf (2001): Hierarchie und Differenz. Anmerkungen und Anfragen zur "konstruktivistischen Wende" in der Analyse sozialer Ungleichheit. In: Rademacher, Claudia; Wiechens, Peter (Hg.): Geschlecht – Ethnizität – Klasse. Zur sozialen Konstruktion von Hierarchie und Differenz. Opladen: Leske + Budrich. 53–63.

Elias, Norbert (1997): Über den Prozess der Zivilisation. Soziogenetische und psychogenetische Untersuchungen. Band 1. Wandlungen des Verhaltens in den weltlichen Oberschichten des Abendlandes. Frankfurt am Main: Suhrkamp.

Engel, Heike (2011): Sozialpolitische Grundlagen der Sozialen Arbeit. Stuttgart: Kohlhammer.

Equit, Claudia; Hohage, Christoph (2016): Handbuch Grounded Thoery. Von der Methodologie zur Forschungspraxis. Weinheim: Beltz.

Erler, Michael (2006): Platon. München: Beck.

Fahrenbach, Helmut (1972): Ein programmatischer Aufriß der Problemlage und systematischen Ansatzmöglichkeiten praktischer Philosophie. In: Riedel, Manfred (Hg.): Rehabilitierung der praktischen Philosophie. Freiburg im Breisgau: Rombach. 15–56.

Fehr, Ernst; Gächter, Simon (2000): Fairness and Retaliation: The Economics of Reciprocity. In: Journal of Economic Perspectives 14(3), 159–181.

Fehr, Ernst; Kirchler, Erich; Weichbold, Andreas; Gächter, Simon (1998): When Social Norms Overpower Competition: Gift Exchange in Experimental Labor Markets. In: Journal of Labor Economics 16(2), 324–351.

Felman, Shoshana (1983): The Literary Speech Act. Don Juan with J. L. Austin, or Seduction in Two Languages. Ithaca: Cornell University.

Ferguson, Kathy (1984): The Feminist Case Against Bureaucracy. Philadelphia: Temple University.

Flick, Uwe; Kardorff, Ernst von; Steinke, Ines (2000a) (Hg.): Qualitative Forschung. Ein Handbuch. Reinbek: Rowohlt.

Flick, Uwe; Kardorff, Ernst von; Steinke, Ines (2000b): Was ist qualitative Forschung? Einleitung und Überblick. In: Flick, Uwe; Kardorff, Ernst von; Steinke, Ines (Hg.): Qualitative Forschung. Ein Handbuch. Reinbek: Rowohlt. 13–29.

Folger, Robert; Greenberg, Jerald (1985): Procedural justice: An interpretive analysis of personnel systems. In: Rowland, Kendrith; Ferris, Gerald (Hg.): Research in personnel and human resources management. 3. Auflage. Greenwich: JAI. 141–183.

Forster, Edgar (2005): Männerforschung, Gender Studies und Patriarchatskritik. In: Casale, Rita; Rendtorff, Barbara; Andresen, Sabine; Moser, Vera; Prengel, Annedore (Hg.): Geschlechterforschung in der Kritik. Jahrbuch Frauen- und Geschlechterforschung in der Erziehungswissenschaft 1. Opladen: Barbara Budrich. 41–72.

Foucault, Michel (1976/1987): Der Wille zum Wissen. Sexualität und Wahrheit 1. 21. Auflage. Frankfurt am Main: Suhrkamp.

Foucault, Michel (1978): Dispositive der Macht. Über Sexualität, Wissen und Wahrheit. Berlin: Merve.

Foucault, Michel (1996): Die Ordnung des Diskurses. Frankfurt am Main: Fischer.

Frau in der Wirtschaft (2019): Frauen-Fakten. https://www.wko.at/site/FIW/Wir--ber-uns/Zahlen--Daten--Fakten/frauen-wirtschaft-fakten-2018.pdf (Zugriff am 29.09.2019)

Freud, Sigmund (1905/2014): Drei Abhandlungen zur Sexualtheorie. Frankfurt am Main: Fischer.

Froschauer, Ulrike; Lueger, Manfred (2009): Interpretative Sozialforschung. Der Prozess. Wien: facultas.

Frost, Peter; Moore, Larry; Louis, Meryl Reis; Lundberg, Craig; Martin, Joanne (1985) (Hg.): Organizational Culture. London: Sage.

Fuchs-Heinritz, Werner; Lautmann, Rüdiger; Rammstedt, Otthein; Wienold, Hans (1994) (Hg.): Lexikon zur Soziologie. Opladen: Westdeutscher Verlag.

Funder, Maria (2004): (K)ein Ende der Geschlechterungleichheit? Arbeit und Geschlecht als Medien der Inklusion und Exklusion in Organisationen. In: Baatz, Dagmar; Rudolph, Clarissa; Satilmis, Ayla (Hg.): Hauptsache Arbeit? Feministische Perspektiven auf den Wandel von Arbeit. Münster: Westfälisches Dampfboot. 47–69.

Funder, Maria (2014) (Hg.): Gender Cage – Revisited. Handbuch zur Organisations- und Geschlechterforschung. Baden-Baden: Nomos.

Garfinkel, Harold (1967): Studies in Ethnomethodology. New Jersey: Prentice Hall.

Gergen, Kenneth; Greenberg, Martin; Willis, Richard (1980) (Hg.): Social Exchange. Advances in Theory and Research. New York: Plenum.

Giddens, Anthony (1984): Die Konstitution der Gesellschaft. Grundzüge einer Theorie der Strukturierung. Frankfurt am Main: Campus.

Gildemeister, Regine (1992): Die soziale Konstruktion von Geschlechtlichkeit. In: Ostner, Ilona; Lichtblau, Klaus (Hg.): Feministische Vernunftkritik. Ansätze und Traditionen. Frankfurt am Main: Campus. 220–240.

Gildemeister, Regine (2000): Geschlechterforschung (gender studies). In: Flick, Uwe; Kardorff, Ernst von; Steinke, Ines (Hg.): Qualitative Forschung. Ein Handbuch. Reinbek: Rowohlt. 213–223.

Gildemeister, Regine (2010): Doing Gender: Soziale Praktiken der Geschlechterunterscheidung. In: Becker, Ruth; Kortendiek, Beate (Hg.): Handbuch Frauen- und Geschlechterforschung. Theorie, Methoden, Empirie. 3. erweiterte und durchgesehene Auflage. Wiesbaden: Springer. 137–145.

Gildemeister, Regine; Robert, Günther (2008): Geschlechterdifferenzierungen in lebenszeitlicher Perspektive. Interaktion – Institution – Biografie. Wiesbaden: Springer.

Gildemeister, Regine; Wetterer, Angelika (1992): Wie Geschlechter gemacht werden. Die soziale Konstruktion der Zweigeschlechtlichkeit und ihre Reifizierung in der Frauenforschung. In: Knapp, Gudrun-Axeli; Wetterer, Angelika (Hg.) (1992): TraditionenBrüche. Entwicklungen feministischer Theorie. Freiburg im Breisgau: Kore. 201–254.

Gilligan, Carol (1985): Die andere Stimme. Lebenskonflikte und Moral der Frau. München: Piper.

Gilligan, Carol; Wiggins, Grant (1987): The origins of morality in early childhood relationships. In: Kegan, Jerome; Lamb, Sharon (Hg.): The emergence of morality in young children. Chicago: Chicago University. 277–305.

Giuliani, Regula (1997): Körpergeschichten zwischen Modellbildung und haptischer Hexis: Thomas Laqueur und Barbara Duden. In: Vetter, Helmut; Stoller, Silvia (Hg.): Phänomenologie und Geschlechterdifferenz. Wien: UTB. 148–165.

Glaser, Barney (1992): Emergence vs. forcing: Basics of grounded theory analysis. Mill Valley: Sociology.

Glaser, Barney; Strauss, Anselm (1967/1998): Grounded Theory. Strategien qualitativer Forschung. Bern: Huber.

Gollwitzer, Mario; Lotz, Sebastian; Schlösser, Thomas; Streicher, Bernhard (2013) (Hg.): Soziale Gerechtigkeit: Was unsere Gesellschaft aus den Erkenntnissen der Gerechtigkeitspsychologie lernen kann. Göttingen: Hogrefe.

Goppel, Anna; Mieth, Corinna; Neuhäuser, Christian (2016) (Hg.): Handbuch Gerechtigkeit. Stuttgart: J.B. Metzler.

Gosepath, Stefan (2004): Gleiche Gerechtigkeit. Grundlagen eines liberalen Egalitarismus. Frankfurt am Main: Suhrkamp.

Gottschall, Karin (2000): Soziale Ungleichheit und Geschlecht. Kontinuitäten und Brüche, Sackgassen und Erkenntnispotentiale im deutschen soziologischen Diskurs. Wiesbaden: Springer.

Graf, Julia; Ideler, Kristin; Klinger, Sabine (2013) (Hg.): Geschlecht zwischen Struktur und Subjekt: Theorie, Praxis, Perspektiven. Leverkusen: Barbara Budrich.

Greenberg, Jerald (1987): Reactions to Procedural Injustice in Payment Distributions: Do the Means Justify the Ends? In: Journal of Applied Psychology 72(1), 55–61.

Greenberg, Jerald (1990): Employee Theft as a Reaction to Underpayment Inequity: The Hidden Cost of Pay Cuts. In: Journal of Applied Psychology 75(6), 561–568.

Greenberg, Jerald (1993): The Intellectual Adolescence of Organizational Justice: You've Come A Long Way, Maybe. In: Social Justice Research 6(1), 135–148.

Greenberg, Jerald; Cropanzano, Russel (2001) (Hg.): Advances in Organizational Justice. Stanford: Stanford University.

Großmaß, Ruth (1989): Nicht die Mutter ist schuld, sondern „nur" ihr Geschlecht: Nancy Chodorows Analyse weiblichen Mutterns. In: Psychologie und Gesellschaftskritik 13 (1/2), 51–82.

Gutek, Barbara (1989/2013): Sexuality in the Workplace: Key Issues in Social Research and Organizational Practice. In: Müller, Ursula; Riegraf, Birgit; Wilz, Sylvia (Hg.): Geschlecht und Organisation. Wiesbaden: Springer. 321–337.

Haase, Martin (2014): Sozialliberalismus. Vortrag. Nürnberg, 01. Februar 2014. http://www.youtube.com/watch?v=bO1YP-_c_WI (Zugriff am 11.02.2017)

Hagemann-White, Carol (1984): Sozialisation: Weiblich – männlich? Opladen: Leske + Budrich.

Hagemann-White, Carol (2005): Geschlecht als kulturelle und soziale Praxis – aktuelle Fragen zwischen Sozialisation und Biologie. In: Vogel, Ulrike (Hg.): Was ist weiblich – was ist männlich? Aktuelles zur Geschlechterforschung in den Sozialwissenschaften. Bielefeld: Kleine. 32–47.

Hahn, Hans Peter (2011): Mary Douglas: Symbolische Anthropologie und die Entdeckung der Konsumkultur. In: Moebius, Stephan; Quadflieg, Dirk (Hg.): Kultur. Theorien der Gegenwart. Wiesbaden: Springer. 159–167.

Haller, Max; Hoffmann-Nowotny, Hans-Joachim; Zapf, Wolfgang (1989) (Hg.): Deutsche Gesellschaft für Soziologie (DGS): Kultur und Gesellschaft: Verhandlungen des 24. Deutschen Soziologentags, des 11. Österreichischen Soziologentags und des 8. Kongresses der Schweizerischen Gesellschaft für Soziologie in Zürich 1988. Frankfurt am Main: Campus.

Hanappi-Egger, Edeltraud; Eberherr, Helga (2014): Doing/Undoing Differences: Die Sicht der prozessorientierten Organisationstheorien. In: Funder, Maria (Hg.): Gender Cage – Revisited. Handbuch zur Organisations- und Geschlechterforschung. Baden-Baden: Nomos. 225–244.

Hanappi-Egger, Edeltraud; Bendl, Regine (2015) (Hg.): Diversität, Diversifizierung und (Ent)Solidarisierung. Eine Standortbestimmung der Diversitätsforschung im deutschen Sprachraum. Wiesbaden: Springer.

Haubl, Rolf; Daser, Bettina (2007) (Hg.): Macht und Psyche in Organisationen. Göttingen: Vandenhoeck & Ruprecht.

Hausen, Karin (1976): Die Polarisierung der „Geschlechtscharaktere". Eine Spiegelung der Dissoziation von Erwerbs- und Familienleben. In: Conze, Werner (Hg.): Sozialgeschichte der Familie in der Neuzeit Europas. Neue Forschungen. Stuttgart: Klett-Cotta. 363–393.

Hausen, Karin (1983) (Hg.): Frauen suchen ihre Geschichte. Historische Studien zum 19. und 20. Jahrhundert. München: Beck.

Hausen, Karin; Nowotny, Helga (1986) (Hg.): Wie männlich ist die Wissenschaft?. Frankfurt am Main: Suhrkamp.

Hausmann, Markus (2007): Kognitive Geschlechtsunterschiede. In: Lautenbacher, Stefan; Güntürkün, Onur; Hausmann, Markus (Hg.): Gehirn und Geschlecht. Neurowissenschaft des kleinen Unterschieds zwischen Mann und Frau. Wiesbaden: Springer. 105–123.

Hawel, Marcus; Kritidis, Georg (2006) (Hg.): Aufschrei der Utopie. Möglichkeiten einer anderen Welt. Hannover: Offizin.

Heintz, Bettina; Merz, Martina; Schumacher, Christina (2004): Wissenschaft, die Grenzen schafft. Geschlechterkonstellationen im disziplinären Vergleich. Bielefeld: transcript.

Heitmeyer, Wilhelm (2010) (Hg.): Deutsche Zustände. Folge 9. Berlin: Suhrkamp.

Held, Martin; Kubon-Gilke, Gisela; Sturn, Richard (2002) (Hg.): Normative und institutionelle Grundfragen der Ökonomik. Jahrbuch 1. Gerechtigkeit als Voraussetzung für effizientes Wirtschaften. Marburg: Metropolis.

Helmer, Ulrike (1997) (Hg.): John Stuart Mill. Harriet Taylor Mill. Helen Taylor. Die Hörigkeit der Frau. 2. unveränderte Auflage. Königstein im Taunus: Ulrike Helmer (Originaltext 1869).

Herschinger, Eva (2014): Zum Verlauf des Forschungsprozesses – linear oder zirkulär? In: Angermüller, Johannes; Nonhoff, Martin; Herschinger, Eva; Macgilchrist, Felicitas; Reisigl, Martin; Wedl, Juliette; Wrana, Daniel; Ziem, Alexander (Hg.): Diskursforschung. Ein interdisziplinäres Handbuch. Bielefeld: transcript. 628–633.

Hinsch, Wilfried (2016): Verfahrensgerechtigkeit. In: Goppel, Anna; Mieth, Corinna; Neuhäuser, Christian (Hg.): Handbuch Gerechtigkeit. Stuttgart: J.B. Metzler. 138–142.

Hirschauer, Stefan (2013): Die Praxis der Geschlechter(in)differenz und ihre Infrastruktur. In: Graf, Julia; Ideler, Kristin; Klinger, Sabine (Hg.): Geschlecht zwischen Struktur und Subjekt. Theorie, Praxis, Perspektiven. Leverkusen: Barbara Budrich. 153–171.

Hitzler, Ronald; Honer, Anne (1997) (Hg.): Sozialwissenschaftliche Hermeneutik. Eine Einführung. Wiesbaden: Springer.

Hobbes, Thomas (1651/1996): Leviathan. Hamburg: Meiner.

Hochschild, Arlie (1990): Das gekaufte Herz. Zur Kommerzialisierung der Gefühle. Frankfurt am Main: Campus.

Hoff, Ernst-H. (1990) (Hg.): Die doppelte Sozialisation Erwachsener. Weinheim: DJI.

Höffe, Otfried (1997): Lexikon der Ethik. 5. neubearbeitete und erweiterte Auflage. München: Beck.

Höffe, Otfried (2008a): Klassiker der Philosophie. Band 1. Von den Vorsokratikern bis David Hume. München: Beck.

Höffe, Otfried (2008b): Klassiker der Philosophie. Band 2. Von Immanuel Kant bis John Rawls. München: Beck.

Höffe, Otfried (2010): Gerechtigkeit. Eine philosophische Einführung. 4. durchgesehene Auflage. München: Beck.

Höffe, Otfried; Liebig, Stefan; Maydell, Bernd von (2006): Fachgespräch Gerechtigkeit. https://www.researchgate.net/publication/44175383_Fachgesprach_Gerechtigkeit (Zugriff am 17.05.2018)

Homans, George Caspar (1968): Elementarformen sozialen Verhaltens. Opladen: Westdeutscher Verlag.

Hondrich, Karl Otto; Schumacher, Jürgen; Arzberger, Klaus; Schlie, Frank; Stegbauer, Christian (1988) (Hg.): Krise der Leistungsgesellschaft? Empirische Analysen zum Engagement in Arbeit, Familie und Politik. Opladen: Westdeutscher Verlag.

Hopf, Hans (2014): Die Psychoanalyse des Jungen. Stuttgart: Klett-Cotta.

Hoye, William (1996): Die Wahrheit des Irrtums. Das Gewissen als Individualitätsprinzip in der Ethik des Thomas von Aquin. In: Aertsen, Jan; Speer, Andreas (Hg.): Individuum und Individualität im Mittelalter. Berlin: de Gruyter. 419–435.

Humboldt-Universität Berlin (2018): ISJP – International Social Justice Project. https://www.sowi.hu-berlin.de/de/lehrbereiche/empisoz/forschung/archiv/isjp (Zugriff am 04.10.2018)

Humme, Mark (2015): Eine Diskursanalytik sozialpädagogischer Praxis. Wiesbaden: Springer.

Insights® (2019): Insights Discovery. https://www.insights.com/de (Zugriff am 11.06.2019)

Jaeger, Pia (2017): Soziale Gerechtigkeit im Wandel. Ein idealistisches Konstrukt und/oder ein Mittel zur politischen Akzeptanzsicherung? Baden-Baden: Nomos.

Kahlert, Heike; Weinbach, Christine (2012) (Hg.): Zeitgenössische Gesellschaftstheorien und Genderforschung. Einladung zum Dialog. Wiesbaden: Springer.

Kaiser-Belz, Manuela (2008): Mentoring im Spannungsfeld von Personalentwicklung und Frauenförderung. Eine gleichstellungspolitische Maßnahme im Kontext beruflicher Felder. Wiesbaden: Springer.

Kammer für Arbeiter und Angestellte für Wien (2020a): Liste der Lehrberufe mit einem Mädchenanteil bis max. 30 %. https://www.arbeiterkammer.at/infopool/wien/Liste_relevanter_Lehrberufe.pdf (Zugriff am 23.02.2020)

Kammer für Arbeiter und Angestellte für Wien (2020b): Frauen.Management.Report.2020. Die Aufsichtsratsquote wirkt – was jetzt? https://www.arbeiterkammer.at/interessenvertretung/wirtschaft/betriebswirtschaft/AK_Frauen.Management.Report.2020.pdf (Zugriff am 25.06.2020)

Kanter, Rosabeth (1977): Men and Women of the Corporation. New York: Basic Books.

Kaplan-Solms, Karen; Solms, Mark (2007): Neuro-Psychoanalyse. Eine Einführung mit Fallstudien. 3. Auflage. Stuttgart: Klett-Cotta.

Kegan, Jerome; Lamb, Sharon (1987) (Hg.): The emergence of morality in young children. Chicago: Chicago University.

Kelle, Udo (1994): Empirisch begründete Theoriebildung: Zur Logik und Methodologie interpretativer Sozialforschung. Weinheim: Deutscher Studien Verlag.

Keller, Rainer (1997): Diskursanalyse. In: Hitzler, Ronald; Honer, Anne (Hg.): Sozialwissenschaftliche Hermeneutik. Eine Einführung. Wiesbaden: Springer. 309–333.

Keller, Reiner (2006): Wissenssoziologische Diskursanalyse. In: Keller, Reiner; Hirseland, Andreas; Viehöver, Willy (Hg.): Handbuch sozialwissenschaftliche Diskursanalyse. Band 1: Theorien und Methoden. Wiesbaden: Springer. 115–146.

Keller, Reiner (2007): Diskurse und Dispositive analysieren. Die Wissenssoziologische Diskursanalyse als Beitrag zu einer wissensanalytischen Profilierung der Diskursforschung. In: Forum Qualitative Sozialforschung/Forum: Qualitative Social Research 8(2), Art. 19. http://nbn-resolving.de/urn:nbn:de:0114-fqs0702198 (Zugriff am 30.10.2019)

Keller, Reiner (2010): Der Müll der Gesellschaft. In: Keller, Reiner; Hirseland, Andreas; Viehöver, Willy (Hg.): Handbuch sozialwissenschaftliche Diskursanalyse. Band 2: Forschungspraxis. Wiesbaden: Springer. 197–232.

Keller, Reiner (2011): Diskursforschung. Eine Einführung für SozialwissenschaftlerInnen. 4. Auflage. Wiesbaden: Springer.

Keller, Reiner; Hirseland, Andreas; Viehöver, Willy (2010) (Hg.): Handbuch sozialwissenschaftliche Diskursanalyse. Band 2: Forschungspraxis. Wiesbaden: Springer.

Kessler, Suzanne; McKenna, Wendy (1978): Gender. An Ethnomethodological Approach. New York: Wiley.

Klein, Anna; Zick, Andreas (2010): Abwertung im Namen der Gerechtigkeit. In: Heitmeyer, Wilhelm (Hg.): Deutsche Zustände. Folge 9. Berlin: Suhrkamp. 120–137.

Kleinert, Corinna; Kohaut, Susanne; Brader, Doris; Lewerenz, Julia (2007): Frauen an der Spitze – Arbeitsbedingungen und Lebenslagen weiblicher Führungskräfte. Frankfurt am Main: Campus.

Klopfer, Max (2008): Ethik-Klassiker von Platon bis John Stuart Mill. Ein Lehr- und Studienbuch. Stuttgart: Kohlhammer.

Knapp, Gudrun-Axeli (1990): Zur widersprüchlichen Vergesellschaftung von Frauen. In: Hoff, Ernst-H. (Hg.): Die doppelte Sozialisation Erwachsener. Weinheim: DJI. 17–52.

Knapp, Gudrun-Axeli (2012): Im Widerstreit. Feministische Theorie in Bewegung. Wiesbaden: Springer.

Knapp, Gudrun-Axeli; Wetterer, Angelika (1992) (Hg.): TraditionenBrüche. Entwicklungen feministischer Theorie. Freiburg im Breisgau: Kore.

Knoll, Bente; Ratzer, Brigitte (2010): Gender Studies in den Ingenieurswissenschaften. Wien: facultas.

Koch, Hans-Joachim; Köhler, Michael; Seelmann, Kurt (1994) (Hg.): Theorien der Gerechtigkeit. ARSP Beiheft 56. Stuttgart: Steiner. 79–104.

Koller, Peter (1994): Soziale Güter und soziale Gerechtigkeit. In: Koch, Hans-Joachim; Köhler, Michael; Seelmann, Kurt (Hg.): Theorien der Gerechtigkeit. ARSP Beiheft 56. Stuttgart: Steiner.

Koller, Peter (2001a) (Hg.): Gerechtigkeit im politischen Diskurs der Gegenwart. Wien: Passagen.

Koller, Peter (2001b): Zur Semantik der Gerechtigkeit. In: Koller, Peter (Hg.): Gerechtigkeit im politischen Diskurs der Gegenwart. Wien: Passagen. 19–48.

Koller, Peter (2001c): Soziale Gerechtigkeit: Begriff und Begründung. https://www.uni-muenster.de/imperia/md/content/fb2/c-systematischetheologie/christlichesozialwissenschaften/spiess/ethikundpolitik/koller_soziale_gerechtigkeit-1.pdf (Zugriff am 12.06.2018)

Koller, Peter (2016): Tauschgerechtigkeit. In: Goppel, Anna; Mieth, Corinna; Neuhäuser, Christian (Hg.): Handbuch Gerechtigkeit. Stuttgart: J.B. Metzler. 86–92.

König, Hans-Dieter (1997): Tiefenhermeneutik als Methode kultursoziologischer Forschung. In: Hitzler, Ronald; Honer, Anne (Hg.): Sozialwissenschaftliche Hermeneutik. Eine Einführung. Wiesbaden: Springer. 213–241

Korte, Hermann; Schäfers, Bernhard (1998) (Hg.): Einführung in die Hauptbegriffe der Soziologie. Opladen: Leske + Budrich.

Kortendiek, Beate; Riegraf, Birgit; Sabisch, Katja (2019) (Hg.): Handbuch interdisziplinäre Geschlechterforschung. Wiesbaden: Springer.

Kotthoff, Helga (2003): Was heißt eigentlich doing gender? Differenzierungen im Feld von Interaktion und Geschlecht. In: Freiburger Zeitschrift für GeschlechterStudien 9(1), 125–161.

Kotthoff, Hermann (1997): Führungskräfte im Wandel der Firmenkultur: Quasi-Unternehmer oder Arbeitnehmer? Berlin: edition sigma.

Krapinger, Gernot (2017) (Hg.): Platon. Der Staat. Stuttgart: Reclam.

Kraul, Margret (2006): Biographieforschung und Frauenforschung. In: Krüger, Heinz-Hermann; Marotzki, Winfried (Hg.): Handbuch erziehungswissenschaftliche Biographieforschung. 2. überarbeitete und aktualisierte Auflage. Opladen: Leske + Budrich. 483–497.

Kreisky, Eva; Sauer, Birgit (1997a) (Hg.): Das geheime Glossar der Politikwissenschaft. Geschlechtskritische Inspektion der Kategorien einer Disziplin. Frankfurt am Main: Campus.

Kreisky, Eva; Sauer, Birgit (1997b): Heimlichkeit und Kanonisierung. Einführende Bemerkungen zur Begriffsbildung in der Politikwissenschaft. In: Kreisky, Eva; Sauer, Birgit (Hg.): Das geheime Glossar der Politikwissenschaft. Geschlechtskritische Inspektion der Kategorien einer Disziplin. Frankfurt am Main: Campus. 7–45.

Krobath, Thomas (2010): Zur Organisation ethischer Reflexion in Organisationen. In: Krobath, Thomas; Heller, Andreas (Hg.): Ethik organisieren. Handbuch der Organisationsethik. Freiburg im Breisgau: Lambertus. 543–583.

Krobath, Thomas; Heller, Andreas (2010) (Hg.): Ethik organisieren. Handbuch der Organisationsethik. Freiburg im Breisgau: Lambertus.

Krüger, Heinz-Hermann; Marotzki, Winfried (2006) (Hg.): Handbuch erziehungswissenschaftliche Biographieforschung. 2. überarbeitete und aktualisierte Auflage. Opladen: Leske + Budrich.

Kuenzle, Dominique; Schefczyk, Michael (2009): John Stuart Mill zur Einführung. Hamburg: Junius.

Kuhlmann, Ellen; Kutzner, Edelgard; Riegraf, Birgit; Wilz, Sylvia (2013): Organisationen und Professionen als Produktionsstätten von Geschlechter(a)symmetrie. In: Müller, Ursula; Riegraf, Birgit; Wilz, Sylvia (Hg.): Geschlecht und Organisation. Wiesbaden: Springer. 495–525.

Lamnek, Siegfried (2010): Qualitative Sozialforschung. 5. überarbeitete Auflage. Weinheim: Beltz.

Laqueur, Thomas (1992): Auf den Leib geschrieben. Die Inszenierung der Geschlechter von der Antike bis Freud. Frankfurt am Main: Campus.

Lautenbacher, Stefan; Güntürkün, Onur; Hausmann, Markus (2007) (Hg.): Gehirn und Geschlecht. Neurowissenschaft des kleinen Unterschieds zwischen Mann und Frau. Heidelberg: Springer.

Lautmann, Rüdiger (1994): Mesoebene. In: Fuchs-Heinritz, Werner; Lautmann, Rüdiger; Rammstedt, Otthein; Wienold, Hans (Hg.): Lexikon zur Soziologie. Opladen: Westdeutscher Verlag. 438.

Leidner, Robin (1991/2013): Serving Hamburgers and Selling Insurance. In: Müller, Ursula; Riegraf, Birgit; Wilz, Sylvia (Hg.): Geschlecht und Organisation. Wiesbaden: Springer. 445–468.

Leithäuser, Thomas; Volmerg, Birgit (1988): Psychoanalyse in der Sozialforschung. Eine Einführung. Opladen: Westdeutscher Verlag.

Lemmermöhle, Doris; Fischer, Dietlind; Klika, Dorle; Schlüter, Anne (2000) (Hg.): Lesarten des Geschlechts. Zur De-Konstruktionsdebatte in der erziehungswissenschaftlichen Geschlechterforschung. Opladen: Leske + Budrich.

Lenger, Alexander; Wolf, Stefan (2016): Empirische Gerechtigkeitsforschung. In: Goppel, Anna; Mieth, Corinna; Neuhäuser, Christian (Hg.): Handbuch Gerechtigkeit. Stuttgart: J.B. Metzler. 68–77.

Lengfeld, Holger; Liebig, Stefan (2003): Arbeitsbeziehungen und Gerechtigkeit: Stand und Perspektiven der empirischen Forschung. In: Industrielle Beziehungen. Zeitschrift für Arbeit, Organisation und Management 10(4), 472–490.

Leventhal, Gerald (1980): What should be done with Equity Theory? New Approaches to the Study of Fairness in Social Relationships. In: Gergen, Kenneth; Greenberg, Martin; Willis, Richard (Hg.): Social Exchange. Advances in Theory and Research. New York: Plenum. 27–55.

Lewicki, Roy; Sheppard, Blair; Bazerman, Max (1986) (Hg.): Research on negotiations in organizations (Vol. 1). Greenwich: JAI.

Liebig, Brigitte (2000): Organisationskultur und Geschlechtergleichstellung. Eine Typologie betrieblicher Gleichstellungskulturen. In: Zeitschrift für Frauenforschung und Geschlechterstudien 18(3), 47–66.

Liebig, Stefan; Lengfeld, Holger (2002a) (Hg.): Interdisziplinäre Gerechtigkeitsforschung. Zur Verknüpfung empirischer und normativer Perspektiven. Frankfurt am Main: Campus.

Liebig, Stefan; Lengfeld, Holger (2002b): Gerechtigkeitsforschung als interdisziplinäres Projekt. In: Liebig, Stefan; Lengfeld, Holger (Hg.): Interdisziplinäre Gerechtigkeitsforschung. Zur Verknüpfung empirischer und normativer Perspektiven. Frankfurt am Main: Campus. 7–20.

Liebig, Stefan; May, Meike (2009): Dimensionen sozialer Gerechtigkeit. In: Aus Politik und Zeitgeschichte 59(47), 3–8.

Liebig, Stefan; Sauer, Carsten (2013): Soziologische Gerechtigkeitsanalyse. Überlegungen zur theoretischen Fundierung eines Forschungsfeldes. In: Analyse & Kritik. Zeitschrift für Sozialtheorie 35(2), 371–394.

Liebig, Stefan; Sauer, Carsten; Valet, Peter (2013): Gerechtigkeit. In: Mau, Steffen; Schöneck, Nadine (Hg.): Handwörterbuch zur Gesellschaft Deutschlands. Wiesbaden: Springer. 286–299.

Liebig, Stefan; Schlothfeldt, Stephan (2002): Das Grid-Group-Paradigma und sein Beitrag für die interdisziplinäre soziale Gerechtigkeitsforschung. In: Liebig, Stefan; Lengfeld, Holger (Hg.): Interdisziplinäre Gerechtigkeitsforschung. Zur Verknüpfung empirischer und normativer Perspektiven. Frankfurt am Main: Campus. 219–242.

Liebig, Stefan; Schupp, Jürgen (2008): Leistungs- oder Bedarfsgerechtigkeit. Über einen normativen Zielkonflikt des Wohlfahrtsstaats und seiner Bedeutung für die Bewertung des eigenen Erwerbseinkommens. https://www.vur.nomos.de/fileadmin/soziale-welt/doc/Aufsatz_SozW_08_01.pdf (Zugriff am 15.05.2018)

Lind, Edgar; Tyler, Tom (1988): The social psychology of procedural justice. New York: Plenum.

Littmann-Wernli, Sabina; Schubert, Renate (2001): Frauen in Führungspositionen – ist die „gläserne Decke“ diskriminierend? In: Arbeit. Zeitschrift für Arbeitsforschung, Arbeitsgestaltung und Arbeitspolitik 10(2), 135–148.

Lotz, Sebastian; Gollwitzer, Mario; Streicher, Bernhard; Schlösser, Thomas (2013): Gerechtigkeit als Forschungsgegenstand. In: Gollwitzer, Mario; Lotz, Sebastian; Schlösser, Thomas; Streicher, Bernhard (Hg.): Soziale Gerechtigkeit: Was unsere Gesellschaft aus den Erkenntnissen der Gerechtigkeitspsychologie lernen kann. Göttingen: Hogrefe. 13–34.

Löw, Martina; Mathes, Bettina (2011) (Hg.): Schlüsselwerke der Geschlechterforschung. Wiesbaden: Springer.

Lutz, Helma; Wenning, Norbert (2001a) (Hg.): Unterschiedlich verschieden. Differenz in der Erziehungswissenschaft. Opladen: Leske + Budrich.

Lutz, Helma; Wenning, Norbert (2001b): Differenzen über Differenz – Einführung in die Debatten. In: Lutz, Helma; Wenning, Norbert (Hg.): Unterschiedlich verschieden. Differenz in der Erziehungswissenschaft. Opladen: Leske + Budrich. 11–24.

MacKinnon, Catharine (1979): Sexual Harassment of Working Women. New Haven: Yale University.

Maes, Jürgen; Schmitt, Manfred; Schmal, Andreas (1996): Gerechtigkeit als innerdeutsches Problem: Politische Grundhaltungen (Konservatismus, Liberalismus, Sozialismus, Anarchismus, Ökologismus, Faschismus) als Kovariate. http://psydok.psycharchives.de/jspui/bitstream/20.500.11780/361/1/beri099.pdf (Zugriff am 03.04.2017)

Matthes, Joachim (1983) (Hg.): Krise der Arbeitsgesellschaft? Verhandlungen des 21. Deutschen Soziologentages in Bamberg 1982. Frankfurt am Main: Campus.

Mau, Steffen; Schöneck, Nadine (2013) (Hg.): Handwörterbuch zur Gesellschaft Deutschlands. Wiesbaden: Springer.

Mayrhofer, Wolfgang; Meyer, Michael; Steyrer, Johannes (2005) (Hg.): Macht? Erfolg? Reich? Glücklich? Einflussfaktoren auf Karrieren. Wien: Linde.

Mayring, Philipp (2002): Einführung in die Qualitative Sozialforschung: Weinheim: Beltz.

Medick, Hans; Trepp, Anne-Charlott (1998) (Hg.): Geschlechtergeschichte und Allgemeine Geschichte. Herausforderungen und Perspektiven. Göttingen: Wallstein.

Meissner, Hanna (2008): Die soziale Konstruktion von Geschlecht – Erkenntnisperspektiven und gesellschaftstheoretische Fragen. https://www.fu-berlin.de/sites/gpo/soz_eth/Geschlecht_als_Kategorie/Die_soziale_Konstruktion_von_Geschlecht_____Erkenntnisperspektiven_und_gesellschaftstheoretische_Fragen/hanna_meissner.pdf (Zugriff am 13.07.2019)

Mensi-Klarbach, Heike; Risberg, Annette (2019) (Hg.): Diversity in Organizations. Concepts and Practices. 2. Ausgabe. Basingstoke: Palgrave Macmillan.

Metz-Göckel, Sigrid (2010): Institutionalisierung der Frauen-/Geschlechterforschung: Geschichte und Formen. In: Becker, Ruth; Kortendiek, Beate (Hg.): Handbuch Frauen- und Geschlechterforschung. Theorie, Methoden, Empirie. 3. erweiterte und durchgesehene Auflage. Wiesbaden: Springer. 895–903.

Metz-Göckel, Sigrid; Wetterer, Angelika (1996) (Hg.): Vorausdenken, Querdenken, Nachdenken. Texte für Ayla Neusel. Frankfurt am Main: Campus.

Mey, Günter (2000): Erzählungen in qualitativen Interviews: Konzepte, Probleme, soziale Konstruktionen. In: Sozialer Sinn 1(1), 135–151. https://www.ssoar.info/ssoar/bitstream/handle/document/447/ssoar-sozsinn-2000-1-mey-erzahlungen_in_qualitativen_interviews.pdf?sequence=1&isAllowed=y&lnkname=ssoar-sozsinn-2000-1-mey-erzahlungen_in_qualitativen_interviews.pdf (Zugriff am 14.11.2019)

Mey, Günter; Mruck, Katja (2010): Grounded-Theory-Methodologie. In: Handbuch Qualitative Forschung in der Psychologie. Wiesbaden: Springer. 614–626.

Michalitsch, Gabriele (2006): Die neoliberale Domestizierung des Subjekts. Von den Leidenschaften zum Kalkül. Frankfurt am Main: Campus.

Mies, Maria (1984): Methodische Postulate zur Frauenforschung – dargestellt am Beispiel der Gewalt gegen Frauen. (Nachdruck von 1978) In: Beiträge zur feministischen Theorie und Praxis 7(11), 7–25.

Mieth, Corinna; Neuhäuser, Christian; Pinzano, Alessandro (2016): Grundpositionen der Gerechtigkeitstheorie in Neuzeit und Gegenwart. In: Goppel, Anna; Mieth, Corinna; Neuhäuser, Christian (Hg.): Handbuch Gerechtigkeit. Stuttgart: J.B. Metzler. 20–29.

Mikula, Gerold (2002): Gerecht und Ungerecht: Eine Skizze der sozialpsychologischen Gerechtigkeitsforschung. In: Held, Martin; Kubon-Gilke, Gisela; Sturn, Richard (Hg.): Normative und institutionelle Grundfragen der Ökonomik. Jahrbuch 1. Gerechtigkeit als Voraussetzung für effizientes Wirtschaften. Marburg: Metropolis. 263–283.

Mill, John Stuart (1861/2006): Utilitarianism/Der Utilitarismus. In: Birnbacher, Dieter (Hg.): Mill, John Stuart. Utilitarianism/Der Utilitarismus.Stuttgart: Reclam.

Mill, John Stuart; Taylor Mill, Harriet; Taylor, Helen (1869/1997): Die Hörigkeit der Frau. In: Helmer, Ulrike (Hg.): John Stuart Mill. Harriet Taylor Mill. Helen Taylor. Die Hörigkeit der Frau. 2. unveränderte Auflage. Königstein im Taunus: Ulrike Helmer 2. unveränderte Auflage. Königstein im Taunus: Ulrike Helmer.

Moebius, Stephan; Quadflieg, Dirk (2011) (Hg.): Kultur. Theorien der Gegenwart. Wiesbaden: Springer.

Moller Okin, Susan (1989): Justice, Gender, and the Family. New York: Basic Books.

Moller Okin, Susan (1995): Gerechtigkeit und die soziale Institutionalisierung des Geschlechtsunterschiedes. In: Brink, Bert van den; Reijen, Willem van (Hg.): Bürgergesellschaft, Recht und Demokratie. Frankfurt am Main: Suhrkamp.

Moorman, Robert (1991): Relationship between organizational justice and organizational citizenship behaviors: Do fairness perceptions influence employee citizenship?. In: Journal of Applied Psychology 76(6), 845–855.

Mruck, Katja; Mey, Günter (2005): Qualitative Forschung: zur Einführung in einen prosperierenden Wissenschaftszweig. In: Historical Social Research 30(1), 5–27.

Müller, Hans Peter; Wegener, Bernd (1995) (Hg.): Soziale Ungleichheit und soziale Gerechtigkeit. Opladen: Leske + Budrich.

Müller, Jörn (2003): Das normative Verständnis der menschlichen Natur bei Martha C. Nussbaum. In: Philosophisches Jahrbuch 110(2), 311–329.

Müller, Ursula (1991): Gleichheit im Zeitalter der Differenz. Einige methodologische Erwägungen zur Frauenforschung. In: Psychologie und Gesellschaftskritik 15(3/4), 73–89.

Müller, Ursula (2013a): Sexualität, Organisation und Kontrolle. In: Müller, Ursula; Riegraf, Birgit; Wilz, Sylvia (Hg.): Geschlecht und Organisation. Wiesbaden: Springer. 338–354.

Müller, Ursula (2013b): Zwischen Licht und Grauzone: Frauen in Führungspositionen. In: Müller, Ursula; Riegraf, Birgit; Wilz, Sylvia (Hg.): Geschlecht und Organisation. Wiesbaden: Springer. 469–494.

Müller, Ursula; Riegraf, Birgit; Wilz, Sylvia (Hg.) (2013): Geschlecht und Organisation. Wiesbaden: Springer.

Müller, Ursula; Schmidt-Waldherr, Hiltraud (1989) (Hg.): FrauenSozialKunde. Wandel und Differenzierung von Lebensformen und Bewußtsein. Bielefeld: AJZ.

Müller-Christ, Georg (2005): Unternehmen als Träger des Leitbildes Generationengerechtigkeit: von der normativen zu rationalen Perspektive. In: Generationengerechtigkeit 5(1), 1–5.

Neckel, Sighard (2012): Die Wirklichkeit des Leistungsprinzips. Ansprüche, Krisen, Kritik. In: Kurswechsel. Zeitschrift für gesellschafts-, wirtschafts- und umweltpolitische Alternativen 27(3), 64–70.

Negt, Oskar (2012): Nur noch Utopien sind realistisch. Politische Interventionen. Göttingen: Steidl.

Nestvogel, Renate (2010): Sozialisationstheorien: Traditionslinien, Debatten und Perspektiven. In: Becker, Ruth; Kortendiek, Beate (Hg.): Handbuch Frauen- und Geschlechterforschung. Theorie, Methoden, Empirie. 3. erweiterte und durchgesehene Auflage. Wiesbaden: Springer. 166–177.

Nickel, Rainer (2007): Aristoteles. Die Nikomachische Ethik. 2. Auflage. Düsseldorf Artemis & Winkler.

Niehoff, Brian; Moorman, Robert (1993): Justice as a mediator of the relationship between methods of monitoring and organizational citizenship behaviors. In: The Academy of Management Journal 36(3), 527–556.

Nunner-Winkler, Gertrud (1989): Gibt es eine weibliche Moral?. In: Haller, Max; Hoffmann-Nowotny, Hans-Joachim; Zapf, Wolfgang (Hg.): Kultur und Gesellschaft. Verhandlungen des 24. Deutschen Soziologentags, des 11. Österreichischen Soziologentags und des 8. Kongresses der Schweizerischen Gesellschaft für Soziologie in Zürich 1988. Frankfurt am Main: Campus. 165–178.

Nussbaum, Martha (2000): Women and Human Development. Cambridge: Cambridge University.

Nussbaum, Martha (2002): Konstruktion der Liebe, des Begehrens und der Fürsorge. Drei philosophische Aufsätze. Stuttgart: Reclam.

Nussbaum, Martha (2010): Die Grenzen der Gerechtigkeit. Behinderung, Nationalität und Spezieszugehörigkeit. Berlin: Suhrkamp.

Nussbaum, Martha (2012): Gerechtigkeit oder Das gute Leben. 7. Auflage. Frankfurt am Main: Suhrkamp.

Oakley, Ann (1972): Sex, Gender and Society. Michigan: Maurice Temple Smith Ltd.

Ockenfels, Axel (1999): Fairness, Reziprozität und Eigennutz – Ökonomische Theorie und experimentelle Evidenz. Tübingen: Mohr Siebeck.

Olson, Mancur (1965): The Logic of Collective Action. Cambridge: Harvard University.

Ostner, Ilona; Lichtblau, Klaus (1992) (Hg.): Feministische Vernunftkritik. Ansätze und Traditionen. Frankfurt am Main: Campus.

Palm, Kerstin (2016): Biologie und Genderforschung. Sinnvolle Kooperationen zur Erforschung des Phänomens Geschlecht. Vortrag. Stuttgart, 14. März 2016. https://www.forum-grenzfragen.de/wp-content/uploads/2016/03/Palm.pdf (Zugriff am 20.11.2018)

Pasero, Ursula (2003): Gender, Individualität, Diversity. In: Pasero, Ursula; Weinbach, Christine (Hg.): Frauen, Männer, Gender Trouble. Systemtheoretische Essays. Frankfurt am Main: Suhrkamp. 105–124.

Pasero, Ursula; Weinbach, Christine (2003) (Hg.): Frauen, Männer, Gender Trouble. Systemtheoretische Essays. Frankfurt am Main: Suhrkamp.

Peuckert, Rüdiger (1996): Familienformen im sozialen Wandel. 2. völlig überarbeitete und erweiterte Auflage. Opladen: Leske + Budrich.

Pfadenhauer, Michaela; Scheffer, Thomas (2009) (Hg.): Profession, Habitus und Wandel. Frankfurt am Main: Peter Lang.

Pfau, Jan Marek (2005): Im Unternehmen generationengerecht handeln! Eine nachhaltige Handlungsstrategie der Möglichkeiten und Verantwortung in Unternehmen. In: Zeitschrift für Wirtschafts- und Unternehmensethik 6(1), 88–101.

Phelps, Edmund (1972): The Statistical Theory of Racism and Sexism. In: American Economic Review 62(4), 659–666.

Pimminger, Irene (2012): Was bedeutet Geschlechtergerechtigkeit? Normative Klärung und soziologische Konkretisierung. Opladen: Barbara Budrich.

Pimminger, Irene (2019): Gleichheit – Differenz: Die Debatten um Geschlechtergerechtigkeit in der Geschlechterforschung. In: Kortendiek, Beate; Riegraf, Birgit; Sabisch, Katja (2019) (Hg.): Handbuch interdisziplinäre Geschlechterforschung. Wiesbaden: Springer. 45–54.

Podsakoff, Philip; Mackenzie, Scott; Podsakoff, Nathan (2016) (Hg.): The Oxford Handbook of Organizational Citizenship Behavior. https://www.researchgate.net/publication/303937457_Organizational_Justice_and_Organizational_Citizenship (Zugriff am 01.06.2018)

Prengel, Annedore (1990): Annäherung an eine egalitäre Politik der Differenzgedanken gegen Sexismus und Rassismus. In: Beiträge zur feministischen Theorie und Praxis 13(27), 127–134.

Pringle, Rosemary (1989): Secretaries talk. Sexuality, power, and work. London: Verso.

Pusch, Luise (1990): Alle Menschen werden zu Schwestern. Feministische Sprachkritik. Frankfurt am Main: Suhrkamp.

Rabin, Matthew (1993): Incorporating Fairness into Game Theory and Economics. In: The American Economic Review 83(5), 1281–1302.

Rademacher, Claudia; Wiechens, Peter (2001) (Hg.): Geschlecht – Ethnizität – Klasse. Zur sozialen Konstruktion von Hierarchie und Differenz. Opladen: Leske + Budrich

Ranftl, Edeltraud (2014): Beginn feministischer Organisationsforschung und erste theoretische Ansätze zu „Geschlecht und Organisation“. In: Funder, Maria (Hg.): Gender Cage – Revisited. Handbuch zur Organisations- und Geschlechterforschung. Baden-Baden: Nomos. 58–86.

Rastetter, Daniela (1994/2013): Sexualität und Herrschaft in Organisationen. In: Müller, Ursula; Riegraf, Birgit; Wilz, Sylvia (Hg.): Geschlecht und Organisation. Wiesbaden: Springer. 355–387.

Rastetter, Daniela (2007): Mikropolitisches Handeln von Frauen. In: Haubl, Rolf; Daser, Bettina (Hg.): Macht und Psyche in Organisationen. Göttingen: Vandenhoeck & Ruprecht. 76–99.

Rawls, John (1975): Eine Theorie der Gerechtigkeit. Frankfurt am Main: Suhrkamp.

Rawls, John (2003): Gerechtigkeit als Fairness. Ein Neuentwurf. Frankfurt am Main: Suhrkamp.

Reichertz, Jo (2000): Abduktion, Deduktion und Induktion in der Qualitativen Forschung. In: Flick, Uwe; Kardorff, Ernst von; Steinke, Ines (2000) (Hg.): Qualitative Forschung. Ein Handbuch. Reinbeck: Rowohlt. 276–286.

Reichertz, Jo (2016): Qualitative und interpretative Sozialforschung. Eine Einladung. Wiesbaden: Springer.

Reichertz, Jo; Schröer, Norbert (1994): Erheben, Auswerten, Darstellen. Konturen einer hermeneutischen Wissenssoziologie. In: Schröer, Norbert (Hg.): Interpretative Sozialforschung. Auf dem Wege zu einer hermeneutischen Wissenssoziologie. Opladen: Westdeutscher Verlag. 56–84.

Ressner, Ulla (1987): The Hidden Hierarchy: Democracy and Equal Opportunities. Aldershot: Avebury.

Rhonheimer, Martin (2007): Thomas von Aquin. Das ewige und das natürliche Gesetz. In: Spaemann, Robert; Schweidler, Walter (Hg.): Ethik Lehr- und Lesebuch. Texte – Fragen – Antworten. 2. Auflage. Stuttgart: Klett-Cotta. 68–90.

Riedel, Manfred (1972) (Hg.): Rehabilitierung der praktischen Philosophie. Freiburg im Breisgau: Rombach.

Riegraf, Birgit (2013): Theoretische Erörterungen. In: Müller, Ursula; Riegraf, Birgit; Wilz, Sylvia (Hg.): Geschlecht und Organisation. Wiesbaden: Springer. 17–22.

Roper, Michael (1988): Fathers and Lovers: Images of the ‘Older Man’ in British Manager’s Career Narratives. In: Life Stories/Recits de vie 4(1), 49–58.

Rosenberger, Sieglinde; Sauer, Birgit (2004) (Hg.): Politikwissenschaft und Geschlecht. Wien: UTB.

Rowland, Kendrith; Ferris, Gerald (1985) (Hg.): Research in personnel and human resources management. 3. Auflage. Greenwich: JAI.

Runte, Annette (1998): Im Dienste des Geschlechts – Zur Identitätskonstruktion Transsexueller. In: Bublitz, Hannelore (1998a) (Hg.): Das Geschlecht der Moderne. Frankfurt am Main: Campus.

Sauer, Carsten; Valet, Peter; Liebig, Stefan (2016): Welche Lohnungleichheiten sind gerecht? Arbeitsmarktbezogene Ursachen von Lohnungleichheiten und die wahrgenommene (Un-) Gerechtigkeit des eigenen Erwerbseinkommen. In: Kölner Zeitschrift für Soziologie und Sozialpsychologie 68(4), 619–645.

Schmitt, Manfred; Montada, Leo (1982): Determinanten erlebter Gerechtigkeit. In: Zeitschrift für Sozialpsychologie 13(1), 32–44.

Schnebel, Karin (2015): Selbstbestimmung oder Geschlechtergerechtigkeit. Wiesbaden: Springer.

Schrader, Wolfgang (2007): Thomas Hobbes: Recht und Staatsvertrag. In: Spaemann, Robert; Schweidler, Walter (Hg.): Ethik Lehr- und Lesebuch. Texte – Fragen – Antworten. 2. Auflage. Stuttgart: Klett-Cotta. 262–286.

Schrenker, Markus; Wegener, Bernd (2007): Was ist gerecht? Ausgewählte Ergebnisse aus dem International Social Justice Project 1991–2007. Arbeitsbericht Nr. 150. https://www.sowi.hu-berlin.de/de/lehrbereiche/empisoz/forschung/archiv/isjp/publication/ISJP_WP_150 (Zugriff am 04.10.2018)

Schröder, Hannelore (1997): Nachwort. In: Helmer, Ulrike (Hg.): John Stuart Mill. Harriet Taylor Mill. Helen Taylor. Die Hörigkeit der Frau. 2. unveränderte Auflage. Königstein im Taunus: Ulrike Helmer. 167–201.

Schröer, Norbert (1994) (Hg.): Interpretative Sozialforschung. Auf dem Wege zu einer hermeneutischen Wissenssoziologie. Opladen: Westdeutscher Verlag.

Schütz, Alfred (1971): Gesammelte Aufsätze. Den Haag: Martinus Nijhoff.

Schweidler, Walter (2007a): Platon: Ethik und Macht. In: Spaemann, Robert; Schweidler, Walter (Hg.): Ethik Lehr- und Lesebuch. Texte – Fragen – Antworten. 2. Auflage. Stuttgart: Klett-Cotta. 25–50.

Schweidler, Walter (2007b): Aristoteles: Die Tugend. In: Spaemann, Robert; Schweidler, Walter (Hg.): Ethik Lehr- und Lesebuch. Texte – Fragen – Antworten. 2. Auflage. Stuttgart: Klett-Cotta. 51–67.

Senghaas, Dieter (1979) (Hg.): Kapitalistische Weltökonomie. Kontroversen über ihren Ursprung und ihre Entwicklungsdynamik. Frankfurt am Main: Suhrkamp.

Smircich, Linda (1985): Is the Concept of Culture a Paradigm for Understanding Organizations and Ourselves? In: Frost, Peter; Moore, Larry; Louis, Meryl Reis; Lundberg, Craig; Martin, Joanne (Hg.): Organizational Culture. London: Sage. 55–72.

Song, Lynda; Tsui, Anne; Law, Kenneth (2009): Unpacking employee responses to organizational exchange mechanisms. In: Journal of Management 35(1), 56–93.

Spaemann, Robert; Schweidler, Walter (2007) (Hg.): Ethik Lehr- und Lesebuch. Texte – Fragen – Antworten. 2. Auflage. Stuttgart: Klett-Cotta.

Stahr, Ingeborg (1992) (Hg.): Wenn Frauenwissen Wissen schafft. 10 Jahre Frauenstudium und Frauenforschung an der Universität – GH – Essen. Essen: Hochschuldidaktisches Zentrum Bereich Frauenstudien Frauenforschung.

Star-Datenbank auf ProSieben (2020): Conchita Wurst. https://www.prosieben.at/stars/star-datenbank/conchita-wurst (Zugriff am 23.06.2020)

Statistik Austria (2019a): Gender-Statistik. http://www.statistik-austria.at/web_de/statistiken/menschen_und_gesellschaft/soziales/gender-statistik/index.html (Zugriff am 26.09.2019)

Statistik Austria (2019a): Gender-Statistik: Bildung. http://www.statistik-austria.at/web_de/statistiken/menschen_und_gesellschaft/bildung/index.html (Zugriff am 26.09.2019)

Statistik Austria (2019b): Gender-Statistik: Erwerbstätigkeit. http://www.statistik-austria.at/web_de/statistiken/menschen_und_gesellschaft/soziales/gender-statistik/erwerbstaetigkeit/index.html (Zugriff am 26.09.2019)

Statistik Austria (2019c): Gender-Statistik: Einkommen. http://www.statistik-austria.at/web_de/statistiken/menschen_und_gesellschaft/soziales/gender-statistik/einkommen/index.html (Zugriff am 26.09.2019)

Statistik Austria (2020): Gender-Statistik. http://www.statistik-austria.at/web_de/statistiken/menschen_und_gesellschaft/soziales/gender-statistik/index.html (Zugriff am 01.11.2021)

Stoller, Robert (1968): Sex and Gender. The Development of Masculinity and Femininity. London: Karnac Books.

Straub, Jürgen (1998): Personale und kollektive Identität. Zur Analyse eines theoretischen Begriffs. In: Assmann, Aleida; Friese, Heidrun (Hg.): Identitäten. Erinnerung, Geschichte, Identität 3. Frankfurt am Main: Suhrkamp. 73–104.

Strauss, Anselm (1994): Grundlagen qualitativer Sozialforschung. München: Wilhelm Fink.

Strauss, Anselm; Corbin, Juliet (1996): Grounded Theory: Grundlagen Qualitativer Sozialforschung. Weinheim: Beltz.

Streicher, Bernhard; Maier, Günter; Jonas, Eva; Reisch, Laszlo (2008): Organisationale Gerechtigkeit und Qualität der Führungskraft-Mitarbeiter-Beziehung. In: Wirtschaftspsychologie 10(2), 54–64.

Strübing, Jörg (2004): Grounded Theory. Zur sozialtheoretischen und epistemologischen Fundierung des Verfahrens der empirisch begründeten Theoriebildung. Wiesbaden: Springer.

Strunk, Guido; Hermann, Anett (2009): Berufliche Chancengleichheit von Frauen und Männern. Eine empirische Untersuchung zum Gender Pay Gap. In: Zeitschrift für Personalforschung 23(3), 237–257.

Strunk, Guido; Hermann, Anett; Praschak, Susanne (2005): Eine Frau muss ein Mann sein, um Karriere zu machen. In: Mayrhofer, Wolfgang; Meyer, Michael; Steyrer, Johannes (Hg.): Macht? Erfolg? Reich? Glücklich? Einflussfaktoren auf Karrieren. Wien: Linde. 211–242.

Thibaut, John; Walker, Laurens (1975): Procedural justice: A psychological analysis. Hillsdale: Lawrence Erlbaum Associates.

Truschkat, Inga; Kaiser-Belz, Manuela; Reinartz, Vera (2007): Grounded Theory Methodologie in Qualifikationsarbeiten: zwischen Programmatik und Forschungspraxis – am Beispiel des Theoretical Samplings. https://www.ssoar.info/ssoar/bitstream/handle/document/28864/ssoar-hsrsupp-2007-no_19-truschkat_et_al-grounded_theory_methodologie_in_qualifikationsarbeiten.pdf?sequence=1&isAllowed=y&lnkname=ssoar-hsrsupp-2007-no_19-truschkat_et_al-grounded_theory_methodologie_in_qualifikationsarbeiten.pdf (Zugriff am 30.10.2019)

Unterkirchner, Lilo; Wagner, Ina (1987) (Hg.): Die andere Hälfte der Gesellschaft. Österreichischer Soziologentag 1985. Soziologische Befunde zu geschlechtsspezifischen Formen der Lebensbewältigung. Wien: Verlag des Österreichischen Gewerkschaftsbundes.

Verein Amazone (2020): Website Verein Amazone. https://www.amazone.or.at/index.php (Zugriff am 01.05.2020)

Vetter, Helmut; Stoller, Silvia (1997) (Hg.): Phänomenologie und Geschlechterdifferenz. Wien: facultas.

Villa, Paula-Irene (2010): (De)Konstruktion und Diskurs-Genealogie: Zur Position und Rezeption von Judith Butler. In: Becker, Ruth; Kortendiek, Beate (Hg.): Handbuch Frauen- und Geschlechterforschung. Theorie, Methoden, Empirie. 3. erweiterte und durchgesehene Auflage. Wiesbaden: Springer. 146–157.

Vogel, Ulrike (2005) (Hg.): Was ist weiblich – was ist männlich? Aktuelles zur Geschlechterforschung in den Sozialwissenschaften. Bielefeld: Kleine.

Volmerg, Birgit; Senghaas-Knobloch, Eva; Leithäuser, Thomas (1986): Betriebliche Lebenswelt. Eine Sozialpsychologie industrieller Arbeitsverhältnisse. Opladen: Westdeutscher Verlag.

Walby, Silvia (1990): Theorizing Patriarchy. Oxford: Blackwell.

Wallerstein, Immanuel (1979): Aufstieg und künftiger Niedergang des kapitalistischen Weltsystems. In: Senghaas, Dieter (Hg.): Kapitalistische Weltökonomie. Kontroversen über ihren Ursprung und ihre Entwicklungsdynamik. Frankfurt am Main: Suhrkamp. 31–67.

Weber, Max (1980): Wirtschaft und Gesellschaft. Grundriß der verstehenden Soziologie. 5. überarbeitete Auflage. Tübingen: Mohr Siebeck.

Weckwert, Anja; Wischermann, Ulla (2006) (Hg.): Das Jahrhundert des Feminismus. Streifzüge durch nationale und internationale Bewegungen und Theorien. Frankfurt am Main: Ulrike Helmer.

Wegener, Bernd (1994): Soziale Gerechtigkeitsforschung: Normativ oder deskriptiv?. Vortrag. Berlin, 4. Juli 1994. https://www.sowi.hu-berlin.de/de/lehrbereiche/empisoz/forschung/archiv/isjp/publication/avs/ (Zugriff am 02.11.2019)

Weick, Karl (1995): Der Prozess des Organisierens. 7. Auflage. Frankfurt am Main: Suhrkamp.

Weischedel, Wilhelm (1977) (Hg.): Immanuel Kant. Kritik der praktischen Vernunft. Grundlegung zur Metaphysik der Sitten. Werkausgabe. Band 7. 3. Auflage. Frankfurt am Main: Suhrkamp.

Weischedel, Wilhelm (1981): 34 große Philosophen in Alltag und Denken. Die philosophische Hintertreppe. München: Nymphenburger.

Werlhof, Claudia von; Bennholdt-Thomsen, Veronika; Mies, Maria (1983): Frauen – die letzte Kolonie. Zur Hausfrauisierung der Arbeit. Reinbek: Rohwohlt.

West, Candace; Zimmerman, Don (1987): Doing Gender. In: Gender & Society 1(2), 125–151.

Wetzel, Ralf (2014): „Was ist der Phall und was steckt dahinter?“ Ein systemtheoretischer Blick auf die Beobachtung von Geschlechterdifferenz. In: Funder, Maria (Hg.): Gender Cage – Revisited. Handbuch zur Organisations- und Geschlechterforschung. Baden-Baden: Nomos. 89–121.

Wilz, Sylvia (2013a): Geschlechterdifferenzierung von und in Organisationen. In: Müller, Ursula; Riegraf, Birgit; Wilz, Sylvia (Hg.): Geschlecht und Organisation. Wiesbaden: Springer. 150–160.

Wilz, Sylvia (2013b): Organisationale Prozesse: Arbeitsteilung und Segregation. In: Müller, Ursula; Riegraf, Birgit; Wilz, Sylvia (Hg.): Geschlecht und Organisation. Wiesbaden: Springer. 400–403.

Winter, Paul (2013): Grounded Theory. Mehrwert im globalen Forschungssetting? In: Shabka Background 5(1). https://shabka.org/blog/2013/05/31/grounded-theory-mehrwert-im-globalen-forschungssetting/ (Zugriff am 14.11.2019)

Wirtschaftslexikon24 (2018a): Leistung. http://www.wirtschaftslexikon24.com/d/leistung/leistung.htm (Zugriff 27.09.2018)

Wirtschaftslexikon24 (2018b): Leistungsprinzip. http://www.wirtschaftslexikon24.com/d/leistungsprinzip/leistungsprinzip.htm (Zugriff 27.09.2018)

Witt, Harald (2001): Forschungsstrategien bei quantitativer und qualitativer Sozialforschung. In: Forum Qualitative Sozialforschung/Forum: Qualitative Social Research 2(1), Art. 8. http://www.qualitative-research.net/index.php/fqs/article/view/969 (Zugriff am 30.10.2019)

Witzel, Andreas (2000): Das problemzentrierte Interview. In: Forum Qualitative Sozialforschung/Forum: Qualitative Social Research 1(1), Art. 22. http://www.qualitative-research.net/index.php/fqs/article/view/1132/2519 (Zugriff am 15.11.2019)

Wobbe, Theresa; Berrebie-Hoffmann, Isabelle; Lallement, Michel (2011) (Hg.): Die gesellschaftliche Verortung des Geschlechts. Diskurse der Differenz in der deutschen und französischen Soziologie um 1900. Frankfurt am Main: Campus.

Yoder, Janice (1991): Rethinking Tokenism: Looking Beyond Numbers. In: Gender & Society 5(2), 178–192.

Zapf, Wolfgang (1987) (Hg.): Die Modernisierung moderner Gesellschaften. Verhandlungen des 25. Deutschen Soziologentages in Frankfurt am Main 1990. Frankfurt am Main: Campus.

9.2 Abkürzungen

bzw.	beziehungsweise
d.h.	das heißt
f	auf der nächsten Seite
ff.	auf den nächsten Seiten
Hg.	Herausgeber_in/nen
max.	maximal
o.A.	ohne Angabe
v. Chr.	vor Christus
vgl.	vergleiche

FSC
www.fsc.org
MIX
Papier | Fördert
gute Waldnutzung
FSC® C083411

Kolibri 360 GmbH
Ferdinand-Jühlke-Straße 7
99095 Erfurt, Deutschland
produktsicherheit@kolibri360.de